D1662907

Samia Salem

Die öffentliche Wahrnehmung der Gentechnik in der Bundesrepublik Deutschland seit den 1960er Jahren

PALLAS ATHENE

Beiträge zur Universitäts- und Wissenschaftsgeschichte

Herausgegeben von Rüdiger vom Bruch und Lorenz Friedrich Beck

Band 47

Samia Salem

Die öffentliche Wahrnehmung der Gentechnik in der Bundesrepublik Deutschland seit den 1960er Jahren

Bibliografische Information der Deutschen Nationalbibliothek:
Die Deutsche Nationalbibliothek verzeichnet diese Publikation in der Deutschen Nationalbibliografie; detaillierte bibliografische Daten sind im Internet über <http://dnb.d-nb.de> abrufbar.

Druck: Offsetdruck Bokor, Bad Tölz
Gedruckt auf säurefreiem, alterungsbeständigem Papier.
Printed in Germany.
ISBN 978-3-515-10488-3

Professor Bumke hat neulich Menschen erfunden, die kosten zwar, laut Katalog, ziemlich viel Geld, doch ihre Herstellung dauert nur sieben Stunden, und ausserdem kommen sie fix und fertig zur Welt!

Man darf dergleichen Vorteile nicht unterschätzen. Professor Bumke hat mir das alles erklärt. Und ich merkte schon nach den ersten Worten und Sätzen: Die Bumkschen Menschen sind das, was sie kosten, auch wert.

Sie werden mit Bärten oder mit Busen geboren, mit allen Zubehörteilen, je nach Geschlecht. Durch Kindheit und Jugend würde nur Zeit verloren, meinte Professor Bumke. Und da hat er ja recht.

Er sagte, wer einen Sohn, der Rechtsanwalt sei, etwa benötigt, brauche ihn nur zu bestellen. Man liefre ihn, frei ab Fabrik, in des Vaters Kanzlei, promoviert und vertraut mit den schwersten juristischen Fällen. [...]

Der Synthetische Mensch, von Erich Kästner (1932)

DANKSAGUNG

Mein Dank gilt meinem Betreuer Prof. Dr. Wolfgang König für die wertvollen Impulse, die konstruktive Kritik und die stetige Förderung auf meinem Weg. Ich danke ebenfalls meinem Zweitgutachter Prof. Dr. Hans-Jörg Rheinberger für sein immer offenes Ohr und die zahlreichen Anregungen. Mein Dank gilt auch der Technischen Universität Berlin, die mir mit einem NaFöG-Promotionsstipendium das Doktorandendasein wesentlich erleichterte. Für die Förderung zum Druck meiner Dissertation danke ich neben acatech – Deutsche Akademie der Technikwissenschaften auch dem Kölner Gymnasial- und Stiftungsfonds. Ferner danke ich allen freundlichen Bibliothekaren/innen in Berlin, Hamburg, Lübeck und Schwerin, die mir unermüdlich das gewichtige Quellenmaterial für meine Arbeit aus den Kellerräumen in die Lesesäle schafften.

Darüber hinaus bedanke ich mich bei allen Menschen, die mich verständnisvoll und geduldig auf meinem Weg von der ersten Idee für diese Arbeit bis zu deren Fertigstellung begleitet und unterstützt haben.

INHALTSVERZEICHNIS

EINLEITUNG

Die Möglichkeiten eines Eingriffs in das Erbgut von Lebewesen im Allgemeinen und des Menschen im Speziellen haben in der BRD intensive und z. T. emotionale Diskussionen hervorgerufen, wie sie für kaum eine Technologie vor ihr aufgekommen waren. Technik als wesentliches Element des menschlichen Fortschritts bietet Möglichkeiten zur Beeinflussung der Umwelt sowie natürlicher Prozesse und darüber zur Gestaltung des Lebensraums und auch der -umstände der Menschen. Während jede Technik nach einer Abwägung ihres Nutzens und Schadens für die Gesellschaft verlangt, zog die zunehmende Technisierung des menschlichen Körpers eine Unschärfe der Grenzen zwischen dem Natürlichen und dem Technischen nach sich, die zu Unsicherheiten einer Bewertung, und im Kontext der Gentechnologie zu jahrzehntelangen Kontroversen führten.

Die Gentechnologie als Paradigma einer Technologisierung der Biologie brachte ganz neue Probleme mit sich, die weit über die der klassischen Ingenieurwissenschaften hinausgingen. Das Potenzial rekombinanter Lebewesen zur Vermehrung und Entwicklung einer Eigendynamik macht ihre Bezeichnung als Artefakte unmöglich. So stellen sich mit der Gentechnik nicht nur Fragen der Sicherheit, sondern zugleich nach ihrer ethischen, sozialen, ökologischen und damit ihrer politischen Zulässigkeit. Diese Fragestellungen zogen die Aufmerksamkeit einer breiten Öffentlichkeit auf sich, die in den Diskussionen über die Ziele und Folgen der Gentechnik Differenzen ganz grundsätzlicher Natur ans Tageslicht beförderte und die Erreichung eines gemeinsamen Konsenses an vielen Stellen scheinbar bis heute unmöglich macht.

Bereits mit dem sog. Ciba-Symposium *Man and His Future* im Jahr 1962 begann ein Diskurs zur Gentechnologie, wenngleich diese Technologie erst zehn Jahre später Realität werden sollte. Der Diskurs traf in der BRD in eine Zeit der zunehmenden Relativierung des Fortschrittsoptimismus. Galt der wissenschaftlich-technische Fortschritt einst als Quelle steigenden Wohlstands, änderte sich diese Situation gegen Ende der sechziger, Anfang der siebziger Jahre grundlegend. Die Menschen spürten in ihrer Lebens- und Arbeitsumwelt eine Reihe von Gefahren, vielfach ausgelöst durch technische Innovationen, die die Umwelt und auch die Gesellschaft als Ganzes zu bedrohen schienen. Die Technikeuphorie wich mehr und mehr einer Technikskepsis, so dass zu hinterfragen bleibt, wie sehr die Zuspitzung des Gentechnik-Diskurses in der BRD, hin zu einer breiten öffentlichen Diskussion bis Mitte der achtziger Jahre, durch die Orientierungskrise im gesellschaftlichen Umgang mit Wissenschaft und Technik beeinflusst wurde. Gerade die deutschen Kernenergiediskussionen der siebziger Jahre boten immer wieder Anlass zur Projektion auf die mit der Gentechnologie aufgekommenen Fragen ihrer Beherrschung, Kontrolle und Steuerung, so dass zu vermuten bleibt, dass der generelle Technologienkonflikt auch die Einstellungen zur Gentechnik beeinflusste.

Den deutschen Gentechnik-Diskussionen steht bis in die Gegenwart vielfach der Vorwurf besonders kritischer und intensiv geführter Auseinandersetzungen im Vergleich zu anderen Ländern gegenüber. Die Schwierigkeiten einer Einführung in der BRD, insbesondere bei der Grünen Gentechnik, scheinen dieses Vorurteil besonderer Akzeptanzprobleme in Gestalt einer ausgeprägten Gentechnikfeindlichkeit zwar zu bestätigen, sozialwissenschaftliche Untersuchungen und internationale Bevölkerungsumfragen, wie z. B. das Eurobarometer, widerlegten diese Behauptung jedoch mehrfach und stellten vielmehr eine ambivalente und in Teilen durchaus differenzierte Haltung innerhalb der deutschen Bevölkerung fest. Während die medizinischen Anwendungen der Gentechnologie zu Beginn des 21. Jahrhunderts in weiten Teilen der deutschen Öffentlichkeit durchaus Zustimmung erfuhren, begegnete sie landwirtschaftlichen Anwendungen mehrheitlich skeptisch. In diesem Einstellungsmuster offenbart sich eine Diskrepanz zwischen technologischer Wirklichkeit und öffentlicher Diskussion. So stand die Entwicklung der mehrheitlich befürworteten Gentherapie als Standardinstrument im medizinischen Alltag noch aus, während die vornehmlich in Frage gestellten transgenen Nahrungsmittel bereits Realität geworden waren. Aber, verbergen sich hinter dieser Diskrepanz grundsätzlich verschiedene Bewertungsmuster und damit auch Bewertungskriterien für die Anwendungsbereiche der Roten und der Grünen Gentechnik oder ist sie auf die Unterschiede in den Fortschritten der Diskussionen zurückzuführen? Denn, während die Diskussionen zu den medizinischen Anwendungen Mitte der achtziger Jahre mit einem rund 25-jährigen Diskurs-Vorlauf starteten, begannen die Auseinandersetzungen um die landwirtschaftlichen Anwendungen vergleichsweise plötzlich und konnten nicht von langjährigen Diskussionen im Vorfeld erster Versuchsreihen partizipieren.

Nicht nur die Einführung der Roten Gentechnik gegen Ende des 20. Jahrhunderts war begleitet von Diskussionen über Gefährdungen moralischer und kultureller Normen. Gleiches zeigte sich auch im Kontext anderer Technologieeinführungen zu dieser Zeit in der BRD. Allerdings scheinen gerade diejenigen zur Gentechnik einen besonderen Impetus zu haben. Die Tatsache, dass die Fundamente des Lebens und des Menschseins selbst letztlich in jeder Auseinandersetzung über die Anwendungen der Gentechnologie zur Disposition gestellt werden, lässt scheinbar nur wenig Raum für Kompromisse. Ist diese augenscheinliche Kompromisslosigkeit jedoch tatsächlich auf eine mangelnde Differenzierung der einzelnen Anwendungsbereiche in den Diskussionen zurückzuführen oder reduziert sich dieses Phänomen nicht vielmehr auf wenige Einzelanwendungen, deren Diskussionen mit besonderer Intensität geführt wurden? Gerade an die letztgenannte Vermutung knüpft sich die Frage, wer sich an diesen besonders intensiven Diskussionen beteiligte und, ob ggf. nur einzelne Akteure oder Akteursgruppen zu bestimmten Fragen absolute Kompromisslosigkeit zeigten? Darüber hinaus offenbart sich eine vielfache Verschränkung der Gentechnik-Diskussionen mit den zeitgleich in der BRD stark umstrittenen Reproduktionstechniken. Sofern diese Verschränkungen auch zu inhaltlichen und terminologischen Verwechslungen führten, ist es naheliegend, dass sich die wahrgenommene Kompromisslosigkeit unter Umständen vielmehr auf die Reproduktionstechnologie, denn auf die Gentechnologie zurückführen lässt.

Alle hier aufgestellten Fragen tangiert zugleich die These einer besonderen Beeinflussung der in der BRD vorgenommenen Bewertungen medizinischer Gentechniken durch die Erfahrungen der nationalsozialistischen Verbrechen. Aber, gab es tatsächlich Einflüsse auf die medizinethischen Gentechnik-Diskussion, die auf Vergleiche mit der im Nationalsozialismus in deutschen Konzentrationslagern praktizierten Erb- und Rassenpflege zurückzuführen sind? Oder handelte es sich hierbei nicht vielmehr um Behauptungen einzelner Akteure, die auf den Verlauf der Diskussionen keinen Einfluss nahmen?

Im Kontext der aufgestellten Fragestellungen unternimmt die Arbeit eine historische Diskursanalyse zur Entstehung, Entwicklung und Veränderung der Gentechnik-Diskussionen in der BRD seit den 1960er Jahren, wobei der Fokus auf die Bereiche der Roten und Grünen Gentechnik, also den medizinischen und landwirtschaftlichen Anwendungsbereichen liegt. Zwar existiert bereits eine Fülle von sozialwissenschaftlichen, ökonomischen, juristischen, politikwissenschaftlichen sowie bio- und medizinethischen Untersuchungen zur Gentechnik in der BRD, jedoch setzen all diese Arbeiten punktuell an und beleuchteten nur einen zeitlich oder gegenständlich eingeschränkten Teilaspekt des Diskurses. Eine historische Überblicksarbeit zur Betrachtung der Gesamtentwicklung des Diskurses seit seinen Anfängen, die eine Identifizierung von Zusammenhängen und Veränderungen erlaubt, fehlte jedoch bislang.

Die Orientierung am Diskursbegriff des Michel Foucault, welcher einen Strukturierungszusammenhang von Aussagen und Ereignissen unterstellt, scheint zur Identifizierung von Entwicklungssträngen sehr geeignet. Im Kontext des öffentlichen Diskurses zur Gentechnik bietet sich eine Fülle von Texten, Medienbeiträgen, Gesprächen und Dialogen, die mit Hilfe der historischen Diskursanalyse und hermeneutischen Verfahren in eine überschaubare Ordnung gebracht werden können und darüber bewertbare, sozial konstruierte Wirklichkeiten hervorbringt. Nach Foucault wird dem Gegenstand des Diskurses ein Objektstatus zugeschrieben. Dieser macht ihn im Hinblick auf 1) die sozialen und institutionellen Zusammenhänge, 2) das Subjekt, das Aussagen macht, 3) eine Verallgemeinerung der Aussagen und 4) die Strategie des Diskurses benennbar und beschreibbar.[1] Dieses Vorgehen erlaubt eine Benennung der mit der Gentechnik verbundenen Zuschreibungen, Assoziationen, Legitimationsmuster, Hoffnungs- und Schreckensszenarien, der gesellschaftlichen und ökonomischen Kontexte sowie von Kontinuitäten und Diskontinuitäten des Diskurses.

Soll mit dieser Arbeit ein Überblick über die Entwicklung des Gentechnikdiskurses in der BRD seit seinen Anfängen in den sechziger Jahren bis in die jüngste Vergangenheit gegeben werden, so reicht es nicht aus, einzelne Akteure, Akteursgruppen, Medien oder Institutionen zu untersuchen, denn hier verlaufen immer

1 Vgl. M. Foucault, Archäologie des Wissens, Frankfurt a. M. 1997, 8. Aufl., S. 61 ff.

nur einzelne Stränge eines Diskurses. Grundsätzlich müssten zur Betrachtung seiner Gesamtheit alle schriftlichen, audiovisuellen, materiellen und praktischen Veröffentlichungen, die das Thema in irgendeiner Form aufgreifen, beschrieben und alle beteiligten Akteure in ihrer Rolle für den Diskurs untersucht werden.[2] Für die Analyse des deutschen Gentechnikdiskurses über mehr als vier Jahrzehnte ergibt sich für eine einzelne Arbeit jedoch eine nicht zu bewältigende Fülle an Material. D. h. zur Analyse und Bewertung des großen Ganzen muss eine stichprobenartige Untersuchung einzelner, zentraler Elemente des Diskurses vorgenommen werden, ohne dabei dem Anspruch einer vollständigen Erfassung der untersuchten Elemente gerecht werden zu können. Diese muss eigenständigen Untersuchungen überlassen bleiben, die es z. T. bereits gibt. Die Fokussierung der Fragestellungen auf die BRD erlaubt trotz mehrfacher Beeinflussungen durch die Entwicklungen im Ausland eine auf nationale Quellen reduzierte Untersuchung, die keiner internationalen Vergleichsanalyse bedarf.

Die Konzentration auf die beiden größten und in der Öffentlichkeit umstrittensten Anwendungsbereiche der Gentechnologie ermöglicht gemeinsam mit der Länge des Betrachtungszeitraums über 45 Jahre einen Vergleich von Art, Inhalten und Akteuren des Diskurses. Um diesem Anspruch gerecht zu werden, wurde eine Auswahl der im Wesentlichen an den Diskussionen beteiligten Akteursgruppen[3] vorgenommen. Dazu gehören neben Biowissenschaftlern auch Politiker, Mediziner, Kirchenvertreter und Theologen, Interessenverbände sowie Bauern und Landwirte. Einen Ausgangspunkt für die diskursanalytische Untersuchung dieser Gruppen während des gesamten Betrachtungszeitraums bildeten – wo möglich – stellvertretende, überregionale Fachzeitschriften mit möglichst großer Verbreitung im Sine einer hohen Auflagenzahl. So wurde zur Untersuchung des Diskursverhaltens der Mediziner das *Deutsche Ärzteblatt* und für die dem Christentum und der evangelischen und katholischen Glaubensrichtung angehörenden Kirchenvertreter und Theologen die *Herder Korrespondenz* herangezogen. Die Betrachtung der Diskurse unter Bauern und Landwirten konnte dagegen nur partiell mit Hilfe eines stellvertretenden Zeitschriftenorgans erfolgen, erschien die einzige, für den Untersuchungsgegenstand geeignete Zeitschrift, die *Unabhängige Bauernstimme*, doch erst seit 1987. Ihr Vorgänger, das 1976 gegründete *Bauernblatt*, erlangte nie die Verbreitung ihrer Nachfolgerin, weshalb ihre Sichtung ausgespart wurde.

Überall dort, wo eine Untersuchung der Akteursgruppen nicht über ein entsprechendes Fachorgan erfolgen konnte, musste die im Literaturverzeichnis dokumentierte umfangreiche Analyse der Sekundärliteratur[4] diese Lücken für den Betrachtungszeitraum schließen helfen. Dies trifft sowohl für die Gruppe der Biowissenschaftler als auch auf die breite Gruppe der Interessenverbände und

2 Vgl. A. Landwehr, Historische Diskursanalyse, Frankfurt/New York 2008, S. 102.

3 Bei allen berufsspezifisch unterscheidbaren Akteursgruppen wird aus Gründen der Lesbarkeit ausschließlich die männliche Bezeichnung verwendet.

4 Im Rahmen der Untersuchungen für diese Arbeit wurden weit mehr als 1450 Publikationen zum Untersuchungsthema gesichtet.

Politiker zu, die sich durch starke Differenzierungsmöglichkeiten innerhalb ihrer Gruppe auszeichnen. So schließt die Gruppe der Biowissenschaftler neben Bio- und Gentechnologen auch Molekularbiologen, Biologen, Chemiker, Physiker, Genetiker, Reproduktionstechniker und Agrarwissenschaftler mit ein. Unter den Interessenverbänden finden sich sowohl Umwelt-, als auch Verbraucher-, Naturkost- oder Gewerkschaftsverbände, während die Gruppe der Politiker alle an den verschiedenen Regierungen während des Betrachtungszeitraums beteiligten Parteien zusammenfasst. Für die letztgenannte Akteursgruppe bot sich allerdings die besondere Situation bereits vorhandener Studien zur politischen Willensbildung, die lediglich zusammenfassend und vergleichend in die Analysen einbezogen wurden. Da ein Teil der in der BRD forschenden Biowissenschaftler und Mediziner auch Mitglied in den deutschen Akademien der Wissenschaften war und ist, wurde darüber hinaus auch eine Analyse der Akademienjahrbücher unternommen.

Zur Betrachtung diskursiver Rahmenbedingungen, die insbesondere im Hinblick auf die Verschränkungen mit den Diskursen um die Reproduktionstechnologie von Bedeutung sind, wurde die Diskursanalyse in wesentlichen Teilen durch die Untersuchung zweier weitverbreiteter, überregionaler Printmedienorgane gestützt. Dabei handelt es sich um das Wochenmagazin *Der Spiegel* sowie um die Tageszeitung *Die Welt*. Während *Der Spiegel* in der BRD zu den leitenden Printmedien zählt, überzeugt die sich im Vergleich zu anderen überregionalen Zeitungen eher im unteren Auflagenniveau bewegende *Welt* durch ihre Verbreitung ohne starke regionale Konzentrationen.

Die entwickelten Fragen und diskursanalytischen Überlegungen werden in neun Kapiteln untersucht. Infolge einer Verortung der Fragestellungen innerhalb der Technikgeschichte in *Kapitel eins* liefert *Kapitel zwei* eine Bestimmung der für die Arbeit wesentlichen Begriffe, „Öffentlichkeit“ und „Gentechnik“. In fünf weiteren Kapiteln folgt eine chronologische Darstellung der strukturierten Diskursphasen. Dabei knüpfen die zur Eingrenzung dieser Phasen benannten historischen Ereignisse nicht nahtlos aneinander an. Sie bilden vielmehr einen groben zeitlichen Rahmen zur Einordnung der Diskursphasen. Jedes der fünf Kapitel beginnt mit einer Zusammenfassung der für die Phase entscheidenden technologischen Entwicklungen. Dieser Überblick ermöglicht infolge einer Erläuterung zentraler Diskursthemen am Ende jedes Kapitels einen Vergleich von Diskussionsgegenstand und technologischer Wirklichkeit.

So werden die Prä-Gentechnik-Debatten, ausgelöst durch das Ciba-Symposium im Jahr 1962, bis zur technologischen Realität der Gentechnik im Jahr 1972 in *Kapitel drei* dargelegt. Anders als die folgenden Kapitel werden die frühen Auseinandersetzungen ausführlicher dargestellt, da nur durch dieses Vorgehen eine präzise Analyse der Anfänge des Gentechnik-Diskurses möglich ist. Mit *Kapitel vier* beginnen die ersten öffentlich-politischen Debatten zur Gentechnik. Vor dem Hintergrund international aufgekommener Sicherheitsfragen, gelingt mit der Konferenz von Asilomar eine frühe Verständigung unter Biowissenschaftlern auf gemeinsame Sicherheitsrichtlinien, die 1978 auch für die BRD übernommen werden. *Kapitel fünf* erläutert die Entstehung erster Gentechnik-Diskussionen in der BRD Mitte der achtziger Jahre. Mit dem durch politische Beratungskommissionen initiierten Diskussionsprozess erfolgte eine folgenschwere Erweiterung der Debatten hin zu Diskussionen. Diese erfahren in *Kapitel sechs*, beeinflusst durch zentrale Ereignisse im Umfeld des Humangenomprojekts, erste Gentherapiestudien und der Bekanntmachung des Klonschafs Dolly, eine besondere Intensität. Ähnlich verhielt es sich mit den Diskussionen im Bereich der Grünen Gentechnik, die im Kontext erster Freisetzungsversuche eine Vielzahl von Interessenverbänden auf das Problemfeld aufmerksam machten und verstärkt öffentliche Protestaktionen nach sich zogen. Infolge der Zuspitzung der Diskussionen erfahren beide Bereiche zu Beginn des neuen Jahrtausends in *Kapitel sieben* eine gewisse Beruhigung. So sorgten die Entwicklungen zur Stammzellforschung für eine Ablenkung von den Diskussionen um die medizinischen Anwendungen der Gentechnik. Zugleich erfuhr auch die Diskursintensität landwirtschaftlicher Anwendungsfragen, aufgrund EU-rechtlicher Anpassungen des Gentechnikgesetzes bis 2006, eine Milderung. Um 2006 ist der Gentechnik-Diskurs in der BRD zwar nicht beendet, er findet aber insofern einen vorläufigen Abschluss, als der zukünftige Weg in der Gentechnologie in groben Zügen gezeichnet scheint.

Infolge der chronologischen Darstellungen gibt *Kapitel acht* einen systematischen Überblick über die Entwicklungen der Diskussionen um die Rote und Grüne Gentechnik. Neben der gesonderten Betrachtung beider Anwendungsbereiche erfolgt hier auch eine differenzierte Betrachtung der untersuchten Akteursgruppen im Hinblick auf ihren Einfluss auf die Entwicklung des Diskurses. *Kapitel neun* fasst abschließend die diskursanalytischen Ergebnisse vor dem Hintergrund der aufgestellten Fragestellungen zusammen.

1. VERORTUNG DER GENTECHNIK INNERHALB DER TECHNIKGESCHICHTE

Die Forschungen der Technikgeschichte wurden lange Zeit von rein historischen Beschreibungen zu Erfindungen und Erfinderpersönlichkeiten dominiert. Erst im letzten Drittel des 20. Jahrhunderts gab es Bemühungen um eine neue Bestimmung ihres Gegenstands und Selbstverständnisses. Es folgte eine Abkehr von der auf Personen, Erfindungen, Erkenntnisse sowie Funktions-, Struktur- und Systembeschreibungen beschränkten Technikgeschichte, die nun eine Erweiterung um kultur- und sozialhistorische Perspektiven erfuhr und die Analyse wechselseitiger Beziehungen zwischen Technik auf der einen Seite und Gesellschaft und Wirtschaft auf der anderen Seite übernahm.[1] Die neue, moderne Technikgeschichte fasste den technischen Prozess als Ganzes ins Auge und untersuchte sozioökonomische Kontexte für Erklärungen des technischen Strukturwandels. Dabei strebt sie nach einer holistischen Integration disziplinärer Perspektiven, die die Veränderung von Funktion und Struktur der Techniken aus verschiedenen Kontexten heraus erklären kann und ihre Auswirkungen auf Kultur und Gesellschaft aufzeigt.[2] Sie entwickelte sich also von einer ingenieurwissenschaftlichen Technikgeschichte hin zu einer am Menschen orientierten Technikgeschichte, die sich mit den Wirkungszusammenhängen der Technik in der Vergangenheit auseinandersetzt.

Mit dieser veränderten Sichtweise erhielt die Technikgeschichte ihre besondere gesellschaftliche Relevanz, ist sie doch in der Lage, unsere technologisch geprägte Zukunft aufgrund ihres Wissens um Wirkungszusammenhänge von Technikentwicklungen zumindest in bestimmten Grenzen vorauszudenken und an den richtigen Stellen kritisch zu hinterfragen. Politik, Industrie, Wissenschaft und Gesellschaft sind heute bei der Einführung einer neuen Technologie vor eine Reihe von Entscheidungsnotwendigkeiten gestellt, die nach der gesellschaftlichen Wünschbarkeit technischer Systeme, den ethischen Grenzen der Technik oder der zumutbaren Grenze technisch bedingter Risiken fragen.[3] Die moderne Technikgeschichte kann auf dem Weg zur Entscheidungsfindung mit ihrer Expertise einen wesentlichen Beitrag liefern. Jedoch nahm sie neuere Technologien bislang nur vereinzelt in den Blick und erlangte somit nur in begrenztem Umfang einen gesellschaftlichen und politischen Einfluss auf neue technologische Entwicklungen.

1 Vgl. W. König/H. Schneider, Einleitung, in: W. König/H. Schneider (Hg.), Die technikhistorische Forschung in Deutschland von 1800 bis zur Gegenwart, Kassel 2007, S. 7.

2 Vgl. W. König, Technikgeschichte, in: G. Ropohl (Hg.), Erträge der Interdisziplinären Technikforschung, Berlin 2001.

3 Vgl. A. Grunwald, Technikfolgenabschätzung, Berlin 2002, S. 30.

Die in dieser Arbeit vorgenommene diskursanalytische und zugleich technikhistorische Untersuchung der öffentlichen Wahrnehmung der Gentechnik in der BRD steht paradigmatisch für die Betrachtung moderner Technologien in der Technikgeschichte. Denn mit der in den sechziger Jahren des 20. Jahrhunderts unternommenen Erweiterung der untersuchten Perspektiven war noch keine grundsätzliche Modernisierung der Untersuchungsgegenstände einhergegangen. Die Notwendigkeit einer solchen Modernisierung offenbart sich am Beispiel der Gentechnik sehr eindrücklich. Die in der technikhistorischen Forschung gebräuchliche Terminologie des Artefakts als dem vom Menschen geschaffenen Erzeugnis scheint gerade im Kontext der modernen Biotechniken weit überholt. Der Notwendigkeit terminologischer Überarbeitungen im Kontext veränderter technologischer Wirklichkeiten nahm sich u. a. die Philosophin und Biologin Nicole Karafyllis an, die den Begriff des *Biofakts* zur Beschreibung natürlich-künstlicher Mischwesen schuf. Mit dem sog. Biofakt wird der Wachstumsbegriff als Unterscheidungsmerkmal zwischen Natur und Technik problematisiert, wobei ein Biofakt Wachstum als zentrale Lebenseigenschaft voraussetzt.[4] Je nach Definition des Wachstumsbegriffs kann das Lebende technisch verfasst und in seinem Wachsen und Werden heteronom sein. In diesem Sinne sind Klone ebenso wie transgene Pflanzen oder gentherapeutisch behandelte Zellen Biofakte.

Dem Anspruch, einen wesentlichen Beitrag zum Prozess der politischen und gesellschaftlichen Willensbildung zu leisten, kann eine moderne Technikgeschichte nur dann gerecht werden, wenn sich die Disziplin auch jüngeren Technologien gegenüber öffnet. Die kritische Begleitung technologischer Entwicklungen bedeutet eine kontinuierliche Fortschreibung und Überprüfung aufgestellter Wirkungszusammenhänge. So verlangen die Fortschritte der Technik im Kontext der technikhistorischen Forschungen nach einer Neuverhandlung dessen, was heute unter Natur und Technik zu verstehen ist. Vor diesem Hintergrund erfahren auch Wissenschaft und Gesellschaft eine zunehmende Entgrenzung. In diesem Sinne liefert die Arbeit einen Beitrag zur Weiterentwicklung der Disziplin.

4 N. C. Karafyllis, Zur Phänomenologie des Wachstums und seiner Grenzen in der Biologie, in: W. Hogrebe (Hg.), Grenzen und Grenzüberschreitungen, Bonn 2002, S. 581.

2. BEGRIFFSBESTIMMUNGEN

2.1. ZUM VERSTÄNDNIS VON ÖFFENTLICHKEIT

Die Analyse der öffentlichen Wahrnehmung eines Diskussionsfeldes verlangt zunächst eine Auseinandersetzung mit der „Öffentlichkeit". Neben zahlreichen variablen Bedeutungen findet sich heute eine nahezu inflationäre Verwendung des Begriffes, die nicht nur seine grundsätzliche Klärung notwendig macht, sondern auch im speziellen Bezug zur Gentechnik. Im Folgenden soll daher zunächst eine Auswahl zentraler Terminologien aufgezeigt werden, während anschließend ein spezielles Öffentlichkeits-Verständnis im Kontext des Gentechnik-Diskurses bestimmt wird.

Das heutige Verständnis von Öffentlichkeit knüpft an die ersten Demokratiekonzeptionen des antiken Griechenland an. Der Begriff Demokratie stammt aus dem Griechischen von δῆμος [démos] für das *Volk* und von κρατία [-kratia] für *Herrschaft* und bedeutet *Volksherrschaft*. Damit steht der Begriff in klarer Abgrenzung zu den Begriffen Monarchie, Aristokratie, Oligarchie, Theokratie und Diktatur. Nach diesen frühen Konzeptionen sollte die Regelung gesellschaftlicher Aufgaben nicht mehr auf politische Eliten beschränkt bleiben, sondern von der Gemeinschaft der aufgeklärten, kritischen Staatsbürger übernommen werden. Für das Funktionieren einer solchen Demokratie bildet das Öffentlichkeitsprinzip – nach dem die öffentliche Diskussion den Raum darstellt, in welchem politische Meinungsbildung stattfindet – eine unabdingbare Voraussetzung. Nach dieser historischen Bestimmung des Begriffs bezeichnet Öffentlichkeit „die Sphäre der Kritik, der Kontrolle und der Entscheidungsfindung, die allen am sozialen Geschehen und politischen Handlungszusammenhang Beteiligten offen steht."[1] De facto konzentrierte sich Öffentlichkeit als Forum für Diskussion und Entscheidungsfindung bis zum 18. Jahrhundert aber nur auf Machtinhaber. Erst über die Aufklärung, Menschenrechtsdiskussionen und die Entwicklung eines den Bürgern zugänglichen publizistischen Marktes entwickelte sich ein Öffentlichkeitsverständnis in Richtung eines gesamtgesellschaftlichen Handelns.

Welche Bedeutungen stehen also heute hinter dem Begriff Öffentlichkeit? Was steckt hinter der Redewendung des öffentlichen Interesses, öffentlicher Verantwortung oder der öffentlichen Meinung? Eine zentrale Analyse zur Entwicklung des Begriffes nahm der Soziologe und Philosoph Jürgen Habermas in seiner Habilitationsschrift *Strukturwandel der Öffentlichkeit* vor, in der er eine Mannigfaltigkeit konkurrierender Bedeutungen im Sprachgebrauch von „öffentlich" und „Öffentlichkeit" feststellte, die bis heute durch keine präzise Definition der Be-

1 Vgl. Brockhaus Enzyklopädie, Bd. 16, Mannheim 1991, S. 124–125.

grifflichkeiten ersetzt werden konnte.[2] In seiner Arbeit zeigte Habermas die historische Veränderung von Öffentlichkeit hin zu einer politischen Öffentlichkeit. Als Kategorie der bürgerlichen Gesellschaft trat der Begriff in Deutschland erst gegen Ende des 18. Jahrhunderts auf, während nach Habermas darunter „die Sphäre der zum Publikum versammelten Privatleute" zu verstehen sei.[3] Einerseits sah er den Staat heute als „öffentliche Gewalt", wobei die Bezeichnung für ihn aus seiner Aufgabe „für das öffentliche, das gemeinsame Wohl aller Rechtsgenossen zu sorgen" resultiert.[4] Andererseits sieht er parallel eine partielle Auflösung der Verbindung von Öffentlichkeit und Politik infolge einer Verselbständigung der Massenmedien.[5]

Ausgehend von diesem gemeingültigen Entwurf Habermas´ unternahmen zahlreiche Arbeiten den Versuch einer differenzierten Bestimmung des Begriffes im Kontext einzelner Disziplinen. Einen Aufschwung erhielten diese vor allem seit den 1990er Jahren, wobei sich insbesondere die Soziologie und Kommunikationswissenschaft mit dem Begriffshintergrund beschäftigten. Die systemtheoretisch orientierten Arbeiten dieser Disziplinen beschreiben Öffentlichkeit und öffentliche Meinung übereinstimmend als ein spezifisches Kommunikationssystem bzw. als kommunikatives Phänomen. So auch der Soziologe Niklas Luhmann, einer der Begründer einer soziologischen Systemtheorie, in deren Verständnis Gesellschaft für ihn Kommunikation und diese wiederum gemeinschaftliches Handeln ist.[6] Luhmann sieht die öffentliche Meinung ganz allgemein als Produkt öffentlicher Kommunikation bzw. als „ein Kommunikationsnetz ohne Anschlusszwang"[7], räumt jedoch ein, dass sich die öffentliche Meinung über seinen Kommunikationsbegriff nicht ausreichend bestimmen ließe.[8] Vor diesem Hintergrund erklärt er sie zum Medium, in dem durch Kommunikation fortlaufend Formen abgebildet und wieder aufgelöst werden, ein Prozess der insbesondere durch die Einflüsse aus Presse und Funk bestimmt wird.[9] Der bereits von Habermas konstruierte politische Bezug wird auch von Luhmann gesehen. Er versteht öffentliche Meinung als einen „Steuerungsmechanismus" des politischen Systems, welches sich demzufolge in einem Abhängigkeitsverhältnis befindet. In diesem Verhältnis gründet die Funktion der öffentlichen Meinung jedoch nicht darin,

2 Vgl. J. Habermas: Strukturwandel der Öffentlichkeit, Neuwied 1962, S. 13.
3 Ebd., S. 40 und 194.
4 Vgl. Ebd., S. 14.
5 Vgl. Ebd., S. 196.
6 Vgl. N. Luhmann, Die Gesellschaft der Gesellschaft, Frankfurt a. M. 1997.
7 Vgl. N. Luhmann, Gesellschaftliche Komplexität und öffentliche Meinung, in: Ders., Soziologische Aufklärung 5, Opladen 1990, S. 172.
8 Vgl. N. Luhmann, Die Beobachtung der Beobachter im politischen System, in: J. Wilke (Hg.), öffentliche Meinung. Freiburg/München 1992, S. 78.
9 Vgl. N. Luhmann, Gesellschaftliche Komplexität und öffentliche Meinung, in: Ders., Soziologische Aufklärung 5, Opladen 1990, S. 176.

konkrete politische Entscheidungen herbeizuführen, sondern vielmehr in der Selektion von Entscheidungsmöglichkeiten.[10]

In Anlehnung an das Luhmannsche Modell sehen auch die Soziologen Jürgen Gerhards und Friedhelm Neidhardt Öffentlichkeit als ein ausdifferenziertes Kommunikationssystem mit politischer Funktion in Gestalt der Aufnahme und Verarbeitung bestimmter Themen, die wiederum öffentliche Meinung erzeugen. Innerhalb dieses Systems gehen sie allerdings nur unter „Sonderbedingungen“ von Konsensbildung aus.[11] Gerhards und Neidhardt konstruieren Öffentlichkeit als ein dreistufiges Mehrebenenmodell: Die Mikroebene umfasst die elementare Interaktion und damit eine flüchtige Form von Öffentlichkeit. Auf der Mesoebene siedeln sie dagegen eine Form von Öffentlichkeit an, die im Kontext thematisch zentrierter Interaktionssysteme wie z. B. im Rahmen einer Protestveranstaltung entsteht, während die Makroebene die publizistische Öffentlichkeit umfasst, die im Vergleich zu den anderen Ebenen nur noch wenig Einflussnahme von Publikum erlaubt.[12] Die prinzipielle Gleichrangigkeit aller drei Öffentlichkeitsebenen und die darüber fehlende Reduktion von Öffentlichkeit auf eine publizistische Öffentlichkeit sind als wesentliche Elemente dieses Modells herauszustellen.

Die Verbindung von Öffentlichkeit und politischem System sorgte aber auch mehrfach für Kritik. Die fehlende Abgrenzung von öffentlicher Kommunikation und anderen gesellschaftlichen Kommunikationsbereichen galt es insbesondere von Seiten der Kommunikationswissenschaften zu überwinden. „Öffentlichkeit [sollte] nicht länger als Annex oder integraler Bestandteil anderer Funktionssysteme (etwa Politik) begriffen werden.“[13] Schon 1994 machte sich Gerhards selbst an eine Reformulierung seiner systemtheoretischen Beschreibungen und erklärte Öffentlichkeit bzw. Publizistik zu einem eigenständigen Funktionssystem der Gesellschaft. Darin können öffentliche Kommunikationsprozesse nur dann zustande kommen, wenn sie Aufmerksamkeit produzieren bzw. zentrieren und gleichzeitig Nicht-Aufmerksamkeit vermeiden.[14] Die zentrale Funktion von Öffentlichkeit sieht Gerhards „in der Ermöglichung der Beobachtung der Gesamtgesellschaft durch die Gesellschaft, in der Ermöglichung von Selbstbeobachtung.“[15] Dem Öffentlichkeitssystem mit seiner Übersicht über die Gesellschaft räumt er dabei nicht nur eine Vorrangstellung, sondern auch eine Kontrollfunktion gegenüber den eingeschränkten Sichtweisen der anderen gesellschaftlichen Funktionssysteme ein.[16]

10 Vgl. N. Luhmann, Öffentliche Meinung, in: Politische Vierteljahresschrift, 1970/11, S. 27.

11 Vgl. J. Gerhards/F. Neidhardt, Strukturen und Funktionen moderner Öffentlichkeit, in: S. Müller-Dohm/K. Neumann-Braun (Hg.), Öffentlichkeit, Kultur, Massenkommunikation, Oldenburg 1991, S. 79.

12 Vgl. Ebd., S. 50 ff.

13 D. M. Hug, Konflikte und Öffentlichkeit, Opladen 1997, S. 313.

14 Vgl. J. Gerhards, Politische Öffentlichkeit, in: F. Neidhardt (Hg.), Öffentlichkeit, öffentliche Meinung, soziale Bewegungen, Opladen 1994, S. 89.

15 Ebd., S. 87.

16 Vgl. Ebd., S. 88.

Auch Detlef Matthias Hug reagierte mit seinem Öffentlichkeitsmodell auf die Kritik einer fehlenden Abgrenzung. So grenzte er individuelle Meinungen und Einstellungen sehr klar von öffentlicher Meinung ab. Nach Hug kann „Öffentlichkeit nicht ′das′ Volk bezeichnen oder die Gesamtheit der wahlberechtigten Staatsbürger" bzw. zugespitzt eine „bloße Ansammlung von Individuen."[17] Die zentrale Funktion von Öffentlichkeit sieht er vornehmlich in der Definition und Artikulation sozialer Probleme, die aus anderen gesellschaftlichen Teilsystemen entstehen. So bestimmt Hug Öffentlichkeit als gesellschaftliche Instanz, „die über die soziale Valenz sozialer Probleme informiert."[18] Dabei ist die Problemdefinition keineswegs der „Garant für die Möglichkeit einer konsensuell getragenen Problemlösung", sondern ermöglicht bestenfalls eine „*kollektive Identifikation sozialer Differenzen*."[19] Damit liegt die Funktion der öffentlichen Kommunikation nach Hug gerade nicht in der Erlangung eines gesellschaftlichen Konsens, sondern in der Generierung sozialer Differenzerfahrungen und der Aufklärung eben dieser Differenzen.

Einen wesentlichen Beitrag zur Klärung des Öffentlichkeitsbegriffes lieferte 2007 der Politologe Bernhard Peters mit seiner Arbeit *Der Sinn von Öffentlichkeit.*[20] Anders als Neidhardt, der Öffentlichkeit als „Raum, in dem, durch Massenmedien vermittelt, vor einem potentiell großen Publikum ständig Informationen über alles mögliche […] ausgetauscht werden" versteht[21], nimmt Peters keine Reduzierung der Öffentlichkeit auf die Massenmedien vor, sondern sieht diese vielmehr als eigenes, spezialisiertes Teilsystem innerhalb der öffentlichen Sphäre. Das System der Massenmedien besteht für ihn in der „Produktion und Distribution kultureller Produkte und Dienstleistungen, die auf Märkten abgesetzt oder auch einem Publikum kostenfrei angeboten werden."[22] Peters nähert sich seinem Öffentlichkeitsbegriff über verwandte und antonyme Begriffe. Im Gegensatz zum nichtöffentlichen, privaten, vertraulichen oder geheimen Bereich, sind öffentliche Sachverhalte für ihn „Ereignisse oder Aktivitäten, die jeder beobachten oder von denen jeder wissen kann." Alles Öffentliche muss also grundsätzlich frei zugänglich und für jedermann verfolgbar sein oder die Möglichkeit zur Beteiligung am selben bieten. Öffentlichkeit ist für Peters „die Kommunikation unter Akteuren, die aus ihren privaten Lebenskreisen heraustreten, um sich über Angelegenheiten von allgemeinem Interesse zu verständigen."[23] Öffentliche Debatten und Diskurse

17 D. M. Hug, Konflikte und Öffentlichkeit, Opladen 1997, S. 294.
18 Ebd., S. 322.
19 Ebd., S. 323–324. Herv. D. M. H.
20 B. Peters, Der Sinn von Öffentlichkeit, in: F. Neidhardt (Hg.), Öffentlichkeit, öffentliche Meinung, soziale Bewegungen, Opladen 1994, S. 42–76.
21 F. Neidhardt, Prominenz und Prestige, in: Berlin-Brandenburgische Akademie der Wissenschaften, Jahrbuch 1994, Berlin 1995, S. 235.
22 B. Peters, Der Sinn von Öffentlichkeit, Frankfurt a. M. 2007, S. 79.
23 Ebd., S. 59.

finden in einem sog. öffentlichen Raum statt, der durch drei wesentliche Merkmalsgruppen bestimmt wird:

- *Gleichheit und Reziprozität*, die im Prinzip jedermann eine Beteiligung an öffentlicher Kommunikation gewährt,
- *Offenheit und adäquate Kapazität*, die grundsätzlich allen Themen und Beiträgen einen Zugang zur öffentlichen Kommunikation gewährt und
- *diskursive Strukturen*, die eine argumentative Auseinandersetzung über Probleme und Lösungen ermöglicht.[24]

Gerade die zweite Merkmalsgruppe verlangt somit nach einer ausreichend sensiblen Öffentlichkeit, die wichtige Probleme nicht nur identifizieren kann, sondern auch über die Kapazitäten verfügen muss, um relevante Themen verständlich zu behandeln. Die Funktion von Öffentlichkeit und öffentlicher Kommunikation liegt für Peters darin, durch öffentliche Diskurse zu reflektierten Überzeugungen und Urteilen des Publikums zu gelangen.[25] Absoluter Konsens ist dabei nicht das vordergründige Ziel, sondern Konsens im Durchgang durch Dissens, der eine weitgehende Akzeptanz von bestimmten Ideen, Überzeugungen oder normativen Prinzipien ermöglicht, ohne diese jedoch explizit als Konsens zu deklarieren.[26]

Zusammenfassend offenbart sich auf den ersten Blick ein heterogenes Verständnis von Öffentlichkeit im Rahmen der soziologischen und kommunikationswissenschaftlichen Begriffsbestimmungen. Dahinter steht jedoch eine notwendige Ausdifferenzierung, da der Begriff nur kontextbezogen eine sinnvolle Verwendung erlaubt. In dieser Arbeit steht der Öffentlichkeitsbegriff im Kontext der Diskussionen zur Gentechnik im Fokus. So lässt sich häufig hören oder lesen, dass die verschiedenen gentechnischen Anwendungen von der deutschen Öffentlichkeit abgelehnt werden, wobei das Verständnis derselben in fast jedem Beitrag variiert. In einigen Fällen bezieht sich Öffentlichkeit nur auf die Medien, nur auf die Bevölkerung[27] oder einen Teil davon[28], auf die Meinung Einzelner (z. B. Experten) oder – wie in den meisten Fällen – der Bezug bleibt völlig im Unklaren. Zentrales Charakteristikum des Öffentlichkeitsbegriffes dieser Arbeit muss die theoretische und empirische Bearbeitbarkeit desselben sein, wozu im Wesentlichen an den Öffentlichkeitsbegriff von Peters angeknüpft wird. So wird als öffentlich all das verstanden, wozu ein jeder grundsätzlich Zugang hat und/oder woran er sich beteiligen kann. Hierzu zählen alle Medienberichterstattungen, sämtliche – auch im Internet – publizierten Studien, Arbeiten, Berichte, Mitteilungen, Gesetze

24 Ebd., S. 61–62.
25 Ebd., S. 62.
26 Ebd., S. 201.
27 Von Öffentlichkeit wird sehr häufig im Zusammenhang mit Bevölkerungsumfragen zum Thema Gentechnik gesprochen.
28 Hier kann es sich sowohl um die gesamtdeutsche Bevölkerung als auch um die Bewohner eines Ortes handeln.

Verlautbarungen, Reden, Ausstellungen, Symposien, Konferenzen, Demonstrationen und andere Veranstaltungen mit *grundsätzlich* freiem Zugang für jeden. Nicht dazu zählen Gespräche im privaten oder geschlossenen Kreis, private Forschungen und öffentlich nicht zugängliche Veranstaltungen, die durch kein Medium publiziert werden. Das Attribut „grundsätzlich" ist bei dieser Definition des Öffentlichkeitsbegriffes wesentlich, denn jeder Zugang zu Öffentlichem ist strenggenommen durch Zugangsvoraussetzungen wie der Finanzierung von Zeitschriften, Büchern, Eintrittsgeldern, Bibliotheksausweisen, Tagungsgebühren, Internetgebühren etc. verwehrt. Grundsätzlich verfügt in der westlichen Welt aber (fast) jeder Mensch über die Mittel, die ihm einen Zugang gewähren, so dass es wenig Sinn macht, diese Voraussetzungen als ernsthafte Einschränkung des Öffentlichen zu verstehen.

In Fortführung der Definition Peters′ und bezogen auf das Themenfeld Gentechnik ist Öffentlichkeit „die Kommunikation unter Akteuren, die aus ihren privaten Lebenskreisen heraustreten, um sich über [die die Gentechnik betreffenden] Angelegenheiten von allgemeinem Interesse zu verständigen."[29] Zu diesen Akteuren gehören im Wesentlichen Politiker, Wissenschaftler, Mediziner, Theologen, Philosophen, Bauern und Landwirtschaftler sowie Interessenverbände. Nicht dazu gehört, wie bereits von Hug festgelegt, ganz allgemein die Bevölkerung oder die Gesellschaft. Sie tritt im Diskurs nicht als solche öffentlich auf, sondern lediglich einzelne ihrer Individuen, die allein über ihre Akteursrolle zum Bestandteil der Öffentlichkeit werden. Die Gesamtheit der öffentlichen Positionierungen aller Akteure bilden die sog. öffentliche Meinung, die – um mit den Worten Luhmanns zu sprechen – das Produkt öffentlicher Kommunikation ist. Bestimmt durch öffentliche Positionierungen und die Kommunikation der Akteure ist die öffentliche Wahrnehmung zentrales Element dieser Arbeit. Dieses Öffentlichkeitsverständnis ermöglicht nicht nur das Aufzeigen verschiedener Positionen zur Gentechnik, sondern auch der Kommunikationsabläufe und -entwicklungen und damit den Weg dorthin.

2.2. GENTECHNIK – BEGRIFFSBESTIMMUNG UND ABGRENZUNG

Die Klärung des *Gentechnik-* (engl. *genetic engineering*) und *Gentechnologie*begriffs scheint im Vergleich zum Öffentlichkeitsbegriff gegenständlicher. Dies lässt sich zumindest für die Verwendung innerhalb der naturwissenschaftlichen Disziplinen behaupten. Dagegen sind Beiträge in den Medien häufig von Unschärfen durchzogen, die eine z. T. willkürliche Verwendung der Begriffe offenbaren. Mal ist die Rede von der Gentechnik, mal die von der Gentechnologie oder von der Genchirurgie. Entscheidender als die parallele Verwendung des Technik- und Technologiebegriffes sind jedoch die inhaltlichen Verwechslungen, v. a. mit

29 B. Peters, Der Sinn von Öffentlichkeit, Frankfurt a. M. 2007, S. 59.

der Bio- und Reproduktionstechnologie. Zwar liegen den Technologien durchaus inhaltliche Schnittmengen zugrunde, allerdings sind sie nicht immer auch Thema des Beitrags. Um Verwechslungen in den Analysen der untersuchten Beiträge zu umgehen, muss zunächst eine Begriffsbestimmung gegeben werden.

Nach einer Definition der European Federation of Biotechnology vereint Biotechnologie in sich Naturwissenschaft und Technik, „mit dem Ziel Organismen, Zellen oder ihre Bestandteile sowie molekulare Analoga für Produkte und Dienstleistungen zu nutzen.“[30] Hinter dem Ende der Fünfziger Jahre des 20. Jahrhunderts geprägten[31] Begriff „Biotechnologie“ steht also die Nutzung biologischer Prozesse im Rahmen technischer Verfahren und industrieller Produktionen. Zu ihren klassischen Produkten zählen Bier, Wein und andere Lebensmittel, Arzneimittel oder Industriechemikalien. Eines der Teilgebiete der Biotechnologie ist die Gentechnologie, die jedoch keinesfalls mit ihr gleichgesetzt werden darf.

Sucht man nach einer Definition für die Gentechnologie, kann man eine solche heute in zahlreichen Berichten, Lehrbüchern und Lexika finden, wobei sich auf den ersten Blick kaum Unterschiede zeigen. So heißt es beispielsweise in der *Brockhaus Enzyklopädie* unter dem Stichwort „Gentechnologie“:

> „Teilgebiet der Molekularbiologie und der Biotechnologie, das sowohl die theoretischen Aspekte als auch die praktischen Methoden (Gentechnik, Genchirurgie) umfasst, durch die Gene und deren Regulatoren (Signalstrukturen) isoliert, analysiert, verändert und wieder in Organismen eingebaut werden.“[32]

Diese Definition zeichnet sich u. a. durch die implizite Trennung von Technologie und Technik aus, indem Erstere vor allem die Verfahren und Methoden der Letzteren umfasst und damit Gentechnologie eben nicht die Technik selbst bezeichnet. Bei einem Vergleich der hier genannten Methoden mit Definitionen aus anderen Nachschlagewerken, wie z. B. dem *Römpp Lexikon Biotechnologie und Gentechnik*, so decken sich diese in wesentlichen Teilen. Hier heißt es unter dem Stichwort „Gentechnik“:

> „Bezeichnung für Arbeitsmethoden und Techniken, die erforderlich sind, um genetisches Material aus einem Organismus zu definieren, zu isolieren und zu analysieren, teilweise zu synthetisieren, gezielt zu verändern und zu kombinieren, in andere Organismen zu überführen und schließlich auch zu sammeln, zu konservieren und zu registrieren.“[33]

Deckungsgleich in diesen beiden und zahlreichen weiteren Definitionen von Gentechnik sind also die Merkmale der Isolation, Analyse und Veränderung von genetischem Material bzw. DNA (Desoxyribonucleic acid).[34] Begriffsbestimmungen,

30 Europäische Föderation Biotechnologie, Umweltbiotechnologie, Informationsschrift 4, 1999, S. 1.

31 Vgl. H. Dellweg, Biotechnologie verständlich, Berlin/Heidelberg 1994, S. 1.

32 Brockhaus Enzyklopädie, Band 8, Mannheim 1989, S. 306.

33 Römpp Lexikon Biotechnologie und Gentechnik, Stuttgart 1999, S. 324.

34 Entsprechende Definitionen finden sich bei: H. Dellweg, Biotechnologie verständlich, Berlin/Heidelberg 1994, S. 185, im Lexikon der Biochemie und Molekularbiologie, Zweiter

wie die im *Lindner Biologie* Lehrbuch für die Oberstufe oder im *Taschenlexikon der Biochemie und Molekularbiologie* fassen den Gegenstand der Gentechnik jedoch wesentlich enger. Hier ist lediglich die Rede von der „gezielte[n] Übertragung fremder Gene in den Genbestand einer Zelle bzw. eines Organismus, wobei eine neue Genkombination zustande kommt“[35] bzw. von der Gentechnologie als „Verfahren zur in vitro-Rekombination von genetischem Material (DNA) und dessen identischer Reproduktion in einem geeigneten Wirtssystem.“[36] Die reine Isolation oder Analyse von DNA ist also ausgenommen. Lediglich die gezielte Rekombination von (Teil-)Genen und Gengruppen zu neuen Genkombinationen wird der Gentechnik zugeordnet. Diese enge Grenzziehung erweist sich bei näherer Betrachtung der Arbeitsfelder der Molekulargenetik und -biologie sowie der Biochemie sehr sinnvoll, denn gerade diesen Fachgebieten fällt die Isolation und Analyse von DNA zu. Damit kann der Gentechnikbegriff nur auf eine gezielte Rekombination genetischen Materials reduziert werden. In diesem Zusammenhang ist es entscheidend, von gezielter Rekombination zu sprechen, da Rekombinationen auch bei jeder Befruchtung einer Eizelle in der Natur ablaufen. Gentechnik dagegen stellt neue Kombinationen genetischer Information her, die nicht von Natur aus in einem Organismus vorhanden sind. Mit Hilfe von Restriktionsenzymen[37] wird die DNA an einer spezifischen Desoxynucleotidsequenz, also an einer bestimmten Stelle der Erbinformation, gespalten. Dabei entsteht sog. Insert-DNA (Fremd-DNA), die mit DNA-Vektoren (DNA-Fragmenten) in ein zur Vermehrung der Fremd-DNA befähigtes Wirtssystem überführt bzw. integriert wird. Im Gegensatz zur Biotechnik, die natürliche, biologische Prozesse von Organismen, Zellen oder ihren Bestandteilen nutzt, handelt es sich bei der Gentechnik um die gezielte Veränderung von DNA mit Hilfe der Funktionen der Zelle selbst.

Für das Verständnis dieser Arbeit fallen somit sämtliche im Rahmen der Gentechnikdiskussionen auftretenden Anwendungsbereiche, die nicht auf eine gezielte Veränderung von genetischem Material zurückzuführen sind aus dem Bereich der Gentechnik heraus. D. h. weder die Genomanalyse noch die Stammzelltherapie[38], das Klonen oder die Präimplantationsdiagnostik sind Anwendungen der Gentechnik. Zu ihnen gehören u. a. die Herstellung von transgenen Medikamente, von Pflanzen oder von Lebewesen sowie Gentherapien, wobei die medizinischen Anwendungsbereiche unter dem Begriff „Rote Gentechnik“ und sämtliche landwirtschaftlichen Anwendungen als „Grüne Gentechnik“ zusammengefasst werden.

Keineswegs verwechselt werden darf die Gentechnik mit der „Synthetischen Biologie“. Sie kann als Weiterführung der Gentechnik verstanden werden, bei der

Band, Freiburg i. B. 1991, S. 52 oder online im Glossar der Homepage des BMBF unter http://www.bmbf.de/glossar/glossary_item.php?GID=74&N=G&R=8.

35 H. Bayrhuber/U. Kull, Lindner Biologie. Hannover 1989, S. 381–382.

36 K. Brand, Taschenlexikon der Biochemie und Molekularbiologie, Heidelberg/Wiesbaden 1992, S. 103.

37 In der Wissenschaft als Restriktionsendonukleasen bezeichnet.

38 Also ohne gezielte Veränderung der Stammzellen selbst.

einzelne Gensequenzen verändert und ausgetauscht bzw. mit chemisch synthetisierten Komponenten zu neuen Einheiten kombiniert werden. Das Ziel der nach Designprinzipien arbeitenden synthetischen Biologie ist die Konstruktion neuer Genome, also neuer genetischer Codes und damit eines komplett neuen – in der Natur nicht vorkommenden – biologischen Systems. Zu den beteiligten Disziplinen zählen sowohl die Molekularbiologie, die organische Chemie als auch die Nanobiotechnologie und Informationstechnik. Da es bei der Synthetischen Biologie, ebenso wie bei der Gentechnik, um die Veränderung natürlich-biologischer Systeme geht, wird sie heute als Weiterentwicklung der Gentechnik verstanden.

Abschließend sei darauf hingewiesen, dass auch Klonierungsversuche und die Präimplantationsdiagnostik die Diskussionen um die Gentechnik vielfach beeinflussten, obwohl es sich hierbei um Anwendungen der Reproduktionstechnik, also Eingriffe in den Fortpflanzungsprozess von Lebewesen, handelt. Diese Heterogenität in der Verwendung der Begriffe bzw. der Disziplinbezeichnungen setzt sich bis in die Gegenwart fort. Vor diesem Hintergrund wird es im Rahmen der folgenden Diskursanalyse auch um die Frage gehen, warum sich bis heute keine Differenzierung der technologischen Anwendungsbereiche in den öffentlichen Diskussionen durchsetzen konnte.

3. VOM CIBA-SYMPOSIUM (1962) BIS ZU DEN ANFÄNGEN DER GENTECHNOLOGIE (1972)

3.1. GESCHICHTE DER GENETIK UND DER MOLEKULARBIOLOGIE

Vor einer Betrachtung der Anfänge des Diskurses um die Gentechnik soll an dieser Stelle ein kurzer Überblick über die wesentlichen Entwicklungen auf dem Weg zu den ersten gentechnischen Versuchen gegeben werden. Die Genetik, häufig auch als Vererbungslehre bezeichnet, untersucht die „identische […] Reduplikation des Erbmaterials in der Generationsfolge von Organismen und die damit verbundenen Störungen durch Mutationen."[1] Wenngleich nicht mit diesem Begriff belegt, so beobachteten die Menschen bereits vor einigen Jahrtausenden bei Pflanzen, Tieren und Menschen die Wiederkehr, und damit die Vererbung von Merkmalen der Elterngeneration bei den Nachkommen. Über die Mechanismen dieser Merkmalsweitergabe herrschten jedoch lange Zeit unklare Vorstellungen.

An den Beginn einer im heutigen Verständnis wissenschaftlichen Vererbungslehre ist der Augustinermönch Johann Gregor Mendel zu setzen. Als Begründer der klassischen Genetik unternahm er Mitte des 19. Jahrhunderts zahlreiche Kreuzungsversuche an Erbsen. Seine Ergebnisse einer Vererbung von Erbmerkmalen nach festen Regeln, veröffentlichte er 1866 in einem zunächst unbeachteten Aufsatz *Versuche über Pflanzen-Hybriden*[2], der erst im Jahr 1900 seine Wiederentdeckung durch Carl Correns, Erich von Tschermak-Seysenegg und Hugo de Vries erfuhr. Wie und in welcher Form die Erbmerkmale von Generation zu Generation weitergegeben werden, vermochte Mendel jedoch nicht zu bestimmen. Den Weg zur Beantwortung dieser Fragen ebnete 1869 Friedrich Miescher über Untersuchungen von Eiterzellen. Sein Extrakt aus den Zellkernen dieser Eiterzellen nannte er „Nuclein", heute als Desoxyribonucleic acid, kurz DNA oder im Deutschen als Desoxyribonukleinsäure (DNS) bezeichnet. Anknüpfend an die Befunde Mendels gelangten Edmund Beecher Wilson, Walter Stanborough Sutton und Theodor Heinrich Boveri über empirische Versuche 1902 zu einer Chromosomentheorie der Vererbung, die die Mendelschen Vererbungsfaktoren mit Chromosomen im Zellkern verband.[3] Noch im gleichen Jahr erkannte der Biologe William Bateson die Anwendbarkeit der von Mendel aufgestellten Regeln auch auf Tiere und prägte 1906 für die Vererbungslehre den Begriff *Genetik*. Den Nachweis für die An-

1 K. Brand, Taschenlexikon der Biochemie und Molekularbiologie, Heidelberg/Wiesbaden 1992, S. 101–102.

2 G. Mendel, Versuche über Pflanzen-Hybriden, Brünn 1866.

3 Vgl. J. Graw, Genetik, Berlin 2005, S. 166.

wendbarkeit der Mendelschen Regeln auf den Menschen erbrachte, ebenfalls im Jahr 1902, der amerikanische Arzt William Curtis Farabee.[4]

Auf der Suche nach neuen Erkenntnissen innerhalb der Genetik bedeutete die Einführung der Frucht- bzw. Taufliege (Drosophila melanogaster) als genetischer Modellorganismus durch den Zoologen und Genetiker Thomas Hunt Morgan einen wesentlichen Fortschritt. Die Drosophila-Fliege eignet sich vor allem unter den räumlich begrenzten Laborbedingungen für eine Massenzucht und erlaubt durch relativ kurze Vermehrungszyklen zeitnahe Forschungsergebnisse.[5] Morgans 1910 beginnenden, systematischen Laboruntersuchungen brachten nicht nur wichtige Erkenntnisse über die Vererbungsmechanismen, sondern führten auch zum Nachweis einer linearen Anordnung der Gene auf den Chromosomen; eine Arbeit, die 1933 mit dem Nobelpreis ausgezeichnet wurde. Der Begriff des „Gens“ als Grundeinheit der Genetik wurde bereits ein Jahr vor Beginn der Drosophila-Arbeiten durch den dänischen Botaniker Wilhelm Ludvig Johannsen geprägt[6], so dass Morgan auf diesen bereits zurückgreifen konnte. Sein Schüler Herman Joseph Muller wies 1927 – ebenfalls mit der Drosophila als Forschungsobjekt – nach, dass sich über Röntgenstrahlungen Veränderungen der Erbsubstanz (Mutationen) auslösen lassen. Auch er erhielt im Jahr 1946 den Nobelpreis für seine Forschungen.[7]

Die zahlreichen Erkenntnisse der ersten drei Jahrzehnte des 20. Jahrhunderts brachten zwar Einsichten über Aufbau und Eigenschaften der Erbsubstanz, jedoch keine Antwort auf die Frage, woraus sie tatsächlich besteht. Dazu bedurfte es erst einer Unterstützung der klassischen Genetik in Form einer „Molekularisierung der Biologie.“ Über das Zusammentreten neuer Forschungstechnologien und Experimentalsysteme bot die Molekularbiologie neben bisherigen Aussagen über Aufbau und Funktion nun auch die Möglichkeit zur Charakterisierung biologischer Wirkstoffe.[8] Mitte der dreißiger Jahre begannen Genanalysen, während ein Großteil der Wissenschaftler der Theorie von den Proteinen als Träger der Erbinformation anhing. Der abschließende Nachweis erfolgte 1944 am Rockefeller Institut durch Oswald Theodore Avery, Colin McLeod und Maclyn McCarty, die die DNA als Träger der genetischen Information identifizierten. Die Arbeiten mündeten 1953 in der Aufklärung der DNA-Struktur als Doppelhelix durch Francis Crick und James Watson[9], für die sie neun Jahre später den Nobelpreis erhielten.

Die Reihe nobelpreiswürdiger Arbeiten war mit dieser Entdeckung aber noch lange nicht zu Ende. Die Aufklärung des genetischen Codes, also der wesentlichen Bestandteile des genetischen Alphabets und der Kodierung von Aminosäu-

4 Vgl. H. Zankl, Genetik, München 1998, S. 12.
5 Vgl. H.-J. Rheinberger/S. Müller-Wille, Vererbung, Frankfurt a. M. 2009, S. 192.
6 Vgl. Ebd., S. 183.
7 Vgl. Ebd., S. 198–199 und H. Zankl, Genetik, München 1998, S. 13.
8 Vgl. H.-J. Rheinberger/S. Müller-Wille, Vererbung, Frankfurt a. M. 2009, S. 210.
9 Vgl. H. Zankl, Genetik, München 1998, S. 13.

ren über Tripplets von Nukleotiden[10] durch Marshall Warren Nirenberg, Heinrich Matthaei, Har Gobind Khorana und Severo Ochoa war gekennzeichnet durch eine Vielzahl wegweisender Arbeiten. Auch François Jacob und Jacques Lucien Monod gehören mit ihrer Entwicklung eines Modells, welches die Regulation der Genaktivität durch Eiweißstoffe erklärt, in diese Reihe.[11] Sie prägten den Begriff des „Operons", also einer Funktionseinheit der DNA.

Der molekulargenetische Informationsfluss war damit in seinem Verlauf von der DNA über die RNA bis hin zu den Proteinen festgelegt, wobei der umgekehrte Weg der Informationsübertragung ausgeschlossen werden konnte. Mit den Erkenntnissen erfolgte ein immer stärkerer Einfluss der Informations- und Kommunikationstechnik auf die Molekulargenetik. So stellen Hans-Jörg Rheinberger und Staffan Müller-Wille in diesem Zusammenhang die Veränderung des klassischen Vokabulars fest, das fortan Ausdrücke wie „genetisches Programm", „Speicherung", „Verarbeitung von Information", „Replikation", „Transkription", „Translation" und „genetischer Code" führte.[12]

Die erste Isolierung eines einzelnen Gens aus dem Erbgut von Escherichia Coli, einem bereits damals zu Forschungszwecken vielgenutzten Darmbakterium, gelang Jonathan Beckwith fast gleichzeitig mit der wegweisenden Entdeckung der Restriktionsenzyme durch Werner Arber, Daniel Nathans und Hamilton Othanel Smith. Mit Hilfe dieser 1969 entdeckten Enzyme war die gezielte Herstellung von DNA-Fragmenten möglich geworden, die isoliert zu neuen Kombinationen wieder zusammengesetzt werden konnten. Damit waren Ende der sechziger Jahre die Werkzeuge für eine molekularbiologische Manipulation molekularisiert und das Zeitalter der Gentechnik eingeleitet. Nur drei Jahre später, 1972, gelang Paul Berg das erste gentechnische Experiment, bei dem er DNA eines afrikanischen Krallenfroschs in Escherichia Coli einführte und darüber sog. rekombinante DNA herstellte. Bereits ein Jahr darauf gelangten Stanley Cohen, Annie Chang und Herbert Boyer in einem Pionierexperiment zu ersten Klonierungstechniken, und transferierten künstlich hergestellte, zirkuläre DNA in das Darmbakterium, welches daraufhin die von diesem Plasmid kodierten Eiweißmoleküle bildete.

3.2. CIBA-SYMPOSIUM „MAN AND HIS FUTURE"

Das Symposium der Stiftung eines Schweizer Unternehmens, ausgerichtet in der Hauptstadt Englands, ist nicht nur als Ausgangspunkt für die weltweiten Diskussionen um die Gentechnik zu sehen, es steht auch für den ersten Kontakt der Öffentlichkeit mit der neuen Technologie. Im Mittelpunkt des Ciba-Symposiums

10 sog. Basentripplets
11 Vgl. Ebd., S. 14.
12 Vgl. H.-J. Rheinberger/S. Müller-Wille, Vererbung, Frankfurt a. M. 2009, S. 236–238 und vgl. H.-J. Rheinberger, Konjunkturen, in: M. Hagner/H.-J. Rheinberger/B. Wahrig-Schmidt, Objekte, Differenzen und Konjunkturen, Berlin 1994, S. 225.

Man and his future standen v. a. humangenetische Fragen. Die genetischen und molekularbiologischen Erkenntnisse der letzten Jahre ließen eine künstliche Veränderung des menschlichen Erbguts in den Vorträgen in visionäre Zukunftsvorstellungen der Referenten rücken, so dass erste Fragen der Gentechnik bereits rd. zehn Jahre vor ihrer Entwicklung diskutiert wurden. Dieses für viele Disziplinen historisch bedeutende Symposium wurde in England bereits im Jahr 1963 durch Gordon Wolstenholme[13] veröffentlicht. In den darauffolgenden Jahren wurden die Vorträge und Diskussionen vielfach übersetzt und darüber zu einer vielgenutzten Quelle wissenschaftlicher Untersuchungen. Hier soll das Ciba-Symposium im Hinblick auf frühe, zum Teil utopisch anmutende Visionen einer zukünftigen Gentechnik sowie deren früher Verknüpfung mit anderen Diskussionsfeldern untersucht werden.

Regelmäßig hatte die Ciba-Foundation Experten zu internationalen Tagungen eingeladen, die technische und grundsätzliche Fragen der medizinischen Forschung zu ihrem Thema machten. Das vom Physiologen Gregory Pincus thematisch initiierte Symposium zur Zukunft des Menschen widmete sich 1962 vordergründig Fragen, die sich aus der starken Bevölkerungszunahme ergaben. Anders als in den vergangenen Jahren, in denen die Physik im Mittelpunkt der Erörterungen stand, erklärten die 27 versammelten Wissenschaftler die Biologie zum Ausgangspunkt ihrer Überlegungen und Diskussionen.[14] Die letzten Jahre hatten die Entdeckung des genetischen Materials, die Aufklärung von dessen Struktur sowie ein wesentliches Verständnis der Reduplikation erbracht. Zwar war der genetische Code noch nicht entschlüsselt, die Forschungen jedoch bereits in vollem Gange. Vor diesem Hintergrund verfügten die Teilnehmer nicht nur über ausreichendes Wissen, sondern auch über ausgeprägten Optimismus für eine biowissenschaftliche Diskussion. Wie in Tabelle 1 zu sehen, handelte es sich bei dem kleinen Kreis der geladenen Teilnehmer um prominente Wissenschaftler, darunter sogar sechs Nobelpreisträger.

Während des Symposiums herrschte unter den Teilnehmern grundsätzlich Übereinstimmung über die akute Gefährdung des genetischen Materials einer sich unkontrolliert vermehrenden Menschheit. Vor dem Hintergrund der rasanten Entwicklungen in der molekularbiologischen Forschung diskutierte dieser ausgewählte Kreis von Wissenschaftlern die Zukunft des Menschen und die Möglichkeit eines künstlichen Eingriffs in dessen Evolution, wobei auch erste Überlegungen eines gentechnischen Eingriffs in das Erbgut des Menschen aufkamen. Galt die Vorbereitung der Menschheit auf ihre Zukunft bislang als weltanschauliches, philosophisches Gebiet, beteiligten sich inzwischen vermehrt Naturwissenschaftler vom Standpunkt ihrer Forschungsdisziplin an der Diskussion.

13 G. Wolstenholme (Ed.), Man and his Future, London 1963.

14 Vgl. R. Jungk/H. J. Mundt (Hg.), Das umstrittene Experiment: Der Mensch, München 1966, S. 10.

Tabelle 1: Teilnehmer des Ciba-Symposiums *Man and his Future* 1962[15]

Name	Funktion, Institution
Walter Russell Brian (1895–1966)	Neurologe, London Hospital und Maida Vale Hospital für Nervenkrankheiten
John F. Brock (1905–1983)	Mediziner/Ernährungswissenschaftler, University of Cape Town, WHO
Jacob Bronowski (1908–1974)	Mathematiker, Process Development Department im National Coal Bord
Brock Chisholm (1896–1971)	Psychologe, ehemaliger Präsident der World Federation for Mental Health (1957–58)
Colin G. Clark (1905–1989)	Ökonom, Agricultural Economics Research Institute an der Oxford University
Alex Comfort (1920–2000)	Mediziner/Schriftsteller, Nuffield Research Fellow für die Biology of Old Age, University College London
Carleton S. Coon (1904–1981)	Anthropologe, University of Pennsylvania
Francis Crick* (1916–2004)	Physiker/Biochemiker, Medical Research Council Laboratory of Molecular Biology
Artur Glikson (1911–1966)	Architekt, Committee on Landscape Planning of the International Union for Conservation of Nature and Natural Resources
John Burdon S. Haldane (1892–1964)	Genetiker, Genetics and Biometry Laboratory, Government of Orissa
Hudson Hoagland (1899–1983)	Psychologe, Worcester Foundation for Experimental Biology, Shrewsbury
Julian Huxley (1887–1975)	Biologe/Philosoph, Eugenics Society, London
Marc Klein (1905–1975)	Histologe/Endokrinologe, Institut de Biologie Médicale
Hilary Koprowski (geboren 1916)	Virologe/Immunologe, Wistar Institute Philadelphia, University of Pennsylvania
Joshua Lederberg* (1925–2008)	Molekularbiologe/Genetiker, Stanford University
Fritz Albert Lipmann* (1899–1986)	Biochemiker, Rockefeller Institute
Donald M. MacKay (1922–1987)	Neurologe, University of Keele
Peter B. Medawar* (1915–1987)	Zoologe, National Institute for Medical Research
Hermann Joseph Muller* (1890–1967)	Genetiker, Indiana University
Alan S. Parkes (1900–1990)	Biochemiker, Physiological Laboratory, University of Cambridge
Gregory Pincus (1903–1967)	Physiologe, Boston University
Norman Wingate Pirie (1907–1997)	Biochemiker, Rothamsted Experimental Station
Derek de Solla Price (1922–1983)	Wissenschaftshistoriker, Yale University
Albert Szent-Györgyi* (1893–1986)	Biochemiker, Institute of Muscle Research Marine Biological Laboratories
Hubert Carey Trowell (1904–1989)	Kinderarzt/Ernährungswissenschaftler, Stratford-sub-Castle, Salisbury Hospital
Norman Charles Wright (1900–1970)	Ernährungswissenschaftler, Food and Agriculture Organization (FAO)
John Zachary Young (1907–1997)	Zoologe/Neurophysiologe, University College London

* Nobelpreisträger

15 Die Tabelle wurde aus den biographischen Notizen über die Autoren bei R. Jungk/H. J. Mundt (Hg.), Das umstrittene Experiment: Der Mensch, Frankfurt a. M./München 1988, S. 431–437 erstellt. Die darin enthaltenen fehlerhaften Daten sind in der Tabelle korrigiert.

Das aus 16 Referaten und sieben Diskussionsrunden bestehende Symposium wurde durch den Vortrag *Die Zukunft des Menschen – Aspekte der Evolution* von Sir Julian Huxley eröffnet, in dem er sich für eine von Seiten der Menschheit in Zukunft selbst in die Hand zu nehmende Evolution aussprach.[16] Huxley begründete dies mit der krisenhaften Entwicklung der Welt, die sich in der Erschöpfung natürlicher Rohstoffquellen, einer Bevölkerungsexplosion, zunehmender Arbeitslosigkeit und einem bedrohten Wirtschaftsprozess ausdrückt.[17] Die Lösung dieser Probleme sah er allein in der „Verbesserung der genetischen Qualität des Menschen durch eugenische Verfahren", die er beispielhaft mit „Geburtenkontrolle" oder einer künstlichen „Befruchtung durch Samenspender von hoher genetischer Qualität" beschrieb.[18] Auch der Physiologe Gregory Pincus unterstützte diese Überlegungen Huxleys. In seinem Vortrag, *Die Regulierung der Fortpflanzung*, sprach er sich für die Entwicklung neuer Verfahren zur Fruchtbarkeitsregulierung[19] aus, und warb für die seit 1960 auf dem amerikanischen Markt unter dem Namen „Enovid" erhältliche, empfängnisverhütende Anti-Baby-Pille, an deren Entwicklung er in den fünfziger Jahren maßgeblich beteiligt gewesen war.[20] Zudem sprach er sich für die Prüfung einer von Seiten der Regierung koordinierten Nahrungs-Beimischung fruchtbarkeitsvermindernder Mittel aus.[21]

Ähnlich radikal erscheinen aus heutiger Sicht die Ausführungen von Hermann J. Muller in seinem Vortrag *Genetischer Fortschritt durch planmäßige Samenwahl.* Muller plädierte infolge seiner statistischen Feststellung, dass ca. 20% der menschlichen Bevölkerung genetische Fehler durch Mutationen der vorhergehenden Generation mitbekommen haben, für eine Verhinderung der Erlangung der Geschlechtsreife oder ein Verbot der Fortpflanzung eben jener 20%.[22] Anders als in Deutschland wurde die eugenische Praxis in den USA und Großbritannien nach 1945 keiner radikalen Einschränkung unterzogen. Wie durch zahlreiche personelle Kontinuitäten belegt, hat es auch in Deutschland keine „Stunde Null" der Anthropologie und menschlichen Erblehre – nach dem Zweiten Weltkrieg vorrangig als „Humangenetik" bezeichnet – gegeben. Jedoch hatte es gute eineinhalb Jahrzehnte bis zu einem Neuanfang, und damit zur Wiederaufnahme der Forschungsarbeiten gedauert. Dagegen wurde in den USA der Übergang von der Eugenik zur Humangenetik gleich nach Kriegsende offen diskutiert, wie auch die bereits 1948

16 Vgl. J. Huxley, Die Zukunft des Menschen – Aspekte der Evolution, in: R. Jungk/H. J. Mundt (Hg.), Das umstrittene Experiment: Der Mensch, München 1966, S. 31–52.

17 Vgl. Ebd., S. 35–46.

18 Vgl. Ebd., S.46–48.

19 Vgl. G. Pincus, Die Regulierung der Fortpflanzung, in: R. Jungk/H. J. Mundt (Hg.), Das umstrittene Experiment: Der Mensch, München 1966, S.109.

20 Vgl. Ebd., S.112.

21 Vgl. R. Jungk/H. J. Mundt (Hg.), Das umstrittene Experiment: Der Mensch, München 1966, S.133.

22 Vgl. H. J. Muller, Genetischer Fortschritt durch planmäßige Samenwahl, in: R. Jungk/H. J. Mundt (Hg.), Das umstrittene Experiment: Der Mensch, München 1966, S.281–282.

erfolgte Gründung der American Society for Human Genetics zeigt, deren erster Präsident kein geringerer als Herman Muller war.[23]

In seinem Ciba-Beitrag sprach sich Muller explizit für „eine Verstärkung der genetischen Selektion" aus, die vorläufig noch nach der altbekannten Methode einer phänotypischen Auswahl erfolgen könnte, zukünftig aber durch ein Verfahren ersetzt werden sollte, welches planmäßige Umwandlungen erlaube. Diese in unserem heutigen Verständnis gentechnische Methode einer gezielten Veränderung des Erbguts bezeichnete Muller noch als „Nano-Nadeln".[24] Für die erste, bereits existierende Methode schlug er eine planmäßige Samenwahl und damit eine künstliche Befruchtung mit Keimzellen[25] aus bereits existierenden Samenbanken vor. Durch Kostenerstattung sollte ein jeder zur Speicherung der eigenen Keimzellen angeregt werden, wobei zugleich die physische und geistige Befindlichkeit des Spenders sowie allgemeine Beobachtungen zu seiner Person aktenkundig festgehalten werden sollten.[26] Zugleich stellte er jedoch fest: „Die Öffentlichkeit würde sich der Einführung solcher Programme wahrscheinlich [...] widersetzen". Zudem gelangten auch seine Kollegen zu dem Schluss, dass „planvoll gesteuerte genetische Veränderungen beim Menschen nur in einer Diktatur durchführbar wären, wie es bei Hitler der Fall war."[27] Da eine Diktatur für Muller unter biologischen Gesichtspunkten jedoch nicht zu befürworten sei, präsentierte er seine Idee einer planbaren genetischen Veränderung. Anreize für eine gezielte Auswahl des Keimmaterials wollte er zunächst über die Anpreisung der Keimzellen mit den von allen Menschen geschätzten Werten wie „schöpferische Kräfte, Weisheit, Brüderlichkeit, Freundlichkeit, Aufgeschlossenheit, Ausdruckfähigkeit, Lebensbejahung, Mut, Willenskraft [und] Langlebigkeit" erreichen, um die nächste Generation bereits für Auswahlkriterien „besonderer geistiger und körperlicher Fähigkeiten" zu sensibilisieren.[28] Erst durch die erfolgreiche Anwendung dieser ersten Methode würden die sittlichen Anschauungen der Öffentlichkeit einen Wandel erfahren, der dann auch die Einführung der zweiten, wesentlich feineren Methode, nämlich die „Manipulierung des genetischen Materials selbst", erlauben würde.[29]

23 Vgl. P. Weingart/J. Kroll/K. Bayertz, Rasse, Blut und Gene, Frankfurt am Main 1992, S. 563–567, 586–590 und 632.

24 Vgl. H. J. Muller, Genetischer Fortschritt durch planmäßige Samenwahl, in: R. Jungk/H. J. Mundt (Hg.), Das umstrittene Experiment: Der Mensch, München 1966, S. 285 und 290.

25 Die planmäßige Samenwahl, von Muller auch als Eutelegenese bezeichnet, und anschließende künstliche Befruchtung firmierte unter dem Fachbegriff der „artificial insemination from a donor", kurz „AID" genannt. Vgl. H. J. Muller, Genetischer Fortschritt durch planmäßige Samenwahl, in: R. Jungk/H. J. Mundt (Hg.), Das umstrittene Experiment: Der Mensch, München 1966, S.287.

26 Vgl. Ebd., S. 287 und 289.

27 Vgl. Ebd., S. 286.

28 Vgl. Ebd., S. 289–290.

29 Vgl. Ebd., S. 290.

Dieser bedächtigen und in der Konsequenz nur langsam wirksamen Vorgehensweise Mullers widersprach Joshua Lederberg in seinem Vortrag zur *Biologische[n] Zukunft des Menschen.* Lederberg wollte sich nicht mit der sukzessiven Wirkung der somatischen Selektion aufhalten, sondern erkannte ein viel effektiveres eugenisches Mittel in der Übertragung aktueller Fortschritte der Molekularbiologie auf den Menschen. So erwartete er bereits „innerhalb weniger Generationen" zunächst die „Züchtung von Keimzellen in Kulturen und [das Gelingen von] Manipulationen wie das Auswechseln von Chromosomensegmenten", worauf in der letzten Anwendungsstufe „die direkte Kontrolle von Nukleinsäurenfolgen in menschlichen Chromosomen gemeinsam mit dem Erkennen der Selektion und Integration der gewünschten Gene" folgen sollte.[30] Damit widersprach Lederberg den Vorstellungen einiger Kollegen von einer Verbesserung des menschlichen Erbgutes durch die klassische Eugenik und sprach sich vielmehr für eine gezielte Manipulation der Molekularstruktur aus, die er mit dem Begriff der „Euphänik"[31], der „technische[n] Lenkung der menschlichen Entwicklung" überschrieb.[32] Nach seiner Ansicht boten die großen Fortschritte der Molekularbiologie bessere eugenische Mittel. Allerdings beschränkt sich diese Euphänik nicht nur auf die Gentechnik in unserem heutigen Verständnis, denn während eines der Merkmale des eugenischen Modells die Verbesserung nach einem gegebenen Ziel vorsieht, ist es beim euphänischen Modell die fortlaufende Optimierung ohne Zieldefinition, da nur das Verhalten der Gene und ihrer Träger in der Umwelt kontrolliert wird.[33] Hinter diesem vom Lederberg entworfenen Konzept könnte also ebenfalls die reine Selektion von Embryonen aufgrund einer bestimmten genetischen Konstitution stehen.

In den Schlussfolgerungen des Symposiums gibt John Burdon S. Haldane einen Ausblick über die *Biologische[n] Möglichkeiten für die menschliche Rasse in den nächsten Zehntausend Jahren.* Als Fürsprecher der Eugenik vertrat er neben den klassischen Maßnahmen auch den neueren Forschungszweig der klonischen Vermehrung. Hierbei ging es ihm nicht um die Klonerzeugung aus einem einzigen befruchteten Ei[34], sondern um eine Klonierungstechnik aus Zellen eines Menschen fortgeschritteneren Alters mit anerkannten Fähigkeiten, wie z. B. Mathematikern, Dichtern oder Malern bzw. allgemein der Elite, worunter Haldane nach seinen eigenen Worten „grob gesprochen Menschen wie uns hier" verstand. Eine weitere neuartige Methode sah er in der künstlichen Veränderung des Erbguts

30 Vgl. J. Lederberg, Die Biologische Zukunft des Menschen, in: R. Jungk/H. J. Mundt (Hg.), Das umstrittene Experiment: Der Mensch, München 1966, S.293–294.

31 Der Begriff wurde von Joshua Lederberg geprägt und wurde im Rahmen des Ciba-Symposiums scheinbar erstmals von ihm verwandt.

32 Vgl. J. Lederberg, Die Biologische Zukunft des Menschen, in: R. Jungk/H. J. Mundt (Hg.), Das umstrittene Experiment: Der Mensch, München 1966, S.294; Herv. J. L.

33 Vgl. A. Lösch, Genomprojekt und Moderne, Frankfurt a. M. 2001, S. 72.

34 Von Haldane selbst wird an dieser Stelle ein Vergleich zu Aldous Huxley´s *Brave New World* hergestellt.

durch chemische Mittel, für die er zwei Szenarien entwarf. So sollte es in einer ersten Vorstellung zur gezielten Auslösung von Mutationen durch diese chemischen Mittel kommen. Die Zweite sah dagegen die Synthese neuer Gene aus chemischen Grundeinheiten vor, die dann wiederum in menschliche Chromosomen eingefügt werden sollten. Letzteres der beiden Szenarien stelle eine gezielte Veränderung des menschlichen Erbmaterials und damit die Vision eines gentechnischen Eingriffs dar. Im Rahmen dieser von ihm gezeichneten Utopia, entwarf er ebenfalls die später mehrfach zitierte Vision von gezüchteten Astronauten, Menschen mit Greiffüßen und affenähnlichem Becken, die mit Hilfe der vorgeschlagenen Methoden für bestimmte Zwecke der Raumfahrt herangezüchtet werden könnten.[35]

Da neben den Referaten auch die ausgesprochen ausführlichen Diskussionen der Teilnehmer in der Veröffentlichung von Wolstenholme festgehalten wurden, können auch die Haltungen der Teilnehmer zu den jeweiligen Positionen und Visionen nachvollzogen werden. Bei einer Betrachtung der Diskussionen fällt jedoch auf, dass den von Muller, Haldane und vor allem Lederberg aufgeworfenen Ideen einer potenziellen künstlichen Manipulation genetischen Materials zu eugenischen Zwecken kaum Beachtung geschenkt wurde. Diskutiert wurden vielmehr Strategien der Geburtenkontrolle, Kriterien geeigneter Samenspender, Probleme der Spermienkonservierung, Vorstellungen über wünschenswerte Eigenschaften der Menschen sowie nicht zuletzt auch ethische Fragestellungen. Der Grund für dieses Nichtwiederaufgreifen der geäußerten Visionen der Nutzung einer zukünftigen Gentechnik durch die Kollegen ist damit zu erklären, dass der Zeitraum bis zur Entwicklung einer solchen Technik schwer kalkulierbar schien. Francis Crick sah die Entwicklung der praktischen Möglichkeiten zur Modifizierung des Keimmaterials in der Diskussion „in sehr ferner Zukunft liegen".[36] In diesem Sinne wurden auch die von Haldane in seinem Referat entwickelten Ideen für die „nächsten zehntausend Jahre" von Lederberg kritisiert, der im genetischen Verfall der Menschheit ein aktuelles, und eben kein Problem in ferner Zukunft sah.[37] Im Rahmen des Ciba-Symposiums wurden damit lediglich die Möglichkeiten der Molekulargenetik und der Biotechnologie diskutiert, während die geäußerten Ideen einer zukünftigen Gentechnik als utopische Visionen von den Kollegen weitgehend unbeachtet blieben. Beachtung fanden sie erst in den Jahren nach der Veröffentlichung der Beiträge.

35 Vgl. Vgl. J. B. S. Haldane, Biologische Möglichkeiten für die menschliche Rasse in den nächsten zehntausend Jahren, in: R. Jungk/H. J. Mundt (Hg.), Das umstrittene Experiment: Der Mensch, München 1966, S. 382–387.

36 Vgl. R. Jungk/H. J. Mundt (Hg.), Das umstrittene Experiment: Der Mensch, München 1966, S. 302.

37 Lederberg spricht sich an dieser Stelle nur gegen langwierige Lösungsvorschläge aus, bezieht jedoch seine eigene Idee einer künstlichen Manipulation des menschlichen Erbgutes hier nicht mit ein. Vgl. R. Jungk/H. J. Mundt (Hg.), Das umstrittene Experiment: Der Mensch, München 1966, S. 392.

Wichtig für die Rezeption und Bewertung der Inhalte des Symposiums sind auch die – insbesondere im letzten Diskussionsblock – aufgekommenen ethischen Fragen. So äußerte Crick im Zuge der Diskussionen das Bedürfnis „eine Reihe von Fragen mehr ethischer Natur“ aufzuwerfen. Dabei hinterfragte er beispielsweise, ob Menschen überhaupt ein Recht darauf hätten Kinder zu bekommen und auch Jacob Bronowski stellte vor dem Hintergrund der gegebenen Problemstellung in Mullers und Lederbergs Referat die Frage, welche Gene, und damit welche Eigenschaften des Menschen tatsächlich als förderungswürdig bzw. gut zu erachten sind. Zwar gelangten die Teilnehmer zu keiner gemeingültigen Antwort auf diese Fragen, jedoch gab es durchaus spezifische Meinungen einzelner Wissenschaftler. Crick beispielsweise vermutete aus der Sicht der christlichen Ethik durchaus ein Recht auf Kinder, während er dieses Recht aus der Sicht humanistischer Ethik keineswegs begründet sah, und auch Norman Wingate Pirie verneinte ein generelles Recht auf Kinder.[38]

Die Zulässigkeit der Manipulierung des Menschen stellte dagegen Donald M. MacKay in Frage. So hielt er „unsere“ Verantwortung zur Veränderung der genetischen Zusammensetzung unserer Nachkommen für einen offensichtlichen Vorwand und äußerst nebelhaft. Vor dem Hintergrund der Erfahrungen im „Nazi-Deutschland“ deklarierte er derartige Begründungen als „moralischen Unfug“ und warnte vielmehr vor der Umsetzung „unserer Rassenpläne“ nur aufgrund ihrer technischen Durchführbarkeit.[39] In die gleiche Richtung argumentierte auch Marc Klein, der von seinem Aufenthalt im Konzentrationslager Auschwitz und vor diesem Hintergrund von seiner Skepsis gegenüber den vorgeschlagenen Verfahren zur „Menschheitsplanung“ berichtete.[40]

Fragen, welches Problem man eigentlich zu lösen versuche und wozu die Menschen da seien, offenbarten bezüglich der vorgeschlagenen Methoden gegen Ende des Symposiums eine klar heterogene Positionierung der Teilnehmer. Während Personen wie Colin G. Clark eine Manipulierung aus christlichen Gründen oder wie Klein vor dem Hintergrund der Erfahrungen einer gelenkten Biologie zu Zeiten Hitlers ablehnten, und Bronowski noch unentschlossen Beweise für einen genetischen Abstieg der Menschheit forderte, erklärte Huxley, dass das Problem aus seiner Sicht lediglich gelöst werden könne, wenn die Biologen es selbst in die Hand nähmen.[41]

Unmittelbare Reaktionen auf das Symposium gab es nicht. Die Ciba-Foundation veranstaltete unter der Leitung von Gordon Wolstenholme regelmäßig interdisziplinäre Zukunfts-Symposien zu kontroversen Themen, wobei die Teilnehmer stets gezielt eingeladen wurden. Die Inhalte erreichten zunächst kein beliebig großes Publikum oder gar die Presse, sondern waren in erster Linie eine

38 Vgl. R. Jungk/H. J. Mundt (Hg.), Das umstrittene Experiment: Der Mensch, München 1966, S. 302–303 und 309–312.

39 Vgl. Ebd., S. 312–313.

40 Vgl. Ebd., S. 131.

41 Vgl. Ebd., S. 302–324.

rein interne Veranstaltung. Jedoch wurden die Vorträge und Diskussionen jedes Symposiums der Ciba-Foundation aufbereitet und veröffentlicht.[42] So wurde auch das Symposium zur Zukunft des Menschen aufgezeichnet und der Öffentlichkeit 1963 in Form einer Buchveröffentlichung unter der Herausgeberschaft von Wolstenholme zugänglich gemacht.[43] Diese zunächst intern angelegte Veranstaltung der Ciba-Foundation war mit der Publikation von Wolstenholme zu einer Öffentlichen geworden. Da die Teilnehmer bereits im Vorfeld der Veranstaltung über deren Aufzeichnung informiert waren und auch die Möglichkeit zur Überarbeitung ihrer Ausführungen hatten[44], kann der Wortlaut der veröffentlichten Referate und Diskussionen nicht als rein zufällig oder nicht ernstzunehmende, spontane Äußerung gewertet werden, wie es im Nachhinein vielfach behauptet wurde. Drei Jahre nach der Veröffentlichung folgte die deutsche Übersetzung, herausgegeben vom Publizisten und Zukunftsforscher Robert Jungk sowie dem Verleger Hans Josef Mundt, unter dem Titel *Das umstrittene Experiment: Der Mensch. Siebenundzwanzig Wissenschaftler diskutieren die Elemente einer biologischen Revolution*, erschienen in der Schriftenreihe *Modelle für eine neue Welt*.

Sowohl in Europa als auch in den USA sorgte die Veröffentlichung der Beiträge des Symposiums für eine Debatte über potenzielle Folgen der dort geäußerten und häufig als diskriminierend bewerteten Ideen einer „Neuen Biologie".[45] Während die Veranstaltung von der bundesdeutschen Presse bis 1965[46] völlig unbeachtet blieb, erschienen erste Reaktionen innerhalb eigenständiger Publikationen und Aufsätze schon kurz nach der Veröffentlichung Wolstenholmes. Der Soziologe Friedrich Wagner griff bereits 1964 in seinem Werk *Die Wissenschaft und die gefährdete Welt*[47] sowie im Rahmen eines daraus entnommenen Aufsatzes zur *Manipulation des menschlichen Keimplasmas als Ausweg aus Zivilisationsproblemen?*[48] die utopischen Visionen der Symposiumsteilnehmer auf. Sein Werk untersuchte vordergründig den „Tatbestand der menschlichen Selbstgefährdung durch die Atomenergie" sowie die wissenschaftssoziologischen Auswirkungen der Kernphysik auf Struktur und Entwicklung der epochalen Gesellschaft. Die „kosmische Utopie einer Weltraumfahrt" sowie die Kernphysik waren für Wagner nur durch die Herausbildung von Rechenautomaten und Kybernetik möglich geworden. Das Streben nach einer Synthese von Mensch und Maschine, bis zur Symbiose in Form der kybernetischen Utopie einer „Menschmaschine", steigerte

42 Vgl. A. Tucker, Sir Gordon Wolstenholme, in: The Guardian, 7. July 2004.

43 G. Wolstenholme (Ed.), Man and his Future, London 1963.

44 Vgl. R. Kaufmann, Die Menschenmacher, Frankfurt a. M. 1964, S. 23.

45 Vgl. H. Gottweis, Gentechnik, wissenschaftlich-industrielle Revolution und demokratische Fantasie, in: Ars Electronica, Wien 1999.

46 Eine erste Erwähnung findet sich bei Robert Jungk, Wird die Menschheit endlich „erwachsen"?, in: Die Welt, 4. Februar 1965, S. 47. Im Spiegel wurde erstmals Ende 1966 (Menschheit, in: Der Spiegel, 1966/53, S. 80–90) darauf hingewiesen.

47 F. Wagner, Die Wissenschaft und die gefährdete Welt, München 1964.

48 F. Wagner, Manipulation des menschlichen Keimplasmas als Ausweg aus Zivilisationsproblemen?, in: Universitas, 1964, S. 1065–1076.

sich für ihn im Bereich der Genetik „zur Idee eines Menschenersatzes durch *künstliche Menschenerschaffung*“.[49]

Diese Vision sah Wagner durch die jüngsten Äußerungen führender Biologen und Genetiker im Rahmen des Ciba Symposiums belegt. So kritisierte er die „Gen-Utopien“ Mullers und Lederbergs eines direkten Eingriffs in das genetische Material des Menschen. Auch die im Zusammenhang mit den Sinnfragen dieser und anderer Techniken aufgekommenen ethischen Fragen wurden von Wagner aufgegriffen und missbilligend als „bezeichnendes Chaos von Meinungen“ zusammengefasst, die in einer Warnung vor dem Eingriff in das menschliche Erbmaterial mündeten. Gedanken, wie die von Haldane, der durch die Übertragung von Affengenen Weltraummenschen schaffen wollte, riefen bei Wagner zudem Erinnerungen an eugenische Theorien wach, die zu den Massenvernichtungen Hitlers geführt hatten. Im Ergebnis plädierte Wagner dafür, die Gentechnik nicht – wie im Falle der Kernenergie – politisch und ethisch unvorbereitet hereinbrechen zu lassen, denn ebenso, wie sich einst die Kernforscher auf die Unausweichlichkeit eines Weltproblems in Form eines Energieproblems beriefen, täten es die Genetiker heute unter Berufung auf eine unumkehrbare Erbentartung, die schon heute die Frage nach den Grenzen der Forschung aufwerfen sollte.[50]

In diesem Zusammenhang knüpfte auch der Schriftsteller und Zeitanalytiker Richard Kaufmann an das Ciba-Symposium an. 1964 veröffentlichte er unter dem polemischen Titel *Die Menschenmacher* seine Antwort auf die Publikation der Symposiumsbeiträge. Diese präsentierte sich als Vorwurf gegenüber der modernen Wissenschaft als einem Apparat, welchen Kaufmann, neben der katholischen Kirche, zu den mächtigsten internationalen Einrichtungen zählte. So stellte er warnend fest:

> „Eine [...] Gruppe von Biologen, Chemikern und Genetikern [... schlägt] vor, den Menschen durch Eingriffe in seine Erbmasse besser an die technokratische Zukunft, daß heißt: an eigenen Maschinen, anzupassen. Unbeschwert von religiösen oder philosophischen Vorstellungen und offenbar auch ohne politische Ambitionen beginnen sie ihre Ingenieurkunst an der lebenden Masse zu erproben.“[51]

Kaufmann verstand *Man and his Future* als die wesentliche Auffassung moderner Biologen und Biogenetiker und kommentierte diese vor dem Hintergrund seiner christlichen Weltanschauung. Gefahren sah er vor allem in ethischen Wissenskonflikten, einer Verkennung des Menschenbildes, einer Wiederkehr rassistischen Gedankengutes sowie in einer Übertreffung der Atombomben-Folgen. Die Diskrepanz, bei der die meisten Menschen erst nach den Bombenabwürfen etwas von der Kernphysik erfuhren, drohte sich in seinen Augen bei der Genetik zu wiederholen, wenn die Menschen erst nach der Manipulation der menschlichen Erbmas-

49 Vgl. F. Wagner, Die Wissenschaft und die gefährdete Welt, München 1964, S. VII, S. 214 und S. 224–225.

50 Vgl. Ebd., S. 236–240.

51 R. Kaufmann, Die Menschenmacher, Frankfurt a. M. 1964, S. 11–12.

se von den Biochemikern und Biogenetikern erführen. Anders als die Tagungsteilnehmer – abgesehen von Lederberg –, die den künstlichen Eingriff in das menschliche Erbgut erst in ferner Zukunft und damit nicht als eine aktuelle Problemlösungsmethode verorteten, war sich Kaufmann einer Umsetzung dieser noch utopischen Zukunftsbilder in den nächsten zehn oder zwanzig Jahren sicher und forderte gegen Ende seiner Abhandlung „Philosophen, Theologen und Politiker" zu gemeinsamen und öffentlichen Diskursen über die Verwirklichung der „biologische[n] Ingenieurskunst am Menschen" auf.[52]

Zusätzlich zur englischen Originalausgabe von Wolstenholme enthielt die deutsche Übersetzung aus dem Jahr 1966 auch ein Vorwort des Zoologen und Anthropologen Wolfgang Wieser sowie ein Nachwort des Herausgebers Hans Josef Mundt. Mitherausgeber Robert Jungk hatte bereits im Februar 1965 in einem Artikel der *Welt* mit einem kritischen Unterton über die „radikal klingende[n] genetische[n] Utopie[n]" Lerderbergs und Mullers berichtet.[53] Wieser sah in der Veröffentlichung der Symposiumsbeiträge die Gelegenheit einer kritischen Beleuchtung der Rolle der Wissenschaft bei der Lösung der großen Probleme seiner Zeit.[54] Seine Auseinandersetzung erfolgte zunächst in Bezug auf die bereits veröffentlichten Stellungnahmen, zu denen er eine sehr eigentümliche Position bezog:

> „In Deutschland, wo die Biologie aus vielleicht verständlichen, wenn auch nicht mehr aus ganz vernünftigen Gründen mit einer besonderen Hypothek belastet ist, traten vehemente Kritiker auf den Plan, um den, wie sie meinten, zynischen Geist der Tagung zu verurteilen."[55]

Insbesondere die Publikation Kaufmanns empfand Wieser als unberechtigte Kritik gegenüber der Wissenschaft und kommentiert dessen Warnung vor der Gefahr eines Missbrauchs der Macht durch die Wissenschaftler[56] mit einem Verweis darauf, dass entscheidende Einwände gegen genetische Manipulationsversuche noch während des Symposiums von Wissenschaftlern selbst vorgebracht wurden. So machte sich Wieser in seiner Einleitung zur deutschen Übersetzung des Symposiums an die Widerlegung zahlreicher inzwischen geäußerter Kritiken, die für ihn insbesondere darauf zurückzuführen waren, dass die Äußerungen einiger Teilnehmer als generelle Meinung der Wissenschaft überbewertet wurden. Von lediglich „witzelnde[n] Bemerkungen" zu sprechen, ist jedoch vor dem Hintergrund der für die Teilnehmer von Beginn an klaren Veröffentlichungsabsicht der Ciba-Foundation nicht gerechtfertigt. „Echte[…] Kritik" ließ sich für Wieser weder bei Wagner noch bei Kaufmann ausmachen. Speziell zum Eingriff in das menschliche Genom von Erbkranken mit dem Ziel der Verbesserung des Menschen bezog

52 Ebd.

53 R. Jungk, Wird die Menschheit endlich „erwachsen"?, in: Die Welt, 4. Februar 1965, S. 47.

54 Vgl. W. Wieser, Das umstrittene Experiment: Der Mensch, in: R. Jungk/H. J. Mundt (Hg.), Das umstrittene Experiment: Der Mensch, München 1966, S. 10.

55 Vgl. Ebd., S. 12.

56 Vgl. R. Kaufmann, Die Menschenmacher, Frankfurt a. M. 1964, S. 9.

Wieser klar Position für solche Anwendungen, die im Anbetracht eines fortschreitenden genetischen Verfalls noch das geringste aller Übel für ihn darstellten.[57]

Die deutsche Übersetzung des Ciba-Symposiums zog eine Welle der Kritik nach sich. Wesentliche Beiträge lieferte u. a. der Humangenetiker und Anthropologe Helmut Baitsch. Er griff das Ciba-Symposium in einem Beitrag zur biologischen Zukunft des Menschen auf und entwickelte darin Fragestellungen, die denen von Crick und Bronowski sehr ähnlich waren. Baitsch bezweifelte für die Zukunftsplanung eine Notwendigkeit zur Einbeziehung des Erbanlagenbestands der Menschheit, zumal er ein zuverlässiges Wissen über diesen, und damit einen regulierenden Einfluss auf die zukünftige Entwicklung, im Grunde ausschloss. Ähnlich, wie Bronowski in der Londoner Diskussion die Frage aufwarf, welche Gene und damit welche Eigenschaften förderungswürdig seien[58], stellte auch Baitsch die Frage nach den Maßstäben und Zielen einer genetischen Zukunftsplanung. Er bezweifelte die Wirksamkeit der auf dem Symposium vorgeschlagenen Maßnahmen und proklamierte im Gegenzug eine Welt, aus der Leid und Krankheit nie zu verbannen seien.[59] Zwei Jahre später brachte Baitsch diese Gedanken in seinem Vortrag zum Forum Philippinum *Das eugenische Konzept – einst und jetzt* , ähnlich wie Wagner, in Zusammenhang mit dem eugenischen Denken vor 1945 als die Vorstellung einer „durch eugenische Maßnahmen" erreichten „heilen biologischen Welt" dominierte, die es de facto aber nie gegeben habe.[60]

Während dieses Marburger Forum Philippinums vom November 1969 nutzten auch andere der Vortragenden und Teilnehmenden die Gelegenheit für eine Diskussion über die Ideen des Ciba-Symposiums. Das Forum war als Reaktion auf ein noch mangelndes Bewusstsein der Gesellschaft für die Fortschritte der Genetik und ihrer fehlenden Verarbeitung innerhalb der Öffentlichkeit angelegt.[61] Die Diskussionen über die utopischen Äußerungen von 1962 und ihre Bedeutung für die Humangenetik verliefen eher ambivalent. Auf die Feststellung, dass die Manipulation des menschlichen Erbgutes sicher eines Tages möglich sein werde und die daran anschließende Frage, ob sich diese Entwicklung notwendigerweise nachteilig auswirken müsste, riet der Genetiker Fritz Kaudewitz – unter Verweis auf die Beiträge des Symposiums –, dass „man besser die Finger vom genetischen Manipulieren des Menschen lassen" sollte. Dagegen übte der Psychiater Helmut Erhardt starke Kritik an dem – wie er es nannte – „Beruhigungsfeldzug" der Humangenetiker. Nach seiner Ansicht sollte man zumindest „klarstellen, was von

57 Vgl. W. Wieser, Das umstrittene Experiment: Der Mensch, in: R. Jungk/H. J. Mundt (Hg.), Das umstrittene Experiment: Der Mensch, München 1966, S. 12–14 und S. 24.

58 Vgl. R. Jungk/H. J. Mundt (Hg.), Das umstrittene Experiment: Der Mensch, München 1966, S. 312.

59 Vgl. H. Baitsch, Über die biologische Zukunft des Menschen, in: R. Schwarz, Menschliche Existenz und moderne Welt, Berlin 1967, S. 669.

60 Vgl. H. Baitsch, Das eugenische Konzept – einst und jetzt, in: G. Wendt (Hg.), Genetik und Gesellschaft, Stuttgart 1970, S. 61.

61 Vgl. K. Winnacker, Vorwort, in: G. Wendt (Hg.), Genetik und Gesellschaft, Stuttgart 1970, S. X.

den Vorstellungen des Ciba-Symposiums in absehbarer Zeit realisierbar [sei], und sich mit diesen Dingen dann auseinandersetzen".[62]

Diese beispielhaft skizzierten Reaktionen auf die Veröffentlichung von Jungk und Mundt stehen in einer langen Reihe der Kritik, die in der Bundesrepublik v. a. von Seiten der Humangenetiker ausging. Die Kritik zeigte im Wesentlichen zwei Ansätze: Erstens gab es eine generelle Ablehnung genetischer Manipulationen des Menschen, die sich sowohl auf eine sozialpolitisch gelenkte Manipulation des Erbanlagenbestands als auch auf den künstlichen Eingriff in das menschliche Erbmaterial und damit auf den Bereich der Gentechnik bezog. Der zweite Ansatzpunkt tangierte die augenscheinlichen Parallelen zwischen den Begründungen für gentechnische Eingriffe und eugenische Maßnahmen des Dritten Reiches.

Das Ciba-Symposium gab nicht nur in den ersten Jahren nach der Veröffentlichung der Beiträge Anlass zu Reaktionen, sondern gehörte mindestens bis in die späten achtziger Jahre hinein zu einer regelmäßig zitierten Veranstaltung. In Arbeiten, Aufsätzen oder Zeitschriftenartikeln wurde das Symposium von Vertretern der verschiedensten Disziplinen immer wieder aufgegriffen. Ein Beispiel liefert Erwin Chargaff, der noch in den fünfziger Jahren maßgeblich an der Entdeckung der biochemischen Struktur der DNA beteiligt war und in späteren Jahren zu einer internationalen Stimme gegen die Gentechnik erwuchs. So bezeichnete Chargaff die während des Ciba-Symposiums entworfenen Ideen 1988 als einen „Musterkatalog der Hölle".[63] Die ungebrochene Lebendigkeit des Symposiums wird zudem durch die deutschsprachige Neuauflage der Beiträge ein Viertel Jahrhundert nach der Veranstaltung bestätigt, in der u. a. eine Prüfung erfolgte, welche der seinerzeit erörterten Perspektiven inzwischen Realität geworden waren.[64] Auch zum dreißigsten Jahrestag wurde das Symposium in einem Beitrag vom Humangenetiker Friedrich Vogel wieder aufgegriffen, in dem er treffend feststellte: „Es war das Ziel des Symposiums, »Menschen zum Denken anzuregen«. Dieses Ziel hat es erreicht."[65] Selbst in Form einer sog. *Gen-Revue – Das Geheimnis des Lebens*, die die Londoner Beiträge in eine kabarettistische Aufführung verwandelte, vermochte das Symposium noch im September 1986 großes Interesse auf sich zu ziehen.[66]

Insgesamt betrachtet erfolgte eine Auseinandersetzung mit den Zukunftsvisionen des Ciba-Symposiums innerhalb der Bundesrepublik in den ersten Jahren vornehmlich von Seiten deutscher Humangenetiker. Vermehrte Wahrnehmungen

62 Vgl. G. Wendt (Hg.), Genetik und Gesellschaft, Stuttgart 1970, S. 69.

63 Vgl. E. Chargaff, Naturwissenschaft als Angriff auf die Natur, in: Ästhetik und Naturwissenschaft, 1988/18, S. 17.

64 Vgl. W. Wieser, Wiederbegegnung mit einem umstrittenen Symposium, in: R. Jungk/H. J. Mundt (Hg.), Das umstrittene Experiment: Der Mensch, Frankfurt a. M./München 1988, 2. Aufl., S. 1.

65 F. Vogel, Man and His Future – 30 Jahre danach, in: E. P. Fischer/E. Geißler (Hg.), Wieviel Genetik braucht der Mensch?, Konstanz 1994, S. 41.

66 Vgl. B. Orland/H. Satzinger, Die Zukunft des Mannschen, in: Wechselwirkung, 1987/35, S. 31–35. Ralf Bülow gilt mein Dank für den Hinweis auf diese Veranstaltung.

anderer Disziplinen erfolgten erst ab Mitte der achtziger Jahre, im Kontext der Herausbildung einer breiten öffentlichen Diskussion der Gentechnik.

3.3. ENTDECKUNG DES THEMAS DURCH DIE DEUTSCHEN (PRINT-)MEDIEN

Es verwundert kaum, dass das Ciba-Symposium von der deutschen Presse einige Jahre völlig unbeachtet blieb. Nur in seltenen Fällen waren bei wissenschaftlichen Veranstaltungen auch Pressevertreter zugegen, die über die Vorträge und Diskussionen hätten berichten können. Zwar gehörten bei dem Londoner Symposium im Jahr 1962 viele Größen der Wissenschaft zu den Teilnehmern, jedoch plante die Ciba-Foundation eine eigene Publikation der Beiträge, so dass Journalisten nicht zu den geladenen Teilnehmern gehörten.

Unabhängig vom Ciba-Symposium berichtete die deutsche Presse bereits Anfang der sechziger Jahre vereinzelt von den Arbeiten der Molekularbiologen und den dahinterstehenden Potenzialen. Erste Berührungspunkte erfolgten u. a. 1963 durch Berichte über die Nobelpreisträger-Tagung in Lindau, die in diesem Jahr der Medizin gewidmet war. Berichtet wurde von „den Geheimnissen jenes genetischen 'Code'"[67] oder dem Zitat eines im Dunkeln gebliebenen Nobelpreisträgers[68], der prophezeite, „Die Biochemiker fangen an, richtig Gott zu spielen."[69] Angesprochen waren hiermit die jüngsten Erfolge amerikanischer Wissenschaftler, den molekularen Aufbau von Organismen sowie die Kernmechanismen der Vererbung nachzuvollziehen. Um auch dem Laien die Hintergründe dieser molekularbiologischen Erkenntnisse zugänglich zu machen, waren die Beiträge als eine Art lexikalischer Beitrag aufgebaut, in welchem der Leser über die chemische Zusammensetzung sowie die Struktur der DNA und die Geschichte ihrer Entdeckung aufgeklärt wurde. Das Ende eines *Spiegel*-Artikels aus dem Jahr 1963 schmückte bezeichnenderweise ein Zitat von Nobelpreisträger Linus Pauling, der eine künstliche Herstellung neuer Erbfaktoren sowie deren Einbau in Lebewesen, und damit im weitesten Sinne die Möglichkeit einer zukünftigen Gentechnik vorhersagte.[70]

Forschungen zu Eingriffen in die natürliche Entstehung des Menschen wurden aber auch schon vor der Nobelpreisträger-Tagung in der Presse thematisiert. So war bereits im April 1962 in der *Welt* von einem Kollektiv, bestehend aus Biologen, Ärzten, Ingenieuren und Technikern die Rede, das – beauftragt vom Moskauer Institut für experimentelle Biologie – dabei war „einen Apparat zu konstruieren, der in der Lage ist, alle lebensnotwendigen Funktionen genau so zu steuern

67 C. Wolff, Die Natur verschlüsselt ihre Geheimnisse, in: Die Welt, 4. Juli 1963, S. 17.
68 Im Rahmen des Spiegel-Artikels „Senkrecht zur Hölle", in: Der Spiegel, 1970/52, S. 114 wird dieses Zitat Severo Ochoa zugeschrieben.
69 Sitz der Weisheit, in: Der Spiegel, Nr. 1963/28, S. 68.
70 Ebd., S. 69.

und zu überwachen, wie es natürlicherweise im Mutterleib geschieht."[71] Schon hier war von Forscherplänen zur Züchtung eines „Homunkulus", eines künstlich erzeugten Menschen, unterstützt durch den Einsatz von Technik zu lesen – eine Bezeichnung, die in späteren Jahren auch in Berichten zur Gentechnik durchaus üblich wurde. In den Jahren 1964/65 war dann aber nur noch ausgesprochen selten über die molekularbiologischen Fortschritte in der Presse zu lesen.

Dies änderte sich erst gegen Mitte bis Ende der sechziger Jahre. Vermehrt wurden Interviews mit führenden Vertretern der Molekularbiologie oder Genetik geführt, über neueste Erkenntnisse aus der Forschung und von Nobelpreisverleihungen berichtet oder im Rahmen von Buchschauen über forschungskritische und vor dem Eingriff in das menschliche Leben warnende Publikationen informiert. Während dem Leser weiterhin regelmäßig eine Lektion in Genetik und Molekularbiologie erteilt wurde, stellten die Autoren der Zeitschriften- und Zeitungsartikel bereits in den sechziger Jahren den Segen der bedeutenden molekularbiologischen Erkenntnisse in Frage. Im Zusammenhang mit einer möglichen Anwendung innerhalb der Medizin, bei der im Falle von Erbkrankheiten „anormale" gegen gesunde Gene ausgetauscht werden könnten, warnte Christoph Wolff im Rahmen eines *Welt*-Artikels 1965 davor, dass sich hinter solchen Fortschritten auch Katastrophen verbergen könnten.[72] Sogar ein Auszug aus dem in die moderne Molekularbiologie Einblick gewährenden Vortrag von Nobelpreisträger Adolf Butenandt bei einer Veranstaltung der niedersächsischen Landesregierung 1968 und sein Verweis auf die Gefahren „einer immer mehr möglich erscheinenden Manipulation des Menschen" schafften es in die Presse.[73]

Zu einer vielzitierten Figur der deutschen Presse gelangte auch Helmut Baitsch, Direktor des Instituts für Humangenetik und Anthropologie der Universität Freiburg im Breisgau, der sich in den sechziger Jahren um die Beantwortung von Fragen zur Zukunft des Menschen sehr verdient machte. Baitsch war ein vehementer Gegner von sämtlichen Maßnahmen zur Manipulation der Erbmasse des Menschen. Er glaubte nicht daran, dass Spermienbanken oder eine Reparatur kranker Gene die biologische Evolution des Menschen verändern könnten. Im Rahmen der Tagung *Naturwissenschaft vor ethischen Problemen* der Katholischen Akademie stellte er ein ausreichendes Wissen zur genetischen Planung des Menschen in Frage und wandte sich zugleich ethischen Gesichtspunkten „der Verplanung des Menschen" zu. Sein Fazit 1968: „Den idealen Menschen wird es nie geben, und das ist gut so." Dennoch war Baitsch zu diesem Zeitpunkt bereits weitsichtig genug, um eine zukünftige „Manipulation [an] der Erbmasse des Menschen" vorherzusehen, forderte dafür jedoch „eine wirksame Kontrolle der expe-

71 H. Schewe, Wird hier der Mensch aus der Retorte gezüchtet?, in: Die Welt, 2. April 1962, S. 16.
72 Vgl. C. Wolff, Wenn Moleküle sich verirren, in: Die Welt, 2. Januar 1965, S. 19.
73 Vgl. A. Butenandt, Historie der belebten Moleküle, in: Die Welt, 22. März 1968, S. 70.

rimentierenden Wissenschaftler“ sowie „einen Dialog zwischen Natur- und Geisteswissenschaftlern“ zur Formulierung neuer Normen.[74]

Auch *Der Spiegel* berichtete kritisch über die kursierenden Prognosen, eines Tages den Bauplan des Lebens verändern zu wollen. Infolge der Visionen der Biochemiker war für das Magazin sicher damit zu rechnen, dass sich die Erbanlagen manipulieren lassen werden, „wenn auch wohl noch nicht in diesem Jahrhundert“.[75] Schon vier Jahre später scheint diese Prognose mit dem Titelthema vom Dezember 1970 „Der Mensch wird umgebaut“ überholt. Wie bis in die siebziger Jahre hinein beim *Spiegel* üblich, erschienen Artikel, die eine künstliche, biochemische Veränderung des menschlichen Erbguts thematisierten, in der Rubrik „Kultur“, so auch der Titelbeitrag von 1970. Er stellte, „für den Laienverstand faßlich“, die im Kontext der Erfolge biochemischer Grundlagenforschung zu vernehmenden öffentlichen Aussagen zahlreicher Biologen, Genetiker, Biochemiker und Soziologen der letzten Jahre gegenüber und präsentierte das Für und Wider der Forschungen am menschlichen Erbgut auf eine sehr polemische und zugleich furchterregende Weise.[76]

Immer wieder wurden einzelne, erfolgreich verlaufene Versuche der Molekularbiologie zum Aufhänger großer Artikel gemacht, die ein schnelles Herannahen der Möglichkeiten zur Manipulation des Erbgutes prophezeiten. So fand im Rahmen der *Welt*-Serie *Am Reissbrett der Zukunft* von 1970 zu verschiedensten aussichtsreichen Technologien der Zeit, auch ein Beitrag zum zukünftigen „genetic engineering“ seinen Platz. Den Aufhänger boten jüngste, erfolgreich verlaufene Versuche amerikanischer Wissenschaftler, denen es mit Hilfe von Viren gelungen war, ein einzelnes Gen aus der Erbmasse eines lebenden Organismus zu isolieren. Die Rede war von der Entdeckung der Restriktionsenzyme. Das fehlende Werkzeug zur Verwirklichung des Zukunftstraums der Genetiker galt kurzerhand als gefunden, denn durch das neue „virus engineering“ war der gezielte Eingriff am Erbgut höherer Lebewesen „plötzlich in hoffnungsvolle oder auch beängstigende Nähe gerückt“.[77]

74 F. Deich, in: Die Welt, Kommt der „ideale“ Mensch?, 5. Oktober 1968, S. II.
75 Vgl. Menschheit, in: Der Spiegel, 1966/53, S. 80–90.
76 Senkrecht zur Hölle, in: Der Spiegel, 1970/52, S. 114 ff.
77 C. Wolff, Gen-Transport mit Schlüsselviren, in: Die Welt, 10. Januar 1970, S. 7.

Abbildung 1:
Titelseite des *Spiegel* vom 21. Dezember 1970

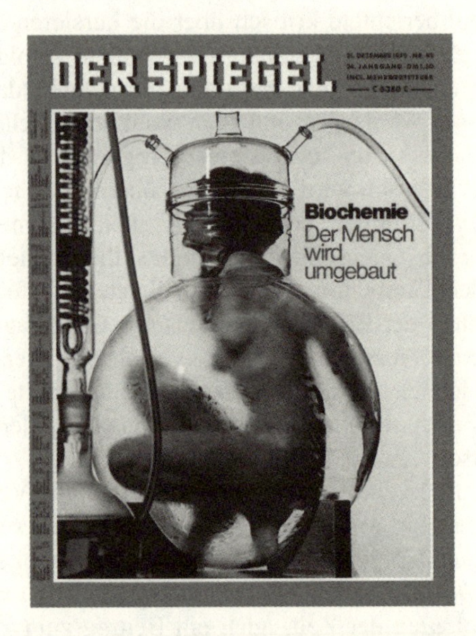

Insgesamt lässt sich für die späten sechziger und frühen siebziger Jahre von Seiten der Printmedien ein großes Interesse an den Forschungen der Molekularbiologie und -genetik sowie der Reproduktionstechnik ausmachen. Die sich zunehmend offenbarenden Möglichkeiten widernatürlicher Kreuzungen[78] oder der Erzeugung menschlichen Lebens in der Retorte[79] ließen befremdliche Vorstellungen aus der Grusel- und Science-Fiction-Welt augenscheinlich Realität werden. Das Sensationspozential jüngster wissenschaftlicher Forschungen schien ungebrochen und auch die Aussicht auf eine nicht mehr allzu weit entfernte Technik, die gezielte, nicht naturgegebene Veränderungen an der menschlichen Erbsubstanz erlauben würde. Wachsendes Interesse an den neuen Möglichkeiten der Molekularbiologie offenbarte sich auch im Kontext vereinzelter Teilnahmen von Pressevertretern an Tagungen oder Symposien. Interessante Beispiele stellten in diesem Zusammenhang die Teilnahmen des Mitherausgebers der Frankfurter Allgemeinen Zeitung, Karl Korn, am Symposium *Das beschädigte Leben*[80] oder des damals für die Feuilletonredaktion derselben Zeitung tätigen Rainer Flöhl am *Marburger Forum Philippinum* dar, beide im Jahr 1969.[81] Gerade Flöhl beteiligte sich in den achtzi-

78 Vgl. C. Wolff, Maus-Mensch aus dem Chromo-Mixer, in: Die Welt, 23. August 1969, S. II.
79 Vgl. H. Schewe, Wird hier der Mensch aus der Retorte gezüchtet?, in: Die Welt, 2. April 1962, S. 16 und Leben aus dem Labor, in: Der Spiegel, 1965/43, S. 174.
80 Vgl. A. Mitscherlich (Hg.), Das beschädigte Leben, München 1969, S. 8.
81 Vgl. G. Wendt (Hg.), Genetik und Gesellschaft, Stuttgart 1970, S. VI.

ger Jahren mit populärwissenschaftlichen Veröffentlichungen an der öffentlichen Diskussion um die Gentechnik.

Eine einheitliche Verwendung des Begriffs „Gentechnik“ hatte sich zu diesem Zeitpunkt allerdings noch nicht durchgesetzt. Die in der Öffentlichkeit zu diesem Thema auftretenden Molekularbiologen und Genetiker selbst wählten heterogene Begriffe, die von „biologische Technologie“[82], „Gen-Chirurgie“[83] über „Genmanipulation“[84] bis hin zur Verwendung des englischen Begriffs „genetic engineering“[85] reichten.

Gegen Ende der sechziger Jahre kristallisierten sich zwei zentrale Fragestellungen in den Zeitungen und Zeitschriften heraus: „Kann man das Erbgut manipulieren?“[86], und falls dem so ist, wann wird es soweit sein? Wie in einer Art Countdown erklärten die Beiträge das Näherrücken einer Verwirklichung „biologischer Utopien“.[87] Mit dem 1971 gelungenen Experiment von Carl Merril, Mark Geier und John Petricciani, die mit Hilfe eines Virus einen DNA-Abschnitt in menschliches Erbgut einschleusten[88], war das lang erwartete Ziel für die deutsche Presse bereits erreicht und so blieb das erste gelungene gentechnische Experiment von Paul Berg und seinen Kollegen im Jahr 1972 von ihr völlig unbeachtet.

Während die Presseberichterstattung in den sechziger Jahren den Nutzen einer zukünftigen „Gen-Chirurgie“ v. a. in einer Verbesserung des genetischen Erbmaterials der Menschheit erkannte, erlangte der Aspekt eines medizinischen Nutzens und darüber einer Heilung schwerster Krankheiten erst zu Beginn der siebziger Jahre an Bedeutung. Etwa zeitgleich kündigten sich auch erste Ansätze einer Verbindung der Diskurse um die Reproduktions- und die Gentechnik an, hervorgerufen durch verstärkte Forschungen im Bereich der In-vitro-Fertilisation (IVF) sowie der Klonierung von Lebewesen.[89] Sehr eindrücklich zeigt sich diese Entwicklung in einem Beitrag des *Spiegel* von 1973:

> „Eben 20 Jahre ist es her, seit die Nobelpreisträger James Watson und Francis Crick das ‚master molecule‘ entzifferten […], vor fünf Jahren in Tokio, war der genetische Code geknackt worden […], zwei Jahre später bauten amerikanische Forscher in der Retorte zum ersten mal ein künstliches Gen zusammen […], und mittlerweile ist auch schon ein anderer Traum – oder Alptraum – der Menschheit verwirklicht worden: Zellkerne aus normalen Körperzellen von Fröschen wurden in Froscheier eingepflanzt (‚cloning‘) […]. Experimentiert wird auch schon mit der sogenannten Genchirurgie […].“[90]

82 Senkrecht zur Hölle, in: Der Spiegel, 1970/52, S. 123.
83 Ebd., S. 123.
84 H.-H. Bräutigam, Leben um jeden Preis?, in: Die Welt, 6. Juni 1974, S. II.
85 C. Wolff, Gen-Transport mit Schlüsselviren, in: Die Welt, 10. Januar 1970, S. 7.
86 C. Wolff, Kann man das Erbgut manipulieren?, in: Die Welt, 18. Oktober 1969, S. II.
87 Objekt für die Retorte, in: Der Spiegel, 1970/11, S. 169.
88 Mit Lambda in den Bauplan der Zelle, in: Der Spiegel, 1971/44, S. 178–180.
89 Vgl. hierzu beispielsweise: Genetik: „Eine Stadt voller Marilyn Monroes“, in: Der Spiegel, 1973/39, S. 154–156.
90 Genetik: „Eine Stadt voller Marilyn Monroes“, in: Der Spiegel, 1973/39, S. 155.

Die gemeinsame Basis der aufkommenden Biotechniken lag in der Möglichkeit eines künstlichen Eingriffes in das Leben des Menschen. Immer wieder berichteten Zeitungen und Zeitschriften über „die Erschaffung von Leben im Labor“[91] oder von Kindern „aus der Retorte“[92], und erörterten durch die Stimmen beteiligter Wissenschaftler die Frage, ob es sich hierbei für den Menschen um „Tore zu Paradiesen“ oder die Öffnung der „Büchse der Pandora“[93] handle. Eine Verbindung der biotechnologischen Forschungsbereiche war also durchaus naheliegend.

3.4. FRÜHE DISKURSE IN DEN USA UND IN DER BRD

Der Beginn eines Diskurses zur Gentechnik kann bis zum Ciba-Symposium im Jahr 1962 zurückverfolgt werden. Die revolutionären Entwicklungen in der Molekularbiologie und ihr Potenzial zur Lösung bevorstehender Zukunftsprobleme wurden hier erstmals unter den überwiegend englischen und amerikanischen Teilnehmern intensiv erörtert. Die „Neue Biologie“ sollte einen gezielten Eingriff in die Evolution des Menschen ermöglichen und stellte dazu scheinbar die verschiedensten Methoden zur Verfügung. Hierzu zählten eine gezielte Familienpolitik, die Konservierung von Keimmaterial der heutigen Elite und dessen anschließende Verbreitung über künstliche Befruchtungen, die Erzeugung von Klonen sowie der direkte, gentechnische Eingriff in das Erbgut des Menschen. Das Ciba-Symposium reihte sich mit seinem Thema *Man and his future* in ein weltweites Phänomen der Vorhersage und Erörterung von Gestaltungsmöglichkeiten der Zukunft. Die Anfänge einer Zukunftsforschung und ihrer Etablierung als wissenschaftlicher Disziplin gehen auf die vierziger Jahre zurück. Ossip K. Flechtheim, deutscher Politologe, prägte bereits 1943 in den USA den Begriff der „Futurologie“ für die systematische und kritische Behandlung von Zukunftsfragen.[94] Bis in die fünfziger Jahre hinein entstanden eine Reihe von Einrichtungen wie das Stanford Research Institute, die Rand-Corporation, die Systems Development Corporation oder das Massachusetts Institute for Technology, Research and Engeneering, die nicht nur militärstrategische, sondern zunehmend auch Aufgaben der Zukunftsforschung und -planung übernahmen.[95]

Auch in Europa wurden vermehrt Institute für Zukunftsforschung eingerichtet. Während sie in der Sowjetunion und den osteuropäischen Staaten direkt als staatliche Forschungsinstitutionen gegründet wurden gab es in der BRD keine öffentlich geförderte Zukunftsforschung, lediglich einige private Initiativen wie das Zentrum Berlin für Zukunftsforschung e.V. oder das Institut für angewandte Systemforschung und Prognose e.V. In wesentlich bescheidenerem Umfang gab

91 Ein Funke Leben, in: Der Spiegel, 1967/52, S. 115.
92 C. Wolff, Kinder „aus der Retorte“, in: Die Welt, 24. September 1964, S. 18.
93 Senkrecht zur Hölle, in: Der Spiegel, 1970/52, S. 115.
94 Vgl. I. Göpfert (Hg.), Logistik der Zukunft, Wiesbaden 2009, 5. Aufl., S. 2.
95 Vgl. R. Kreibich, Zukunftsforschung, Berlin 2006, S. 6.

es auch Institutionalisierungen im politischen Umfeld wie die Zukunftskommissionen einzelner Bundesländer, spätere Enquete-Kommissionen des Deutschen Bundestages.[96] In den sechziger Jahren erreichte die Zukunftsforschung weltweit eine Konjunktur, zu der auch die Veranstaltung der Ciba Foundation von 1962 mit ihren international anerkannten Teilnehmern gehörte.

An das Ciba-Symposium schlossen sich weltweit breite Diskurse zu den Möglichkeiten eines Eingriffs in das menschliche Erbgut an.[97] Auch die aus heutiger Sicht weniger bekannten Zukunfts-Symposien wie *The Control of human Heredity and Evolution*[98] 1963 in Delaware/Ohio oder die Nobelpreisträgerkonferenz *Genetics and the Future of Man*[99] 1965 in St. Peter/Minnesota boten regelmäßige Foren des Austauschs. Ciba-Protagonisten wie Hermann Muller und Joshua Lederberg nutzten diese Gelegenheiten zur Wiederholung und Vertiefung ihrer Visionen, andere zur Verbreitung derselben.[100] In Amerika fand ein Großteil der molekularbiologischen und biochemischen Forschungen statt, deren Hauptakteure, wie Joshua Lederberg, James Watson oder Sydney Brenner, für eine breite Veröffentlichung ihrer Ergebnisse sorgten. Hermann Gottweis berichtet beispielhaft von einer Gruppe junger Molekularbiologen der Havard Medical School, die 1969 in der Zeitschrift *Nature* von der ersten Isolation eines Bakteriengens berichteten und darüber hinaus die politische Bedeutung sowie die Möglichkeit eines Missbrauchs ihrer Forschungen hervorhoben.[101] Hintergrund solcher Aktionen war insbesondere die Akquirierung weiterer finanzieller Mittel zur Fortsetzung der Forschungen. Die US-amerikanische Wissenschaft, speziell die Naturwissenschaften und die Medizin, erhielt seit den zwanziger Jahren große finanzielle Unterstützung von privaten Stiftungen, aus denen sich verstärkt biomedizinische Forschungen und ihre Weiterentwicklung zur Molekularbiologie speisten. Zu ihnen gehörte beispielsweise die Rockefeller Foundation, die bereits während der frühen dreißiger Jahre einen Fokus auf den Bereich der life sciences richtete.[102]

Etwa zur gleichen Zeit entstanden auch erste Kooperationen zwischen Wissenschaft und Wirtschaft sowie verstärkte Kommerzialisierungen der Forschungsergebnisse von Universitätsangehörigen. Bereits seit Ende des Zweiten Weltkriegs wurde auch die staatliche Förderung der natur- und technikwissenschaftlichen Grundlagenforschung weiter verstärkt – eine Entwicklung, von der insbesondere das interdisziplinäre Feld der life sciences profitierte.[103] So standen den amerikanischen Forschern zwar mehrere potenzielle Finanzierungsquellen zur Verfügung,

96 Vgl. Ebd., S. 8.
97 Vgl. M. Kurath, Wissenschaft in der Krise?, Zürich 2005, S. 75.
98 T. Sonneborn, The Control of Human Heredity and Evolution, New York 1965.
99 J. Roslansky, Genetica and the future of man, Amsterdam 1966.
100 Vgl. hierzu zum Beispiel E. L. Tatum, The possibility of manipulating genetic change, in: J. Roslansky, Genetica and the future of man, Amsterdam 1966, S. 54.
101 Vgl. H. Gottweis, Governing Molecules, Cambridge 1998, S. 82.
102 Vgl. E. J. Vettel, Biotec, Philadelphia 2006, p. 11.
103 Vgl. M. Kurath, Wissenschaft in der Krise?, Zürich 2005, S. 76.

jedoch hatte sich im Zuge des großen Erfolgs der Molekularbiologie in den fünfziger Jahren zugleich auch die Zahl der Projektvorhaben vervielfacht. Vor diesem Hintergrund wirkte sich eine Veröffentlichung von Forschungsergebnissen, unter Hinweis auf deren politische Bedeutung, stark begünstigend auf weitere Forschungsanträge aus und initiierte in den USA erste – zunächst wissenschaftsintern geführte[104] – Diskurse über die Veränderung des Erbgutes.

In der Bundesrepublik wurden erste Diskurse zu einer genetischen Manipulation des Menschen insbesondere unter Humangenetikern und Soziologen geführt. Ebenso wie in den USA nahmen die Diskussionen auch hier ihren Ausgang in der Veröffentlichung der Beiträge des Ciba-Symposiums im Jahr 1963. Die in Kapitel 3.3. beschriebenen unmittelbaren und außerordentlich kritischen Reaktionen auf die Überlegungen der Symposiumsteilnehmer wurden in den folgenden Jahren z. T. von denselben Akteuren fortgeführt. Aufgegriffen wurde das Thema im Rahmen von Veranstaltungen zur Zukunftsforschung oder in Aufsätzen, ab den späten sechziger Jahren auch in eigenständigen Arbeiten bzw. in interdisziplinären Sammelbänden.

Im Jahr 1967 versuchte Friedrich Vogel, Direktor des Instituts für Anthropologie und Humangenetik der Universität Heidelberg, im Rahmen eines Aufsatzes die Frage einer potenziellen Manipulierbarkeit des Menschen und die damit verbundenen ethischen Fragen zu klären. Hintergrund seiner Überlegungen boten internationale Symposien der letzten Jahre, die sich anschickten, die Zukunft des Menschen vorherzusagen. Einen Fokus legte Vogel auf die von Edward Lawrie Tatum als *Neogenetic engineering* bezeichnete Technik, die auf den bereits 1928 von Frederick Griffith an Pneumokokken entdeckten „Transformations"-Effekt zurückgeht, der es ermöglicht, reine DNA „von einem Bakterienstamm auf Individuen eines anderen Stammes zu übertragen". Die Anwendung dieser „Transformation" auf den lebenden Organismus in Form eines „Neogenetic engineering" vermutete Vogel – ebenso wie die Nutzung der bereits bekannten Wirkung physikalischer Kräfte auf die chemische Zusammensetzung des genetischen Materials – in nicht allzu ferner Zukunft. Skeptischer bewertete er die Aussichten eines „genetic engineering", also einer direkten Manipulation der Erbanlagen aufgrund der Erkenntnisse der Molekularbiologie[105]:

> „Unserer Meinung nach könnte es durchaus in absehbarer Zeit gelingen, etwa gezielt einzelnen Trägern erblicher Stoffwechseldefekte Gene zuzuführen, die das fehlende Genprodukt herstellen; am wahrscheinlichsten noch durch Explantation, Transplantation und Reimplantation von Zellen. Etwas unwahrscheinlicher ist schon die Zufuhr von Genen, die dem Menschen normalerweise nicht zugehören."[106]

104 Vgl. Ebd., S. 84.
105 Vgl. F. Vogel, Ist mit einer Manipulierbarkeit auf dem Gebiet der Humangenetik zu rechnen? – Können und dürfen wir Menschen züchten?, in: Hippokrates, 1967, S. 643–644.
106 Ebd., S. 648.

In der Realisierung gentechnischer Eingriffsmöglichkeiten erkannte Vogel aber auch Gefahren des Missbrauchs einer solchen Technik. So fürchtete er ihre Nutzung zur Menschenzüchtung „von besonders kräftigen, rücksichtlosen und aggressiven Männern für kriegerische und andere gewaltsame Zwecke". Allerdings war auch die grundsätzliche Frage der Notwendigkeit eines Eingriffes in den genetischen Bestand der Menschheit für ihn bislang weitestgehend unbeantwortet. Die augenscheinlich großen Probleme der Humangenetik stellte er durchaus in Frage und erkannte vor diesem Hintergrund in bisherigen Entwicklungstrends einer „vernünftige[n] Eugenik", wie Strahlenschutzmaßnahmen, der Wirkungserforschung chemischer Mutagene sowie einer genetische Familienberatung, ausreichende Gegenmaßnahmen.[107]

Der Humangenetiker Helmut Baitsch, der sich zu Beginn der sechziger Jahre vielfach mit Fragen eines künstlichen Eingriffs in den menschlichen Erbanlagenbestand auseinandersetzte, stellte dessen Notwendigkeit für die Zukunftsplanung auch im Rahmen des Darmstädter Gesprächs *Der Mensch und seine Zukunft* [108] von 1966 erheblich in Frage. Im Ergebnis gelangte er jedoch zu der Feststellung, dass ein ausreichend großes Wissen über die Veränderung multifaktorieller Eigenschaften, das die notwendige Voraussetzung für eine Manipulation des Erbgutes bildet, noch lange nicht festzustellen sei. Baitsch erklärte die „Chirurgie am Chromosom" bzw. das „Menschenmachen" generell und unmissverständlich als „blanke Utopie". Selbst für die hypothetische Annahme ihrer technischen Verwirklichung vermutete er die Wirkung der Gentechnik vielmehr als „Tropfen auf dem heißen Stein".[109] Vor dem Hintergrund der Schwierigkeiten einer Festschreibung von Maßstäben einer genetischen Zukunftsplanung erkannte er in der Anwendung solcher Verfahren zudem erhebliche ethische Probleme.[110] Lediglich Peter Hans Hofschneider, Direktor der Abteilung für Virusforschung am Max-Planck-Institut für Biochemie, wandte sich gegen den bei Baitsch aufkommenden Eindruck eines unbegründeten „Geredes" über die zukünftige Entwicklung der Biologie. Die beachtliche Entwicklung der Reproduktionstechnik verstand Hofschneider als Vorform von Manipulationen im Bereich der „biochemischen Genetik", warf jedoch, ähnlich den Anmerkungen Baitsch´s, die ethisch begründete Frage auf: „[...] wäre es nicht etwas Ungeheures, wenn eine Gen-Implantation bei Gottes bestem Geschöpf durch Menschenhand möglich wäre?"[111]

107 Vgl. Ebd., S. 648–649.

108 Die Darmstädter Gespräche wurden als unregelmäßige Veranstaltungsreihe zwischen den Jahren 1950 und 1975 von der Stadt Darmstadt organisiert und galten als Ort unreglementierter Aufklärung.

109 Ähnliche Gedanken hatte Baitsch auch im Zusammenhang mit seinem Beitrag *Über die biologische Zukunft des Menschen* in Bezug auf das Ciba-Symposium geäußert. Vgl. H. Baitsch, Über die biologische Zukunft des Menschen, in: R. Schwarz, Menschliche Existenz und moderne Welt, Berlin 1967, S. 669.

110 Vgl. H. Baitsch, Humangenetik, in: K. Schlechta (Hg.), Der Mensch und seine Zukunft, Darmstadt 1967, S. 56–64.

111 Vgl. K. Schlechta (Hg.), Der Mensch und seine Zukunft, Darmstadt 1967, S. 75–76.

Die mit einer zukünftigen Gentechnik verbundenen ethischen Fragen wurden auch von den Protagonisten der molekularbiologischen Forschung aufgeworfen. So erklärte der amerikanische Biochemiker, Genetiker und Nobelpreisträger Marshall Nirenberg in der Zeitschrift Science, dass „simple genetic messages now can be synthesized chemically“ ebenso wie auf die Möglichkeit, diese Gene schon bald in die menschliche Erbsubstanz einschleusen zu können. Mit einem Verweis auf die daraus erwachsenden ethischen und moralischen Probleme, forderte Nirenberg eine Informierung der Öffentlichkeit sowie eine gesamtgesellschaftliche Entscheidung über die Anwendung der Erkenntnisse.[112] Reinhard Walter Kaplan, damaliger Direktor des Instituts für Mikrobiologie der Universität Frankfurt am Main, erklärte in einer Stellungnahme zu Nirenbergs Einschätzungen, eine Implantation von Genen in Keimzellen in ferner Zukunft nicht für ausgeschlossen zu halten und ähnliche, ethisch-moralische Probleme auf die Menschheit zukommen zu sehen, sofern sich derartige Manipulationen nicht nur auf „die von allen als erstrebenswert anerkannt[en]“ Eigenschaften beschränkten. Thomas A. Trautner, Direktor des Max-Planck-Instituts für Molekulare Genetik, äußerte sich gegenüber solchen Visionen eher skeptisch und erklärte die Möglichkeit einer gezielten Veränderung der genetischen Information im Jahr 1968 für keineswegs absehbar.[113]

Auch der bereits durch seine frühen Reaktionen auf das Ciba-Symposium bekannte Friedrich Wagner erkannte in den Visionen einer als revolutionär, hoffnungsvoll und fortschrittlich getarnten genetischen Anpassung der Menschheit große moralische Probleme. Warnungen wie die von Nirenberg oder Kaplan waren für ihn jedoch lediglich „Alibizeugnisse“, die durch ihre Formulierung „in einer Fachsprache […] kaum in die Öffentlichkeit“ vorzudringen vermochten.[114]

Interessant ist auch der Beitrag Karl Rahners, der eines der wenigen Dokumente zur genetischen Manipulation des Menschen aus Sicht der Theologie für diese Zeit lieferte. Eine grundsätzliche Ablehnung hielt Rahner vor dem Hintergrund der katholischen Moraltheologie zwar nicht für gerechtfertigt, jedoch erschien ihm eine theoretische Klärung unzureichend. Für ihn hing „die sittliche Qualität einer konkreten genetischen Manipulation von mehreren Faktoren […] ab“: Erstens vom Subjekt der Manipulation, zweitens vom angesteuerten Menschenwesen und drittens von der „konkreten Weise einer solchen genetischen Manipulation“.[115] In seiner fallunabhängigen, sittlichen Beurteilung kam Rahner jedoch zu einem „Nein“ zur genetischen Manipulation, welches für ihn allein auf dem sogenannten „moralischen Glaubensinstinkt“, und damit auf einer nicht belegbaren Gesetzmäßigkeit beruhen sollte.[116] Zudem war er der Ansicht, dass eine

112 Vgl. M. W. Nirenberg, Will Society Be Prepared?, in: Science, 1967/157, p. 633.

113 Vgl. Künstliche Veränderung des menschlichen Erbguts?, in: Umschau, 1968/68, S. 52–53.

114 Vgl. F. Wagner (Hg.), Menschenzüchtung, München 1969, S. 42.

115 Vgl. K. Rahner, Zum Problem der genetischen Manipulation aus der Sicht des Theologen, in: F. Wagner (Hg.), Menschenzüchtung, 2. Aufl., München 1970, S. 139.

116 Vgl. Ebd., S. 155–156.

Manipulation aller künftigen Menschen technisch undurchführbar sei und der Versuch, es dennoch zu tun lediglich zu zwei neuen „Rassen" der Menschheit, den „hochgezüchteten Retortenmenschen" und einer „gewöhnlichen" Gesellschaft führen würde.[117]

Die Frage nach der potenziellen technischen Realisierung einer künstlichen Veränderung des menschlichen Erbgutes bot den Zukunftsforschungen der späten sechziger und frühen siebziger Jahre reichlich Stoff. Schon bald wurde das Thema nicht mehr nur als eines unter vielen behandelt, sondern auch im Rahmen eigenständiger Publikationen. Dazu zählte u. a. die Arbeit des österreichischen Journalisten Georg Breuer, *Menschen aus dem Katalog? – Die Erbforschung auf dem Weg in die Zukunft,* von 1969, in der er davon ausging, dass Eingriffe in die Molekularstruktur der Gene bereits zwischen 1990 und 2010 möglich sein würden. Zwar sprach er sich durchaus für eine eugenische Nutzung solcher Erbgutmanipulationen zur Verhinderung eines weiteren Bevölkerungswachstums, aus, jedoch verbanden sich hiermit für ihn zugleich ethisch-moralische Fragen nach der Zulässigkeit solcher Veränderungen und einer Festlegung von Grenzen.[118]

Auffällig für frühe deutschsprachige Auseinandersetzungen mit einer genetischen Manipulierung des Menschen war die vorherrschende Heterogenität der Begriffsverwendungen zur Beschreibung derselben. So findet sich neben Begriffen einer „Genchirurgie", der „Implantation in Chromosomen", einem „Eingriff in die menschliche Erbanlage" oder der „Biotechnik" auch eine – wenngleich eher seltene – Verwendung des Begriffs der „Gentechnik". Die heterogenen Begriffe zogen auch inhaltliche Differenzen nach sich. Neben einer Verwendung zur Beschreibung von Anwendungen der Gentechnik wurden die Begriffe gleichermaßen für Anwendungen der Reproduktionstechnik verwendet. Diese unscharfe Begriffsverwendung in der Öffentlichkeit verwundert kaum, pflegten die zumeist zitierten internationalen und auch deutschen Molekularbiologen und Genetiker selbst keine homogene Begriffsverwendung. Zudem traten schon im Zusammenhang mit den reproduktionstechnischen Forschungen der frühen sechziger Jahre Schlagworte einer „Manipulation des Lebens" oder des „Homunkulus" auf, die auch auf die ersten Gentechnik-Diskurse übertragen wurden. An die Forschungen einer künstlichen Erzeugung menschlichen Lebens knüpften sich zugleich ethische Fragestellungen nach dem Forschungsobjekt „Mensch" und einer Zulässigkeit des Eingriffes in die Natur an, die sich auch in den ersten Diskursen über eine künstliche Veränderung des menschlichen Erbgutes wiederfinden.

Der hier beschriebene frühe Diskurs zeigt anhand mehrerer Beispiele, dass ethische und moralische Fragestellungen zur Gentechnik in der BRD nicht erst Mitte der achtziger Jahre, sondern bereits gute zwanzig Jahre vorher aufkamen. Zwar ist zu diesem frühen Zeitpunkt keineswegs von einer Diskussion zu sprechen, erste, grundsätzliche Fragestellungen gab es jedoch durchaus. Zudem zog

117 Vgl. Ebd., S. 161.
118 Vgl. G. Breuer, Menschen aus dem Katalog?, Düsseldorf 1969, S. 186–191.

auch der frühe ethische Diskurs der USA in der Bundesrepublik seine Aufmerksamkeit auf sich. So wurde z. B. der Roman des amerikanischen Biophysikers Leroy Augenstein, *Come, Let Us Play God*, von 1969, der am Beispiel von Einzelschicksalen Möglichkeiten einer Veränderung der menschlichen Vererbung sowie die sich daran knüpfenden ethischen und moralischen Bedenken erörtert, bereits zwei Jahre nach seinem Erscheinen ins Deutsche übersetzt.[119]

Die aufgeworfenen ethisch-moralischen Fragen fanden während dieser frühen Zeit zwar keineswegs eine Beantwortung, mehrfach wurden jedoch Lösungsstrategien vorgestellt, die zumeist auf eine Beteiligung der Gesamtgesellschaft am Klärungsprozess hinausliefen. So sah die Idealvorstellung von Baitsch z. B. eine Beteiligung jedes Menschen an der Beantwortung dieser ethisch-moralischen Fragen vor[120], während Hofschneider die Gruppe der Diskutanten unschärfer unter einem „wir" zusammenfasste, welches „heute diskutieren sollte[…], um gegebenenfalls morgen mit [den Entwicklungen] fertig zu werden".[121] [122]

Darüber hinaus bleibt für die frühe Phase der Gentechnik-Diskurse festzuhalten, dass die Argumentationen gegen eine Nutzung dieser neuen Technik häufig Parallelen zu den negativen Erfahrungen während der Deutschen NS-Vergangenheit und zur Einführung der Atomenergie zogen. Die Vergleiche mit der Atomenergie und den Atombombenabwürfen vom August 1945 bestätigten in solchen Argumentationen die Furcht vor der Durchsetzung alles technisch Machbaren. Allerdings lässt sich die gerade in den neunziger Jahren vielfach vorgetragene Vermutung einer besonderen deutschen Argumentation vor dem Hintergrund der eigenen NS-Vergangenheit schon bei einem Blick auf das Ciba-Symposium nicht bestätigen. 1962 wurden solcherart Argumentationen vielfach auch von nicht-deutschen Wissenschaftlern angeführt.

3.5. ZUSAMMENFASSUNG

Zu den frühesten Zeugnissen genetischer Utopie zählen die Werke Aldous Huxleys *Brave New World*[123] und Hermann Mullers *Out of the Night*[124], beide aus den dreißiger Jahren. Die Autoren zeichneten das Bild einer zukünftigen Techni-

119 Vgl. L. Augenstein, Komm, wir spielen Gott, Konstanz 1971.

120 Vgl. H. Baitsch, Humangenetik, in: K. Schlechta (Hg.), Der Mensch und seine Zukunft, Darmstadt 1967, S. 64.

121 Vgl. K. Schlechta (Hg.), Der Mensch und seine Zukunft, Darmstadt 1967, S. 76.

122 Auch Crick und Muller hatten bereits während des Ciba-Symposiums über eine Beteiligung der Öffentlichkeit nachgedacht, deren Meinung sie jedoch in Bezug auf dieses Thema „rückständig" einschätzten, so dass sie die Durchführung ihrer geplanten Maßnahmen, „Mangels an biologischen Kenntnissen" der Öffentlichkeit, in diesem Fall für undurchführbar hielten. Vgl. R. Jungk/H. J. Mundt (Hg.), Das umstrittene Experiment: Der Mensch, München 1966, S. 302–304.

123 A. Huxley, Brave New World, London 1932.

124 H. Muller, Out of the Night, New York 1935.

sierung der menschlichen Fortpflanzung. Gute dreißig Jahre später scheinen diese Utopien, im Angesicht der rapiden Entwicklung der Molekulargenetik, Wirklichkeit zu werden. Ein erster öffentlicher Austausch fand 1962 im Rahmen des Londoner Ciba-Symposiums dazu statt. Es wurde zum Ausgangspunkt für die weltweiten Diskurse über die Nutzung der seinerzeit u. a. als Gen-Chirurgie bezeichneten Gentechnik. Wenngleich die Beiträge zur potenziellen Nutzung einer solchen Technik nur am Rande des Symposiums eine Rolle spielten und darüber hinaus vornehmlich von den jüngsten Teilnehmern der Veranstaltung, Joshua Lederberg, vorgetragen wurden, so wurde die Veranstaltung dennoch zum Ausgangspunkt weltweiter Diskurse um die Gentechnik. So sorgten die visionären eugenischen Absichten der Ciba-Referenten international für große Kritik, während scheinbar nur die kleine Gruppe der vorwiegend englischen und amerikanischen Biowissenschaftler, eine Nutzung ihrer neuesten Erkenntnisse propagierte. Die Kritik bezog sich sowohl auf die Überlegungen zu humangenetischen als auch auf die zu gentechnischen Eingriffe, wobei Letztere, trotz ihrer zeitlich schwer einzuschätzenden Realisierung, immer weiter in den Fokus der Auseinandersetzungen rückten. Frühe Befürworter und auch Gegner erkannten in gentechnischen Anwendungen von Beginn an das Potenzial eines Widerspruchs gegenüber bestehenden ethisch-moralischen Grundsätzen.

Anders als beispielsweise in den USA, waren in der Bundesrepublik kaum Molekularbiologen, Biochemiker oder Genetiker am frühen Diskurs um die gentechnischen Visionen der sechziger Jahre beteiligt. Ein Grund dafür ist sicher in ihrer fehlenden Beteiligung an den Forschungen zu sehen. Zu einer der wenigen Ausnahmen gehörte der Biochemiker Gerhard Schramm, damaliger Direktor am Max-Planck-Institut für Virusforschung. Er erkannte das Problem einer rapiden Bevölkerungszunahme durchaus, lehnte gezielte Manipulationen der menschlichen Erbmasse jedoch vor dem Hintergrund eines Missbrauchs von Wissen in der NS-Vergangenheit und der Erfahrungen mit der Kernenergie ab.[125] Zu den Ausnahmen zählt auch ein Vortrag des Biochemikers und Nobelpreisträgers Adolf Butenandt aus dem Jahr 1968, in dem auf die Gefahren einer Manipulation des Menschen hingewiesen wurde.[126] Einige wenige Berichte über die neuen Erkenntnisse gab es auch innerhalb der Akademienlandschaft. So trug Heinrich Matthaei vom Max-Planck-Institut für experimentelle Medizin 1965 im Rahmen der öffentlichen Jahressitzung der Akademie der Wissenschaften in Göttingen zur Entzifferung des genetischen Codes vor[127], während die Akademie 1967 sogar den amerikanischen Molekularbiologen, und ein Jahr darauf den mit dem Nobel-

125 G. Schramm, Baupläne des Lebens, München 1971, S. 103 und G. Schramm, Den idealen Menschen kann man nicht züchten, in: Die Welt, 8. Januar 1972, S. III.

126 Vgl. A. Butenandt, Historie der belebten Moleküle, in: Die Welt, 22. März 1968, S. 70.

127 Vgl. H. Matthaei, Die Entzifferung des genetischen Code, in: Jahrbuch der Akademie der Wissenschaften in Göttingen 1965, Göttingen 1966, S. 14–23.

preis geehrten, Gobind Khorana als Vortragenden gewinnen konnte.[128] Neben der Göttinger Akademie, fanden ab den siebziger Jahren auch in der Leopoldina regelmäßige Vorträge über die Biochemie des genetischen Systems statt, während die Akademie der Wissenschaften und der Literatur Mainz das Thema seit den frühen sechziger Jahren unter humangenetischen Gesichtspunkten aufgriff.

Gerade die Humangenetik nahm innerhalb der frühen deutschen Diskurse eine zentrale Rolle ein. Vertreter der Disziplin traten – unter Verweis auf die Erfahrungen der deutschen NS-Vergangenheit – zumeist als Kritiker eugenischer Maßnahmen auf den Plan. In der Bundesrepublik hatte eine gedankliche Verknüpfung der Eugenik mit den nationalsozialistischen Verbrechen stattgefunden. Thomas Junker und Sabine Paul stellten in ihrem Beitrag zum Eugenik-Argument in der Diskussion um die Humangenetik sehr eindrücklich die heute beinahe ausschließlich mit negativen Konnotationen behaftete Verwendung des Eugenik-Begriffes heraus.[129] Peter Weingart, Jürgen Kroll und Kurt Bayertz skizzierten in ihrer Geschichte der Eugenik die Parallelen von Humangenetik und Eugenik, die gerade in dem Anspruch einer wissenschaftlichen Durchdringung und Beeinflussung der menschlichen Reproduktion liegt, wobei beide das Ziel einer genetischen Verbesserung des menschlichen Erbanlagenbestands verfolgen.[130] Grundsätzlich handelt es sich bei der Eugenik nicht nur um ein Programm, welches die Verbesserung des menschlichen Genpools mit wissenschaftlichen Mitteln zum Ziel hat, sondern auch um eine internationale Bewegung, die bereits Ende des 19. Jahrhunderts, und damit lange vor 1933 entstand.[131] Die negative Besetzung des „Eugenik"-Begriffes verorteten Junker und Paul zwar erst im Laufe der siebziger Jahre, die fast durchgehend ablehnenden Reaktionen auf die eugenischen Überlegungen der Londoner Symposiumsteilnehmer lassen jedoch, zumindest innerhalb der Community der Humangenetiker, eine frühzeitigere negative Besetzung des Begriffes vermuten.

Lediglich im Vorwort zur deutschen Ausgabe der Beiträge des Ciba-Symposiums vom disziplinverwandten Anthropologen Wolfgang Wieser findet sich eine offene Verteidigung von Manipulationen am menschlichen Erbgut, die eine abweichende Positionierung zum Verständnis von Eugenik vermuten lässt.[132] Zwar wurden erste öffentliche Überlegungen zur Nutzung zukünftiger gentechnischer Methoden in London in einem großen Diskussionskontext um klassische und neue reproduktionstechnische Methoden vorgebracht, jedoch wurden sie aus-

128 G. Khorana, Synthetic Nucleic Acids and the Genetic Code, in: Jahrbuch der Akademie der Wissenschaften in Göttingen 1967, Göttingen 1968, S. 34–39.

129 Vgl. T. Junker/S. Paul, Das Eugenik-Argument in der Diskussion um die Humangenetik, in: E.-M. Engels (Hg.), Biologie und Ethik, Stuttgart 1999, S. 165.

130 Vgl. P. Weingart/J. Kroll/K. Bayertz, Rasse, Blut und Gene, Frankfurt a. M. 1992, S. 172.

131 Vgl. T. Junker/S. Paul, Das Eugenik-Argument in der Diskussion um die Humangenetik, in: E.-M. Engels (Hg.), Biologie und Ethik, Stuttgart 1999, S. 173–174.

132 Vgl. W. Wieser, Das umstrittene Experiment: Der Mensch, in: R. Jungk/H. J. Mundt (Hg.), Das umstrittene Experiment: Der Mensch, München 1966, S. 24.

schließlich als eugenische Maßnahmen präsentiert, womit sich die rein kritischen Reaktionen deutscher Humangenetiker erklären ließen. Unter ihnen tat sich insbesondere Helmut Baitsch hervor, der sich bis in die frühen siebziger Jahre regelmäßig zur gentechnischen Manipulation des menschlichen Erbguts äußerte. In den ersten Jahren nach dem Ciba-Symposium lässt sich eine vorwiegend ablehnende Haltung deutscher Humangenetiker gegenüber solchen Manipulationen feststellen, die sich ebenso wie die Einschätzung der zukünftigen Entwicklung einer Gentechnik im Laufe der Jahre zunehmend ambivalenter gestaltete. Während Baitsch die Entwicklung einer „Chirurgie am Chromosom“[133] 1967 noch als völlig utopisch abtat, hielten seine Kollegen, im Rahmen des Marburger Forum Philippinum von 1969, diese Möglichkeit in ferner Zukunft durchaus für möglich. Bei dieser Veranstaltung gingen einige Vertreter der Humangenetik davon aus, dass „die heute noch utopischen Vorschläge [...] eines Tages realisiert“ werden würden. Während sich die einen eher für einen Rückzug und die Besinnung auf die wichtigere Tagesaufgaben aussprachen[134], forderten andere vielmehr eine Offensive und damit die Anregung einer öffentlichen Diskussion[135], in der die Gesellschaft gezwungen werde sich mit diesen Dingen zu befassen.[136]

Bis 1972 scheint neben dem Marburger Forum Philippinum lediglich das von der Bayerischen Akademie der Wissenschaften im März 1969 veranstaltete und insbesondere von Medizinern und Philosophen besuchte Symposium *Das beschädigte Leben*[137] einen öffentlichen Raum für eine Diskussion gentechnischer Eingriffe innerhalb der Bundesrepublik geboten zu haben. Eine interdisziplinäre Auseinandersetzung mit dem Thema gab es nur in Rahmen des Sammelbands *Menschenzüchtung*. Vornehmlich waren es einzelne Disziplin-Vertreter, die in der Öffentlichkeit auf das Thema aufmerksam machten.

Eine Beteiligung von deutschen Medizinern am Diskurs scheint es auf den ersten Blick in den sechziger und frühen siebziger Jahren nicht gegeben zu haben. Die Analyse des *Deutschen Ärzteblattes* als Fachorgan ergibt das Bild einer passiven Teilnahme in Form einer Informierung durch Vertreter der Humangenetik. Natürlich liegen beide Disziplinen eng beieinander, jedoch ist die beinahe ausschließliche Thematisierung aus humangenetischer und anthropologischer Sicht durchaus auffällig. So griff beispielsweise Günter Röhrborn vom Institut für Anthropologie und Humangenetik der Universität Heidelberg das Ciba-Symposium und die neuen Möglichkeiten einer biologischen Manipulierbarkeit

133 Vgl. H. Baitsch, Humangenetik, in: K. Schlechta (Hg.), Der Mensch und seine Zukunft, Darmstadt 1967, S. 63.

134 Ein Vertreter dieser Ansicht war z. B. Widukind Lenz, Direktor des Instituts für Humangenetik der Westfälischen Wilhelms-Universität zu Münster.

135 Vertreten wurde dieser Standpunkt beispielsweise durch Gerhard Wendt, Direktor des Instituts für Humangenetik der Universität Marburg.

136 Vgl. G. Wendt (Hg.), Genetik und Gesellschaft, Stuttgart 1970, S. 70–71.

137 Vgl. A. Mitscherlich (Hg.), Das beschädigte Leben, München 1969.

des Menschen 1968 in einer Artikelserie auf[138] und auch dem Forum Philippinum von 1969 wurde großer Raum eingeräumt.[139] Gegen Ende der sechziger Jahre traten dann vermehrt Beiträge auf, die die Ärzteschaft in regelmäßigen Abständen über die neuen molekularbiologischen Erkenntnisse informieren sollten. Inhaltlich dominierten bis in die frühen siebziger Jahre jedoch humangenetisch geprägte Berichte.

Auffällig für die frühen Diskurse ist auch die offenbar ausbleibende Beteiligung von Seiten der Kirche bzw. der Theologen. Zwar sind vereinzelte Äußerungen zu den neuen Reproduktionstechnologien zu finden, bezüglich der Fragen zukünftig aufkommender gentechnischer Verfahren sind, abgesehen von den kritischen Äußerungen Georg Siegmunds zum Trend der Bioingenieure[140] und dem Sammelbandbeitrag des katholischen Theologen Karl Rahners und seinem „Nein" zur genetischen Manipulation [141], öffentliche Äußerungen kaum zu finden. In der *Herder Korrespondenz* werden die Ideen zur „*Umkonstruktion des Menschen* mit Hilfe der gentechnischen Manipulation" und einer bestehenden Gefährdung des Menschen erstmals 1970 aufgegriffen.[142] Das Thema scheint jedoch von keinem großen Interesse, denn bis 1974 findet sich lediglich ein weiterer Beitrag, der vor dem Biotechniker warnt, der „das biologische Mängelwesen Mensch auf den Stand der durch den Menschen geschaffenen außermenschlichen technischen Entwicklung […] anpassen" will. [143] Die geringe Beteiligung von Seiten deutscher Theologen und der beiden großen Kirchen in Deutschland lässt sich auch mit der starken Einbindung in Fragen um die Änderung des § 218 StGB, den Regelungen des Abtreibungsrechts in Deutschland, erklären. Gerade die sechziger Jahre brachten große öffentliche Diskussionen in dieser und der Frage nach dem Beginn des menschlichen Lebens mit sich.

Neben einzelnen Personenkreisen sind aber auch die untersuchten Printmedien als Akteure des frühen Gentechnik-Diskurses anzusehen, die bereits 1963 mit Berichten von der Nobelpreisträger-Tagung in Lindau in die Gentechnik-Thematik einstiegen. Die Auswertung der Berichterstattung der beiden untersuchten Printmedienorgane, *Die Welt* und *Der Spiegel*, zum Thema Gentechnologie im weitesten Sinne, ergibt für den Zeitraum von 1962-1974 eine Gesamtzahl von nur 17 Beiträgen.[144] Zwar lässt sich bei diesem Ergebnis keineswegs von einer Regelmäßigkeit sprechen, jedoch passt die Zahl zu dem vorherrschenden marginalen

138 Vgl. G. Röhrborn, Die biologische Zukunft des Menschen, in: Deutsches Ärzteblatt, 31. August 1968, S. 1881–1883 und 7. September 1968, S. 1929–1932.

139 Vgl. K. Preuss, Humangenetische Aspekte für die Zukunft des Menschen, in: Deutsches Ärzteblatt, 1970/67, S. 93–97 und S. 174–179.

140 Vgl. G. Siegmund, Umkonstruktion des Menschen, in: Hochland, 1965/5, S. 480 u. 482.

141 Vgl. K. Rahner, Zum Problem der genetischen Manipulation aus der Sicht des Theologen, in: F. Wagner (Hg.), Menschenzüchtung, 2. Aufl., München 1970, S. 135–166.

142 Vgl. M. Sperber, Der gefährdete Mensch, in: Herder Korrespondenz, 1970/24, S. 393–397. Herv. Durch M. S.

143 Vgl. K. Löwith, Der Mythos der Machbarkeit, in: Herder Korrespondenz, 1972/26, S. 55.

144 Dabei entfallen elf Artikel auf Die Welt und sechs Artikel auf den Spiegel.

öffentlichen Interesse in der BRD während dieser Zeit. Die Tatsache, dass *Der Spiegel* das Thema in einer Ausgabe vom Dezember 1970 zum Titelthema machte, markiert jedoch ein zugleich wachsendes Interesse. Die erwähnten Beiträge ermöglichten der biotechnologisch noch weitgehend ungebildeten Leserschaft zunächst einen lexikalischen Zugang zur „neuen Biologie", der eine diskursive Auseinandersetzung mit der komplexeren Gentechnik erschwerte und verzögerte.

4. VON DER ASILOMAR-KONFERENZ (1975) BIS ZU DEN ERSTEN DEUTSCHEN GENTECHNIK-RICHTLINIEN (1978)

4.1. GENTECHNIK IN DEN KINDERSCHUHEN

Auch die Zeit nach dem ersten gelungenen gentechnischen Experiment von 1972 zeichnete sich durch wesentlichen Erkenntnisgewinn und eine Fülle von Entdeckungen aus. Polymerasen, Restriktionsenzyme, Ligasen und Plasmide, die molekularen Schneide-, Klebe- und Übertragungswerkzeuge, ermöglichten zu Beginn der siebziger Jahre nicht nur die in-vitro Synthese von Makromolekülen, sondern auch eine gezielte in-vitro Manipulation der Erbsubstanz und somit eine Gentechnologie im engeren Sinne.[1]

Aufbauend auf den Arbeiten von Cohen, Chang und Boyer aus dem Jahr 1973, denen es gelungen war ein Stück Virus-DNA mit Hilfe eines Plasmids in eine Bakterienzelle einzuschleusen und es dort von Bakterien vermehren bzw. clonieren zu lassen, stellte der amerikanische Biologe und Nobelpreisträger Khorana 1976, gemeinsam mit Forschern des MIT, ein künstliches Gen mit 126 Bausteinen her, welches in Escherichia Coli Bakterien eingepflanzt die erwartete biologische Aktivität entfaltete.[2] Etwa zeitgleich kündigten sich auch erste medizinische und wirtschaftliche Erfolge der Gentechnik an. Im April 1976 gründeten der Biochemiker Herbert Boyer und der Investor Robert A. Swanson in San Francisco die Genentech Inc. als weltweit erstes Biotechnologieunternehmen. Schon 1977 brachte das Unternehmen mit dem humanen Wachstumshormon Somatostatin das erste mit Hilfe rekombinanter DNA hergestellte menschliche Hormon auf den Markt. Die Arbeiten Howard Goodmans und William Rutters an der University of California in San Francisco ermöglichten nur fünf Jahre darauf eine Isolierung der für die Steuerung der Insulinproduktion verantwortlichen Gene aus Rattenzellen. Goodman und Rutter fertigten eine exakte biochemische Kopie („cloning“) der Gene und fügten diese in Escherichia Coli Bakterien ein, die das Insulin-Gen an ihre Nachkommen vererbten. [3] [A]uf dieser Methode beruhend produzierte Genetech ab 1982 humanes Insulin als erstes gentechnisch hergestelltes Medikament.

Neben diesen wegweisenden Entwicklungen bedeuteten auch die Bemühungen zur DNA-Sequenzierung ab Mitte der siebziger Jahre einen entscheidenden

1 Vgl. H.-J. Rheinberger/S. Müller-Wille, Vererbung, Frankfurt a. M. 2009, S. 242–243.

2 Vgl. Ebd., S. 243 und vgl. H. Strohm, Genmanipulation und Drogenmißbrauch, Hamburg 1977, S. 20.

3 Vgl. H. Strohm, Genmanipulation und Drogenmißbrauch, Hamburg 1977, S. 20 und 21.

Schritt für den zukünftigen Erfolg der Gentechnik. Frederick Sanger und Alan Coulson entwickelten 1975 die Didesoxymethode, auch Kettenabbruch-Methode genannt, mit deren Hilfe bereits zwei Jahre später die erste vollständige Sequenzierung eines Genoms4 vorgenommen werden konnte. Zwar hatten zeitgleich auch Allan Maxam und Walter Gilbert eine Sequenzierungsmethode entwickelt, bei der die DNA basenspezifisch gespalten wird, jedoch handelt es sich bei den heutigen DNA-Sequenzierungen vorwiegend um Weiterführungen der Sanger-Coulson-Methode.[5]

4.2. SICHERHEITSFRAGEN DER NEUEN TECHNOLOGIE

4.2.1. Die Konferenz von Asilomar

Das Bemerkenswerte am ersten gelungenen gentechnischen Experiment war nicht die reine Kopplung verschiedenartiger DNA. Dieser Vorgang war bereits aus der Natur bekannt, bislang allerdings nur bei verwandten Spezies und Viren aufgetreten. Neu dagegen waren Gen-Übertragungen verschiedener Spezies. Diese Möglichkeiten sorgten unter den in diesem Bereich forschenden Molekularbiologen und Biochemikern nicht vorwiegend für Begeisterung, sondern vielmehr für auffallend große Besorgnis. Ihren Ausgang nahmen die Bedenken gegenüber gentechnischen Experimenten zwischen 1971 und 1973, wobei sie zunächst nur auf einen engen Wissenschaftler-Kreis beschränkt waren. Während dieser Zeit begannen zahlreiche Molekularbiologen mit Forschungen am menschlichen Darmbakterium Escherichia Coli zur Bearbeitung von tierischem Zellmaterial oder Tumorviren, die nur unter speziellen Laborbedingungen in Arten eingefügt werden konnten, die sie natürlicherweise nicht infizieren. Dieser Anstieg der Arbeiten mit tierischen Viren und die Tatsache, dass nur wenige Molekularbiologen auch eine Ausbildung in medizinischer Mikrobiologie, und damit im Umgang mit pathogenen Stoffen erfahren hatten, verlangten nach einer Prüfung des epidemiologischen Gefahrenpotenzials.

Am Anfang der öffentlich geäußerten Bedenken stand die Schilderung eines Experiments zur Einbringung von Chromosomen eines Tumorvirus in einen Escherichia Coli Bakterienstamm. Janet Mertz, eine junge Kollegin von Peter Berg an der Stanford University, hatte den Versuch im Rahmen eines Treffens im Cold Spring Harbor Laboratory, Long Island, im Sommer 1971 vorgestellt.[6] In der Folge begannen die an den Forschungen zu rekombinanter DNA beteiligten Wissenschaftler auf den verschiedensten Tagungen in den USA, die Sicherheit der

4 Es handelte sich hierbei um das Genom des Bakteriophagen phiX-174 mit einer Länge von ca. 5000 Nukleotiden.

5 T. Hankeln/H. Zischler/E. R. Schmidt, Technologierevolution in der Genomforschung, in: Natur und Geist 2009/25, S. 33–34.

6 Vgl. J. Watson/J. Tooze, The DNA Story, San Francisco 1981, S. 1–2.

neuen Technologie sowie die Verhinderung einer Freisetzung von Labororganismen zu diskutieren.[7] Das erste Treffen zur Erörterung von Sicherheitsfragen im Asilomar-Konferenzzentrum in Pacific Grove in Kalifornien fand vom 22.–24. Januar 1973 statt. Zwar erhielt diese – heute auch unter dem Namen Asilomar I bekannte – Tagung eine eigene Buchveröffentlichung unter dem Titel *Biohazards in Biological Research*[8], jedoch fand sie keinerlei Beachtung in der amerikanischen oder internationalen Medienberichterstattung.[9]

Die Beschränkung der Sicherheitsfragen auf die wissenschaftliche Community wurde erst mit der Gordon Konferenz *Nucleic Acids* in New Hampton vom 11.–15. Juni 1973 aufgebrochen. Die seinerzeit führenden Biochemiker beschlossen in einer Abstimmung, mit ihren Bedenken an die Öffentlichkeit zu gehen.[10] Gefürchtet wurde insbesondere die Entstehung neuer Moleküle, die ein Risiko für die öffentliche Gesundheit darstellen könnten. Die Co-Vorsitzenden der Konferenz, Maxine Singer von den National Institutes of Health (NIH) und Dieter Söll vom Department of Molecular Biophysics and Biochemistry der Yale University, verfassten im Juli 1973 einen Brief an den Präsidenten der National Academy of Sciences, Philip Handler, welcher auch dem Präsidenten des National Institute of Medicine, John R. Hogness, zuging und bereits zwei Monate darauf in Science unter dem Titel *Guidelines for DNA Hybrid Molecules* veröffentlicht wurde. In ihrem Brief warnten Singer und Söll vor einer Anwendung der neuen Technik, die verlockende Möglichkeiten zur Erzielung fundamentaler Erkenntnisse über biologische Prozesse und zur Heilung schwerster Krankheiten der Menschheit bot. Befürchtet wurde die Entstehung neuer Arten von Viren oder Hybrid-Plasmiden mit unvorhersehbarer Aktivität, die sowohl für Laboranten als auch die Öffentlichkeit eine Gefahr darstellen könnten. Aus diesem Grund regten Singer und Söll im Namen der *Nucleic Acids*-Konferenzteilnehmer die Einrichtung einer Kommission an, die die geäußerten Bedenken prüfen und ggf. notwendige Maßnahmen oder Richtlinien herausgeben sollte.[11]

Die Tatsache, dass lediglich eine Fachzeitschrift und nicht die Tagespresse für die Veröffentlichung des Briefes gewählt wurde weist darauf hin, dass der Weg in die Öffentlichkeit am Anfang nur zögernd gesucht wurde. Der Brief vermochte jedoch auch Kreise über die klassische Science-Leserschaft hinaus zu ziehen. Edward Ziff, Biochemiker der Rockefeller University und einer der Teilnehmer der Gordon Konferenz, veröffentlichte im Oktober desselben Jahres im englischen New Scientist, einer wöchentlich erscheinenden, populärwissenschaftlichen Zeit-

7 Vgl. M. Kurath, Wissenschaft in der Krise?, Zürich 2005, S. 82.

8 Vgl. A. Hellmann/M. N. Oxmann/R. Pollack, Biohazards in Biological Research, New York 1973.

9 Lediglich ein Science-Artikel vom November 1973 stellte einen Bezug zu dieser Veranstaltung her. Vgl. N. Wade, Microbiology, Science 1973/182, p. 566.

10 Vgl. J. Richards, Recombinant DNA, New York u. a. 1978, S. 303.

11 Vgl. M. Singer/D. Söll, Guidelines for DNA Hybrid Molecules, in: Science, 1973/181, p. 1114.

schrift, einen Beitrag, in dem er die Gründe für die bestehenden Bedenken vor Gefahren der DNA-Manipulation erläuterte.[12] Dieser Beitrag vermochte die Verbreitung des Singer-Söll-Briefs in die internationale Öffentlichkeit derart zu befördern, dass sogar eine Erhöhung der Auflage der Science-Ausgabe notwendig wurde.[13]

Als Antwort auf den Singer-Söll-Brief bat die National Academy of Science Paul Berg um die Aufstellung eines Komitees zur Beurteilung der Forschungen sowie zur Planung eines Kurses für das weitere Vorgehen. Dieses Komitee trat am 17. April 1974 am Massachusetts Institute of Technology zusammen und formulierte in einem offenen Brief Empfehlungen zum Umgang mit der DNA-Rekombinationstechnik.[14] Diese heute als „Moratorium" oder „Berg-Brief" bekannten Empfehlungen erschienen im Juli 1974 zeitgleich in den Fachzeitschriften Science, Nature und The Proceedings of the National Academy of Sciences unter dem Titel *Potential Biohazards of Recombinant DNA Molecules.*[15] Zu den Unterzeichnern des Moratoriums gehörten führende Molekularbiologen und Biochemiker, neben Berg als Vorsitzendem auch David Baltimore, Herbert Boyer, Stanley Cohen, Ronald Davis, David Hogness, Daniel Nathans, Richard Roblin, James Watson, Sherman Weissman und Norton Zinder. Sie forderten einen vorläufigen, freiwilligen Verzicht auf besonders gefährliche Experimente. Diese betrafen vor allem Versuche, bei denen Gene für Antibiotikaresistenzen oder Bakteriengifte in Bakterienstämme eingebracht werden, den Umgang mit onkogenen, tierischen Viren im Zusammenhang mit autosomal replizierender DNA sowie Verbindungen von tierischer mit bakterieller Plasmid-DNA. Das Moratorium führte auch außerhalb der USA zu Erlässen, die eine vorübergehende Vorsicht bei entsprechenden Versuchen vorsahen. Allerdings schaltete sich nur in Großbritannien auch die Regierung ein, wo im Sommer 1974 sogar eine Arbeitsgruppe zur Klärung entsprechender Sicherheitsfragen eingerichtet wurde.[16]

Zudem baten die Unterzeichner den Direktor der NIH um die Einrichtung eines Beratungsausschusses, was die Einberufung einer internationalen Konferenz mit betroffenen Wissenschaftlern zur Folge hatte. Diese Konferenz sollte eine Beurteilung der Fortschritte im Bereich der rekombinanten DNA vornehmen und ferner angemessene Wege im Umgang mit den potenziellen Gefahren diskutieren.[17] In einer Antwort setzte der Präsident der National Academy of Sciences

12 Vgl. E. Ziff, Benefits and hazards of manipulating DNA, in: New Scientist, 1973/60, p. 274.
13 Vgl. J. Watson/J. Tooze, The DNA Story, San Francisco 1981, S. 3.
14 Vgl. J. Richards, Recombinant DNA, New York u. a. 1978, S. 305 und M. Kurath, Wissenschaft in der Krise?, Zürich 2005, S. 83.
15 Vgl. z. B. Potential Biohazards of Recombinant DNA Molecules, in: Science 1974/185, p. 303.
16 Vgl. J. Watson/J. Tooze, The DNA Story, San Francisco 1981, S. 4.
17 Vgl. Potential Biohazards of Recombinant DNA Molecules, in: Science 1974/185, p. 303.

eine zweite Asilomar-Konferenz an, womit die ganze Angelegenheit nun auch in die amerikanische Tagespresse gelangte.[18]

Rund 150 Wissenschaftlerinnen und Wissenschaftler der Biochemie, Molekularbiologie und anderen verwandten Gebieten waren der Einladung zur Konferenz, die damals teilweise noch unter Asilomar II firmierte, heute jedoch nur noch als Asilomar-Konferenz bekannt ist, gefolgt. Gute zwei Jahre nach der ersten Konferenz im Asilomar-Konferenzzentrum in Pacific Grove fand an gleicher Stelle vom 24.–27. Februar 1975 eine zweite, internationale Konferenz statt, finanziell unterstützt von der National Academy of Science, dem National Cancer Institute of the National Insitutes of Health und von der National Science Foundation.[19] Das reichhaltig gefüllte Programm mit 27 Vorträgen, drei Podiumsdiskussionen und einer Abschlussdiskussion sah v. a. Diskussionen zum Forschungsstand der Bereiche Plasmid-, Bakterien-, Eukaryonten und Viren-DNA vor.[20] Nur wenige Vorträge widmeten sich ethischen Fragen, was kaum verwundert, da die erklärten Ziele der Konferenz die Erzielung eines Konsens über potenzielle Gefahren der rekombinanten DNA-Forschung sowie die Formulierung von Vorschlägen zu dessen Vermeidung waren. Es ging also vor allem um Fragen einer politischen Regulierung der Gentechnik.

Die Erfüllung dieses, im Anbetracht der großen Teilnehmerzahl, sehr mutigen Anspruchs an die Konferenz führte zwangsläufig zu einer konfusen Abschlussdiskussion, in der die Mehrheit der Teilnehmer einer in der Nacht zuvor vom Organisationskomitee erarbeiteten, fünfseitigen Erklärung zu einer dreistufigen Skala spezieller Laborsicherheitsmaßnahmen zustimmen sollte.[21] Die Erklärung stellte einen Kompromiss der Empfehlungen der einzelnen Konferenz-Arbeitsgruppen dar, wobei „keines der Experimente, die einige Wissenschaftler vorher als zu gefährlich bezeichnet hatten […] mit einem klaren Verbot belegt“ werden sollte.[22] Diskussionsbestimmende Widersprüche von Teilnehmern wie Joshua Lederberg, Stanley Cohen oder James Watson erlangten in der abschließenden Erklärung zur Konferenz zwar keine Bedeutung mehr, jedoch konnte zu allen darin enthaltenen Punkten – wenn auch unter der Voraussetzung einiger, noch vor der Veröffentlichung vorzunehmender Änderungen – eine klare Mehrheit erzielt werden.[23] Mit der Asilomar-Konferenz kam es zu zwei entscheidenden Veränderungen in der Sicherheitsdiskussion: Zum einen gingen die bis dahin informellen Gespräche der Wissenschaftler zu den Risiken der neuen Technik in formelle Regierungsdiskus-

18 Vgl. J. Watson/J. Tooze, The DNA Story, San Francisco 1981, S. 4 und 12, Document 1.6.
19 Vgl. H. Gottweis, Governing Molecules, Cambridge 1998, S. 87.
20 Vgl. Asilomar Conference Program, in: J. Watson/J. Tooze, The DNA Story, San Francisco 1981, S. 41–42, Document 2.2.
21 Vgl. M. Rogers, The Pandora´s Box Congress, in: Rolling Stone 1975/189, p. 36 f. sowie M. Rogers, Biohazard, New York 1977 oder in deutscher Übersetzung M. Rogers, Genmanipulation, Bern/Stuttgart 1978.
22 M. Rogers, Genmanipulation, Bern/Stuttgart 1978, S. 97.
23 Vgl. Ebd., S. 101 und J. Watson/J. Tooze, The DNA Story, San Francisco 1981, S. 25.

sionen über[24] und zum anderen wurden die zuvor durchaus vorhandenen ethischen Erwägungen von nun an auf technische Risiken beschränkt, zumindest in den wissenschaftsinternen Debatten.[25]

Der Schlussbericht der Konferenz, der einen großen Schritt in Richtung Selbstbestimmung der Wissenschaft ankündigte, wurde im Juni 1975 in Science veröffentlicht und enthielt Empfehlungen zum weiteren Umgang mit rekombinanter DNA. Veröffentlicht von Paul Berg, David Baltimore, Sydney Brenner, Richard O. Roblin III und Maxine F. Singer stellte dieser Bericht fest:

> "[...] The participants at the Conference agreed that most of the work on construction of recombinant DNA molecules should proceed, provided that appropriate safeguards [...] are employed."[26]

Einschränkend wurde erklärt, dass es auch Experimente mit einem derartig hohen Gefahrenpotenzial gebe, dass diese in den momentan vorhandenen Sicherheitseinrichtungen nicht durchgeführt werden sollten. Anders als noch in der ursprünglichen Erklärung der Konferenz, wurden Forschungen mit bestimmten hochpathogenen Stoffen darin völlig ausgeschlossen.[27] Zu dieser Veränderung trat eine weitere, wesentliche Änderung hinzu. So wurde aus der Einteilung in eine dreistufige Sicherheitsskala eine Vierstufige, die eine Unterscheidung der Experimente mit minimalem, geringem, mäßigem und hohem Risiko vornahm. Je nach Gefahrenstufe sollten diese Experimente nur in Laboren mit entsprechenden Sicherheitsbestimmungen durchgeführt werden. Die Skaleneinteilung wurde folgendermaßen definiert:

1. *Minimales Risiko*: Gilt für Experimente, deren biologisches Risiko exakt abgeschätzt werden kann und erwartungsgemäß minimal sein wird. Sie können in solchen Laboren durchgeführt werden, die sich an die für mikrobiologische Laboratorien empfohlenen Betriebsabläufe halten.
2. *Geringes Risiko*: Gilt für Experimente, die neue Biotypen erzeugen, bei denen das vorhandene Wissen besagt, dass die recombinante DNA das ökologische Verhalten der Empfänger-Art nicht modifiziert, ihre Pathogenität nicht signifikant erhöht oder eine erfolgreiche Behandlung daraus resultierender Infektionen nicht verhindern würde. Die Laborvoraussetzungen für diese Sicherheitsstufe setzen ein Verbot des Mund-Pipettierens, einen beschränkten Zugang für Laborpersonal sowie die Benutzung biologischer Sicherheitswerkbänke voraus.
3. *Mäßiges Risiko*: Gilt für Experimente, bei denen die Wahrscheinlichkeit besteht, Stoffe mit einem erheblichen Potenzial zu pathogenen oder ökologi-

24 Vgl. S. Krimsky, Genetic alchemy, Cambridge 1982, S. 99.
25 Vgl. R. Baumann-Hölzle, Die Human-Gentechnologie, Zürich 1990, S. 58.
26 P. Berg et al., Asilomar Conference on Recombinant DNA Molecules, in: Science 1975/188, p. 991.
27 Vgl. Ebd., p. 991.

schen Störungen zu erzeugen. Ergänzende Voraussetzungen zu den beiden vorherigen Sicherheitsstufen sind in diesem Falle die Bedingungen, dass Transferprozesse nur in biologischen Sicherheitswerkbänken ausgeführt werden dürfen, Handschuhe während der Bearbeitung von infektiösem Material getragen und Saugluftleitungen durch Filter geschützt werden müssen. Zudem muss im Labor ständiger Unterdruck herrschen.

4. *Hohes Risiko*: Gilt für Experimente, bei denen das Potenzial ökologischer Störungen oder die Pathogenität des veränderten Organismus so schwerwiegend ist, dass dadurch erhebliche Gefahren für das Laborpersonal oder die Öffentlichkeit entstehen könnten. Derartige Experimente sollten nur in solchen Laboren durchgeführt werden, in denen die einzelnen Räume durch Luftschleusen voneinander getrennt sind, ein Unterdruck in der Umgebung herrscht und in denen die Auflage besteht, vor dem Betreten die Kleidung zu wechseln sowie zu duschen.[28]

Wenngleich der Schlussbericht keinen Anspruch auf Gemeingültigkeit erhob und die Autoren darauf verwiesen, dass es sich um vorläufige Einschätzungen handle, die mit dem Fortgang des Wissens und der Technik einer regelmäßigen Neubewertung bedürfen, gelangte der Bericht in vielen Ländern zur Grundlage erster Sicherheitsregelungen. Die Gesundheitsbehörde der USA, die NIH, erließ nur ein Jahr nach Asilomar erste Richtlinien für Forschungen mit rekombinanter DNA. Sie boten die Vorlage für erste Regelungen in zahlreichen anderen Ländern. Wenngleich die Wissenschaftler der Konferenz einen sehr schnellen Ausbau der Forschungen und darüber das Auftreten von momentan unvorhersehbaren biologischen Problemen vermuteten, so lautete der Leitsatz gleichwohl: „Research in this area needs to be undertaken and should be given high priority.“[29]

4.2.2. Erste Sicherheitsrichtlinien

Die Asilomar-Konferenz vom Februar 1975 zog noch viele Jahre kontroverse Stimmen nach sich. Unmittelbare Reaktionen auf die Veröffentlichung des Schlussberichts von Berg et al., vor allem in der amerikanischen Tagespresse[30], offenbarten zunächst eine vorwiegend positive Bewertung der Konferenzergebnisse. So wurde das scheinbar unübertreffliche Verantwortungsbewusstsein der Wissenschaftler gerühmt, die unmittelbar nach der Bewusstwerdung über potenziell bestehende Gefahren ihre Bedenken öffentlich geäußert und sich im Ergebnis der Konferenz selbst Sicherheitsbestimmungen auferlegt hatten.

1974 beriefen die NIH das Recombinant DNA Advisory Committee (RAC) ein, welches Richtlinien für den Umgang mit der neuen Technik im Labor entwi-

28 Vgl. Ebd., p. 992.
29 Vgl. Ebd., p. 994.
30 Vgl. J. Watson/J. Tooze, The DNA Story, San Francisco 1981, S. 48, Document 2.5.

ckeln sollte.[31] Zunächst waren darin nur Mitglieder aus dem Bereich der Molekularbiologie vertreten, während eine interdisziplinäre Erweiterung erst in späteren Jahren erfolgte.[32] So waren die Forscher zu zentralen Akteuren einer Regulierung ihrer eigenen Forschungen geworden. Dem Rat des RAC folgend verabschiedeten die NIH Mitte 1976 die *Recombinant DNA Research Guidelines*, die erste rechtliche Rahmenbedingungen für die Forschung mit rekombinanter DNA darstellten. Entsprechend der Vorgabe durch Berg et al. enthielten auch die NIH-Richtlinien eine Liste mit Experimenten, die aufgrund ihres hohen Gefahrenpotenzials gänzlich untersagt waren. Nur unter der Voraussetzung neuer Erkenntnisse oder einem aus diesen Experimenten steigenden Nutzen für die Menschheit erschienen sie der NIH in ihrem Risiko vertretbar und damit zulässig. Die absichtliche Freisetzung gentechnisch veränderter Organismen (GVO) in die Umwelt wurde ausnahmslos verboten.[33] Zwar bestand zunächst keine Rechtsverbindlichkeit der Richtlinien, womit diese nur für staatlich finanzierte Forschungsarbeiten galten, jedoch folgte auch die Industrie den Empfehlungen auf der Grundlage einer freiwilligen Selbstverpflichtung. Basierend auf den amerikanischen Guidelines erließen in den folgenden Jahren auch Länder wie Deutschland, England oder Frankreich erste gesetzliche Regelungen.

Forderungen nach einer Verschärfung der Sicherheitsmaßnahmen bzw. nach einer völligen Einstellung der Forschungen im Bereich der Gentechnik sowie der Übernahme von gesellschaftlicher Verantwortung gab es zunächst nur von Seiten einer Minderheit amerikanischer Wissenschaftler, die vereinzelt auch in Organisationen zusammengeschlossen waren. Anfang der siebziger Jahre hatten sich verschiedene solcher Organisationen der DNA-Rekombinationstechnik zugewandt, die noch während der Phase des rein wissenschaftsinternen Diskurses mit ersten Protestaktionen aufwarteten. Kurze Zeit darauf schlossen sich ihnen auch andere Organisationen wie die Foundation on Economic Trends um den Ökonomen Jeremy Rifkin an, die sich vornehmlich dem Umweltschutz sowie dem Kampf um Bürgerrechte verschrieben hatten.[34] Während der Asilomar-Konferenz spielten diese Gruppierungen jedoch noch keine Rolle. Zu einer öffentlichen Gegenstimme erwuchsen sie erst nach dem Treffen.

Der zunächst rein innerwissenschaftliche Diskurs über die potenziellen Gefahren der Gentechnik, hatte sich noch während der Abstimmungen der NIH-Richtlinien zunehmend in die Öffentlichkeit verlagert. Ausgelöst durch den geplanten Bau eines Forschungslaboratoriums an der Harvard University, regte sich im Jahr 1975 in den USA zum ersten Mal öffentlicher Widerstand gegen die DNA-Rekombinationstechnik. Auseinandersetzungen über mögliche Gefahren der

31 Auch in Großbritannien war bereits 1974 die Ashby Working Group eingerichtet worden, die über eine staatliche Regulierung der Gentechnik beraten sollte.

32 T. von Schell/J. Hampel, „Grüne Gentechnik“, in: T. Potthast/C. Baumgartner/E.-M. Engels (Hg.), Die richtigen Maße für die Nahrung, Tübingen 2005, S. 100.

33 Vgl. H. Gottweis, Governing Molecules, Cambridge 1998, S. 91–93.

34 Vgl. M. Kurath, Wissenschaft in der Krise?, Zürich 2005, S. 84.

neuen Technik wurden dabei nicht nur an der National Academy of Sciences sowie an den in diesem Bereich forschenden Universitäten geführt, auch in den amerikanischen Massenmedien wurden diese Fragen ab 1976/77 verstärkt diskutiert. Spätestens mit Senator Edward Kennedy und seinem Vorschlag zur Ausarbeitung eines Gesetzentwurfs im Jahr 1975 geriet das Thema auch auf die politische Agenda und wurde über drei Jahre und sechzehn Gesetzesentwürfe intensiv diskutiert.[35] Auch erste Vereinigungen und Organisationen nahmen sich dem Thema an. Neben informellen Vereinigungen von Wissenschaftlern, wie der Recombinant DNA Group[36], und kleineren Umweltschutzgruppen, wie der Environmental Defense Fund oder dem Natural Resources Defense Council, traten auch Friends of the Earth – ein internationaler Zusammenschluss von Umweltschutzorganisationen – verstärkt in die Diskussionen ein.[37] Im Wesentlichen ging es um Fragen einer Öffentlichkeitsbeteiligung an Entscheidungsverfahren, eine Sicherheitsbewertung der Richtlinien und die Notwendigkeit einer gesetzlichen Verankerung. Aufgrund einer starken Opposition aus Wissenschaft und Wirtschaft erhielt das Richtlinienverfahren, auch aufgrund einer schnelleren Anpassungsfähigkeit, den Vorzug.[38]

Als sich in den USA verstärkt Diskussionen entfalteten, kam es auch zu einer Erweiterung der an den Diskussionen beteiligten Akteuren sowie zu einem Stimmungswechsel unter den Biowissenschaftlern, die nicht mehr bereit waren, Gruppierungen außerhalb der relevanten Fachwissenschaften an den Entscheidungen zur Regulierung der Gentechnologie teilhaben zu lassen. Öffentliche und politische Debatten lehnten sie ebenso wie eine gesetzliche Verankerung mehr und mehr ab.[39] Diese Einstellung brachte ihnen vielfach den Vorwurf ein, sich nicht vordergründig für die Risiken der neuen Technologie zu interessieren, sondern eine Einschränkung ihrer Forschungen verhindern zu wollen. Ein Blick auf die Äußerungen während des Ciba-Symposiums liefert dafür durchaus Hinweise. So befand Joshua Lederberg „die Öffentlichkeit über die Möglichkeiten menschlicher Verbesserungen, also auch über das hier Besprochene, schlecht informiert und am wenigsten da, wo die großen politischen Entscheidungen fallen." Sein Kollege Alex Comfort pflichtete ihm bei: „Es wäre wohl ein schwerer Fehler, diese Gesichtspunkte der Regierung zu unterbreiten. Wir brächten sie bestimmt nur auf dumme Gedanken."[40]

35 Vgl. S. Krimsky, Genetic alchemy, Cambridge 1982, S. 198.

36 Vgl. M. Rogers, Genmanipulation, Bern/Stuttgart 1978, S. 202.

37 Vgl. D. S. Fredrickson, A history of the recombinant DNA Guidelines in the United States, in: J. Morgan/W. J. Whelan, Recombinant DNA and genetic experimentation, Oxford 1979, S: 153–154.

38 Vgl. T. von Schell/J. Hampel, „Grüne Gentechnik", in: T. Potthast/C. Baumgartner/E.-M. Engels (Hg.), Die richtigen Maße für die Nahrung, Tübingen 2005, S. 100.

39 Vgl. Ebd., S. 101.

40 R. Jungk/H. J. Mundt (Hg.), Das umstrittene Experiment: Der Mensch, München 1966, S. 404 und 405.

Einen ersten Höhepunkt erreichten die Diskussionen bei dem von der National Academy of Sciences in Washington veranstalteten öffentlichen Forum *Research with Recombinant DNA* im März 1977.[41] Hier prallten die Meinungen führender amerikanischer Biochemiker und Molekularbiologen auf die Standpunkte der Gegner jeglicher Art der Genforschung und -manipulation. So trug beispielsweise Erwin Chargaff zu den potenziellen Risiken der Genforschung vor und sprach sich vehement gegen eine Selbstkontrolle der Wissenschaftler in diesem Bereich aus.[42] Zudem stellten die unter den Teilnehmern befindlichen, zumeist nicht aus der Wissenschaft stammenden, Gegner u. a. die ethische und moralische Vertretbarkeit der Forschungen infrage und kritisierten die fehlende Betrachtung religiöser Gesichtspunkte.

Einflussreiche Kreise der amerikanischen Wissenschaft, Wirtschaft und Politik hatten das wirtschaftliche Potenzial der Gentechnik schnell erkannt und verfolgten auch nach dem Inkrafttreten der NIH-Richtlinien eine Förderpolitik derselben. Vor diesem Hintergrund kamen wissenschaftliche Beratungsgremien und Beratungskommissionen der Regierung in neuerlichen Bewertungen der erlassenen Richtlinien zu dem Ergebnis überschätzter Gefahren der neuen DNA-Rekombinationstechnik. Gentechnisch hergestellte Produkte sollten im Vergleich zu herkömmlichen Produkten weder andersartig noch gefährlicher sein. Die Konsequenz waren zunehmende Lockerungen der Richtlinien, die bereits Ende der siebziger Jahre nur noch wenig von den ursprünglichen Sicherheitsauflagen übrig ließen.[43] Diese Änderungen zogen spätestens seit Herbst 1977 intensive Diskussionen innerhalb der amerikanischen Öffentlichkeit nach sich, die auch auf den Prozess nationaler Richtlinienbeschlüsse in einigen europäischen Ländern Einfluss hatten. So befand sich Frankreich zu dieser Zeit mitten im Beschlussverfahren und verabschiedete Richtlinien, die den geänderten amerikanischen Richtlinien sehr ähnlich waren. Andere Länder dagegen, wie z. B. die Niederlande oder die BRD, wollten ähnliche Debatten vermeiden und hielten zunächst am ursprünglichen, strengeren Kurs der Amerikaner fest.[44]

41 Vgl. Research with Recombinant DNA – An Academy forum, Washington 1977.

42 Vgl. E. Chargaff, Potential risks of the research, in: Research with Recombinant DNA – An Academy forum, Washington 1977, S. 45–48 und vgl. C. Grobstein, Die Debatte um DNA-Rekombinationstechniken, in: Erbsubstanz DNA, Heidelberg 1985, S. 132.

43 Vgl. M. Kurath, Wissenschaft in der Krise?, Zürich 2005, S. 85–86.

44 J. Tooze, Recombinant DNA guidelines and legislation, in: J. Morgan/W. J. Whelan, Recombinant DNA and genetic experimentation, Oxford 1979, S. 171–172.

4.3. DER BLICK AUF DIE USA UND DIE FRAGE DER REGULIERUNG IN DER BRD

4.3.1. Beobachtung der amerikanischen Entwicklungen

Mitte der siebziger Jahre sorgte das Voranschreiten der Molekularbiologie und der Gentechnik in der deutschen Printmedien keineswegs für regelmäßige Schlagzeilen, allenfalls für ein bis zwei Beiträge pro Jahr[45], in denen sie über wegweisende Entwicklungen und Ereignisse berichtete. So fand die erfolgreiche Übertragung von genetischem Material zu Steuerung der Insulinproduktion auf Bakterienzellen[46] ebenso Beachtung wie der Berg-Brief mit seinem Aufruf zu einem vorübergehenden Forschungsmoratorium.[47] Auch deutsche Autoren richteten ihr Augenmerk vereinzelt auf die amerikanischen Entwicklungen, wobei in der Zeit zwischen 1974 und 1978 kaum mehr als zehn eigenständige Publikationen[48] zum Thema in der BRD zur Veröffentlichung gelangten, also ungefähr so viele wie in der Zeit zwischen 1962 und 1973.

Die Autoren gingen augenscheinlich von einer unwissenden Leserschaft in diesem Bereich aus und so hatte eine wesentliche Zahl der erschienenen Aufsätze und Publikationen die Kommunikation molekularbiologischer Grundlagen zum Gegenstand. Abgesehen von den Beiträgen in deutschen Printmedien, die inzwischen vornehmlich über neue Erkenntnisse oder Entwicklungen berichteten, fanden sich in der Mitte der siebziger Jahre in der BRD kaum Publikationen zur Genmanipulation, die auf eine Beschreibung der Methoden der Genetik verzichteten.[49] Dieses Phänomen zeigte sich auch im Fachorgan deutscher Mediziner. So gab der Beitrag über die erfolgreiche Synthese eines natürlichen Gens als erstem Schritt auf dem Weg zu einer Gentherapie im *Deutschen Ärzteblatt* von 1974 lehrbuchartige Erklärungen für die neuen genetischen und molekularbiologischen

45 Die genannte Anzahl der Beiträge geht auf die Analyse der Zeitschrift *Der Spiegel* und der Tageszeitung *Die Welt* zurück. Wie Studien belegen, deckt sich diese Anzahl mit der Zahl der Beiträge in anderen deutschen Zeitschriften. Vgl. S. Flöttmann, Untersuchungen der Berichterstattung über Genmanipulation in den Presseorganen 'Das Beste', 'Quick', 'die Tageszeitung' und 'Die Zeit', Berlin 1982, S. 20. Auch Kirsten Brodde kommt in ihrer Analyse von fünf deutschen Tageszeitungen für den Zeitraum von 1973–1977 kaum auf mehr als drei Artikel pro Jahr. Einzige Ausnahme bildet die *Frankfurter Allgemeine Zeitung*, die es teilweise auf fünf bis sechs Beiträge pro Jahr schafft. Vgl. K. Brodde, Wer hat Angst vor DNS?, Frankfurt a. M. 1992, S. 136.

46 Vgl. Heiße Zellen, in: Der Spiegel, 1977/24, S. 213–214.

47 Vgl. Messer am Erbgut, in: Der Spiegel, 1974/31, S. 84–85.

48 Ausgenommen sind hier Zeitschriften- und Zeitungsartikel sowie in Sammelbänden erschienene Aufsätze.

49 Die Mathematisch-naturwissenschaftliche Klasse der Heidelberger Akademie der Wissenschaften widmete sich diesen neuen Grundlagen der Molekularbiologie am 13. Januar 1979 im Rahmen eines Vortrags von Ekkehard K. F. Bautz. Vgl. E. Bautz, Überraschungen in der Molekularbiologie, in: Jahrbuch der Heidelberger Akademie der Wissenschaften für das Jahr 1979, Heidelberg 1980, S. 25–33.

Erkenntnisse.[50] Dieser Beitrag sollte für die kommenden sechs Jahre jedoch der Einzige zu diesem Themenbereich im *Ärzteblatt* bleiben. Aufgenommen wurde das Thema erst wieder im Jahr 1980.

Sieht man von den heterogenen Herangehensweise in Pressebeiträgen, Aufsätzen und eigenständigen Publikationen ab, so fördert ein Vergleich dieser Veröffentlichungen drei entscheidende Gemeinsamkeiten zu Tage. Zunächst zeigt sich, dass eine einheitliche Begriffsverwendung Mitte bis Ende der siebziger Jahre nach wie vor nicht auszumachen ist. Der heute in Deutschland gefestigte Begriff der *Gentechnik* firmierte unter Begrifflichkeiten wie *Genchirurgie*[51], *Genmanipulation*[52] oder *genetische Manipulation*[53]. Ein ähnliches Phänomen zeigte sich zur gleichen Zeit auch im englischsprachigen Raum. Hier reduzierte sich die Verwendung jedoch weitestgehend auf die beiden Begriffe *genetic engineering*[54] und *recombinant DNA technology*[55].

Zudem ist eine starke Orientierung der in der BRD erscheinenden Beiträge am amerikanischen Geschehen festzustellen. Nicht nur die Presse, sondern auch darüber hinausgehende Veröffentlichungen fußten vielfach auf Entwicklungen in der Forschung und den Sicherheitsdiskussionen in den USA. So griff der Autor Holger Strohm 1977 in dem Band *Genmanipulation und Drogenmißbrauch* nach einer Einleitung zu Geschichte, Stand, Technik und Perspektiven der Genmanipulation schließlich auch die Frage nach den Gefahren derselben auf, wobei Strohms Erörterungen vornehmlich über Einschätzungen amerikanischer Wissenschaftler erfolgten.[56] Ähnlich gingen die Journalisten Egmont R. Koch und Wolfgang Keßler in ihrem Report zu ausgewählten Gebieten der biomedizinischen Forschung von 1974 vor, mit dem sie „einen Beitrag zur Grundlage informierter Urteile durch die allgemeine Öffentlichkeit zu leisten“ versuchten.[57] Auch sie diskutierten Fragen zu den Möglichkeiten einer Kontrolle der Experimente am Menschen sowie eines dem technology assessment entsprechenden biology assessment. In den vornehmlich mit amerikanischen Spitzenforschern, wie Marshall W. Nirenberg, Edward L. Tatum oder James D. Watson geführten Interviews stellten sie die

50 J. Fränz, Synthese eines weiteren Gens geglückt, in: Deutsches Ärzteblatt, 9. Mai 1974, S. 1381–1383.

51 Vgl. A. Micheler, Genetische Manipulationen, in: Biologie in unserer Zeit, 1978/8, S. 105.

52 Vgl. H. Strohm, Genmanipulation und Drogenmißbrauch, Hamburg 1977 oder mit Bindestrich als „Gen-Manipulation“ bei P. Krauß, Medizinischer Fortschritt und ärztliche Ethik, München 1974, S. 76.

53 Vgl. A. Micheler, Genetische Manipulationen, in: Biologie in unserer Zeit, 1978/8, S. 105 und H. Jonas, Das Prinzip Verantwortung, Frankfurt a. M. 1979, S. 52.

54 Vgl. H. Gottweis, Governing molecules, Cambridge 1998.

55 Vgl. J. Lear, Recombinant DNA – The untold story, New York 1978.

56 Vgl. H. Strohm, Genmanipulation und Drogenmißbrauch, Hamburg 1977, S. 26 f. Holger Strohm wurde insbesondere durch seine Bücher gegen die Nutzung von Atomenergie bekannt.

57 E. R. Koch/W. Keßler, Am Ende ein neuer Mensch?, Stuttgart 1974, S. 21.

Chancen, Risiken und Utopien der Forschung verständlich gegenüber. US-Forscher traten dagegen nur vereinzelt als Autoren in der BRD auf.[58]

Dieser Umgang mit dem Thema und das Ausbleiben einer eigenständigen Diskussion der Fragen in der BRD verwundert kaum. Mitte der siebziger Jahre hatten Auseinandersetzungen über Sicherheitsfragen der Gentechnik vorwiegend in den USA stattgefunden. Eine Abkehr von der Beobachterrolle ist nur in der Zeitschrift *Herder Korrespondenz* zu beobachten, in der Theologen, unabhängig von den amerikanischen Diskussionen, bereits eigenständige bioethische Fragen an die Genforschung richteten.

Eine dritte Auffälligkeit zeigt sich in der Kontextanalyse. Sie offenbart, dass die Gentechnik nur selten Hauptthema der Beiträge war. Vielmehr war sie in allgemeine Beiträge zu neuen Erkenntnissen und Entwicklungen in der Molekularbiologie, Genetik oder Reproduktionstechnologie eingebunden. Ein wesentlicher Teil entfiel dabei auf die in den siebziger Jahren sehr erfolgreiche Reproduktionstechnologie. Sowohl erste gelungene Klonversuche an Pflanzen und Amphibien, die sofort eine visionäre Übertragung auf den Menschen fanden[59] und in Schlagzeilen wie *Genetik: „Tausendmal schlimmer als Hitler*“[60] mündeten, als auch die großen Erfolge der in-vitro Befruchtung, an deren Spitze die Geburt des ersten sog. „Retortenbabies“ im Jahre 1978[61] stand, sorgten für vereinzelte Debatten über moderne Biotechniken und deren Möglichkeiten eines gezielten Eingriffs in das Leben des Menschen. Die Gentechnik bot hierbei nur eine unter vielen Möglichkeiten und war darüber hinaus bislang nur schwer greifbar und vielmehr theoretisch geblieben.

Insgesamt gab es Mitte bis Ende der siebziger Jahre innerhalb der BRD also weder eine eigenständige, noch gab es überhaupt eine Diskussion zur Gentechnik. Gegeben hat es einen Diskurs im Sinne erörternder Beiträge, die vornehmlich lehrbuchartige Erklärungen dieser Technik und Berichte über die Fortschritte in der Forschung sowie über einen ersten Sicherheitsdiskurs in den USA enthielten. Ansätze für die rund zehn Jahre später aufkommenden Diskussionen gab es allenfalls aus der Theologie heraus. Allerdings blieb auch hier eine kontinuierliche Thematisierung der Gentechnik weitgehend aus, widmete sich die *Herder Korrespondenz* dem Thema um 1977 doch nur mit maximal zwei jährlichen Beiträgen. Diese unwesentliche Thematisierung der Gentechnik lässt sich v. a. mit der starken Einbindung in die Diskussionen um den § 218 begründen. So gab die Deut-

58 Einen der wenigen Beiträge lieferte Norton D. Zinder. Vgl. N. D. Zinder, Zukunft der Gen-Manipulationen, in: Umschau, 1976/76, S. 425–428.

59 Vgl. K. Illmensee, Ist „Klonen“ beim Menschen prinzipiell möglich?, in: Umschau, 1978/78, S. 523–529. Auf S. 529 stellt Illmensee einen Bezug zur Genetherapie, von ihm als „gene repair“ bezeichnet, her.

60 Vgl. Genetik: „Tausendmal schlimmer als Hitler“, in: Der Spiegel, 1978/12, S. 212.

61 Vgl. Ein Schritt in Richtung Homunkulus, in: Der Spiegel, 1978/31, S. 124–130, Titelthema; Wie ist das Experiment von Oldham einzustufen?, in: Herder Korrespondenz, 1978/32, S. 454–459 oder A. Micheler, Genetische Manipulationen, in: Biologie in unserer Zeit, 1978/8, S. 105–111.

sche Bischofskonferenz (DBK) zwischen 1973 und 1979 vier Hirtenschreiben und Erklärungen zum Schutz des ungeborenen Lebens heraus. Die mäßige Beteiligung an den aktuellen Forschungsfragen wurde insbesondere von Seiten deutscher Biowissenschaftler bedauert, die im Rahmen erster interdisziplinärer Veranstaltungen mit Theologen und Kirchenvertretern auf die besondere Verantwortung von Ethik und Theologie im Zusammenhang mit den Problemen der genetischen Forschung und ihrer Anwendung verwiesen.[62] Physiker, Molekularbiologen, Genetiker und Tiefenpsychologen klagten über ein bislang weitgehend fehlendes „Gespräch mit Theologie und Kirche".[63]

Die wenigen religiös-theologischen Auseinandersetzungen mit Fragen der Gentechnik unterschieden sich jedoch von anderen öffentlichen Beiträgen während dieser Zeit. Auf interdisziplinären Veranstaltungen zum Thema „Glaube und Wissenschaft"[64] oder „Genforschung im Widerstreit"[65] wurden Fragen zur „genetischen Forschung" beinahe ausschließlich unter bioethischen Gesichtspunkten aufgegriffen. Vordergründig ging es dabei um die „Grenzen, die es zu wahren gilt"[66], die „Frage des *genetischen* Experiments [...] als dringende ethische Aufgabe der Zukunft" [67] und die „*potentiellen Risiken* der neuen Methoden"[68]. Die frühen religiös-theologischen Auseinandersetzungen zu Fragen der Gentechnik orientierten sich, anders als Printmedienbeiträge oder Aufsätze, nicht vordergründig an den amerikanischen Diskussionen, sondern widmeten sich insbesondere ersten bioethischen Fragestellungen. Allen gemeinsam war dagegen der grundsätzliche Gefahrenverdacht gegenüber der Gentechnik, sei es aufgrund der in den USA aufgekommenen Sicherheitsbedenken oder aufgrund moralischer Bedenken.

4.3.2. Die ersten Gentechnik-Richtlinien in der BRD

Die Diskussionen zur Sicherheit der Gentechnik rund um die Konferenz von Asilomar wurden auch in zahlreichen europäischen Staaten zum Ausgangspunkt rechtlicher Regulierungsvorhaben. Schon frühzeitig hatte die European Science Foundation die Empfehlung gegeben, in allen Staaten Richtlinien zu erlassen.

62 Vgl. Menschenzüchtung durch Genchirurgie und eugenische Selektion? Ein Gespräch über bio-ethische Fragen mit Prof. Helmut Baitsch, in: Herder Korrespondenz, 1977/31, S. 190.

63 Vgl. Das Verhältnis von Glaube und Wissenschaft. Zu einem Symposion in München, in: Herder Korrespondenz, 1978/32, S. 281.

64 Ebd., S. 281.

65 W. Klingmüller, Genforschung zwischen Erwartung und Ängsten. Zu einer Fachtagung in Tutzing, in: Herder Korrespondenz 1978/32, S. 632.

66 Vgl. Menschenzüchtung durch Genchirurgie und eugenische Selektion? Ein Gespräch über bio-ethische Fragen mit Prof. Helmut Baitsch, in: Herder Korrespondenz, 1977/31, S. 182.

67 Das Verhältnis von Glaube und Wissenschaft. Zu einem Symposion in München, in: Herder Korrespondenz, 1978/32, S. 283. Hervor. H. K.

68 W. Klingmüller, Genforschung zwischen Erwartung und Ängsten. Zu einer Fachtagung in Tutzing, in: Herder Korrespondenz 1978/32, S. 632. Hervor. W. K.

Ganz nach dem Modell der amerikanischen NIH-Sicherheitsrichtlinien erließen viele europäische Länder bis Ende der siebziger Jahre Regelungen auf Richtlinienbasis, die auch inhaltlich weitgehend mit dem amerikanischen Modell übereinstimmten. In der Durchführung und den Standards der Sicherheitsmaßnahmen gab es jedoch erhebliche Unterschiede.[69] So wurde 1976 in Großbritannien die Genetic Manipulation Advisory Group eingerichtet, die die europaweit ersten gesetzlich bindenden Regelungen erarbeitete.[70] Vertreten wurde die Advisory Group durch Wissenschaftler, Mediziner, Gewerkschafter, Industriemanager und gesellschaftliche Interessensverbände.[71] In Frankreich etablierte sich ein wissenschaftsdominiertes Gremiensystem, bestehend aus einer Commission Nationale de Contrôle und der Commission de Classement. Zu ihren Mitgliedern gehörten Naturwissenschaftler und Mediziner, die – ganz nach amerikanischem Vorbild – Begutachtungs- und Zulassungsarbeit leisteten. Industrie und privater Forschung blieb es freigestellt, ihre Forschungen an eine Kontrolle durch die Kommissionen zu binden.[72]

Auch in der BRD orientierte sich das Bundeskabinett an den amerikanischen Regelungen und verabschiedete im Februar 1978 die sog. *Richtlinien zum Schutz vor Gefahren durch in-vitro neukombinierte Nukleinsäuren*, die ähnlich den NIH-Sicherheitsrichtlinien nur für die „unmittelbar oder mittelbar vom Bund geförderten Forschungs- und Entwicklungsarbeiten“ verbindlich waren.[73] Gleichwohl berücksichtigten auch Institutionen wie die Max-Planck-Gesellschaft (MPG) oder die Stiftung Volkswagenwerk die Richtlinien bereits unmittelbar bei der Vergabe von Fördermitteln.[74]

Stark an die *Recombinant DNA Research Guidelines* angelehnt, gingen auch die deutschen Richtlinien auf ein vierstufiges Laborsicherheitskonzept zurück und sahen für Versuche, die aufgrund ihres hohen Gefahrenpotenzials grundsätzlich verboten waren bereits die Möglichkeit zur Erteilung von Ausnahmegenehmigungen durch das Bundesgesundheitsamt vor.[75] Die Kontrolle der Einhaltung der Richtlinien unterlag neben einem Beauftragten und einem Ausschuss für biologische Sicherheit insbesondere der neueingerichteten *Zentralen Kommission für die Biologische Sicherheit* (ZKBS), die 1990 mit dem Inkrafttreten des Gentechnikge-

69 Vgl. E. Bongert, Demokratie und Technologieentwicklung, Opladen 2000, S. 101.

70 Vgl. F. Seifert, Gentechnik – Öffentlichkeit – Demokratie, München/Wien 2002, S. 58.

71 T. von Schell/J. Hampel, „Grüne Gentechnik“, in: T. Potthast/C. Baumgartner/E.-M. Engels (Hg.), Die richtigen Maße für die Nahrung, Tübingen 2005, S. 102.

72 Vgl. F. Seifert, Gentechnik – Öffentlichkeit – Demokratie, München/Wien 2002, S. 59.

73 Bundesminister für Forschung und Technologie, Richtlinien zum Schutz vor Gefahren durch in-vitro neukombinierte Nukleinsäuren, Bonn 1978.

74 Vgl. E. Deutsch, Zur Arbeit der Enquete-Kommission „Chancen und Risiken der Gentechnologie“, in: R. Lukes/R. Scholz (Hg.), Rechtsfragen der Gentechnologie, Köln u. a. 1986, S. 82.

75 Vgl. Bundesminister für Forschung und Technologie, Richtlinien zum Schutz vor Gefahren durch in-vitro neukombinierte Nukleinsäuren, Bonn 1978, Abschnitt F, Klassifikation von Experimenten, Abs. (3).

setzes ihre gesetzliche Institutionalisierung fand. Während der Beauftragte und der Ausschuss für biologische Sicherheit als Organ der einzelnen Genlabore eine Kontrollfunktion vor Ort ausübten, wurde die ZKBS durch den Bundesminister für Forschung und Technologie berufen und sollte als beratende Sachverständigenkommission die Beurteilung von Sicherheitsfragen im Zusammenhang mit invitro neukombinierten Nukleinsäuren vornehmen.

Die ZKBS setzte sich 1) aus je vier auf dem Gebiet der Neukombination arbeitenden Sachverständigen, 2) vier Sachverständigen mit besonderen Erfahrungen in der Durchführung von Sicherheitsmaßnahmen im Bereich der Mikrobiologie, Zellbiologie, Hygiene etc. sowie 3) vier Personen aus den Bereichen der Gewerkschaften, der Industrie, des Arbeitnehmerschutzes und der forschungsfördernden Industrie zusammen. Zu ihren Aufgaben gehörte die Beratung aller gentechnologisch tätigen Institutionen, die Registrierung aller Genlaboratorien und ihrer Forschungsarbeiten, die Begutachtung aller Forschungsvorhaben ab der Sicherheitsstufe L2 und bei Bedarf die Erarbeitung von Vorschlägen für eine Überarbeitung der Richtlinien.[76] Dem letztgenannten Auftrag Folge leistend erfuhren die vereinzelt auch als „Gen-Richtlinien“ bezeichneten deutschen Guidelines von 1978 eine regelmäßige Anpassung.[77] Sie waren stark an die Entwicklung der amerikanischen NIH-Richtlinien angelehnt. Die letzte und fünfte Fassung der deutschen Gen-Richtlinie trat 1986 in Kraft.

Trotz der häufigen Anpassungen war die Richtlinien-Regelung für die Gentechnik in Deutschland schon bald umstritten. Neben dem Fehlen einer generellen Rechtsverbindlichkeit – auch für die Industrie – trat die Kritik eines zu eng gefassten Geltungsrahmens, der lediglich die Bereiche Forschung und Entwicklung einschloss.[78] Partielle rechtsverbindliche Vorgaben gab es bis zum Inkrafttreten des Gentechnikgesetzes nur aus juristisch benachbarten Bereichen wie dem Bundesseuchen- und Tierseuchengesetz, dem Immissionsschutzrecht, dem naturschutzrechtlichen Artenschutzgesetz, dem Recht der Abwassereinleitung, der Abfallbeseitigung, in der Gefahrstoffverordnung, der Gefahrgutverordnung Straße sowie durch das Gesetz über die Umweltverträglichkeitsprüfung. Je näher die gentechnologischen Entwicklungen jedoch an die Schwelle des industriellen Einsatzes rückten, desto zweifelhafter wurde v. a. Rechtswissenschaftlern und Juristen die freiwillige Selbstbindung der Industrie an die Gen-Richtlinien.[79]

Bereits kurz nach dem Inkrafttreten der deutschen Richtlinien wurden vermehrt Stimmen laut, die im Angesicht der voranschreitenden technischen Ent-

76 Vgl. Bundesminister für Forschung und Technologie, Richtlinien zum Schutz vor Gefahren durch in-vitro neukombinierte Nukleinsäuren, Köln 1986, 5. Überarb. Aufl.

77 Bis zum Inkrafttreten des Gentechnikgesetzes 1990 gab es vier Neufassungen der Richtlinien, die insbesondere den Änderungen der NIH-Richtlinien folgten. Sie traten 1979, 1980, 1981 und 1986 in Kraft.

78 Vgl. F. Nicklisch, Das recht im Umgang mit dem Ungewissen in Wissenschaft und Technik, in: Neue juristische Wochenschrift 1986/39, S. 2289–90.

79 Vgl. C. Tünnesen-Harmes, Risikobewertung im Gentechnikrecht, Berlin 2000, S. 34.

wicklung eine verbindliche Rechtsgrundlage forderten. Während die einen entsprechend der Kernenergienutzung oder dem Chemikalienrecht den Erlass eines Stammgesetzes forderten, hielten andere Ergänzungen vorhandener Gesetze, wie z. B. des Bundesseuchengesetzes, für ausreichend.[80] Die Forderungen nach einer strengen Regelung sowie die aus den USA bekannten Konflikte um die Reglementierung der Gentechnik hatten nur vier Monate nach dem Erlass der Gen-Richtlinien, im Juni 1978, zur Vorlage eines Referentenentwurfs für ein Gentechnikgesetz geführt.[81] Dieser wollte durch Anmelde- und Genehmigungspflichten einen umfassenden Schutz vor potenziellen Gefahren für Leben und Gesundheit von Mensch, Tier und Pflanze gewährleisten, zugleich aber eine Fortentwicklung der neuen Technologie ermöglichen.[82] Erheblichen Widerstand erfuhr dieser Entwurf vor allem von Seiten der bisher weitgehend unauffällig gebliebenen Forschungsförderungseinrichtungen. Institutionen wie die MPG oder die Deutsche Forschungsgemeinschaft (DFG) fürchteten einen zunehmend bürokratischen Aufwand und damit eine Behinderung ihrer Arbeiten.[83] Zudem wurde die Notwendigkeit für ein Gesetz stark angezweifelt, da „die ursprünglich angenommenen Gefahren der Gentechnologie nicht in dem Maße vorhanden waren, wie es anfangs den Anschein gehabt hatte“.[84] Zumindest belegte dies der Diskussionsverlauf zu den Sicherheitsfragen innerhalb der USA, der inzwischen zu einer Lockerung der NIH-Richtlinien geführt hatte.

Als Reaktion auf die Kritik zog Bundesforschungsminister Volker Hauff den Referentenentwurf zurück und kündigte die Vorlage eines neuen Entwurfs an, der bereits im Februar 1979 vorgelegt wurde. Der zweite Entwurf war forschungsfreundlicher und kam der Kritik am Ersten sehr entgegen. Zur beinahe uneingeschränkten Forschungsmöglichkeit sollten Gefahrschutzmaßnahmen nun auf ein Minimum beschränkt werden. Zudem sah der Entwurf eine Festlegung behördlicher Entscheidungen für Zulassungsverfahren vor und bezog erstmals auch die ZKBS in die behördlichen Verfahren mit ein. Nach wie vor hielten Industrien und Forschungsförderungsorganisationen die vorgehsehen Regelungen vor dem Hintergrund einer weitgehenden Beschränkung der Anwendung der Gentechnik auf

80 Vgl. F. Nicklisch, Das recht im Umgang mit dem Ungewissen in Wissenschaft und Technik, in: Neue juristische Wochenschrift 1986/39, S. 2289 und A. Pohlmann, Gentechnische Industrieanlagen und rechtliche Regelungen, in: Betrieb-Berater 1989/44, S. 1205.

81 Zur gleichen Zeit erklärte Bundesforschungsminister Volker Hauff in einem Interview, dass die Richtlinien für die Gen-Forschung die Nutzung der Chancen dieser neuen Technik ohne unzumutbare Risiken sicherstellen. Diese Äußerung lässt stark an einer ernstgemeinten Absicht für ein Gentechnikgesetz zweifeln. Vgl. Damit der Fortschritt nicht zum Risiko wird, in: V. Hauff, ders. Titel, Bonn 1978, S. 121.

82 Vgl. C. Tünnesen-Harmes, Risikobewertung im Gentechnikrecht, Berlin 2000, S. 35.

83 Vgl. D. Brocks/A. Pohlmann/M. Senft, Das neue Gentechnikgesetz, München 1991, S. 50 und A. Pohlmann, Neure Entwicklungen im Gentechnikrecht, Berlin 1990, S. 139.

84 Vgl. E. Deutsch, Zur Arbeit der Enquete-Kommission „Chancen und Risiken der Gentechnologie“, in: R. Lukes/R. Scholz (Hg.), Rechtsfragen der Gentechnologie, Köln u. a. 1986, S. 83.

den Bereich der Forschung jedoch für übertrieben. Auch die zeitgleich in den USA erfolgten Lockerungen der Sicherheitsbestimmungen ließen eine schnelle Regelung unnötig erscheinen. Hinzu kam ein in der breiten Öffentlichkeit zu vernehmendes Desinteresse am Thema, so dass die Bundesregierung das Vorantreiben eines Gesetzvorhabens nur kurze Zeit später fallen ließ.[85] 1981 erklärte sie infolge einer Kleinen Anfrage der Abgeordneten Riesenhuber et al. zur gesetzlichen Regelung auf dem Gebiet der Gen-Forschung sogar, keinen Bedarf an einer gesetzlichen Regulierung zu sehen.[86]

Insgesamt blieb die Diskussion um eine Regulierung der Gentechnik innerhalb der Bundesrepublik damit weitestgehend auf Ministerialbeamte, Forschungsförderungsinstitutionen sowie einige wenige Biowissenschaftler, vertreten in der ZKBS, beschränkt. Damit herrschte in Deutschland, wie Franz Seifert es ausdrückte, ein ähnliches Elitemodell, wie in anderen europäischen Staaten. Auch in Großbritannien und Frankreich fanden sich Elitekulturen, die hier jedoch insbesondere der Wissenschaft eine Vormachtstellung einräumten. Nur Schweden wich durch eine gezielte Aufklärung und Einbeziehung der Öffentlichkeit in der Sicherheitspolitik offenbar von diesem Elitemodell ab.[87] Dänemark verabschiedete im Mai 1986 ein umfangreiches Gentechnikgesetz und war damit das weltweit erste Land, das gesetzlich verpflichtende Regelungen für die Gentechnologie einführte.[88]

Die deutsche Absage für eine gesetzliche Reglementierung der Gentechnik galt aber keineswegs für die Technik selbst. Zumindest von Seiten des Bundesministeriums für Forschung und Technologie (BMFT) bestand durchaus ein Interesse an gentechnischen Forschungen. Allerdings sollte zugleich das Aufkommen öffentlicher Diskussionen, verstanden als eine Verhinderung des technologischen Fortschritts, bereits im Keim erstickt werden. Vermuten lässt dies eine großangelegte Bonner Anhörung Volker Hauffs vom 19.–21. September 1979, deren Protokolle und Materialien der Öffentlichkeit in Form einer Publikation zugänglich gemacht wurden.

Vor dem Hintergrund der in den USA aufkommenden Diskussionen innerhalb der Bevölkerung, sollte die Erörterung von Sicherheitsfragen in der BRD nicht länger ausschließlich auf betroffene Fachkreise, staatliche Sicherheitsstellen und Wissenschaftsorganisationen beschränkt bleiben. Ein „spürbar wachsendes öffentliches Interesse" veranlasste Hauff deshalb 1979, in Vorbeugung vergleichbarer Diskussionen in Deutschland, zur Ansetzung einer Anhörung.[89] Unter den 40 ge-

85 Vgl. C. Tünnesen-Harmes, Risikobewertung im Gentechnikrecht, Berlin 2000, S. 36 und H. Gottweis, Governing Molecules, Cambridge 1998, S. 136.

86 Vgl. Deutscher Bundestag, Antwort der Bundesregierung …, Drucksache 9/682 vom 21. Juli 1981.

87 Vgl. F. Seifert, Gentechnik – Öffentlichkeit – Demokratie, München/Wien 2002, S. 58–60.

88 Vgl. D. Brocks/A. Pohlmann/M. Senft, Das neue Gentechnikgesetz, München 1991, S. 34.

89 Vgl. V. Hauff, Eröffnungsansprache, in: E. Herwig (Hg.), Chancen und Gefahren der Genforschung, München 1980, S. 2.

ladenen Teilnehmern befanden sich neben deutschen Biowissenschaftlern auch Experten aus den USA, Australien, Neuseeland, Israel und Europa.[90] Hier trafen Persönlichkeiten wie Erwin Chargaff oder John Tooze auf spätere Protagonisten der deutschen Diskussionen, darunter u. a. Günter Altner, Rainer Flöhl, Jost Herbig, Rainer Hohlfeld oder Hubert Markl.

Eine Betrachtung der Themenkreise der Anhörung zeigt, dass insbesondere Sicherheitsfragen der Genforschung im Mittelpunkt standen. Humananwendungen der Gentechnik kamen nur vereinzelt zur Sprache, was die beinahe völlige Ausblendung ethischer Fragestellungen erklärt. Neben dem Populationsgenetiker Diether Sperlich[91] griff nur Peter Starlinger vom Kölner Institut für Genetik ethische Aspekte auf:

> „Lassen Sie mich als beteiligten Wissenschaftler noch einmal sagen, ich sehe im Augenblick nichts an ethischen Implikationen aus der Genforschung auf uns zukommen, was irgendwie neuartig ist. Das einzige, was ich sehe, was diskutiert werden wird und was in absehbarer Zeit vielleicht möglich werden wird, wird die Einpflanzung von Genen, vielleicht von modifizierten Genen, in Körperzellen von Menschen sein, und ich glaube, man kann behaupten, daß das im Prinzip nichts anderes ist, als jede andere chemische Therapie auch."[92]

Ein Großteil der Experten war sich darin einig, dass ein „konkretes Risiko" im Zusammenhang mit gentechnischer Forschung derzeit nicht zu erkennen sei. Zweifelnde Stimmen, wie die des Wissenschaftsautors Jost Herbig, der erhebliche Bedenken gegenüber dem amerikanischen Richtlinienverfahren äußerte und ein Gentechnikgesetz „aus sicherheitstechnischen Gründen" für zwingend notwendig hielt, gingen dagegen, scheinbar völlig unbeachtet, unter.[93]

An dieser Stelle ist auch ein Blick auf die Forschungsförderung der Biotechnologie interessant. Auf europäischer Ebene hatten bereits Mitte der siebziger Jahre erste Gespräche und Aktivitäten zur Förderung von bio-molecular engineering stattgefunden. Die Forschungs- und Entwicklungspolitik lag zur damaligen Zeit überwiegend in der Kompetenz der einzelnen Mitgliedsstaaten. In der Bundesrepublik sah bereits das Programm „Neue Technologien" von 1968 die Förderung der Entwicklung neuer biologischer Techniken vor. 1976 übernahm der Bund die Großforschungseinrichtung Gesellschaft für molekularbiologische Forschung und änderte nicht nur die Forschungsrichtung, sondern auch den Namen in Gesellschaft für Biotechnologische Forschung. Bereits im Vorfeld hatte das Bundesministerium für Wirtschaft und Finanzen der Institution eine Förderung von 130 Mio. DM für den Forschungsschwerpunkt Biologie, Medizin und Technik zur

90 Vgl. E. Herwig (Hg.), Chancen und Gefahren der Genforschung, München 1980, Vorwort, S. V.

91 Vgl. Redebeitrag D. Sperlich, in: Herwig (Hg.), Chancen und Gefahren der Genforschung, München 1980, S. 178.

92 Vgl. Diskussionsbeitrag P. Starlinger, in: Herwig (Hg.), Chancen und Gefahren der Genforschung, München 1980, S. 260.

93 Vgl. Redebeitrag J. Herbig, in: Herwig (Hg.), Chancen und Gefahren der Genforschung, München 1980, S. 234–235.

Seite gestellt. Zudem wurde 1972 bei der Deutschen Gesellschaft für chemisches Apparatewesen (DECHEMA) eine Studie[94] in Auftrag gegeben, die Möglichkeiten, Aufgaben und Schwerpunkte der Biotechnologieförderung aufzeigen sollte. Sie bot bis Anfang der achtziger Jahre die Grundlage der Förderstrategie.[95] Weiterhin stellte die Bundesregierung zwischen 1975 und 1981 rd. 11 Mio. DM zur Durchführung gentechnologischer Experimente in deutschen Wirtschaftsunternehmen und Hochschulen zur Verfügung. Gleiches galt auch für 58 Forschungsvorhaben mehrerer Institutionen der MPG.[96] Demgegenüber stand eine Fachkräftelücke, der deutsche Pharmaunternehmen wie Bayer und Hoechst erst Mitte der siebziger Jahre versuchten entgegenzuwirken. Nur langsam begann die Industrie mit dem Aufbau biotechnologischer Kompetenzen sowie ersten Kooperationen mit Hochschulinstituten.[97] Ängste, den Anschluss an eine neue Schlüsseltechnologie zu verlieren, gab es von Seiten der Industrie zu dieser Zeit offenbar nicht.

Die quantitative Bedeutung der Förderprogramme blieb jedoch gering und der breiten Öffentlichkeit zudem weitestgehend verborgen. Die nur mäßige öffentliche Wahrnehmung der Gentechnologie und ihrer Förderung in der BRD liegt zu Beginn der siebziger Jahre v. a. in der aufkommenden Anti-Kernkraftbewegung begründet. Sehr schnell hatten sich massive Protestbewegungen gegen die Nutzung der Kernenergie formiert, wobei auch hier Sicherheitsfragen eine entscheidende Rolle spielten. Die Analogien beider „Problemfelder" wurden lange Zeit nicht erkannt und so ging der frühe Gentechnikdiskurs inmitten der auf dem Höhepunkt befindlichen Kontroversen um die Kernenergie in Deutschland scheinbar unter.[98]

4.4. ZUSAMMENFASSUNG

Zu Beginn der siebziger Jahre war die Gentechnik plötzlich Wirklichkeit geworden, eine Biotech-Industrie gab es noch nicht und abgesehen von einer kleinen Zahl von Molekularbiologen und Biochemikern hatte kaum jemand eine Ahnung, welche tatsächlichen Möglichkeiten und Gefahren sich hinter der neuen Gentechnik verbargen. Erste Bedenken konnten demzufolge nur aus dem wissenschaftsinternen Raum hervorgehen. Zentrale Figuren der frühen Forschungen wie Maxine Singer, Dieter Söll oder Paul Berg wählten zur Klärung ihrer Sicherheitsbedenken den Weg über die Öffentlichkeit und setzten mit der Gordon und den Asilomar-Konferenzen sowie dem „Berg-Brief" Meilensteine für eine Reglementierung der Gentechnik.

94 Vgl. DECHEMA, Biotechnologie, Frankfurt a. M. 1974.

95 Vgl. E. Bongert, Demokratie und Technologieentwicklung, Opladen 2000, S. 107–109.

96 Vgl. Deutscher Bundestag, Antwort der Bundesregierung auf die kleine Anfrage der Abgeordneten Dr. Riesenhuber et al., Drucksache 9/682 vom 21. Juli 1981.

97 Vgl. F. Hucho et al., Gentechnologiebericht, München 2005, S. 461–462.

98 Vgl. J. Radkau, Hiroshima und Asilomar, in: Geschichte und Gesellschaft, 1988, 14, S. 340.

Während das Ciba-Symposium noch den Beginn einer wissenschaftlichen Debatte um die Forschungen mit rekombinanter DNA darstellte, steht die Konferenz von Asilomar 1975 für den Beginn einer ersten politischen und späteren öffentlichen Debatte. Der rein innerwissenschaftliche Diskurs führte noch während dem NIH-Richtlinienverfahren zu einem starken Interesse der amerikanischen Öffentlichkeit und der Medien, die das zuvor gerühmte Verantwortungsbewusstsein der Wissenschaftler, auch vor dem Hintergrund zunehmender Lockerungen der Richtlinien, erheblich infrage stellten.

In der Bundesrepublik beobachteten neben Biowissenschaftlern und Politikern auch die Printmedien, Vertreter der Kirchen und Theologen sowie Publizisten die Entwicklungen, Ereignisse und Diskussionen in den USA. Während sich die Beiträge zumeist auf die amerikanischen Sicherheitsdiskussionen konzentrierten, wurden bioethische Fragestellungen zur Gentechnik nur selten und dann auch nur in religiös-theologischen Kreisen erörtert. Dagegen zogen die in der zweiten Hälfte der siebziger Jahre sehr erfolgreichen Reproduktionstechnologien sehr wohl Debatten über die ethische Vertretbarkeit eines künstlichen Eingriffs in das Leben des Menschen nach sich, wobei auch die Möglichkeiten gentechnischer Eingriffe in die Diskussion eingebunden wurden.[99] So erlangten vor allem die Versuche des Gynäkologen Patrick Steptoe und des Physiologen Robert Edwards in den siebziger Jahren an Popularität, die Müttern in-vitro befruchtete Eier eingepflanzt hatten. Die Manipulation des Vererbungsgeschehens hatte damit nach der bereits bekannten artifiziellen heterologen Insemination, also der künstlichen Befruchtung, eine neue Dimension erreicht und zu Diskussionen über die ethische Vertretbarkeit eines solchen Eingriffs in die Schöpfung Gottes angeregt. Als erstes außerhalb des Mutterleibes gezeugtes Kind kam die bis heute durch die Medien verfolgte Lousie Brown im Juli 1978 in Nordengland zur Welt. Diese und andere Erfolge der Reproduktionstechnologien ließen Retortenbabies und Hitlerklone im ethischen Diskurs wesentlich realer als die bislang nur theoretischen Überlegungen gentechnischer Veränderungen des menschlichen Erbguts erscheinen. Vor diesem Hintergrund lässt sich für die siebziger Jahre nicht von einer ethischen Diskussion der Gentechnologie, sondern allenfalls von einer ethischen Diskussion der Reproduktionstechnologie sprechen, die nicht zuletzt im Kontext der Reformen des § 218 StGB zum Schwangerschaftsabbruch und der seit 1975 geltenden Indikationen-Regelung besondere Aufmerksamkeit erhielt. Dieser Eindruck wird auch durch die unternommene Zeitschriftenanalyse bestätigt. So erschienen zwischen 1975 und 1979 in der *Welt* und im *Spiegel* insgesamt gerade zehn Beiträge, die die Gentechnologie aufgriffen, im Wesentlichen jedoch Anknüpfungspunkte über konkrete Reproduktionstechniken herstellten.

Die Analyse früher Akteure des bundesdeutschen Diskurses förderte eine Dominanz der Politik und Forschungsförderungsorganisationen zu Tage. Eine

99 Vgl. z. B. W. Klingmüller, Möglichkeiten und Grenzen genetischer Manipulation, in: Universitas, 1979/34, S. 617 ff.

Angleichung an die amerikanischen Regelungen vollzog sich 1978 zwar mit einer gewissen zeitlichen Verzögerung, jedoch wollten insbesondere politische Vertreter den aus den USA bekannten Gentechnik-Konflikten der siebziger Jahre vorbeugen. Die Verhinderung einer Wiederholung der amerikanischen Entwicklungen wurde auch auf der Ebene der Europäischen Gemeinschaft (EG) gefördert, die nicht nur über die Empfehlung entsprechender Richtlinien, sondern auch über erste Umfragen versuchte, einer Neuauflage der Diskussionen entgegenzuwirken. Vor diesem Hintergrund gab die EG-Kommission 1977 und 1979 auch erste Untersuchungen zur Wahrnehmung der Gentechnik unter den Europäern in Auftrag, obwohl die europäische Öffentlichkeit zu diesem Zeitpunkt zum Thema Gentechnik noch nicht nachhaltig in Erscheinung getreten war. Wie Tabelle 2 zeigt, war eine homogene europäische Meinung Ende der siebziger Jahre nicht auszumachen. Westdeutsche Bürger waren im europäischen Durchschnitt eher skeptisch gegenüber der neuen Technologie eingestellt.

Tabelle 2: Einstellung der europ. Bevölkerung zur Gentechnik.
1979 wird Gen-Forschung gesehen als …[100]

	sinnvoll (%)	ohne besondere Bedeutung (%)	inakzeptables Risiko (%)	weiß nicht (%)
EG	33	19	35	13
Belgien	38	20	22	20
Dänemark	13	10	61	16
BRD	22	16	45	17
Frankreich	29	22	37	12
Irland	41	20	22	17
Italien	49	19	22	10
Luxemburg	37	31	18	14
Niederlande	36	17	41	6
Großbritannien	32	21	36	11

Die ersten Sicherheitsfragen der Gentechnik trafen in der BRD in eine Zeit, zu der der einstige Technikoptimismus einer wachsenden Technikskepsis gewichen war, nicht zuletzt aufgrund der Entwicklungen in der Kernenergieforschung. Immer häufiger kam es zu Auseinandersetzungen über die Chancen und Risiken wissenschaftlich-technischer Entwicklungen, die bereits während der frühen siebziger Jahre die Idee einer Institutionalisierung der Technikfolgenabschätzung (TA) aufkommen ließ. 1972 erfolgte die Gründung des Office of Technology Assessment (OTA) als politische Beratungseinrichtung. In den USA hatte sich lange vor der Einführung marktreifer Produkte und Verfahren eine kritische öffentliche Diskussion entwickelt, die es in Deutschland zu verhindern galt. Eine ähnliche Entwicklung hatte es bereits im Kontext der Konflikte um die Kernenergie gegeben, die in den USA einige Jahre früher aufgekommen waren als in der BRD. Die Anti-Kernenergiebewegung traf die westdeutsche Politik plötzlich und unvorbereitet,

100 M. F. Cantley, The Regulation of Modern Biotechnology, in: H.-J. Rehm/G. Reed (Ed.), Biotechnology, Weinheim 1995, S. 658.

denn waren bis 1971 nicht gegen ein Kernkraftwerk Einsprüche in großer Zahl vorgebracht worden, gab es in der Folge im Grunde kein Projekt, bei dem dies nicht der Fall gewesen wäre.[101] Eine Wiederholung wollte die Bundesregierung für die Gentechnik ausschließen.

Auf politischer Ebene orientierte sich das Bundeskabinett bei der Aufstellung von Richtlinien zunächst am amerikanischen Modell, verfolgte jedoch gleich im Anschluss an diese Erstmaßnahme die Möglichkeit einer gesetzlichen Reglementierung. Wenngleich bei Pharmaunternehmen wie Bayer und Hoechst noch keine größeren Aktivitäten zum Aufbau gentechnischer Forschungsarbeiten zu vernehmen waren, reichte ihr gemeinsam mit Forschungsvertretern vorgebrachter Widerstand aus, um beide Gesetzesentwürfe von 1978 und 1979 scheitern zu lassen. Stattdessen wurden staatliche Förderprogramme der wirtschaftlich vielversprechenden Biotechnologie fortgeführt und ausgebaut. Zur gleichen Zeit hatten die politischen Diskurse der USA die Gentechnik zu einer neuen Kerntechnologie erklärt, die nicht nur revolutionäre Auswirkungen auf die Ökonomie, sondern auch für die Gesellschaft zu versprechen schien. Diese Aussichten sowie die zunehmende Einschätzung, anfänglich überzogener Gefahrenkalkulationen, führten auch in der BRD zu verstärkter Unterstützung von Förderprogrammen sowie mehrfachen Lockerungen der Richtlinien.

101 Vgl. H. Kitschelt, Kernenergiepolitik, Frankfurt a. M./New York 1980, S. 200.

5. VON DER EINSETZUNG DER BENDA-KOMMISSION (1983) BIS ZUR ENQUETE-KOMMISSION DES DEUTSCHEN BUNDESTAGES (1987)

5.1. ERSTE PRODUKTE AUF DEM MARKT

Anknüpfend an die Erkenntnisse und Fortschritte der siebziger Jahre feierte die Gentechnik im darauffolgenden Jahrzehnt erste kommerzielle Erfolge. Weltweit entwickelte sich ein Interesse an der neuen Technologie, wobei die USA dieses am erfolgreichsten umzusetzen wusste. Hier hatte bereits sehr früh eine intensive staatliche Förderung und Koordination biologischer und biomedizinischer Grundlagenforschung stattgefunden. Schon in den frühen Achtzigern kam es zur Gründung von mehr als 100 Biotechnologieunternehmen, die einen Schwerpunkt auf gentechnologische Forschungen legten. Bis 1989 stieg die Zahl der Firmen in den USA sogar auf 400 an. Zwar hatten sich auch führende US-Pharma- und Chemiekonzerne seit Anfang der achtziger Jahre verstärkt der neuen Technologie zugewandt, jedoch blieb dieses neue Feld maßgeblich in der Hand kleinerer Pionierfirmen wie Genentech, Amgen, Chiron oder Biogen.[1]

Zur zweiten Kraft neben den USA erwuchs Japan, ein Land, in dem es bis zum Ende der siebziger Jahre keine größeren staatlichen oder privaten Aktivitäten im Bereich der Gentechnologie gegeben hatte. Ein vom Ministry of International Trade and Industry 1980 verabschiedetes *R & D Project of Basic Technologies for Next Generation Industries* erklärte in Abstimmung mit führenden Chemiekonzernen auch die neue Biotechnologie zu einer Schlüsseltechnologie und gab damit den Anschub für verstärkte F&E-Tätigkeiten mit dem Ziel, den internationalen Rückstand aufzuholen. Bis zur Mitte der achtziger Jahre kam es in Japan zwar zur Gründung von rd. 80 Firmen, die mit gentechnischen Methoden arbeiteten[2], jedoch waren es die die japanische Wirtschaft dominierenden Konglomerate, die eine wesentliche Rolle bei der Förderung eines biotechnologischen Innovationsprozesses spielten.[3]

Auch in einigen Ländern Europas, wie Großbritannien, Deutschland, Frankreich, Schweden, Dänemark, den Niederlanden oder der Schweiz waren erste staatliche Förderprogramme angelaufen, die jedoch nur langsam in Gang kamen. Die großen Staaten Westeuropas verfügten über geeignete Forschungszentren, in denen durch nationale Förderprogramme eine biotechnologische Forschungsinfrastruktur aufgebaut werden konnte. Zudem waren in den meisten westeuropäischen

1 Vgl. U. Dolata, Politische Ökonomie der Gentechnik. Berlin 1996, S. 44, 48–49.
2 Vgl. Biotechnologie und Agrarwirtschaft, Münster-Hiltrup 1985, S. 66.
3 Vgl. U. Dolata, Politische Ökonomie der Gentechnik. Berlin 1996, S. 52.

Staaten bedeutende Pharma- und Chemiekonzerne ansässig, die zur gleichen Zeit mit einem signifikanten Ausbau ihrer Forschungs- und Entwicklungsarbeiten auf dem Biotechnologiesektor begannen. Damit einher gingen Kooperationsabkommen, Beteiligungen, Lizenzvereinbarungen und Vertriebsvereinbarungen mit amerikanischen Biotechnologiefirmen und Forschungseinrichtungen, die sich sehr schnell auszahlten.[4]

Dieser Zustand lässt sich auch auf die Situation in der Bundesrepublik während der achtziger Jahre übertragen. Hier kam es nur in sehr begrenztem Rahmen zu Neugründungen von Unternehmen oder Forschungszentren, wie sie aus den USA und Japan bekannt waren. Mitte der achtziger Jahre hatten sich gerade sechs Genfirmen in Deutschland gegründet.[5] Das BMFT unterstützte erst ab dem Jahr 1982 – noch unter sozialliberaler Koalition – gemeinsam mit der Industrie, Universitätsinstituten und Großforschungseinrichtungen, den Aufbau mehrerer Genzentren, u. a. in Köln, München, Heidelberg und Berlin.[6] In den folgenden zwei Jahren hatte sich das Innovationspotenzial der Gentechnologie, mit Blick auf die Entwicklungen in den USA, immer deutlicher gezeigt. So sprach der Bundesforschungsbericht 1984 bereits von der Biotechnologie als einer mit der Bedeutung der Mikroelektronik und Computertechnologie vergleichbaren Technologie, die vor allem „unter stärkerer Betonung der anwendungsorientierten Grundlagenforschung“ gefördert werden müsse.[7] Eine Betrachtung der Gesamtausgaben zur Forschungsförderung durch den Bund bzw. das BMFT offenbarte Ende der achtziger Jahre lediglich eine subsidäre Förderung im Bereich der Biotechnologie, während der Förderungsanteil von Seiten der Wirtschaft zur gleichen Zeit wesentlich höher lag.[8] In der BRD zeigten vor allem die großen Chemieunternehmen, wie Bayer, Hoechst oder die BASF bzw. Pharmaunternehmen, wie Schering,

4 Vgl. Ebd., S. 55–57.

5 Vgl. Biotechnologie und Agrarwirtschaft, Münster-Hiltrup 1985, S. 69.

6 Das Genzentrum in Köln ist eine Gründung des Max-Planck-Instituts für Züchtungsforschung und des Kölner Universitätsinstituts für Genetik, das insbesondere pflanzengenetischen Fragestellungen nachgehen sollte. An der Gründung des Münchener Genzentrums (Martinsried) beteiligten sich sowohl das Max-Planck-Institut für Biochemie als auch die Ludwig-Maximilians-Universität-München. Zu den zentralen Forschungsfeldern gehörten sowohl die Gensequenzierung als auch die chemische Synthese von Erbmaterial. Dem Heidelberger Genzentrum liegt eine Gemeinschaft des Deutschen Krebsforschungszentrums und der Heidelberger Universität zugrunde. Im Mittelpunkt der Forschungen sollten hier insbesondere virologische und mikrobengenetische Fragen stehen. Das Berliner Genzentrum war eine Kooperation des Instituts für Genbiologische Forschung und der Schering AG, deren zentrale Aufgabe in der molekularbiologischen Untersuchung von höheren Pflanzen und damit in Wechselwirkung stehenden Mikroorganismen bestand. Vgl. Der Bundesminister für Forschung und Technologie (Hg.), Angewandte Biologie, Bonn 1985, S. 38–39. Eine genauere Aufstellung zu den Kosten und Finanzgebern findet sich bei S. Rosenbladt, Biotopia, Berlin 1988, S. 298 und Chancen und Risiken der Gentechnologie, Bonn 1987, S. 270–273.

7 Vgl. Bundesministerium für Forschung und Technologie (Hg.), Bundesbericht Forschung 1984, Bundestags-Drucksache 10/1543, Bonn 1984, S. 120.

8 Vgl. H.-J. Aretz, Kommunikation ohne Verständigung, Frankfurt a. M. 1999, S. 216–217.

Boehringer Ingelheim oder Boehringer Mannheim ein verstärktes Interesse an den prophezeiten Erfolgen der Gentechnologie. Innerhalb der Konzerne begann die Integration erster gentechnischer Methoden in die eigenen Forschungsabläufe.[9] Darüber hinaus wurden vermehrt Kooperationsverträge mit Forschungsinstituten und Universitäten in Deutschland und den USA geschlossen.[10] Hinzu kamen Lizenzabkommen mit einigen US-Gentechnik-Firmen, die sich insbesondere auf den Arzneimittelbereich konzentrierten.

Neben einzelstaatlichen Aktivitäten gab es auch übergreifende Förderungs- und Koordinierungsbestrebungen auf der Ebene der EG. Seit Anfang der achtziger Jahre wurden Forschungsprogramme zur Förderung der Biotechnologie und Molekulargenetik verabschiedet, wobei schon beim ersten *Biomolecular Engineering Programme* von 1982 die Hälfte des Finanzumfangs auf den Bereich Gentechnologie entfiel.[11] Es folgten das *Biotechnology Action Programme* im Jahr 1985 und das *Biotechnology Research Programme for Innovation and Development Growth in Europe* im Jahr 1990, wobei die Förderungssumme, die im ersten Projekt 30 Mio. DM betrug, bis zum dritten Projekt auf 200 Mio. DM gesteigert werden konnte. Dennoch lagen die Budgets weit unter den Mitteln, die von den europäischen Staaten selbst zur Förderung der neuen Biotechnologie bereitgestellt wurden. So blieben die EG-Bestrebungen nach einer Vernetzung nationaler Forschungsinfrastrukturen bis zum Ende des 20. Jahrhunderts weitgehend ohne Erfolg.[12]

Der weltweite Aufbau von gentechnologischen Forschungs- und Produktionsstätten brachte insbesondere im Arzneimittelbereich schnelle Erfolge. Noch während der achtziger Jahre erlangten mehrere, über gentechnologische Herstellungsprozesse gefertigte, Arzneimittel eine behördliche Zulassung für den therapeutischen Einsatz am Menschen, wobei es sich insbesondere um Proteine handelte. Als erstes Gentech-Produkt sollte sich das Humaninsulin vor allem gegenüber dem aus der Bauchspeicheldrüse von Rindern und Schweinen gewonnenen Insulin und dem semi-synthetischen Humaninsulin bewähren. 1982 hatte das weltweit führende amerikanische Pharmaunternehmen Eli Lilly das gentechnisch hergestellte Humaninsulin auf den Markt gebracht. Zwar hatte auch Hoechst in Frankfurt bis 1987 beinahe zwei von drei Bauabschnitten einer ersten großtechnischen Anlage für die gentechnische Insulinproduktion aufgebaut, jedoch hatte eine Klage von Frankfurter Bürgern und der örtlichen Bürgerinitiative *Höchster Schnüffler un' Maagucker* vor dem Verwaltungsgericht Frankfurt zu einer Verzö-

9 Vgl. H. J. Strenger, Gentechnik bei Bayer, in: Bayer AG (Hg.), Gentechnik bei Bayer, Leverkusen 1989, S. 7.

10 Vgl. H. Schwarz, Zur ethischen Problematik künstlich hervorgerufener genetischer Veränderungen, in: G. Hauska (Hg.), Von Gregor Mendel bis zur Gentechnik, Regensburg 1984, S. 134.

11 Vgl. Biotechnologie und Agrarwirtschaft, Münster-Hiltrup 1985, S. 65–68.

12 Vgl. U. Dolata, Politische Ökonomie der Gentechnik. Berlin 1996, S. 59–60.

gerung der Arbeiten geführt, so dass ein Versuchsbetrieb der gesamten Anlage erst ab 1993 erfolgen konnte.[13]

Der Verkaufspreis für gentechnisch hergestelltes Humaninsulin lag Ende der achtziger Jahre in den USA mit 12 Dollar zwar noch weit über dem Preis des Schweine-Rinderinsulingemischs für 8 Dollar, jedoch waren die Preise in der BRD und in England bereits mit denjenigen einiger tierischer Insulinprodukte vergleichbar. Das Eli Lilly Humaninsulin war seit 1986 auf dem deutschen Markt erhältlich.[14] Trotz eines zunächst noch fehlenden Preisvorteils verzeichnete das gentechnische Insulinprodukt weltweit einen großen Erfolg, der nicht zuletzt auf eine von den Pharmaunternehmen in Aussicht gestellte bessere Verträglichkeit gegenüber den tierischen Insulinen zurückzuführen war.

Nur kurze Zeit nach dem Beginn der Entwicklungsarbeiten für das Humaninsulin begannen auch die gentechnischen Forschungsarbeiten zur Entwicklung des Proteinhormons Protropin. Dieser humane Wachstumsfaktor wird vor allem bei Kindern eingesetzt, in deren Organismus das Hormon nicht in ausreichender Menge hergestellt wird und zu Zwergenwuchs führt. Protropin gehörte zu den ersten Produkten, die mit Hilfe gentechnologischer Methoden von Genentech hergestellt wurden und weitere, vor allem Arzneimittelprodukte, folgten. Es waren u. a. ein Hepatitis B-Impfstoff, Erythropoetin zur Bildung roter Blutkörperchen, Faktor 8, ein Blutgerinnungsfaktor, das TPA zur Auflösung von Blutgerinnseln bei Herzinfarkten oder das humane Interferon, das insbesondere zur Behandlung von Krebspatienten eingesetzt werden sollte.[15] Während der siebziger Jahre isolierten Forscher Interferon noch mit großem Aufwand aus Blutspenden, was einen Preis von 100 Mio. Mark pro Gramm bedeutete.[16] Für den Fall, dass sich das Interferon tatsächlich im Kampf gegen den Krebs bewährte, erahnten Pharmaunternehmen hohe Gewinne, wodurch Forschungen zu einer gentechnischen Herstellung dieses Stoffes – auch bei Hoechst in Deutschland – stark beschleunigt wurden. Klinische Tests zeigten jedoch schnell, dass der Stoff gegen die häufigsten Krebsarten, wie Lungen-, Brust- und Darmkrebs, nicht wirksam war und erhebliche Nebenwirkungen hervorrief. Erfolge zeigten sich lediglich bei der sehr seltenen Haarzell-Leukämie bzw. bei einigen viral bedingten Krankheiten, wie

13 Vgl. Insulin, Gesundheitsakademie, Themenband 5, Bremen 1994, S. 3 und N. Barth, Der Fall Hoechst, in: M. Thurau (Hg.), Gentechnik, Frankfurt a. M. 1989, S. 245.

14 Vgl. I. Stumm, Das Produkt Humaninsulin, in: M. Thurau (Hg.), Gentechnik, Frankfurt a. M. 1989, S. 162–163.

15 Eine Aufstellung zu den Entwicklungszeiten gentechnisch hergestellter Arzneimittel findet sich bei A. Barner, Zum Stand der Entwicklung und Produktion gentechnisch hergestellter Arzneimittel, in: D. Arndt/G. Obe/U. Kleeberg (Hg.), Biotechnologische Verfahren und Möglichkeiten in der Medizin, München 2001, S. 52.

16 Vgl. R. Klingholz, Die große Hoffnung, in: Ders. (Hg.), Die Welt nach Maß, Reinbek 1988, S. 35.

Gürtelrose oder Meningitis.[17] 1986 wurde alpha-Interferon zur Behandlung der Haarzell-Leukämie zugelassen und vom schweizer Pharmaunternehmen Roche auf den Markt gebracht.

Neben diesen Ende der achtziger Jahre bereits zugelassenen gentechnisch hergestellten Arzneimitteln befanden sich zur gleichen Zeit eine Reihe weiterer Produkte im Stadium der klinischen und präklinischen Prüfung.[18] Die Forschungsaktivitäten im Bereich der Gentechnik zeichneten sich vor allem durch drei Merkmale aus: Es handelte sich insbesondere um Produkte, die einen sehr hohen Reinheitsgrad erforderlich machten und/oder um solche, die bisher nur in sehr geringen Mengen zur Verfügung standen, jedoch in weitaus größerem Umfang zur Behandlung aller Pateinten benötigt wurden. Zudem konzentrierte sich die erste Produktgeneration auf die Bereiche Diagnose und Therapie. Diagnostika-Forschungen waren auf den Bereich schwer oder nicht zu heilender Krankheiten, wie Aids oder rheumatoider Arthritis fokussiert. Die wirtschaftliche Bedeutung der Gentechnologie lag vorläufig darin, effizientere, billigere oder völlig neuartige Lösungen auf dem Arzneimittelmarkt zu platzieren.[19] Drittens ist festzustellen, dass die Gentechnik trotz mancher Rückschläge – wie im Falle des Interferon – in Kombination mit den Erkenntnissen der Genanalyse während der siebziger und achtziger Jahre zu einem enormen Zuwachs an medizinischen Erkenntnissen beigetragen hat. Durch diese gelang es Biowissenschaftlern, die Funktionen der Zelle, ihr Wachstum und die Entstehung von Krebs genauer zu verstehen. Auch bei der Erforschung des erst 1983 entdeckten Human Immunodeficiency Virus, kurz HIV, leistete die Gentechnik wesentliche Beiträge.

Erhebliche Fortschritte zeigten sich bei den Forschungen zur Gentherapie, also der gezielten Reparatur von Basenbausteinen bzw. von ganzen Genen. Um isolierte Gene bzw. Genabschnitte in die Zelle zu transferieren, mussten zunächst die technischen Voraussetzungen für einen Gentransfer geschaffen werden. Ende der achtziger Jahre waren dazu bereits drei Methoden entwickelt: die Mikroinjektion, die Transfektion und die Infektion. (Vgl. Kap. 6.1.) Letztere hatten 1979 auch Paul Berg und seine Kollegen angewandt als sie Mäuse-Embryonen das Gen für ein Wachstumshormon aus Ratten übertragen hatten. Das Ergebnis waren die Ende 1982 durch die Fachzeitschrift Science berühmt gewordenen „Supermäuse", die das in ihr Genom aufgenommene neue Gen auch an ihre Nachkommen vererbten.[20]

17 Vgl. M. Leineweber, Interferone zwischen Wunsch und Wirklichkeit, in: Hoechst AG (Hg.), Gentechnologie, Frankfurt a. M. 1986, S. 72/73 und vgl. Erfolge mit Alpha, in: Der Spiegel, 1986/5, S. 178 u. 180.

18 Vgl. W. Schallenberger, Zur wirtschaftlichen Bedeutung der Biotechnologie, in: P. Markl (Hg.), Neue Gentechnologie und Zellbiologie, Wien 1988, S. 157, Tab. 2.

19 Vgl. W. Schallenberger, Zur wirtschaftlichen Bedeutung der Biotechnologie, in: P. Markl (Hg.), Neue Gentechnologie und Zellbiologie, Wien 1988, S. 155.

20 Vgl. R. Klingholz, Die große Hoffnung, in: Ders. (Hg.), Die Welt nach Maß, Reinbek 1988, S. 36, 42–43.

Bis zum Ende der achtziger Jahre ließen die Vorarbeiten zur somatischen Gentherapie, also der gezielten Reparatur von Körperzellen, aus wissenschaftlicher Sicht lediglich einen Einsatz zur Heilung weniger Erbkrankheiten erwarten. Therapiemöglichkeiten bestanden im Grunde nur, wenn die Folge einer Erbkrankheit (ein Enzymdefekt) auf die Mutation eines bestimmten Gens zurückgeführt werden konnte. In Fällen, in denen das für einen Defekt verantwortliche Gen nicht auszumachen oder der Defekt multifaktoriell bedingt ist, schien eine Anwendung der Gentherapie noch in weiter Ferne. Der erste genehmigte somatische Gentherapieversuch am Menschen wurde 1990 in den USA durchgeführt. Zwar hatte der amerikanische Molekularbiologe Martin Cline schon 1980 einen ersten Gentherapieversuch an zwei Thalassämie-Patientinnen unternommen, jedoch war dieser Versuch durch keine der zuständigen Behörden genehmigt worden.[21]

Die Forschungen zu gentechnischen Veränderungen beschränkten sich in den achtziger Jahren – zumindest in den USA – keineswegs auf medizinische Anwendungsmöglichkeiten. Auch für die Pflanzenzüchtung wurden große Vorteile bei der Anwendung der Gentechnik erkannt. Fernziele der Forscher galten einer Übertragung von Resistenzen gegenüber Salz, Trockenheit, Wärme, Insekten und Viren. Da isolierte Pflanzengene bislang jedoch kaum verfügbar waren, konnten gentechnologische Methoden vorläufig nur eingeschränkt in der Pflanzenforschung eingesetzt werden. In den Versuchen mit ersten Modellpflanzen (Petunien und Tabak) war die Übertragung artfremder Gene bereits Anfang der achtziger Jahre gelungen.[22] Bei Nutzpflanzen konzentrierten sich erste Versuche auf die Übertragung von Genen zur Stickstofffixierung, die eine Verringerung der Stickstoffzufuhr über Düngemittel versprachen.[23] Im Vergleich zu den gentechnischen Arbeiten im Bereich der Medizin nahmen diese Projekte zunächst jedoch nur eine untergeordnete Rolle ein, die sich in der Industrielandschaft der BRD besonders stark manifestierte. Die erste Genehmigung zur Ausbringung einer gentechnisch veränderter Pflanzen wurde in der BRD im Jahr 1989 durch eine Empfehlung der ZKBS und eine Genehmigung des Bundesgesundheitsamts erteilt.[24]

Neben gezielten Erbgutveränderungen an Nutzpflanzen gab es auch erste gentechnische Forschungen an Tieren. Anknüpfend an die Versuche mit den Supermäusen verfolgten die Forschungsbemühungen v. a. eine Steigerung der Milch- und Fleischproduktion von Nutztieren.[25] Die Versuche mit transgenen Tieren be-

21 Vgl. B. Hobom, Möglichkeiten, Perspektiven und Grenzen der Gentechnologie, in: J. Reiter/U. Thiele (Hg.), Genetik und Moral, Mainz 1985, S. 44.

22 Vgl. G. Donn, Gentechnologie und Ernährung, in: Hoechst AG (Hg.), Gentechnologie, Frankfurt a. M. 1986, S. 112 u. 118.

23 Vgl. H.-H. Schöne, Gentechnologie, mehr als eine Methode, in: Hoechst AG (Hg.), Gentechnologie, Frankfurt a. M. 1986, S. 22 und vgl. Biotechnologie und Agrarwirtschaft, Münster-Hiltrup 1985, S. 18–19.

24 Vgl. L. Kürten, Der Gentechnik-Streit treibt seltsame Blüten, in: Die Welt, 28. September 1988, S. 29.

25 Vgl. B. Hobom, Möglichkeiten, Perspektiven und Grenzen der Gentechnologie, in: J. Reiter/U. Thiele (Hg.), Genetik und Moral, Mainz 1985, S. 40–41.

schränkten sich in den achtziger Jahren nicht nur auf den Nutztierbereich, sondern zielten zugleich auf die Entwicklung von Arzneimitteln. So sollten gezielte Erbgutveränderungen an Tieren ideale Modellorganismen zum Studium humaner Krankheiten zur Verfügung stellen und damit die Erforschung von Wirkung und Nebenwirkung neuer Arzneimittel für den Menschen optimieren. Angestrebt waren insbesondere Medikamente zur kausalen Therapie solcher Krankheiten, die bislang nicht therapierbar waren, u. a. AIDS, die Alzheimersche Krankheit oder Arteriosklerose.[26]

Zu besonderer Bekanntheit gelangte die Onko- bzw. Krebsmaus der Harvard University als Modellorganismus für Brustkrebserkrankungen, welche 1988 in den USA patentiert wurde. Zwar hatte 1980 bereits der amerikanische Molekularbiologe Ananda Chakrabarty in den USA ein Patent für seine ölfressenden Bakterien erhalten, womit Mikroorganismen und die daraus resultierenden Nachkommen erstmals patentfähig wurden, jedoch war die Krebsmaus ein Pionier für Patente auf transgene Tiere und Säugetiere zugleich.[27] Das europäische Patentamt hatte den entsprechenden Antrag zwar zunächst abgelehnt, 1992 wurde das Patent auf die Krebsmaus dann aber auch auf Europa ausgedehnt.

5.2. DIE POLITIK ALS INITIATOR EINER ÖFFENTLICHEN DISKUSSION

Nach den gescheiterten Referentenentwürfen zu einem Gentechnikgesetz von 1978 und 1979 waren die Auseinandersetzungen um die Risiken der Gentechnologie innerhalb der Politik, Teilen der Wissenschaft sowie den großen Forschungsförderungsorganisationen der BRD beinahe zum Erliegen gekommen. Zwar gab es Anfang der achtziger Jahre vereinzelt deutsche Beteiligungen an Gesprächen und Veranstaltungen zu Sicherheitsfragen auf europäischer und internationaler Ebene, deren Wirkung für eine Debatte innerhalb der BRD blieb jedoch gering.[28] Die erlassenen Richtlinien schienen ausreichend und weitere Einschränkungen der Forschungen, vor dem Hintergrund einer Selbstverpflichtung der Wissenschaftler, unnötig. Auch die zunehmenden Lockerungen der Sicherheitsrichtlinien[29] wurden ohne nennenswerte Beachtung von Seiten der deutschen Öffentlichkeit aufgenommen. Dieser Zustand eines nur marginalen Interesses änderte sich erst zu Beginn der achtziger Jahre. Erste Institutionalisierungen der Gentechnologie in der BRD sowie die gezielte Anregung einer Diskussion von Seiten der Politik lenkten die Aufmerksamkeit mehr und mehr auf den neuen Technologiezweig.

26 Vgl. K. H. Büchel, Gentechnik bei Bayer für Medizin und Landwirtschaft, in: Bayer AG (Hg.), Gentechnik bei Bayer, Leverkusen 1989, S. 22.

27 Vgl. S. Ryser/M. Weber, Gentechnologie – eine Chronologie, Basel 1990, S. 21.

28 Vgl. z. B. Wirtschafts- und Sozialausschuss der europäischen Gemeinschaften, Gentechnologie, Brüssel 1981.

29 Entsprechende Änderungen der Richtlinien erfolgten 1979, 1980, 1981 und 1986.

Eine besondere Konzentration erhielt diese Aufmerksamkeit während der achtziger Jahre im politischen Raum. Die Erkenntnis, im Bereich der Biotechnologie zunehmend den Anschluss an die internationale Spitze zu verlieren, veranlasste Bundesforschungsminister Heinz Riesenhuber, eine intensive Diskussion über die Anwendung neuer, in die natürlichen Prozesse des Lebens eingreifenden Technologien zu initiieren. Der Fehlschlag von 1981, bei dem einem amerikanischen Wissenschaftler, Howard Goodman, von Hoechst rd. 50 Mio. Dollar für den Aufbau eines Genforschungsinstituts am Massachusetts General Hospital zur Verfügung gestellt wurden[30], hatte nur allzu deutlich grundsätzliche Defizite innerhalb der Forschungslandschaft offenbart, die die BRD für Investitionen unattraktiv machte. Sollte der Rückstand Deutschlands möglichst schnell aufgeholt werden, waren gezielte Maßnahmen notwendig, die vom BMFT zunächst durch die direkte Förderung von gentechnologischen Forschungsvorhaben im Rahmen des Biotechnologieprogramms ergriffen wurden. Zu einer weiteren Maßnahme gehörte die verstärkte Förderung der Gründung von Genzentren. Diese Zentren wurden als regionale Zusammenschlüsse, in Form einer Kooperation von Hochschulen, Max-Planck-Instituten und der Industrie, mit beachtlichen Summen vom BMFT gefördert.[31]

Der Einstieg in die Genforschung in Form einer anwendungsorientierten Grundlagenforschung barg jedoch zugleich die Gefahr öffentlichen Widerstands. In den USA hatte er zu heftigsten Diskussionen geführt, die in Deutschland verhindert werden sollten. Die Auswirkungen öffentlicher Proteste waren nur allzu gut von der Kernenergiediskussion bekannt und sollten keine Wiederholung finden. Der geplante Einstieg in einen neuen Technologiebereich musste somit kontrollierter erfolgen. Etwa ab 1983/84 beförderte das BMFT durch die Veranstaltung von Fachgesprächen und Kolloquien sowie mit der Einrichtung von Kommissionen und Arbeitsgruppen eine gezielte Diskussion zwischen Wissenschaft und Politik.[32] Im Rahmen eines Fachgesprächs vom 14./15. September 1983 über *Ethische und rechtliche Probleme bei der Anwendung gentechnischer und zytologischer Methoden am Menschen* begründete Riesenhuber den initiierten Diskussionsprozess folgendermaßen:

> „In der Politik ist es so […], daß es nicht darauf ankommt, was ist, sondern daß es darauf ankommt, was geglaubt wird. Wenn wir nicht rechtzeitig von uns aus […] diese Diskussion öffentlich und offensiv führen, ist das Risiko, daß uns eine irrationale Diskussion, die nicht vom Sachverstand, sondern nur von nicht aufgearbeiteten Befürchtungen geprägt ist, aufgezwun-

30 Vgl. W.-M. Catenhusen, Ansätze für eine umwelt- und sozialverträgliche Steuerung der Gentechnologie, in: U. Steger (Hg.), Die Herstellung der Natur, Bonn 1985, S. 33 und Chancen und Risiken der Gentechnologie, Bonn 1987, S. 270–273.

31 Die Gründung solcher Genzentren erfolgte in Köln, München-Martinsried, Heidelberg und Berlin.

32 Einen ersten Schritt in diese Richtung gab es im September 1979 bereits unter Bundesforschungsminister Volker Hauff, der eine dreitägige Anhörung zum Thema Chancen und Gefahren der Genforschung mit 40 internationalen Experten veranstaltete. Vgl. E. Herwig (Hg.), Chancen und Gefahren der Genforschung, München 1980.

> gen wird, sehr groß. […] Es kann also nicht sein, daß von der Wissenschaft abgewartet wird, bis eine öffentliche Diskussion heftig geworden ist […]. Das heißt also, wir müssen die Diskussion zwischen Wissenschaft und Politik führen, damit die Entscheidungen rational sind, aber sie muß von Wissenschaft und Politik gemeinsam mit der Öffentlichkeit geführt werden, damit die rationalen Entscheidungen dann tatsächlich auch umgesetzt werden können."[33]

Zu einer dieser Entscheidungen gehörte auch diejenige, kein Gentechnikgesetz zu erlassen, womit das BMFT seine Position nach zwei gescheiterten Gesetzesvorhaben Ende der siebziger Jahre radikal geändert hatte. Riesenhuber wollte jetzt eine kontrollierte, öffentliche Diskussion ohne Dissens, den es für ihn nur auf der „Akzeptanz-Ebene" zu umgehen schien. In einer öffentlichen Diskussion „auf der ethisch-philosophischen Ebene" fürchtete er den Ausbruch plötzlicher „Grundsatzdiskussionen […], die mit den realen Arbeiten der Wissenschaft allenfalls in Zukunft und vielleicht da auch nur hypothetisch und punktuell zu tun haben."[34] Ethische Diskussionen waren nach Riesenhuber ausschließlich intern und damit im Kreis von Experten zu führen. So bemühte sich das BMFT über die Verbreitung von Informationsbroschüren[35], dem Aufkommen einer Diskussion von Seiten der Laienöffentlichkeit vorzubeugen. Diese Broschüren erklärten die Bio- und Gentechnologie zur Schlüsseltechnologie für den zukünftigen Fortschritt und versuchten über eine bevorzugte Darstellung der Potenziale, die ggf. aufkeimende Kritik und den folglich wachsenden Widerstand innerhalb der Bevölkerung bereits im Kern zu ersticken.

Im Rahmen des genannten Fachgesprächs von 1983, das eine Klärung der zu erwartenden ethischen Bedenken gegenüber dem Eingriff in das menschliche Erbgut zum Ziel hatte, kamen Diskussionen nur selten auf. Dieses Ausbleiben von Kontroversen verwundert vor dem Hintergrund der Vertretung eines außerordentlich breiten Fachspektrums unter den Teilnehmern. Anders als vom Politikwissenschaftler und Soziologen Bernhard Gill in seiner Rückschau auf das Gespräch behauptet[36], ließen die unter den Teilnehmern und Rednern befindlichen Vertreter der DFG, MPG, Bundesärztekammer und ZKBS sowie Politiker, Mediziner, Theologen, Philosophen und Juristen durchaus kontroverse Meinungen erwarten. Ernsthaftes Konfliktpotenzial bot im Kontext der Embryonenforschung aber nur die Frage nach dem Beginn des menschlichen Lebens. Zwar wurden auch zur Anwendung der Gentherapie durchaus widersprüchliche Meinungen geäußert, die sich zumeist aus dem Blickwinkel religiöser Ansichten ergaben, eine Diskussion blieb jedoch aus. Einen ernsthaft kritischen Vorstoß zu den Anwendungen der Gentechnik wagte lediglich Erika Hickel als Vertreterin der Grünen. Ihr Wi-

33 H. Riesenhuber, Einführung, in: Der Bundesminister für Forschung und Technologie (Hg.), Ethische und rechtliche Probleme der Anwendung zellbiologischer und gentechnischer Methoden am Menschen, Bonn 1984, S. 49.

34 Vgl. Ebd., S. 98.

35 Vgl. z. B. Biotechnologie – ein neuer Weg in die Zukunft, Bonn 1984 oder Biotechnologie und Agrarwirtschaft, Münster-Hiltrup 1985 oder Der Bundesminister für Forschung und Technologie (Hg.), Genforschung – Gentechnik, Bonn 1989.

36 Vgl. B. Gill, Gentechnik ohne Politik, Frankfurt a. M. 1991, S. 107.

derstand richtete sich nicht nur gegen jegliche Anwendung eines Gentransfers und die staatliche Förderung gentechnischer Forschungsprojekte, sondern drückte sich – entgegen dem Ansinnen Riesenhubers – auch in der Forderung nach einer gesetzlichen Reglementierung der Gentechnik aus.[37] Abgesehen von Hickels Beitrag blieb eine Debatte über und die Abwägung von Chancen und Risiken der Gentechnologie unter den Teilnehmern jedoch aus.[38]

In Fortführung des von Riesenhuber einberufenen Weges setzten das Bundesjustiz- und Bundesforschungsministerium eine gemeinsame Arbeitsgruppe In-vitro-Fertilisation, Genomanalyse und Gentherapie ein, die einen Überblick über die neuen Methoden geben sowie eine ethische und rechtliche Beurteilung der neuen Technologien vornehmen sollte.[39] Personell war sie in weiten Teilen identisch mit den Teilnehmern des Fachgesprächs von 1983 sowie einer 1984 konstituierten Kommission der Bundesärztekammer[40], die vor dem gleichen thematischen Hintergrund Richtlinien[41] ausarbeiten sollte. Die von den beiden Bundesministerien eingesetzte Arbeitsgruppe erarbeitete unter dem Vorsitz des ehemaligen Präsidenten des Bundesverfassungsgerichts, Ernst Benda, zwischen Mai 1984 und November 1985 einen Bericht, der Riesenhubers Ablehnung eines Gentechnikgesetzes nur teilweise widersprach. Der Bericht der auch als Benda-Kommission bekannten Arbeitsgruppe enthielt ein Spektrum an Empfehlungen gesetzgeberischer Maßnahmen, die sich aufgrund des umfangreichen Beurteilungsrahmens jedoch nur in Teilen auf die Anwendungen der Gentechnologie bezogen, dagegen vielmehr die Bereiche der Genomanalyse und Reproduktionstechnologie einschlossen. So war die Kommission in Bezug auf die Gentherapie grundsätzlich der Ansicht, dass deren Anwendung zu einer Verringerung oder sogar Verhinderung menschlichen Leids beitragen könne und befürwortete deren weitere Erforschung. Sie empfahl einen Gentransfer in somatische Zellen und setzte dessen ethische Beurteilung mit derjenigen einer Organtransplantation gleich. Dagegen wurde der Gentransfer in menschliche Keimbahnzellen als der-

37 Vgl. Redebeitrag Frau Prof. Hickel, in: Der Bundesminister für Forschung und Technologie (Hg.), Ethische und rechtliche Probleme der Anwendung zellbiologischer und gentechnischer Methoden am Menschen, Bonn 1984, S. 149–151.

38 Vgl. Der Bundesminister für Forschung und Technologie (Hg.), Ethische und rechtliche Probleme der Anwendung zellbiologischer und gentechnischer Methoden am Menschen, Bonn 1984.

39 Vgl. H. A. Engelhard/H. Riesenhuber, Vorwort, in: In-vitro-Fertilisation, Genomanalyse und Gentherapie, München 1985, S. V.

40 Von den 19 Mitgliedern der Benda-Kommission nahmen elf der Mitglieder auch am Fachgespräch des BMFT von 1983 (FG) teil und/oder gehörten der Zentralen Kommission der Bundesärztekammer (ZKB) an. Zu ihnen zählten Franz Böckle (ZKB), Erwin Deutsch (FG), Albin Eser (ZKB/FG), Hermann Hepp (ZKB/FG) Benno Hess (FG), Martin Honecker (FG), Wolfgang Kluxen (FG), Dieter Krebs (FG), Widukind Lenz (FG), Erwin P. Odebach (FG) und Karl Sperling (ZKB/FG).

41 Vgl. Vorstand der Bundesärztekammer (Hg.), Weissbuch, Köln 1988.

zeit nicht vertretbar eingestuft, während die Kommissionsmitglieder zugleich nach einem strafrechtlichen Verbot dieser Anwendung verlangten.[42]

Von den Printmedien wurde der Benda-Bericht sehr unterschiedlich aufgenommen. Während *Die Welt* verkündete, „Der Gen-Technologie sollen Schranken gesetzt werden"[43], bot der Bericht für den *Spiegel* nur eine herbe Enttäuschung, da „verheißungsvolle Chancen" nach wie vor kaum abschätzbar blieben, Gentechnik an sich aber weiterhin – der politischen Diktion folgend – als grundsätzlich förderungswürdig empfohlen wurde.[44] Eine Betrachtung der wenigen auf die Gentechnik bezogenen Empfehlungen der Kommission offenbart jedoch keine Neuerungen oder Erweiterungen zu ersten geäußerten Positionen in Fachgesprächen. Der Tenor war und blieb: Gentherapie an somatischen Zellen Ja, Gentherapie an Keimbahnzellen Nein. Anknüpfungspunkte für Diskussionen des Benda-Berichts ergaben sich vielmehr im Bereich der IVF und Embryonenforschung.

Der von Riesenhuber eingeschlagene Weg der Beförderung von Diskussionen über die Anwendungen der Gentechnik erhielt durch die Einsetzung der Enquete-Kommission Chancen und Risiken der Gentechnologie eine unmittelbare Fortführung. Die Einrichtung eines solchen Gremiums war bereits aus den großen Technikkontroversen um die Kernenergie sowie die Informations- und Kommunikationstechnologien bekannt.[45] Zwar war die Arbeit der Enquete-Kommissionen vordergründig auf die Informierung des Parlaments gerichtet, jedoch galt es zugleich, eine Versachlichung der öffentlichen Auseinandersetzungen zu verstärken[46], womit die Einsetzung eines solchen Gremiums schon im Vorfeld großer Auseinandersetzungen um die Gentechnologie bestens geeignet schien.

Die Einrichtung einer Enquete-Kommission Chancen und Risiken der Gentechnologie ging zwar unmittelbar auf die Anträge der SPD- und Grünen-Fraktion vom April und Mai 1984[47] zurück[48], allerdings schien ein Austausch zwischen Politik und Wissenschaft im Kontext der Gentechnik in beinahe allen politischen Lagern ein Bedürfnis. Noch während der Arbeit der Benda-Kommission hatte der

42 Vgl. In-vitro-Fertilisation, Genomanalyse und Gentherapie, München 1985, S. 2–3 sowie S. 45–47.

43 Der Gen-Technologie sollen Schranken gesetzt werden, in: Die Welt, 26. November 1985, Titelseite.

44 Vgl. Gentechnik – der Weg zur Menschenzüchtung?, in: Der Spiegel, 1985/49, S. 17–18.

45 Es handelte sich um die Enquete-Kommissionen *Zukünftige Kernenergiepolitik* I und II (1979–1980 und 1981–1982) sowie *Neue Informations- und Kommunikationstechniken* (1981–1983).

46 Vgl. L. Hennen, Wissenschaft, Politik und Öffentlichkeit in Technikkontroversen, in: T. Petermann/A. Grunwald (Hg.), Technikfolgen-Abschätzung für den Deutschen Bundestag, Berlin 2005, S. 254.

47 Am 25. April 1984 stellte die SPD-Fraktion beim Deutschen Bundestag einen Antrag auf Einsetzung einer Enquete-Kommission *Gesellschaftliche Folgen der Gentechnologie.* Die Fraktion Die Grünen beantragte nur wenige Tage später, am 2. Mai 1984, die Einrichtung einer Enquete-Kommission *Gen-Technik* beim Deutschen Bundestag. Vgl. Deutscher Bundestag, Drucksache 10/6775 vom 6.1.1987, S. 1.

48 Vgl. Deutscher Bundestag, Drucksache 10/6775 vom 6.1.1987, S. 1.

Deutsche Bundestag im Juni 1984, mit den Stimmen von CDU/CSU, SPD und FDP – bei Stimmenthaltung der Grünen – das neue Gremium eingesetzt. Ihr Arbeitsauftrag sah die Gegenüberstellung von Chancen und Risiken gen- und biotechnologischer Forschungen vor, aus der in Form eines Berichts Empfehlungen für das weitere politische Handeln hervorgehen sollten. Neben ökonomischen, ökologischen, rechtlichen und gesellschaftlichen Auswirkungen sollten auch ethische Aspekte der Anwendung gentechnologischer Methoden am Menschen Beachtung finden.[49] Dieser Arbeitsauftrag entsprach vor allem den im SPD-Antrag genannten Aufgaben der Enquete-Kommission. Dagegen hatte der Antrag der Grünen die Erarbeitung eines Maßnahmenkatalogs zur Unterbindung gentechnischer Experimente und Produktionsverfahren vorgesehen.[50] Ihre Stimmenthaltung war Ausdruck einer zwar grundsätzlichen Unterstützung der Einsetzung dieses Gremiums, einem jedoch zugleich vorhandenem Missfallen der definierten Aufgaben.

Tabelle 3: Zusammensetzung der Enquete-Kommission *Chancen und Risiken der Gentechnologie*[51]

Fraktionsmitglieder	Sachverständige Kommissionsmitglieder
CDU/CSU-Fraktion Hermann Fellner Dr. Hanna Neumeister Heinrich Seesing Dr. Hans-Peter Voigt	Dr. Wolfgang van den Daele (Wissenschaftsforschung) Prof. Dr. Erwin Deutsch (Recht)
SPD-Fraktion Wolf-Michael Catenhusen (Vorsitz) Michael Müller Dr. Hans de With (ab 26.3.1985 Ludwig Stiegler)	Prof. Dr. med. Gisela Nass-Hennig (Molekulare Genetik) Dr. med. Erwin Odenbach (Bundesärztekammer) Prof. Dr. Hans-Jürgen Quadbeck-Seeger (BASF)
FDP-Fraktion Roland Kohn	Prof. Dr. Johannes Reiter (Moraltheologie)
Fraktion DIE GRÜNEN Prof. Dr. Erika Hickel (ab 12.3.1985 Heidemarie Dann)	Jürgen Walter (Deutscher Gewerkschaftsbund) Prof. Dr. Ernst-Ludwig Winnacker (Biochemie)

49 Vgl. R. Hohlfeld, Die Enquete-Kommission „Chancen und Risiken der Gentechnologie" im Spannungsfeld von Politik und Wissenschaft, in: G. Fülgraff/A. Falter (Hg.), Wissenschaft in der Verantwortung, Frankfurt a. M./New York 1990, S. 205.

50 Der Maßnahmenkatalog sollte durch eine Liste von Experimenten ergänzt werden, die in Ausnahmen durchführbar waren. Vgl. Deutscher Bundestag, Drucksache 10/6775 vom 6.1.1987, S. 1.

51 Vgl. Deutscher Bundestag, Drucksache 10/6775 vom 6.1.1987, S. 2.

Unter dem Vorsitz des SPD-Bundestagsabgeordneten Wolf-Michael Catenhusen (SPD) setzte sich die Enquete-Kommission aus 17 Mitgliedern zusammen. Bei neun der Mitglieder handelte es sich um Abgeordnete des Deutschen Bundestages, während die übrigen acht Plätze mit Sachverständigen besetzt wurden. Tabelle 3 zeigt, dass insbesondere über die Zusammensetzung der sachverständigen Kommissionsmitglieder der Versuch einer Zusammenführung von wissenschaftlichem Sachverstand und Politik erfolgte. Anders als noch beim Fachgespräch von 1983 ging es hier nicht nur um reine Sachberichterstattung, sondern v. a. um die Bewertung der Gentechnik und damit um eine Positionierung von Wissenschaft und Politik gleichermaßen.[52]

Der nach mehr als zweijähriger Arbeit erschienene Abschlussbericht der Enquete-Kommission richtete sich nach Catenhusen nicht nur an den Auftraggeber der Kommission, den Deutschen Bundestag, sondern auch an die interessierte Öffentlichkeit, der auf einer breiten Informationsbasis die Möglichkeit zur Einschätzung der Chancen und Risiken der Gentechnologie gegeben werden sollte.[53] Mit einem Umfang von rd. 400 Seiten avancierte der Bericht in den folgenden Monaten und Jahren zur zentralen Diskussionsgrundlage in den Auseinandersetzungen um die Gentechnik. Er enthielt eine Reihe von Kompromissen der Interessen und ethischen Wertvorstellungen jedes einzelnen Mitglieds. Zu allen Anwendungsbereichen, Sicherheits- und Rechtsfragen der Gentechnologie hatten sich die Kommissionsmitglieder auf eine gemeinsame Empfehlung einigen können, von der lediglich die Vertreterin der Grünen, Heidemarie Dann, abwich und ein Sondervotum zum Bericht verfasste.[54] Die Enquete-Kommission empfahl dem Deutschen Bundestag[55] u. a.:

- eine verstärkte Forschungsförderung in den Bereichen nachwachsende Rohstoffe, Pflanzenkrankheiten und Industriepflanzen,
- die Förderung des Einsatzes von transgenen Tieren in der biologisch-medizinischen Grundlagenforschung,
- die Förderung des Einsatzes gentechnologischer Methoden zur Verringerung von Umweltbelastungen,

52 Vgl. R. Hohlfeld, Die Enquete-Kommission „Chancen und Risiken der Gentechnologie" im Spannungsfeld von Politik und Wissenschaft, in: G. Fülgraff/A. Falter (Hg.), Wissenschaft in der Verantwortung, Frankfurt a. M./New York 1990, S. 207.

53 Vgl. W.-M. Catenhusen, Vorwort, in: Chancen und Risiken der Gentechnologie, Bonn 1987, S. III.

54 Vgl. Sondervotum zum Bericht der Enquete-Kommission „Chancen und Risiken der Gentechnologie", Abschnitt G, in: Chancen und Risiken der Gentechnologie, Bonn 1987, S. 314–357.

55 Da die Empfehlungen nicht in jedem Fall durch den Deutschen Bundestag selbst umgesetzt werden konnten, waren sie zugleich als Aufforderung an die Bundesregierung, die Regierungen von Bund und Ländern oder die Standesorganisationen der Ärzte gerichtet.

- die Förderung von Projekten, in denen eine gentechnische Herstellung von Therapeutika, Impfstoffen, Diagnostika und körpereigenen Wirkstoffen erforscht wird,
- die Entwicklung und Anwendung der somatischen Gentherapie am Menschen unter Berücksichtigung bestehender Regelungen für Therapieversuche sowie einer Begutachtung bzw. Prüfung durch die ZKBS und einer Ethik-Kommission,
- gentechnische Eingriffe in die menschliche Keimbahn strafrechtlich zu verbieten,
- die gesetzliche Verankerung der erlassenen Sicherheitsrichtlinien im Rahmen einer Neufassung des Bundesseuchengesetzes,
- die Freisetzung von transgenen Mikroorganismen mit einem fünfjährigen Moratorium zu belegen, während diejenige transgener Viren nur in Ausnahmefällen genehmigt, die Freisetzung transgener Pflanzen und Tiere nach eingehender Prüfung jedoch grundsätzlich zugelassen werden sollte,
- keine gentechnologische Forschung zu militärischen Zwecken zu finanzieren sowie
- die Einführung einer Gefährdungshaftung für genehmigungsbedürftige gentechnologische Vorhaben.

Erst fünf Monate nach der Vorlage des Abschlussberichts wurde derselbe im Juni 1987 von der Bundesregierung zur Beratung an 13 Ausschüsse überwiesen. Unter der Federführung des Ausschusses für Forschung und Technologie zogen sich die Beratungen zwei Jahre hin und konnten erst im Juni 1989 zum Abschluss gebracht werden. Unabhängig von der Arbeit dieser Ausschüsse sorgte der Bericht der Enquete-Kommission jedoch schon kurz nach seiner Veröffentlichung für großes Aufsehen. Ein zentraler Kritikpunkt galt den Sicherheitsfragen. So hatten sich Vertreter der Industrie bereits Mitte der achtziger Jahre gegen eine übertriebene Sicherheitsdiskussion ausgesprochen, die den Einstieg der Bundesrepublik in eine künftige Schlüsseltechnologie verzögern oder gar verhindern könnte.[56] Die Enquete-Kommission wollte die geltenden Sicherheitsbestimmungen ebenfalls gesetzlich verankern und erntete dafür, insbesondere von Seiten der Industrie, schwere Kritik.[57]

Ganz anders bewertete diese Empfehlung die Biologin Regine Kollek, die bis in die Gegenwart zu einer der entschiedensten Gegnerinnen der Gentechnologie innerhalb der BRD gehört. Bereits seit 1985 äußerte sie sich immer wieder kritisch in Bezug auf die Sicherheitsrichtlinien zur Gentechnologie in der BRD. Im Abschlussbericht der Enquete-Kommission vermisste sie eine Auseinanderset-

56 Vgl. Hans-Böckler-Stiftung (Hg.), Biotechnologie, München 1985.

57 Vgl. H. Machleidt zum Bericht der Enquete-Kommission in Vertretung des Verbandes der chemischen Industrie und E. Wolf in Vertretung der Industriegewerkschaft Chemie-Papier-Keramik, beide in: K. Grosch/P. Hampe/J. Schmidt (Hg.), Herstellung der Natur?, Frankfurt a. M./New York 1990, S. 37–40 und 33–36.

zung mit den bestehenden „Risikokategorien".[58] Aufmerksam gemacht durch die von Seiten der Politik angeregten Diskussionen um die Gentechnik, waren gerade Sicherheitsaspekte ab Mitte der achtziger Jahre vermehrt in die Kritik von Biologen, Autoren, Journalisten, ersten Umweltverbänden und damit zugleich in die Öffentlichkeit geraten.[59] So war auch der Bund für Umwelt und Naturschutz Deutschland e. V. (BUND) im Zusammenhang mit der Gentechnik bereits auf Sicherheitsfragen aufmerksam geworden und bewertete die Enquete-Empfehlungen diesbezüglich – auch vor dem Hintergrund der Erfahrungen mit der Kernenergie – wie Regine Kollek als unzureichend.[60]

Innerhalb der politischen Landschaft schienen die Enquete-Empfehlungen für geteilte Meinungen zu sorgen, denn eine politische Umsetzung ließ ganze drei Jahre auf sich warten. Erste Kritik am Bericht gab es bereits mit dem von Heidemarie Dann verfassten Sondervotum, dass sich v. a. gegen die Vorgehensweise und Konzeption der Enquete-Kommission richtete, die keine öffentliche Debatte ermöglichte. Konkret ging es um die Befürchtung, dass eine verbreitete Anwendung gentechnischer Verfahren am Menschen die durch das Grundgesetz festgeschriebenen Normen und Werte in Frage stellen, und schließlich aufheben könnte. Die zentrale Kritik an der Anwendung gentechnischer Methoden konzentrierte sich auf eine Gefährdung der Ökosysteme, die Entstehung eines nicht abschätzbaren Gefahrenpotenzials sowie eine Zuwiderhandlung gegenüber der natürlichen Evolution.

Seit den frühen achtziger Jahren waren Vertreter der Grünen mit verstärkter Kritik an gentechnischen Forschungen in der Öffentlichkeit aufgetreten und verlangten nach einer gesetzlichen Reglementierung der Gentechnologie.[61] Im April 1985 organisierte der Arbeitskreis Frauenpolitik & Sozialwissenschaftliche Forschung und Praxis für Frauen e. V. in Bonn den Kongress *Frauen gegen Gentechnik und Reproduktionstechnik*, der den Beginn einer feministisch geprägten Grünen-Bewegung gegen diese neuen Technologiebereiche einleitete.[62] Zu den zentralen Themen der Frauenbewegung gehörten zunächst nur Themen der Autonomie von Sexualität und Körper sowie Gleichheit in Bildung, Beruf und Familie. Mit dem Beginn der siebziger Jahre hatte sich die Frauenbewegung zu einer breiten sozialen Bewegung ausgeweitet, die über Gruppierungen in der gesamten

58 Vgl. R. Kollek, Diskussionsbeitrag, in: J. J. Hesse/R. Kreibich/C. Zöpel (Hg.), Zukunftsoptionen, Baden-Baden 1989, S. 117–123.

59 Vgl. z. B. R. Scheller, Das Gen-Geschäft, Heidelberg 1984 und das gleichnamige Buch Dortmund 1985.

60 Vgl. H. Weinzierl zum Bericht der Enquete-Kommission in Vertretung des Bundes für Umwelt und Naturschutz Deutschland e. V. (BUND), in: K. Grosch/P. Hampe/J. Schmidt (Hg.), Herstellung der Natur?, Frankfurt a. M./New York 1990, S. 17–21.

61 Vgl. Redebeitrag Frau Prof. Hickel, in: Der Bundesminister für Forschung und Technologie (Hg.), Ethische und rechtliche Probleme der Anwendung zellbiologischer und gentechnischer Methoden am Menschen, Bonn 1984, S. 149–151.

62 Vgl. Die Grünen im Bundestag (Hg.), Frauen gegen Gentechnik und Reproduktionstechnik, Köln 1986.

BRD verfügte und den Kampf für die Abschaffung des § 218 zum Zeichen ihres politischen Engagements machte.[63] Ab Mitte der achtziger Jahre wurde auch die Gen- und Reproduktionstechnologie, verstanden als Mittel sozialer Kontrolle über Frauen, regelmäßig zum Thema.[64] Interessant ist in diesem Zusammenhang auch das 1984/85 gegründete Genarchiv in Essen, das neben der Archivierung von Fach- und Tagespresse auch Bildungsarbeit zur Gen- und Reproduktionstechnologie leisten wollte und insbesondere über die Pflege internationaler feministischer Kontakte Bedeutung erlangte.[65]

Nur einen Monat nach dem Kongress kam es zu einer Anhörung der Grünen-Fraktion im Landtag von Baden-Württemberg, die der Landtagsabgeordnete Gerd Schwandner nutzte, um eine radikale Debatte über Gentechnologie zu fordern, die „mit derselben Heftigkeit und demselben Engagement, wie in den 70ern die Atomenergiefragen und Anfang der 80er die Friedensfragen diskutiert" werden sollten.[66] 1986 formulierte die Partei in ihrer Hagener *Erklärung zur Gentechnologie und zur Fortpflanzungs- und Gentechnik am Menschen* scharfe Kritik an der Gentechnik, die sie aus ökologischen, medizinischen, volkswirtschaftlichen und ethischen Gründen ablehnte.[67] Ihre außerordentlich kritische Haltung vertrat die Partei bis Mitte der neunziger Jahre und bekräftigte ihre grundsätzliche Ablehnung aller Anwendungsgebiete der Gentechnik noch im Bundestagswahlprogramm von 1987.[68] Zudem leitete die Initiative *Bundesarbeitsgemeinschaft Gen- und Reproduktionstechnologie* von Grünen-Mitgliedern 1986 die Gründung des später für die Gentechnik-Diskussionen der BRD durchaus bedeutenden Gen-ethischen Netzwerks e. V. (GeN) ein.[69]

Kritik am Abschlussbericht der Enquete-Kommission äußerte auch die DFG im Rahmen einer Stellungnahme, die darin eine Überschätzung der Risiken erkannte.[70] Mitte der achtziger Jahre förderte die DFG gentechnisch orientierte Vorhaben bereits in 14 Sonderbereichen sowie im Rahmen des Schwerpunktprogramms *Experimentelle Neukombination von Nukleinsäure*.[71] Zwar stellten die

63 I. Lenz (Hg.), Die neue Frauenbewegung in Deutschland, 2. Auflage, Wiesbaden 2010, S. 73.

64 Vgl. F. Kröger, Diskurs-Guerilla oder Politikberatung?, in: Gen-ethisches Netzwerk e. V. 1986–2006, Berlin 2006, S. 22.

65 Aus Teilen des *Genarchivs* geht im April 1984 das internationale Feministische Netzwerk *FINRRAGE* (Feminist International Network of Resistance to Reproductive and Genetic Engineering) hervor. Vgl. H. Hofmann, Die feministischen Diskurse über Reproduktionstechnologien, Frankfurt a. M. 1999, S. 101.

66 Vgl. G. Schwandner, Vorwort, in: Gentechnologie, Stuttgart 1986, S. 4.

67 Die Grünen, Erklärung zur Gentechnologie und zur Fortpflanzungs- und Gentechnik am Menschen, Hagen 1986.

68 Vgl. Die Grünen (Hg.), Bundestagswahlprogramm 1987, Bonn 1986, S. 17–18 und 46.

69 Vgl. M. Steindor, Kritik als Programm, in: M. Emmrich (Hg.), Im Zeitalter der Bio-Macht, Frankfurt a. M. 1999, S. 375.

70 Vgl. DFG-Kommission: Gentechnik nicht grundsätzlich gefährlich, in: Naturwissenschaften 1987/74, S. 303–304.

71 Vgl. Biotechnologie und Agrarwirtschaft, Münster-Hiltrup 1985, S. 70.

meisten Ergebnisse der Enquete-Kommission für sie einen akzeptablen Kompromiss dar, jedoch würden die in der Öffentlichkeit geschürten Ängste gegenüber der Gentechnologie durch den Bericht eher bestärkt. Für die DFG war in der Gentechnologie kein grundsätzliches Risiko zu erkennen und ein Gesetz von daher abzulehnen.[72] Auch die Empfehlung für ein fünfjähriges Moratorium von Freisetzungsexperimenten geriet in das Zentrum der Kritik[73], das nicht nur von der DFG, sondern auch von Seiten der chemischen Industrie stark unter Beschuss geraten war. Die ZKBS war ähnlich kritisch und befürchtete ethische Grundsatzdebatten bei prinzipiell zulässigen Anträgen,

Die Empfehlung für ein Gentechnikgesetz geriet auch bei anderen Wissenschaftsorganisationen und -verbänden ins Visier. So erklärte die MPG ein Gesetz als unangemessene Maßnahme, wodurch die Fortführung gentechnologischer Forschung behindert würde. Ähnlich wie die DFG sah auch die MPG in der Öffentlichkeit einen großen Gefährdungsfaktor für den Fortgang der Forschungen. So suggerierten die mit einem Gesetz verknüpften Vorstellungen des Schutzes der Öffentlichkeit vor den Gentechnikforschungen nach der MPG implizit deren Gefährlichkeit, die sie jedoch nicht erwiesen sah.[74]

Die Verteidigung des Enquete-Berichts gegenüber seinen zahlreichen Kritikern wurde in den folgenden Jahren insbesondere vom Vorsitzenden der Kommission selbst unternommen. Gemeinsam mit einigen Enquete-Mitgliedern trat Wolf-Michael Catenhusen schon auf einem von der Hans-Böckler-Stiftung im April 1987 veranstalteten zweitägigen Gespräch *Für eine sozialverträgliche Bio- und Gentechnologie* für die Inhalte der Enquete-Empfehlungen sowie für eine differenzierte Risikodebatte ein.[75] Bereits während seiner Arbeit in der Enquete-Kommission unterstützte Catenhusen die Bemühungen der Bundesregierung und des BMFT zur Förderung gentechnologischer Forschungen und sprach sich zudem für eine Anhebung der staatlichen Forschungsaufwendungen aus, die den Aufholprozess der BRD an die internationalen Spitzen der Gentechnik-Forschung sicherstellen sollte. 1985 sah er in der aufkommenden Gentechnikdiskussion nicht nur eine Auseinandersetzung über Fragen der Sicherheit, sondern auch eine Grundsatzdiskussion des gesellschaftlichen Umgangs mit neuen Technologien, die die Ausmaße der Kernenergiediskussion bei weitem übersteigen würde. Vor diesem Hintergrund vertrat er – auch über die achtziger Jahre hinaus – v. a. die Rolle eines Vermittlers, indem er mögliche Gefährdungen des Menschen und der

72 Vgl. L. Kürten, Unnötige Behinderung der Forschung? Die DFG nimmt Stellung zum Bericht der Enquete-Kommission „Gentechnologie“, in: Die Welt, 14. Mai 1987, S. 7.

73 Vgl. DFG-Kommission: Gentechnik nicht grundsätzlich gefährlich, in: Naturwissenschaften 1987/74, S. 303–304 und vgl. P. Starlinger zum Bericht der Enquete-Kommission in Vertretung der Deutschen Forschungsgemeinschaft, in: K. Grosch/P. Hampe/J. Schmidt (Hg.), Herstellung der Natur?, Frankfurt a. M./New York 1990, S. 21–23.

74 Vgl. H. Theisen, Bio- und Gentechnologie, Stuttgart/Berlin/Köln 1991, S. 67–68 und 70.

75 Vgl. Hans-Böckler-Stiftung (Hg.), Für eine sozialverträgliche Bio- und Gentechnologie, Frankfurt a. M./München 1988.

Umwelt, auch um den Preis einer Gefährdung der Wettbewerbsfähigkeit, durch verpflichtende Regelungen verhindern wollte, zugleich jedoch ein generelles Forschungsverbot als Verwehrung potenzieller Chancen verurteilte.[76]

Zustimmung erhielten die Forschungen im Bereich der Gentechnologie während der achtziger Jahre sowohl von der FDP[77] als auch von der CDU/CSU. Innerhalb der Parteien sah man die Gentechnik als neue Schlüsseltechnologie und begrüßte vor diesem Hintergrund die Initiative von SPD und Grünen zur Einrichtung einer Enquete-Kommission. Anders als bei einer christlich-demokratischen, und vielmehr noch einer christlich-konservativen Partei zu erwarten, zeigte sich die CDU/CSU-Fraktion in ersten Stellungnahmen und Diskussionsbeiträgen kaum skeptisch gegenüber der in das Leben des Menschen und damit in die Schöpfung Gottes eingreifenden Gentechnik. Im Juni 1989 distanzierte sich der CDU-Abgeordnete Seesing sogar öffentlich von dem Enquete-Vorschlag eines 5 jährigen Moratoriums für die Freisetzung gentechnisch veränderter Organismen.[78] Vielmehr priesen CDU und CSU die Möglichkeiten, „Stoffe herzustellen, die dem Menschen nicht zugänglich gewesen sind" und „*Veränderungen an Pflanzen* und vielleicht auch *Tieren* vorzunehmen, die für das Überleben der Menschen auf unserer Erde von entscheidender Bedeutung sein können". Für die Regierungspartei versprach die Verankerung der Gentechnologie innerhalb der Bundesrepublik „neue industrielle Möglichkeiten und damit neue Arbeitsplätze".[79]

Neben der Benda- und der Enquete-Kommission wurden während der späten achtziger Jahre eine Reihe weiterer, interministerieller (Bioethik-)Kommissionen mit einer Bewertung der Möglichkeiten und Gefahren der Gentechnik beauftragt.[80] Sie setzten sich in der Regel neben politischen Vertretern aus sog. Sachverständigen, also Vertretern verschiedenster Fachrichtungen zusammen. Ein Vergleich der Abschlussberichte offenbart eine weitgehend kongruente Grundhaltung gegenüber der Anwendung der Gentechnik innerhalb der Kommissionen. So wurde die gentechnische Forschung als unverzichtbarer Bestandteil der modernen, biologisch-medizinischen Grundlagenforschung gesehen, die ihre verfassungs-

76 Vgl. W.-M. Catenhusen, Ansätze für eine umwelt- und sozialverträgliche Steuerung der Gentechnologie, in: U. Steger (Hg.), Die Herstellung der Natur, Bonn 1985, S. 45–47 oder Redebeitrag Catenhusen, in: Stenographischer Bericht der 16. Sitzung zur Beratung des Berichts der Enquete-Kommission „Chancen und Risiken der Gentechnologie", Drucksache 10/6775, Bonn 1987, S. 1058–1059 und W.-M. Catenhusen im Interview mit *Die Welt*, „Unsere Arbeit soll keine Bremse sein", in: Die Welt, 20. Januar 1987, S. 8.

77 Vgl. H. Clade, Mehr Subsidiarität! – Losung der Liberalen, in: Deutsches Ärzteblatt, 1989/86, S. 1235–1237.

78 Vgl. M. Steindor, Kritik als Programm, in: M. Emmrich (Hg.), Im Zeitalter der Bio-Macht, Frankfurt a. M. 1999, S. 382.

79 Vgl. Stellungnahme der CDU/CSU-Fraktion zu den Anträgen der SPD und der Grünen zur Einsetzung einer Enquete-Kommission „Gentechnologie", in: U. Steger (Hg.), Die Herstellung der Natur, Bonn 1985, S. 206–207. Herv. d. d. A.

80 Vgl. z. B. Bioethik-Kommission Rheinland-Pfalz. Vgl. P. Caesar (Hg.), Gentechnologie, Heidelberg 1990.

rechtliche Freiheit – unter Einhaltung sittlicher Maßstäbe und rechtlicher Grenzen – grundsätzlich frei entfalten können sollte. Zudem bestand Einigkeit darüber, die Anwendung der Gentechnik zunächst im Bereich der Humanmedizin, und hier insbesondere zur Bekämpfung von Krankheiten wie Krebs, Aids oder der Alzheimerschen Krankheit, voranzutreiben. Im Bereich der Landwirtschaft zeigten sich ähnliche Positionen. Lediglich hochrangige Forschungsziele sollten die gezielte Erzeugung transgener Tiere und Pflanzen rechtfertigen. Echte Abweichungen in den Positionen gab es im Grunde nur bei der Frage einer Freisetzung gentechnisch veränderter Mikroorganismen, für die die Enquete-Kommission ein fünfjähriges Moratorium vorgeschlagen hatte. Solche Freisetzungen wurden zwar auch in den anderen Kommissionen äußerst kritisch beurteilt, jedoch schwankten die Meinungen zwischen einem generellen Verzicht und einer in Ausnahmen gewährten Zustimmung.[81] Diese auf den ersten Blick offenbar konformen Positionen lassen sich jedoch nur bei Betrachtung der abschließenden Ergebnisse und Berichte aufrechterhalten. Beigefügte Sondervoten oder Gesprächsprotokolle offenbaren dagegen abweichende Haltungen unter den Sachverständigen, zumeist Medizinern. Ein nachhaltiges Vorgehen gegen die Gentechnologie war allerdings nicht festzustellen.

Ein Blick auf die gesetzliche Situation bis zum Ende der achtziger Jahre zeigt folgende Entwicklung: Trotz anhaltender Diskussionen um den Bericht der Enquete-Kommission und die Verankerung eines Gentechnikgesetzes traten bereits ab 1987 über die Abwasserherkunfts- sowie die Gefahrstoffverordnung erste verbindliche Regelungen zur Gentechnik in Kraft.[82] Für erhebliches Aufsehen sorgte v. a. die Erweiterung des Bundesimmissionsschutzgesetzes im Jahr 1988, die für die Genehmigung gentechnischer Produktionsanlagen eine öffentliche Anhörung erforderlich machte. Diese Regelung führte zu lokalem und überregionalem Widerstand aus der Bevölkerung, der wiederum den Bau mehrerer gentechnischer Produktionsanlagen blockierte. In der Folge kam es zu einer Vielzahl von Einwendungen, wodurch die meisten Genehmigungsverfahren für gentechnische Produktionsanlagen praktisch zum Erliegen kamen. Der Baustopp einer Anlage zur gentechnischen Produktion von Humaninsulin der Firma Hoechst zählt hierunter zu den bekanntesten Fällen. Diese Situation sollte den Gesetzgebungsprozess in der Folge erheblich beschleunigen. Im Eilverfahren erarbeitete das Bundesgesundheitsministerium Anfang 1989 einen Gesetzesentwurf, der bereits im Mai 1990 endgültig verabschiedet werden konnte.[83] Ein Urteil des Verwaltungsgerichtshofs (VGH) Kassel, welches die Genehmigung zum Bau der Hoechster Produktionsanlage weiterhin außer Kraft setzte, hatte diesem Prozess erheblichen Nachdruck verliehen. Der Verwaltungsgerichtshof erklärte die Gentechnologie im November 1989 zu einer Risikotechnologie, so dass gentechnische Anlagen „nur

81 Die Benda-Kommission äußerte sich nicht in diesem Zusammenhang.
82 Vgl. B. Gill, Gentechnik ohne Politik, Frankfurt a. M. 1991, S. 111.
83 Vgl. B. Gill/J. Bizer/G. Roller, Riskante Forschung, Berlin 1998, S. 62.

aufgrund einer ausdrücklichen Zulassung durch den Gesetzgeber errichtet und betrieben werden" durften:

> „Solange eine nur vom Gesetzgeber zu treffende Grundentscheidung für die Nutzung der Gentechnologie fehlt, können gentechnische Anlagen auch der hier in Rede stehenden Art nicht errichtet und betrieben werden."[84]

Die zu Beginn der achtziger Jahre noch abgelehnte gesetzliche Reglementierung der Gentechnik erwuchs somit bis zum Ende des Jahrzehnts – für Staat und Industrie – zur offenbar einzigen Möglichkeit, den wachsenden Protesten der Öffentlichkeit Einhalt zu gebieten und eine verbindliche Grundlage zu ihrer Anwendung zu schaffen.

5.3. ERSTE THEMEN DER GENTECHNIK-DISKUSSIONEN

Im Folgenden werden die drei großen Problemfelder – Ethik, Sicherheit und Ökologie – erster Gentechnik-Diskussionen in der BRD beschrieben, die z. T. an die politischen Diskussionen anknüpften. Die Reihenfolge in der Darstellung der Problemfelder entspricht keiner Rangfolge bezüglich der Diskussionsintensität o. Ä. Sie ist ausschließlich aufgrund eines inhaltlich, logischen Aufbaus gewählt.

5.3.1. Ethisch-moralische Bedenken

Ethische Fragen im Zusammenhang mit einer Anwendung der Gentechnologie beschäftigten die Wissenschaftler schon seit dem Ciba-Symposium, die Sicherheitsdiskurse der siebziger Jahre hatten diese jedoch in den Hintergrund gedrängt. Die Printmedien interessierten sich insbesondere für neueste gentechnologische Entwicklungen und Fragen rund um deren Sicherheit, ethisch-moralische Diskurse konnten dagegen nur mit der Veröffentlichung des Benda-Berichts kurzfristig für Aufmerksamkeit sorgen.[85] Dennoch gab es während der achtziger Jahre bereits erste ethische Diskussionen zur Gentechnologie, die sich auf wenige Akteure von Theologen, Philosophen und Bioethikern beschränkte.

Die schnellen Fortschritte der Reproduktionstechnologie brachten gute zehn Jahre vor dem ersten humanen gentherapeutischen Eingriff 1990 auch in der BRD ethische Fragen über die Zulässigkeit eines künstlichen Eingriffs am Menschen auf. Schon zu Beginn der achtziger Jahre fragten die beiden großen Kirchen in Deutschland, Theologen und Philosophen in Anbetracht neuer Pränataldiagnostiken und einer raschen Ausdehnung der IVF nach dem Verfügungsrecht über wer-

84 VGH Kassel, Beschluss vom 6.11.1989, in: Neue juristische Wochenschrift, 1990/H. 5, S. 339.

85 Vgl. z. B. Der Gen-Technologie sollen Schranken gesetzt werden, in: Die Welt, 26. November 1985, Titelseite u. S. 8.

dendes menschliches Leben. Als die Fortschritte gentechnologischer Entwicklungen einen kurzfristigen Übergang auf den Menschen vermuten ließen, dehnten sich die ethisch-moralischen Diskussionen auf alle künstlichen Eingriffe in das Leben aus.

Schon die seit Ende der siebziger Jahre vieldiskutierte IVF sowie die Forschung an und mit überzähligen Embryonen hatten zu einer öffentlichen Auseinandersetzung der Kirchen über die Achtung vor dem beginnenden menschlichen Leben geführt. Konzentrierten sie sich zunächst auf einen absoluten Schutz des Embryos und eine generelle Einschränkung der Fortpflanzungsmedizin, dehnten sie ihre Forderungen noch in der ersten Hälfte der achtziger Jahre auch auf die Gentechnologie bzw. konkret auf eine Verhinderung von Eingriffen an der menschlichen Keimbahn aus. In der fortan gemeinschaftlich geführten Diskussion behielt die Reproduktionstechnologie den thematischen Schwerpunkt, während gentechnologische Anwendungen, v.a. die Gentherapie, vielmehr als Nebenschauplatz in die Diskussionen eingebunden wurden. Die Folge waren häufige inhaltliche Verwechslungen beider Technologiebereiche, und darüber undifferenzierte Bewertungen.

Von Seiten der katholischen Kirche finden sich vor 1985 nur vereinzelt Stellungnahmen zum Problemgegenstand Gentechnologie. Die noch heute gültige Grundposition zeichnete sich bereits in den wenigen Dokumenten und Aussagen der frühen achtziger Jahre ab, wie eine Ansprache von Papst Johannes Paul II. im Oktober 1983 belegt. Vor den Mitgliedern der Generalversammlung des Weltärztebundes sprach er sich gegen jede genetische Manipulation aus, in der das „Leben zum Objekt“ herabgemindert werde, sei es über die Technisierung der Fortpflanzung oder die Schaffung andersartiger Menschengruppen. Zugleich sah er aber auch das Potenzial der „genetischen Manipulation“, das

> „auch positive Versuche einschließt, die die Korrekturen von Anomalien – wie etwa bestimmter Erbkrankheiten – zum Ziel haben, ganz zu schweigen von den nützlichen Anwendungen in der Tier- und Pflanzenbiologie, die der Lebensmittelproduktion dienen. [In diesem Zusammenhang ...] beginnt man, von „genetischer Chirurgie“ zu sprechen, um besser zum Ausdruck zu bringen, daß der Arzt nicht eingreift, um die Natur zu ändern, sondern um ihr bei der Entfaltung ihrerselbst behilflich zu sein [...].“[86]

Zwar nahm die Reproduktionstechnologie über Themen wie die IVF oder die Embryonenforschung nach wie vor einen großen Raum innerhalb der Diskussionen um die Vertretbarkeit neuer Technologien auf den Menschen ein, jedoch wurden Fragen einer gezielten Veränderung humaner DNA ab dem Jahr 1985 kategorisch in die Diskussionen katholischer Moraltheologen eingebunden. Die somatische Gentherapie war jedoch nur selten Thema von Stellungnahmen, wurde sie unter Verweis auf die Analogie zur Organtransplantation mehrheitlich als mo-

86 Vgl. Papst Johannes Paul II., Genetische Manipulation macht das menschliche Leben zum Objekt, in: Der Apostolische Stuhl 1983, Città del Vaticano 1985, S. 1158.

ralisch unproblematisch bewertet. Vielmehr stand die Keimbahntherapie im Zentrum der Äußerungen.

Aus christlicher Sicht war allein in der Forschung noch kein verwerfliches Handeln zu sehen, denn schöpfungstheologisch galt die Fortsetzung der Tätigkeit Gottes als Aufgabe des Menschen, um darüber die Schöpfung selbst zu vollenden. Zwar meldeten sich auch Verfechter einer streng theologischen Sicht zu Wort, wie der Molekularbiologe Erwin Chargaff oder der Biologe George Wald, die die genetische Zufälligkeit des Menschen vielmehr als gottgewollt und aus diesem Grund als natürliche Grenze menschlichen Handelns geachtet wissen wollten, die katholische Kirche lehnte in der Öffentlichkeit jedoch nicht kategorisch alle Anwendungen der Gentechnologie ab – mit Ausnahme der Keimbahntherapie.[87]

Theologen sahen ihre Aufgabe in einer eindeutigen Wegweisung sowie umfassenden und verständlichen Klärung von ethischen Fragen im Zusammenhang mit den neuen Technologiebereichen – sowohl für Christen als auch für Nicht-Christen. In diesem Sinne fragte der katholische Moraltheologe und das Mitglied der Enquete-Kommission[88] Johannes Reiter nicht nur nach der moralischen Vertretbarkeit der Gentechnologie, sondern eine Stufe darüber auch nach einer generellen Zulässigkeit von Eingriffen in die Natur durch den Menschen. Reiter sah aus moraltheologischer Sicht in beiden Fällen keinen Grund für ein grundsätzliches Verbot. Wenn mit Hilfe der Gentechnologie zur Abwehr des Bösen in die Natur eingegriffen werde, stellte sich nicht die Frage nach dem „Ob", sondern vielmehr „Wie" am sinnvollsten in die Natur eingegriffen werden könnte.[89]

Eine therapeutische Anwendung der somatischen Gentherapie bereitete für Reiter und seine Kollegen keine ethischen Probleme. Therapeutische Eingriffe an Somazellen des Menschen waren aus moraltheologischer Sicht, ebenso wie eine Organ- oder Gewebetransplantation, durchaus legitim, jedenfalls solange eine Orientierung am individuellen Wohl und der Autonomie der Betroffen festzustellen und eugenische Tendenzen auszuschließen seien. Erst im Falle nicht mehr steuer- und kontrollierbarer Folgen, die eine neue „vollendete Wirklichkeit" nach sich ziehen würden, widersprach der Einsatz der Gentechnologie dem christlichen Menschenbild. Die Pflicht, dem Menschen und seiner Umwelt keinen Schaden zuzufügen hat ethischen Vorrang vor dem Gebot, das Übel zu verhindern bzw. Gutes zu tun. Diese Güterabwägung, wie sie z. B. von Ulrich Eibach 1986 im Sinne einer christlichen Ethik vorgeschlagen wurde, bedeutete in Anwendung auf die Gentechnologie, dass die „in Aussicht gestellten therapeutischen Erfolge [...] nicht nur die negativen Nebenfolgen aufwiegen, sondern ihnen wertmäßig mit Sicherheit weit überlegen sein" mussten.[90] Die Erfüllung dieses Kriteriums wurde

87 Vgl. U. Eibach, Gentechnik – der Griff nach dem Leben, Wuppertal 1986, S. 91.

88 In seinem Sondervotum zum Bericht der Enquete-Kommission Chancen und Risiken der Gentechnologie widmete sich Reiter insbesondere Fragen der Reproduktionstechnologie und plädierte in diesem Zusammenhang für einen umfassenden Lebensschutz.

89 Vgl. J. Reiter, Gentechnologie und Reproduktionstechnologie, Eltville 1986.

90 U. Eibach, Gentechnik – der Griff nach dem Leben, Wuppertal 1986, S. 103.

im Falle der Keimbahntherapie allerdings nicht gesehen. Hier handelt es sich um eine Manipulation der personalen Identität des Menschen, die zudem eine unablässige Voraussetzung verbrauchender Forschung an menschlichen Embryonen voraussetzte, die aus ethisch-theologischer Sicht nicht zu vertreten war.[91]

Im Februar 1987 veröffentlichte die Kongregation für die Glaubenslehre im Zusammenhang mit umstrittenen Fragen des Schwangerschaftsabbruchs, der IVF und der Pränatal Diagnostik bis heute gültige und verbindliche Positionen der katholischen Kirche in Form einer *Instruktion über die Achtung vor dem beginnenden menschlichen Leben und die Würde der Fortpflanzung*. Hierin wird die Zygote „vom ersten Augenblick ihrer Existenz an" als Person mit einem Recht auf Leben definiert.[92] Eine verbrauchende Embryonenforschung, wie sie die Entwicklung der Keimbahntherapie voraussetzen würde, war somit unmöglich.

Mit ihrer Handreichung *Von der Würde werdenden Lebens* von 1985 schob auch die Evangelische Kirche Deutschland (EKD) jeder Forschung an menschlichen Embryonen, und damit zugleich gentherapeutischen Eingriffen an Keimbahnzellen einen Riegel vor.[93] Zwei Jahre zuvor war Oberkirchenrat Kalinna als Bevollmächtigter der EKD im Rahmen eines Fachgesprächs des BMFT noch „nicht in der Lage und auch nicht Willens, sich zu diesem schwerwiegenden Problem als Kirche zu äußern"[94], wenngleich der Deutsche Evangelische Kirchentag das Thema Biotechnologie seit Anfang der achtziger Jahre regelmäßig aufgriff. 1983 äußerte sich der Theologe und Biologe Günter Altner im Rahmen des Kirchentags erstmals zu ethischen Fragen der Biotechnologie[95] und zwei Jahre darauf wurde das Thema als eigener Programmpunkt auf die Tagesordnung gesetzt.[96] In der öffentlichen Wahrnehmung herrschte jedoch wenigstens bis Mitte der achtziger Jahre eine „Sprachlosigkeit der Theologie".[97] Erst um 1985 setzte – sowohl im Umfeld der evangelischen als auch der katholischen Kirche – eine Auseinandersetzung mit den Entwicklungen im Bereich der Gentechnologie ein[98], wenngleich

91 Vgl. Bibliographie katholischer Beiträge in G. W. Hunold/C. Kappes (Hg.), Aufbrüche in eine neue Verantwortung, Freiburg i. B. u. a. 1991

92 Vgl. Instruktion über die Achtung vor dem beginnenden menschlichen Leben und die Würde der Fortpflanzung, Stein am Rhein 1987.

93 Vgl. Evangelische Kirche in Deutschland (Hg.), Von der Würde werdenden Lebens, Hannover 1985.

94 Vgl. In-vitro-Fertilisation, Genomanalyse und Gentherapie, München 1985, S. 124.

95 Vgl., G. Altner, Christus vertrauen angesichts der Bedrohung des Menschen durch sich selbst, in: H.-J. Luhmann (Hg.), Dokumente. Deutscher Evangelischer Kirchentag, Hannover 1983, Stuttgart 1984, S. 164.

96 Vgl. Deutscher Evangelischer Kirchentag (Hg.), Dokumente. Deutscher Evangelischer Kirchentag, Düsseldorf 1985, Stuttgart 1985.

97 Vgl. S. Wehowsky, Gott und Gene, in: Ders. (Hg.), Schöpfer Mensch?, Gütersloh 1985, S. 94 f.

98 Vgl. z. B. die Beiträge von G. Altner, M. Honecker oder J. Hübner in R. Flöhl (Hg.), Genforschung – Fluch oder Segen?, München 1985; Evangelische Akademie Hofgeismar (Hg.), Humangenetik, München 1986 oder zur Bibliographie katholischer Beiträge in G. W. Hunold/C. Kappes (Hg.), Aufbrüche in eine neue Verantwortung, Freiburg i. B. u. a. 1991.

diese zumeist im Kontext der bereits seit langer Zeit diskutierten Pränataldiagnostik und Embryonenforschung erfolgte. Sehr deutlich wurde dies mit dem Frankfurter Kirchentag von 1987 in der Hoechster Jahrhunderthalle, in dessen Rahmen ein eigenes Forum zur Bio- bzw. Gentechnik veranstaltet wurde, unter dessen Rednern sich u. a. bekannte Akteure, wie Hans-Günter Gassen, Regine Kollek, Reiner Klingholz, Wolf-Michael Catenhusen, Jürgen Hübner oder Ernst-Ulrich von Weizsäcker befanden.[99]

Im Rahmen ihrer 7. Synode im November 1987 erklärte die Evangelische Kirche die Weltgestaltung, und damit auch die Entwicklung neuer medizinscher Verfahren mit Hilfe der Gentechnik – ebenso wie die katholische Kirche – zwar zum Wesen und Auftrag des Menschen, dennoch dürfe in Forschung, Technik und Medizin nicht alles Machbare auch getan werden. Die EKD erkannte „auch in Forschung, Technik und ärztlicher Kunst gute Schöpfungsaufgaben Gottes", jedoch verlangte sie zugleich absolute Achtung des Lebens, die keine Missachtung des Eigenwerts von Pflanzen und Tieren akzeptierte. Zunächst sollten ethische Grundsatzfragen durch unmittelbar Beteiligte und Nichtbeteiligte in gemeinsamen Gesprächen geklärt werden. Die EKD fürchtete im Zusammenhang mit einem Einsatz der Gentechnologie negative Auswirkungen auf den Artenbestand, die Vielfalt des Genpools und auf das ökologische Gleichgewicht, so dass sie einen verantwortlichen Umgang in Form einer ethischen Regulierung der Gentechnologie forderte.[100] Über die Art dieses Umgangs herrschte jedoch augenscheinlich Uneinigkeit. Während ein Teil der Evangelischen Kirche einen öffentlichen Diskussionsprozess über die Gentechnologie forderte, hielt die Evangelische Zentralstelle für Weltanschauungsfragen ihre ethische Rechtfertigung, unter Verweis auf die Erfahrungen aus der Umweltkrise, bis auf weiteres nicht für möglich.[101]

Insgesamt lässt sich für die achtziger Jahre aus Sicht beider großer Kirchen und der Theologen keine grundsätzliche Ablehnung gentechnologischer Anwendungen – abgesehen von der Keimbahntherapie – am Menschen im Rahmen des Schöpfungsauftrags feststellen. Diese Grundhaltung wurde jedoch von erheblichen, insbesondere aus dem Bereich der Reproduktionstechnologie stammenden, Bedenken begleitet, die im Ergebnis zu keiner aktiven Unterstützung der Gentechnologie führten. Vielmehr ergab sich eine Duldung innerhalb moralisch-theologischer Grenzen. Gleiches galt im Übrigen auch für den Bereich der Tierzüchtung. Entwicklungen, wie die Erzeugung transgener Schweine oder der Riesenmaus, wurden im Sinne einer Verantwortungsethik mit großen Vorbehalten

99 Vgl. Deutscher Evangelischer Kirchentag (Hg.), Dokumente. Deutscher Evangelischer Kirchentag, Frankfurt 1987, Stuttgart 1987.

100 Vgl. Zur Achtung vor dem Leben, Kundgebung der Synode der Evangelischen Kirche in Deutschland (Berlin 1987), in: Gesellschaft Gesundheit und Forschung e. V. (Hg.), Ethik und Gentechnologie, Frankfurt a. M. 1988, S. 46 und vgl. Evangelische Kirche in Deutschland (Hg.), Zur Achtung vor dem Leben, Hannover 1987.

101 Vgl. R. Kollek/U. Krolzik, Gentechnik und christliche Ethik. Hrsg. von Evangelische Zentralstelle für Weltanschauungsfragen, Information Nr. 95 VIII, Stuttgart 1985.

betrachtet. Zwar ließ sich eine angestrebte Krankheitsresistenz der Tiere, langfristig auch übertragbar auf den Menschen, unter Umständen bejahen, eine ausgesprochen hohe Fehlerquote bei der Erzeugung sowie die Steigerungen von Fleisch- und Milchmengen auf Kosten der Gesundheit der Tiere dagegen keinesfalls. Im Falle der Produktion von Medikamenten mit Hilfe transgener Mikroorganismen bestanden – unabhängig von den mit der Herstellung verbundenen Sicherheitsrisiken für das Laborpersonal – dagegen keinerlei ethische Bedenken. Nur im Falle einer Produktion transgener Stoffe zu militärischen Zwecken wurden kompromisslose Vorbehalte geäußert.[102]

Auch Philosophen unternahmen ab 1983/84 erste Versuche einer ethisch-moralischen Beurteilung gentechnischer Eingriffe am Menschen. Zentrale Fragestellungen lauteten: Darf so gravierend in die Abläufe der Natur eingegriffen werden und falls ja, wer oder was legitimiert ein solches Vorgehen? Lassen sich die Folgen des Handelns absehen und wer verantwortet diese? Die grundsätzliche Frage, ob der Mensch verändernd in die Natur bzw. in Gottes Schöpfung eingreifen dürfe wurde, wie von den beiden großen Kirchen, auch von einem Großteil deutscher Philosophen und Theologen mit keinem generellen „Ja" bzw. mit keinem grundsätzlichen „Nein" beantwortet.

Als die Philosophen in die Diskussionen einstiegen, forderten sie einen beschleunigten ethischen Austausch über den verantwortungsvollen Umgang mit der Gentechnologie, damit die technische Entwicklung medizinisch-therapeutisch verantwortet und ethisch-kulturell beherrscht werden könne.[103] Hans Jonas gehörte zu den wenigen Vertretern seiner Disziplin, die vor dem Hintergrund des „apokalyptischen Potenzials der Technik" jede Anwendung der Gentechnologie auf den Menschen ausschlossen:

> „Wenn es ein kategorischer Imperativ für die Menschheit ist, zu existieren, dann ist jedes selbstmörderische Spielen mit dieser Existenz kategorisch verboten und technische Wagnisse, bei denen auch nur im entferntesten dies der Einsatz ist, sind von vornherein auszuschließen."[104]

Obwohl Jonas in der Bundesrepublik zu einer der gewichtigsten Stimmen der öffentlichen Diskussion gehörte und mit seinem Buch, *Das Prinzip Verantwortung*[105], die Debatte um die Notwendigkeit einer Verantwortungswahrnehmung von Seiten der Wissenschaftler und Ingenieure im deutschsprachigen Raum initiierte, wäre es falsch, ihn im Kontext der Gentechnik zur Stimme der Philosophen zu stilisieren. Mit seiner grundsätzlichen Ablehnung der Gentechnologie vertrat er nicht die vorherrschende Meinung seiner Disziplin. Ähnlich den Diskussionen

102 Vgl. B. Irrgang, Bewertung der Gentechnologie aus ethisch-theologischer Perspektive, in: BioEngineering, 1989/5, Teil II, S. 68 und 75.

103 Vgl. H.-M. Sass, Extrakorporale Fertilisation und Embryotransfer, in: R. Flöhl (Hg.), Genforschung – Fluch oder Segen?, München 1985, S. 30–58.

104 H. Jonas, Technik, Ethik und Biogenetische Kunst, in: R. Flöhl (Hg.), Genforschung – Fluch oder Segen?, München 1985, S. 5.

105 H. Jonas, Das Prinzip Verantwortung, Stuttgart 1979.

innerhalb der Kirchen wurde auch unter den Philosophen eine fundamentale Differenzierung zwischen der Therapie von somatischen und der von Keimbahnzellen vorgenommen. In Anlehnung an die ethische Beurteilung der Organtransplantation bot die somatische Gentherapie mehrfach einen eingeschränkten Raum des Zuspruchs. Dagegen fand die Keimbahntherapie aus ähnlichen Gründen wie bei den Kirchen bzw. Theologen beinahe durchgehende Ablehnung.[106] Neben den Befürchtungen technischer Hindernisse und einer Unwirksamkeit des Verfahrens ergab sich vor allem für die Anhänger einer christlichen Ethik, wie dem Naturphilosophen Reinhard Löw, eine grundsätzliche Disparität in Bezug auf die Voraussetzung einer verbrauchenden Embryonenforschung, die der Betrachtung von der befruchteten Eizelle als „kategorischem Fundament" zuwiderlief.[107]

Der häufigste Grund für die Ablehnung dieser Therapieform lag jedoch in ihrer potenziellen Gefahr zur Begünstigung einer Menschenzüchtung im Sinne positiver oder negativer Eugenik. Die durchaus vorhandenen Überlegungen einer Zulassung der Keimbahntherapie in wenigen schweren Krankheitsfällen wurden vor dem Hintergrund des Problems einer allgemeingültigen Ausdifferenzierung des Krankheitsbegriffes verworfen. Sehr leicht bestand die Gefahr, dass unter dem Begriff „krank" auch geringe Abweichungen von der „Normalität" subsumiert werden könnten und die eugenische Praxis des Zweiten Weltkriegs eine Wiederbelebung erführe.[108] Schon in den siebziger Jahren hatte die Idee eines Eingriffes in die menschliche Keimbahn für heftige Ablehnung unter beinahe allen Kritikern wie Befürwortern einer Anwendung der Gentechnologie am Menschen geführt. Auch das Europäische Parlament widmete sich zwischen 1980 und 1982 Fragen

106 Ähnlich der grundsätzlichen Ablehnung einer Gentechnik durch Jonas, waren auch Positionen, die das Potenzial der Keimbahntherapie hervorhoben nur selten zu hören. Dieter Birnbacher war einer der wenigen Philosophen, der nach Abwägung aller Pro- und Contra-Argumente keine zwingenden ethischen Einwände „gegen eine präventive (negativ-eugenische) gentechnische Intervention an der menschlichen Keimbahn" erhob, zumindest für den Fall einer technisch hinreichenden Handhabe. Vgl. für diese Position z. B. D. Birnbacher, Genomanalyse und Gentherapie, in: H.-M. Sass (Hg.), Medizin und Ethik, Stuttgart 1989, S. 222 oder F. Böckle, Gentechnologie und Verantwortung, in: R. Flöhl (Hg.), Genforschung – Fluch oder Segen?, München 1985, S. 88.

107 Vgl. R. Löw, Stichwort Gentechnik – Der ethische Aspekt, in: E. P. Fischer/W.-D. Schleuning (Hg.), Vom richtigen Umgang mit den Genen, München 1991, S. 20–25. Zu den Vertretern einer solchen Position gehört z. B. auch der Philosoph Walther Ch. Zimmerli.

108 1989 setzte in der BRD eine Diskussion über die in den angelsächsischen Ländern bereits lange zuvor umstrittenen Aussagen des australischen Philosophen Peter Singer ein. Er sah eine moralische Verpflichtung, die Interessen aller – anstelle der eigenen – zu berücksichtigen und sich demnach für jenen Handlungsverlauf zu entscheiden, der die Interessen aller Beteiligten maximiert, und das nicht nur in Bezug auf die eigene Gattung, sondern auch in Bezug auf unsere Beziehung zu den Tieren. In der Lehre Singers von der Rechtfertigung nichtfreiwilliger Euthanasie waren Neugeborene oder missgebildete Säuglinge nicht erhaltenswerter als ein hochentwickeltes Tier wie z. B. der Schimpanse. Vgl. Behinderte gegen Philosophen. Bericht über die Singer-Affäre, in: Information Philosophie, 1990/18, S. 18–30 oder M. Ahmann, Was bleibt vom menschlichen Leben unantastbar?, Münster 2001, S. 36–39.

der Gentechnologie und Reproduktionsmedizin. Am Ende der Beratungen stand eine Empfehlung des Parlaments an den Ministerrat, die drei Empfehlungen beinhaltete: 1) Der Entwurf einer europäischen Übereinkunft über die legitime Anwendung der Gentechnologie beim Menschen, 2) die Anerkennung eines „Recht[s] auf ein genetisches Erbe, in das nicht künstlich eingegriffen worden ist" und 3) die Aufstellung einer Liste mit schweren Erbkrankheiten, die den Einsatz einer Gentherapie in Zukunft rechtfertigen könnten.[109] Jedoch verlor das Thema auf europäischer Ebene nach 1982 offenbar seine Bedeutung, denn bis Ende der achtziger Jahre folgten diesen Empfehlungen keinerlei Taten.

Mit dem Aufkommen erster medizinisch-ethischer Debatten in der BRD ging zugleich die Frage nach der Notwendigkeit einer neuen „Gen-Ethik"[110] einher, die bedeutende Vertreter der Ethiklehre wie die Theologen Johannes Reiter oder Ulrich Eibach mit Nachdruck verneinten. Statt einer von der allgemeinen Ethik abgelösten Sonderethik sahen Theologen und Philosophen ihre Aufgabe vielmehr darin, die Prinzipien der philosophischen und theologischen Ethik auch auf die Probleme im Zusammenhang mit der Gentechnologie anwendbar zu machen. Vor diesem Hintergrund lehnten sie ethische Fragestellungen der Gentherapie stark an die einer Organtransplantation an. Die Verantwortung für sämtliche Forschungen sahen sie bei den sog. „Gen-Technikern", während die Zulässigkeit der Anwendung gentechnologischer Methoden am Menschen durch ärztliche Moralkodizes festgelegt, und somit von den Medizinern selbst zu verantworten sei.[111]

Im Umfeld erster medizinisch-ethischer Debatten innerhalb Deutschlands kam es jedoch zunächst zur Einrichtung sog. Ethik-Kommissionen. Während sie in den USA schon in den fünfziger Jahren zur Kontrolle klinischer Versuche am Menschen an den medizinischen Fakultäten der Universitäten institutionalisiert wurden, erfolgte deren Einrichtung in der BRD erst seit 1970, insbesondere jedoch zwischen 1979 und 1982. Die Deklaration von Helsinki von 1964 verlangte in ihrer Empfehlung für die in der biomedizinischen Forschung am Menschen tätigen Ärzte die Protokollierung von Planung und Durchführung eines jeden Versuchs, wodurch die Grundlage für die Arbeiten der Ethik-Kommissionen geschaffen wurden.[112] So beschäftigten sich deutsche Mediziner in der ersten Hälfte der achtziger Jahre verstärkt mit ethischen Fragen des medizinischen Alltags und sei-

109 Empfehlung 934 der Parlamentarischen Versammlung des Europarats vom 26. Januar 1982, 4i, in: Bundestagsdrucksache 9/1373, S. 11 f.

110 Vgl. J. Reiter, Gen-Technologie und Moral. Brauchen wir eine Gen-Ethik?, in: Stimmen der Zeit, 1982/200, S. 570 f.; U. Eibach, Grenzen und Ziele der Gen-Technologie aus theologisch-ethischer Sicht, in: W. Klingmüller (Hg.), Genforschung im Widerstreit, Stuttgart 1980, S. 117 und Ders., Experimentierfeld: Werdendes Leben, Göttingen 1983, S. 188.

111 Vgl. J. Reiter, Theologisch-ethische Überlegungen, in: J. Reiter/U. Theile (Hg.), Genetik und Moral, Mainz 1985, S. 146–161.

112 Vgl. Das Übereinkommen zum Schutz der Menschenrechte und der Menschenwürde im Hinblick auf die Anwendung von Biologie und Medizin, Köln 1998, S. 31.

ner Zukunft.[113] Nachdem die US-amerikanische Arzneimittelbehörde auch für ausländische Präparate eine ethische Prüfung der klinischen Tests zur Zulassungsvoraussetzung machte, wurden deutsche Ethik-Kommissionen insbesondere mit der Prüfung von Arzneimittelstudien beauftragt.[114] Sie entwickelten sich also vielmehr zu Kontrollinstanzen für das professionelle Verhalten der Mediziner als zu einem Gremium ethischer Orientierung. Bis 1995 regelte ihre Anrufung das ärztliche Berufsrecht und/oder das Hochschulrecht. Erst die fünfte Novelle des Arzneimittelrechts erlaubte die Prüfung eines Arzneimittels am Menschen nur noch unter der Voraussetzung, dass eine nach Landesrecht gebildete Ethik-Kommission diese zustimmend bewertete.[115]

Auch mit dem Aufkommen breiter bioethischer Diskussionen in vielen europäischen Ländern Mitte der achtziger Jahre wurde die Notwendigkeit einer eigenen Gen- oder Bio-Ethik von Seiten deutscher Philosophen und Theologen nicht gesehen. Lange bevor medizinethische Fragen im Kontext der Gentechnik in der BRD auf der Tagesordnung standen, gewann die Bioethik[116] im Umfeld der Bürgerrechtsbewegung in den USA an Bedeutung. Bereits um 1970 kam es zur Gründung zwei wesentlicher Forschungs- und Beratungsinstitute auf dem Gebiet der Bioethik, dem Institute of Society, Ethics and the Life Sciences, New York (1969) und dem Kennedy Institute of Ethics, Washington D.C. (1971). Die Bioethik entwickelte sich als Teilgebiet der allgemeinen Ethik, die sich mit den moralischen Problemen im Umgang mit Lebensphänomenen befasst. Neben ethischen Fragen im Kontext von Leben und Tod umfasst sie auch die medizinische Ethik, Bevölkerungs- und Tierschutzethik sowie Teile der ökologischen Ethik.[117] In Bezug auf die Entwicklung und den Einsatz neuer Biotechniken schlossen die bioethischen Diskurse durchaus an alte ethische Überlegungen zum Umgang mit dem Leben an, gingen und gehen allerdings weit über die Fragen einer medizinischen Ethik hinaus.[118]

Anders als in den USA gestaltete sich die Etablierung der Bioethik als eigenständige Disziplin in der BRD bis in die späten neunziger Jahre hinein schwierig. Mit den Gründungen der Akademie für Ethik in der Medizin (Göttingen), des Zentrums für medizinische Ethik (Bochum) und des Zentrums für Ethik in den Wissenschaften (Tübingen) um 1986 erhielten die neuen bioethischen Herausforderungen erstmals einen institutionellen Rahmen. Während die Bioethik in den USA jedoch schnell Teil der medizinischen Ausbildung und Politikberatung wur-

113 Vgl. verschiedene Beiträge im Deutschen Ärzteblatt in der ersten Hälfte der achtziger Jahre. Diese Beiträge hatten jedoch keinen expliziten Bezug zur Gentechnologie.

114 Vgl. B. Gill, Gentechnik ohne Politik, Frankfurt a. M./New York 1991, S. 211.

115 Vgl. Das Übereinkommen zum Schutz der Menschenrechte und der Menschenwürde im Hinblick auf die Anwendung von Biologie und Medizin, Köln 1998, S. 31/32.

116 Im Englischen nicht nur als *bioethics*, sondern auch als *applied ethics* bezeichnet.

117 D. Birnbacher, Welche Ethik ist als Bioethik tauglich?, in: Information Philosophie, 1993/21, S. 4–18.

118 Vgl. H.-M. Sass (Hg.), Bioethik in den USA, Berlin u. a. 1988, S. 24f.

de, fand sie in der BRD zunächst wenig gesellschaftliche Resonanz. Die Forderung nach „systemischer Ausdifferenzierung einer „Spezialethik“ für die Bio- und Gentechnologie“ führte häufig zur Ablehnung.[119] Insbesondere Behindertenorganisationen sahen eine drohende Gefahr in Form einer Relativierung der Menschenrechte und verwiesen in diesem Zusammenhang auch auf die Euthanasiepraktiken des NS-Regimes.[120]

Johann S. Ach und Christa Runtenberg sehen Gründe für diese Entwicklung u. a. in der lange unternommenen Negierung medizinethischer Fragestellungen innerhalb deutschsprachiger Vertreter der Ethik. Statt eine Erweiterung bestehender ethischer Grundsätze vorzunehmen wurde vielmehr auf die traditionelle ärztliche Standesethik bzw. auf Theologen und Juristen verwiesen. Darüber hinaus sollten auch die Erfahrungen mit den Verbrechen der Medizin im Nationalsozialismus für eine nachhaltige Tabuisierung bioethischer Fragestellungen gesorgt haben, die in den USA im Vergleich wesentlich „unbefangener“ diskutiert werden konnten.[121] Zwar stützt eine aus dem Jahr 1988 stammende Aussage des Politikers und ehemaligen Vorsitzenden der Enquete-Kommission Wolf-Michael Catenhusen – „Die Erfahrungen des Dritten Reiches bewahren uns gerade hier davor, so unbefangen wie etwa in Großbritannien oder den USA an diese Frage heranzugehen.“[122] – die Vermutung, jedoch erlangten solcherart Vergleiche kaum eine Bedeutung in den Diskussionen.

Insgesamt lässt sich für die ethisch-moralischen Diskussionen der achtziger Jahre feststellen, dass die sich beteiligenden Theologen und Kirchenvertreter in der Öffentlichkeit eine auffallend vorbehaltlose Position gegenüber den Anwendungsmöglichkeiten der Gentechnologie am Menschen vertraten. Nicht auf jede Einzelfrage einer moralischen Bewertung des gentechnischen Eingriffs am Menschen konnte eine Antwort durch die Heilige Schrift gegeben werden.[123] Zudem gab auch der biblische Schöpfungsauftrag, „macht euch die Erde untertan“, keinen Hinweis, gentechnische Eingriffe von vornherein als unsittlich abzulehnen. Die mit der Gentechnologie verbundenen potenziellen Risiken bedeuteten aus christlicher Sicht, mit Ausnahme der Keimbahntherapie, keine kategorische Ablehnung aller Forschungen und Anwendungen. Vielmehr sahen die Vertreter einer christli-

119 H.-J. Aretz, Kommunikation ohne Verständigung, Frankfurt a. M. 1999, S. 297.

120 D. Barben, Politische Ökonomie der Biotechnologie, Frankfurt a. M. 2007, S. 209.

121 Vgl. J. S. Ach/C. Runtenberg, Bioethik, Frankfurt a. M. 2002, S. 40–41.

122 W.-M. Catenhusen, Kodifizierung der Ethik am Beispiel Gentechnologie, in: Gesellschaft Gesundheit und Forschung e. V. (Hg.), Ethik und Gentechnologie, Frankfurt a. M. 1988, S. 40.

123 Vgl. K. Rahner, Zum Problem der genetischen Manipulation, in: R. Flöhl (Hg.), Genforschung – Fluch oder Segen?, München 1985, S. 173–197 oder Zur Achtung vor dem Leben, Kundgebung der Synode der Evangelischen Kirche in Deutschland (Berlin 1987), in: Gesellschaft Gesundheit und Forschung e. V. (Hg.), Ethik und Gentechnologie, Frankfurt a. M. 1988, S. 43–44.

chen Ethik ihre Aufgabe darin, auf die sich ergebenden Fragen sowie mögliche „geistige, kulturelle und materielle Degenerierung“ hinzuweisen.[124]

Neben Kirchen, Theologen und Philosophen beteiligten sich zu Beginn der achtziger Jahre u. a. auch deutsche Mediziner verstärkt mit ethischen Fragen des medizinischen Alltags, nicht zuletzt vor dem Hintergrund der Einrichtung von Ethik-Kommissionen an den medizinischen Fakultäten. Dabei gehörte die Gentechnologie lange Zeit nicht zu den zentralen Themen. Zwar griff Peter Starlinger als Leiter des Instituts für Genetik an der Universität Köln ethische Fragen einer medizinischen Gentechnologie 1984 in einem Aufsatz des *Deutschen Ärzteblattes* ausführlich auf[125], eine breite Diskussion innerhalb der Ärzteschaft entwickelte sich daraus jedoch nicht. Die Gentechnik war in der Bundesrepublik kaum etabliert und konkrete Anwendungsmöglichkeiten noch in weiter Ferne. Erst ab 1985 schien die neue Technik größeren Raum einzunehmen, wenn auch nur innerhalb der ethischen Diskussionen zur Reproduktionstechnologie. Ähnlich den Positionen der Hauptakteure wurde der somatischen Gentherapie auch von Seiten der Mediziner im Falle eines verantwortlichen Eingreifens durchaus ethische Zulässigkeit zugesprochen, während jeglicher Eingriff in die Keimbahnzellen ebenso wie das Klonen von Menschen für unzulässig erklärt wurden.[126] Eine eigene Diskussion ethischer Fragen der Gentechnologie gab es jedoch nicht. *Ärzteblatt*-Beiträge wie *Gentechnologie und Bio-Ethik*[127] ließen zwar genau dies erwarten, tatsächlich beschäftigten sich die Mediziner aber insbesondere mit Fragen der Reproduktionstechnologie.

Neben den großen Akteursgruppen gab es durchaus auch Einzelakteure, die in den aufkommenden ethischen Diskussionen der BRD durch permanente Präsenz in den öffentlichen Diskussionen und durch zahlreiche Essays eine herausragende Rolle spielten. Zu ihnen zählten auch Hans Jonas und Erwin Chargaff, die beide in den Vereinigten Staaten lebten. Der jüdische Philosoph Hans Jonas begünstigte als Gegner jeder Art der Genchirurgie am Menschen das Aufkommen einer ethisch-moralischen und später auch einer politischen Diskussion in der BRD, wenngleich er damit keineswegs eine in seiner Disziplin vorherrschende Meinung vertrat. Auf der Flucht vor den Nationalsozialisten emigrierte er 1933 nach England und später nach Palästina. Jonas beschäftigte sich bereits 1979 in *Das Prinzip Verantwortung – Versuch einer Ethik für die technologische Zivilisation* mit dem Verhältnis von Verantwortung und technischer Macht. In den neuen technologi-

124 Vgl. J. Reiter, Ethik und Gentechnologie, in: R. Flöhl (Hg.), Genforschung – Fluch oder Segen?, München 1985, S. 204.

125 Vgl. P. Starlinger, Medizinische Gentechnologie: Möglichkeiten und Grenzen, in: Deutsches Ärzteblatt, 1984/81, S. 2091–2098.

126 Vgl. E. Pflanz, Ethik-Kommissionen zu Tierversuchen und Gentechnologie, in: Deutsches Ärzteblatt, 1985/82, 2313 oder E. v. Wasielewski, Der Nutzen der Gentechnologie für die Medizin, in: Deutsches Ärzteblatt, 1986/83, S. 1117–1121, hier S. 1121 und Richtlinien zur Gentherapie beim Menschen, in: Deutschen Ärzteblatt, 1989/86, S. 2058–2059.

127 Vgl. A. R. Sonnenfeld, Gentechnologie und Bio-Ethik – Zur Position der katholischen Kirche, in: Deutsches Ärzteblatt, 1987/84, S. 1384–1386.

schen Möglichkeiten erkannte er eine Gefahr, in der es dem Menschen nicht nur möglich wurde sich selbst zum Objekt technischen Handelns zu machen, sondern sogar die Natur. Vor diesem Hintergrund forderte Jonas eine erweiterte Verantwortung des Menschen auch für ökologische Systeme.[128] Einer Veränderung der Erbsubstanz stand er mit großen Bedenken im Hinblick auf eine gentechnisch gestützte Eugenik gegenüber. Versuche zur Heilung und Linderung von Krankheiten waren für Jonas durchaus zu rechtfertigen, jedoch nicht in Form eines Versuchs, „Schöpfer zu sein".[129] In Rückschau auf die schweren Folgen der Kernphysik sprach Jonas sogar von der Gefahr einer „angewandten Kernbiologie". Die aus seiner Sicht nicht mehr aufzuhaltenden Eingriffe in Gottes Schöpfung versuchte er in seinen zahlreichen und vielzitierten Essays und Vorträgen in Richtung einer aufrechtzuerhaltenden Integrität der Menschenwürde zu lenken.[130]

Unterstützung erhielten die innerdeutschen Diskussionen auch von dem österreichisch-amerikanischen Biochemiker und Kulturkritiker Erwin Chargaff der Columbia University New York. Geboren in Czernowitz spielte die jüdische Religion in seiner Familie zwar nie eine Rolle, dennoch veranlasste ihn seine Abstammung 1933 zum Verlassen Deutschlands. Seit Ende der siebziger Jahre tat er sich in der BRD immer wieder mit wissenschafts- und kulturkritischen Buchveröffentlichungen, Essays, Interviews, Zeitschriftenbeiträgen und öffentlichen Vorträgen gegen den Einsatz der Gentechnik hervor. Zur Verbreitung seiner ethischen Ansichten nutzte er in Deutschland u. a. das Umfeld der Evangelischen Kirche, wobei er vom Mahner zum Rebell erwuchs. Nachdem er als Naturwissenschaftler selbst zu den Fortschritten der Molekularbiologie beigetragen hatte, sah er darin Jahre später ein zerstörerisches Potenzial für die Zukunft der Menschheit und lehnte jeglichen Eingriff in die Natur, „gleichgültig ob Verbesserung oder Verschönerung", ab.[131] Für ihn bestand die Aufgabe der Wissenschaft darin, die Natur zu verstehen, nicht sie zu verändern.[132] Chargaff hielt das Wissen der Gentechnologen für hypothetisch und unvollständig und erklärte darüber jeden Eingriff in ein Genom für unverantwortbar. In *Das Feuer des Heraklit* ging er sogar soweit, die Gentechnik als „molekulares Auschwitz" zu bezeichnen.[133] Vor allem das in den USA zu beobachtende Aufkommen einer Bioethik hielt er für sehr fragwürdig, denn in seinen Augen gab es nur eine Ethik, festgeschrieben in den meisten Religionen und philosophischen Systemen. Eine „Spezialethik" der

128 Vgl. H. Jonas, Das Prinzip Verantwortung, Stuttgart 1979.

129 Vgl. H. Jonas, Technik, Ethik und Biogenetische Kunst, in: Internationale katholische Zeitschrift „Communio", 1984/13, S. 515–517.

130 Vgl. z. B. H. Jonas, Technik, Ethik und Biogenetische Kunst, in: R. Flöhl (Hg.), Genforschung – Fluch oder Segen?, München 1985, S. 1–15.

131 Vgl. E. Chargaff, Naturwissenschaft als Angriff auf die Natur, in: Naturwissenschaften – Angriff auf die Natur?, Frankfurt a. M. 1987, S. 5.

132 Vgl. „Die Natur bedarf keiner Reparatur", Ein Gespräch mit Prof. Erwin Chargaff, in: Die Welt, 18. April 1988, S. 17.

133 Vgl. E. Chargaff, Das Feuer des Heraklit, Stuttgart 1979.

Biologen und Ärzte hielt Chargaff dagegen für überflüssig.[134] Noch Anfang 2000, im Alter von 96 Jahren, war er der Meinung, dass die Gentechnik kaum Erfolge in der Medizin bringen werde.[135]

5.3.2. Sicherheit in Forschung und Anwendung

Nachdem die Bundesregierung 1978 mit dem Erlass der *Richtlinien zum Schutz vor Gefahren durch in-vitro neukombinierte Nukleinsäuren* nur kurze Zeit nach den USA auf potenzielle Gefahren durch die neue Gentechnologie reagiert hatte, gab es innerhalb der bundesdeutschen Öffentlichkeit nur vereinzelt kritische Stimmen, die einen sicheren Umgang mit dieser Technologie in Frage stellten. Zwar beteiligten sich bis Anfang der achtziger Jahre auch deutsche Vertreter der Wissenschaft und Politik an Sicherheitsgesprächen auf europäischer und internationaler Ebene[136], eine eigenständige Diskussion innerhalb der BRD gab es bis zu diesem Zeitpunkt jedoch nicht. Berichte der ZKBS oder des Bundesforschungsministeriums, die erklärten, dass „bei genauer Betrachtung der anerkannten Regeln von Wissenschaft und Technik gentechnologische Arbeiten für den Menschen und seine Umwelt keine Gefahr darstellen", schienen die Öffentlichkeit zu beruhigen.[137] Erst nach dem durch Riesenhuber initiierten Diskussionsprozess und nach der Einsetzung der Benda- und Enquete-Kommission kündigten sich 1984/85 die Anfänge einer öffentlich geführten Sicherheitsdiskussion an. Zwar hatten auch die politisch gelenkten Debatten einen Schwerpunkt auf Sicherheitsfragen im Umgang mit der Gentechnologie gelegt, jedoch war die Öffentlichkeit hier nur eingeschränkt beteiligt worden. Die gezielte Benennung von Mitgliedern in Kommissionen und der Teilnehmer an Fachgesprächen hatte bisher allenfalls eine Teil-Öffentlichkeit hinzugezogen.

Der Beginn öffentlicher Diskussionen in der BRD wurde nicht nur durch die Politik initiiert. Zwar sorgten die angestoßenen politischen Debatten um die Chancen und Risiken der Gentechnologie durchaus für eine regelmäßige Präsenz des Themas in der Presse und auch die Mediziner und Theologen verfolgten zunehmend interessiert die Ergebnisse der Kommissionsarbeiten, jedoch trugen konkrete Forschungen, erste Institutionalisierungen und Produkte – zumeist in den USA – wesentlich dazu bei, die neue Technologie verstärkt in den Wahrnehmungsbereich der Öffentlichkeit zu rücken. Die bislang zumindest für Nicht-

134 Vgl. E. Chargaff, Ein zweites Leben, Stuttgart 1995, S. 232 und Wider den Genrausch, Oberursel 1999, S. 102.

135 A. Luik, „Die wollen ewiges Leben, die wollen den Tod besiegen – das ist teuflisch", in: Stern, 2001/47, S. 244–252.

136 Vgl. z. B. Wirtschafts- und Sozialausschuss der europäischen Gemeinschaften, Gentechnologie, Brüssel 1981.

137 Zitiert aus: Gen-Manipulation bislang für Umwelt ungefährlich. Überwachungs-Kommission hat ihren Bericht vorgelegt, in: Die Welt, 7. August 1981, S. 3.

Molekularbiologen und -Gentechnologen kaum fassbare Gentechnik wurde mit der Entwicklung erster Produkte auch für Laien begreifbar und weckte insbesondere das Interesse von Umweltschutzorganisationen sowie der Presse und damit einer breiten Öffentlichkeit. Neben den Chancen interessierten vor allem die Risiken, die sich sowohl für die Umwelt als auch den Menschen zu ergeben schienen.

Seit 1975 wurden gelegentlich aufkommende Sicherheitsbedenken im Umgang mit der Gentechnologie, unter Hinweis auf die Konferenz von Asilomar, immer wieder zurückgewiesen. Zehn Jahre danach schien „der ständige Hinweis auf die Konferenz [...] seine Überzeugungskraft" verloren zu haben, und so wurden Mitte der achtziger Jahre mehr und mehr Stimmen laut, die vor dem Hintergrund des Erkenntniszuwachses und neuer technologischer Möglichkeiten nach der Einleitung einer neuen, öffentlich geführten Diskussion potenzieller Risiken der Gentechnologie verlangten.[138] Die Kritik am bestehenden Sicherheitskonzept bezog sich auf die beiden Bereiche 1) Labor und 2) Produktion bzw. Freisetzung.

Im Laborbereich wurden insbesondere im Rahmen menschlichen Versagens Gefahren gesehen. Beim Entweichen transgenen Materials oder für den Fall eines Unfalls konnten sich nicht nur Gefahren für das Laborpersonal, sondern auch für die Umwelt ergeben, deren Gleichgewicht aufgrund einer nichtrückholbaren Freisetzung für immer gestört werden könnte. Die unmittelbar an den Forschungen beteiligten Biowissenschaftler und Unternehmen verteidigten ihre Forschungen mit einem Verweis auf die Einhaltung von höchstmöglichen Sicherheitsvorkehrungen sowie den Möglichkeiten, gerade mit Hilfe transgener Mikroorganismen völlig neue Umweltschutzmaßnahmen entwickeln zu können.

Die Kritik am Sicherheitskonzept für den Bereich der gentechnischen Produktion war dagegen wesentlich konkreter und sorgte für eine inhaltliche Veränderung der amerikanischen Sicherheitsdiskussion der siebziger Jahre. Stand zuvor die Sicherheit in Bezug auf die Forschungen mit transgenem Material im Labor im Vordergrund, wurden nun vor allem Probleme im Zusammenhang mit einer weitreichenden Freisetzung transgenen Erbmaterials gesehen. Das Verhalten der im Laborumgang als ungefährlich eingestuften Nukleinsäuren setzte nach Ansicht der Kritiker nicht zwangsläufig auch deren Unbedenklichkeit in der freien Natur voraus. Konkrete Anknüpfungspunkte boten beispielsweise die unter Gentechnologen bevorzugte Verwendung des Darmbakteriums Ecoli oder der Einsatz von Retroviren. Befürworter des Einsatzes der Gentechnologie, wie der Mediziner und ehemalige Leiter der Pharma-Forschung Hoechst, Eberhard von Wasielewski[139], oder der Berater der Zentralen Forschungsleitung Boehringer Ingelheim, Hans Machleidt, hielten dagegen, dass zum Aufbau von Sicherheitsbarrieren gerade Bakterien, Hefen oder Zellen als Wirtsorganismen für die gentechnische Produk-

138 Vgl. G. Altner, Einführung in das öffentliche Fachsymposion, in: R. Kollek/B. Tappeser/G. Altner (Hg.), Die ungeklärten Gefahrenpotentiale der Gentechnologie, München 1986, S. 3.

139 Vgl. E. v. Wasielewski, Medizinische Aspekte und Sicherheit, in: Hoechst AG (Hg.), Gentechnologie, Frankfurt a. M. 1986, S. 37.

tion verwendet würden, die außerhalb der Laboratorien nicht lebensfähig seien.[140] Zudem wurde darauf verwiesen, dass erste Untersuchungen die Befürchtung einer Darminfektion hatten widerlegen können und auch „Sicherheitsrisiken beim Umgang mit gentechnisch veränderten Mikroorganismen“ durch „die Fachwelt“ ausgeschlossen werden konnten.[141] Befürworter der Fortführung bestehender Sicherheitsregelungen wie die DFG, beriefen sich vor allem auf die Erfahrungen aus Experimenten mit neukombinierter DNA der vergangenen 15 Jahre, bei denen weltweit in mehr als 10.000 Laboratorien keine Gefährdung von Mensch oder Umwelt bekannt geworden war.[142]

Gentechnik-Kritiker zeigten sich durch derartige Aussagen und die Beweisführung keineswegs beruhigt.[143] Deutsche Interessenverbände und daraus hervorgehende Einzelakteure, wie Beatrix Tappeser, stellten die versprochene Sicherheit weiterhin in Frage und befürchteten für den Fall einer unvorhergesehenen Übertragung neuartige und unkontrollierbare Krankheiten und somit insbesondere hypothetische Risiken. Konkrete Risiken wurden dagegen in der gentechnischen Produktion von Impfstoffen und Medikamenten, vornehmlich körpereigenen Produkten wie dem Humaninsulin oder dem Interferon, gesehen. Während die Pharmaindustrie argumentierte, dass die Stoffe für den Patienten verträglicher seien oder bislang nur in sehr geringen Mengen und somit ausgesprochen teuer zur Verfügung standen und die Herstellung der Medikamente mit Hilfe der Gentechnik unbegrenzt und wesentlich kostengünstiger möglich sei[144], befürchteten Kritiker für den Fall geringer Produktabweichungen von der Normalstruktur der Stoffe die Gefahr einer Auslösung von Autoimmunreaktionen und darüber die Freisetzung eines künstlich erzeugten Krankheitserregers. Zudem wurden die vor dem Beginn der Produktion menschlicher, körpereigener Wirkstoffe fehlenden Forschungen und Untersuchungen auf diesem Gebiet beklagt.[145]

Dem Vorwurf einer mangelnden Erprobung im Vorfeld der Marktfreigabe sahen sich v. a. die Hersteller des gentechnisch produzierten Humaninsulins gegenüber, nachdem erste Fällen von Hypoglykämien (unbemerkte Unterzuckerungen) bei Diabetes-Patienten bekanntgewordenen waren.[146] Infolge eines ersten Berichts

140 Vgl. Menschenwerk Gentechnologie, Interview mit Professor Dr. Hans Machleidt, in: BioEngineering 1989/5, S. 7.

141 Vgl. E. v. Wasielewski, Der Nutzen der Gentechnologie für die Medizin, in: Deutsches Ärzteblatt, 1986/83, S. 1121.

142 Vgl. Deutsche Forschungsgemeinschaft, Stellungnahme zum Bericht der Enquete-Kommission, Bonn 1987.

143 Vgl. z. B. R. Kollek, Gentechnologie und biologische Risiken, in: WSI Mitteilungen, 1988/41, S. 112 oder dies., Natur im Griff?, in: Gentechnologie, Stuttgart 1986, S. 10–11.

144 Vgl. Werbung von Eli Lilly im Deutschen Ärzteblatt 1983, HUMANINSULIN – das erste gentechnologisch hergestellte Human Insulin: derzeit die therapeutische Alternative zum genuinen Hormon, in: Deutsches Ärzteblatt 1983/80, S. 88–89.

145 Vgl. z. B. B. Tappeser, Was bringen uns gentechnisch hergestellte Medikamente?, in: C. Keller/F. Koechlin (Hg.), Basler Appell gegen Gentechnologie, Zürich 1989, S. 14–15.

146 Vgl. Unheimlicher Absturz, in: Der Spiegel, 1988/21, S. 206–210.

über die bekannten Symptome bei Verwendung von Humaninsulin im März 1988 im *Deutschen Ärzteblatt*[147] entwickelte sich unter deutschen Medizinern eine Diskussion, in der die zu diesem Zeitpunkt bereits bei „zwei Drittel der insulinbehandelten Diabetiker" erfolgte Umstellung selbstkritisch hinterfragt wurde. Die Veränderung der eigenen Verschreibungsgewohnheiten in den letzten Jahren begründeten die Mediziner in einer Art Selbstanklage u. a. mit Prämienzahlungen der Insulinhersteller sowie dem Aufkommen von Gerüchten, tierische Insuline würden bald nicht mehr auf dem Markt erhältlich sein.[148] Nur vereinzelte Stimmen sahen im Auftreten von Umstellungsproblemen kein spezifisches Humaninsulinphänomen.[149] Die unter den Medizinern geführten Diskussionen erfolgten jedoch weitestgehend unter Ausschluss der Öffentlichkeit. Lediglich die Presse sorgte für das Bekanntwerden einiger Fälle auch in der breiten Öffentlichkeit.[150]

Vor allem Negativnachrichten wurden zu einem zentralen Argumentationselement innerhalb der geführten Sicherheitsdiskussionen. Die lauter werdenden Vermutungen hypothetischer, nicht vorhersehbarer Risiken hatten inzwischen zu einer Umkehrung der Beweislast für die Sicherheit gentechnischer Experimente geführt.[151] Anders als noch zu Beginn der internationalen Sicherheitsdebatte in den siebziger Jahren, als von den verantwortlichen Forschern ein Sicherheitsnachweis gefordert wurde, kehrte sich diese Beweislast Mitte der achtziger Jahre, auch innerhalb der deutschen Diskussionen um. Anstelle der eigenen Beweispflicht der Sicherheit ihrer Experimente forderten Wissenschaftler nun den Nachweis eines von ihren Forschungen ausgehenden Risikos. Molekularbiologen, wie Gerd Hobom, sahen die vielbefürchteten hypothetischen Risiken durch die positiven Erfahrungswerte im Umgang mit der Gentechnologie dagegen widerlegt.[152] In dieser neuen Situation der Beweislast durch die Gentechnik-Kritiker wurden sämtliche öffentlich bekannt gewordenen Fälle unvorhergesehener Zwischenfälle

147 Vgl. H. J. Wedemeyer/E. v. Kriegstein, Ein Risiko des Humaninsulins, in: Deutsches Ärzteblatt, 1988/85, S. 456–458.

148 Vgl. W. Klein/H. J. Wedemeyer/E. v. Kriegstein, Ein Risiko des Humaninsulins, in: Deutsches Ärzteblatt, 1988/85, S. 1695–1696.

149 Vgl. K. Federlin/D. Grünklee/L. Kerp/H. Sauer, Therapie mit Humaninsulin – tatsächlich ein Risiko für Patienten?, in: Deutsches Ärzteblatt, 1988/85, S. 1979–1980.

150 Zwar hat das Bundesgesundheitsamt schon 1988 die Aufnahme eines Hinweises auf unbemerkte Unterzuckerungen in den Beipackzettel von Humaninsulinen veranlasst, jedoch erfolgte eine offizielle Anerkennung von Humaninsulinallergien erst 2005 mit der Veröffentlichung einer Mitteilung der Arzneimittelkommission der Deutschen Ärzteschaft im Deutschen Ärzteblatt. Hierin erfolgte ein Aufruf an die deutsche Ärzteschaft, „alle beobachteten Nebenwirkungen (auch Verdachtsfälle)" zu melden. Vgl. Arzneimittelkommission der deutschen Ärzteschaft, UAW-News – Allergische Reaktion auf Humaninsulin, in: Deutsches Ärzteblatt 2005/102, S. 1003.

151 Vgl. hierzu auch E. Hickel, Gefahren der Genmanipulation, in: Blätter für deutsche und internationale Politik 1985/30, S. 355.

152 Vgl. G. Hobom, Gentechnologie, in: Umschau 1986/86, S. 466–471. Gerd Hobom war zugleich Mitglied der ZKBS.

oder Auffälligkeiten im Umgang mit rekombinanter DNA unmittelbar aufgegriffen und ins Feld geführt.

Unter den vieldiskutierten Sicherheitsbedenken wurde immer wieder auch Kritik an den bestehenden Richtlinien sowie einer fehlenden gesetzlichen Reglementierung laut. Aus Sicht der Gegner erlaubten die benannten Risiken weder den Verzicht auf eine Verankerung der Sicherheitsbestimmungen per Gesetz, noch das Vertrauen in Wissenschaft und Industrie zur selbstverpflichtenden Einhaltung dieser Richtlinien. Die Forderungen an die Politik, bis zum Vorliegen einer Technikfolgenabschätzung ein Verbot sämtlicher gentechnischer Forschungen zu verhängen und alle öffentlichen Förderungen dieser Art einzufrieren, blieben lange Zeit ungehört.

Auch die in beinahe jedem kritischen Beitrag der achtziger Jahre aufgestellten Parallelen zu den negativen Erfahrungen mit der Kernenergie leisteten der verstärkten Bio- und Gentechnologieförderung durch die Bundesregierung offenbar keinen Abbruch. Schon dem vielgebrauchten Begriff des „hypothetischen Risikos“ lag implizit ein Verweis auf den stark umstrittenen Technologiebereich zu Grunde. 1973 hatte der Kernphysiker Wolf Häfele den Begriff zur Beschreibung einer neuen Qualität von Risiken in der Kernspaltungstechnologie eingeführt.[153] Ein hypothetisches Risiko zeichnet sich insbesondere durch zeitlich und räumlich entgrenzte Auswirkungen aus, womit es zugleich unmöglich wird, dieses hypothetische in ein empirisch begründetes Risiko zu überführen. Bereits die im Jahr 1978 erlassenen Sicherheitsrichtlinien reagierten auf die hypothetischen Risiken der Neukombination von Nukleinsäuren obwohl zu diesem Zeitpunkt keinerlei empirische Beweise für die vermuteten Risiken vorlagen.

Die Risiken, die sich im Umgang mit der Gentechnologie ergaben waren aber nicht nur Hypothetische, sondern zumeist neue Risiken, also solche, die nach Ulrich Beck „örtlich, zeitlich und sozial nicht eingrenzbar [...], nicht kompensierbar“[154] erschienen, was zugleich eine Unbestimmbarkeit von Akzeptabilitätskriterien bedeutete. Daher waren diese neuen, hypothetischen Risiken der Gentechnologie während der achtziger Jahre von Versicherungsgesellschaften nicht kalkulierbar und somit nicht versicherbar. Dies führte dazu, dass erste Freisetzungsversuche mit gentechnologisch veränderten Pflanzen ohne Versicherungsschutz stattfanden.[155] Befürwortern des Einsatzes der Gentechnologie blieb in der Diskussion der Verweis auf die sehr geringe Eintrittswahrscheinlichkeit, während sich die Gegner auf ein fehlendes Nullrisiko beriefen.[156]

153 Vgl. W. Häfele, Hypotheticality and the new challenges, Laxenburg 1973.

154 U. Beck, Risikogesellschaft, Frankfurt a. M. 1988, S. 120.

155 Vgl. W. Bonß/R. Hohlfeld/R. Kollek, Risiko und Kontext, Hamburg 1990, S. 37–38.

156 Unter amerikanischen Genforschern im Interview mit deutschen Zeitungen oder Zeitschriften lassen sich häufig auch verharmlosende Äußerungen finden. So erklärte Dr. John Gordon gegenüber der *Welt*, dass die Atomtechnologie „viel gefährlicher [sei] als Molekularbiologie jemals sein kann.“ Vgl. A. Büll, „Hilfreiche Lücke im Kontrollsystem“, in: Die Welt, 16. Mai 1988, S. 21.

Konkrete Anlässe für Sicherheitsdiskussionen zur Gentechnologie boten v. a. aktuelle Entwicklungen wie die Züchtung der ersten sog. Riesenmaus[157] oder Planungen zum Bau der Produktionsanlagen für Erythropoietin (EPO) der Behringwerke[158] und für Humaninsulin der Firma Hoechst. Insbesondere im letztgenannten Fall sorgte das Bauvorhaben für großes öffentliches Aufsehen. Seit 1986 befand sich das Humaninsulin des US-Unternehmens Eli Lilly als eines der ersten gentechnisch hergestellten Arzneimittel in der BRD auf dem Markt. Auch die Hoechst AG zeigte Interesse an einer großtechnischen Verwertung der Gentechnik und stellte bereits im März 1984 den Antrag auf Baugenehmigung für den ersten Teilabschnitt einer Frankfurter Produktionsanlage, in der 50.000 Liter gentechnisch manipulierte Darmbakterien Humaninsulin herstellen sollten. Als erstes gentechnisches Produkt des Unternehmens schien Humaninsulin ideal geeignet, denn weder der Bedarf noch der Einsatz von Insulin zur Behandlung von Diabetes waren umstritten. Bei der gentechnischen Herstellung eines völlig neuartigen Produkts wäre die Wahrscheinlichkeit für Einwände solcherart wesentlich größer gewesen. In mehreren für die breite Öffentlichkeit aufgelegten Veranstaltungen und Broschüren[159] bewarb Hoechst neben der preiswerteren Alternative zu tierischem Humaninsulin v. a. die höhere Verträglichkeit und kündigte an, die Humaninsulinproduktion mittelfristig vollständig auf das gentechnisch erzeugte Produkt umstellen zu wollen.

Zwar wurde dem Hoechster Antrag für die sog. Fermtec-Versuchsanlage bereits im Oktober 1984 stattgegeben, jedoch war es der nur zwei Monate darauf vorgelegte Antrag auf Genehmigung des zweiten Anlagenteils Chemtec, der den Fortgang der gesamten Anlage über Jahre in Frage stellen sollte. Hierin deklarierte Hoechst den Anlagenteil als Versuchsanlage, um in einem vereinfachten Verfahren – ohne Öffentlichkeitsbeteiligung – eine Baugenehmigung zu erhalten. Die Darmstädter Genehmigungsbehörde gab den Antrag jedoch an das Hessische Umweltministerium weiter, das seinerzeit von Joschka Fischer (Die Grünen) geleitet wurde. Hier wurde lange Zeit keine Entscheidung gefällt, stattdessen wurde die Bürgerinitiative Höchster Schnüffler und Maagucker auf den Vorgang aufmerksam. Nachdem der neue Umweltminister, Karlheinz Weimar, im September 1987 die Anweisung gegeben hatte, Hoechst die Genehmigung im nichtöffentlichen Verfahren zu erteilen, wählte die Bürgerinitiative den Weg des Widerspruchverfahrens mit Bezug auf das Bundesimmissionsschutzgesetz, welches für die Genehmigung gentechnischer Produktionsanlagen eine öffentliche Anhörung

157 Vgl. Sechs Super-Mäuse aus der Genfabrik, in: Der Spiegel 1982/52, S. 104–105.

158 R. Kollek, Biologisches Risikopotential gentechnisch veränderter Zellkulturen, Freiburg 1989, S. 4–6.

159 Vgl. z. B. Am Beginn des zweiten Jahrhunderts Hoechst Pharma: internationales Symposium, Frankfurt a. M. 1984 oder Hoechst AG (Hg.), Gentechnologie – mehr als eine Methode, Frankfurt a. M. 1986 (4. Auflage 1989 erschienen).

erforderlich machte.[160] Mehr als 300 Bürger legten aufgrund der von den Anlagen ausgehenden Gefahren sowie der bislang fehlenden Öffentlichkeitsbeteiligung sowohl gegen den ersten Anlagenteil als auch gegen den zweiten Anlagenteil Widerspruch ein.

Was folgte war ein über Monate anhaltender Streit zwischen Hoechst und der Höchster Bürgerinitiative, der in den Medien inzwischen große Aufmerksamkeit fand.[161] Im Herbst 1988 kam es sogar zu einer Klage der Anwohner der Anlage vor dem Frankfurter Verwaltungsgericht und damit zum ersten Rechtsstreit im Zusammenhang mit der Gentechnik innerhalb der BRD. Auch in diesem Verfahren beriefen sich die Kläger insbesondere auf ungeklärte Sicherheitsrisiken, eine fehlende Beteiligung der Öffentlichkeit sowie auf Zweifel an der gesellschaftlichen Notwendigkeit gentechnisch hergestellten Humaninsulins.[162] Während die 2. Kammer des Verwaltungsgerichts Frankfurt die Klage im Februar 1989 noch zurückwies[163], kam der VGH Kassel im November desselben Jahres zu dem Ergebnis, dass „weder das Bundesimmissionsschutzgesetz, noch andere Fachgesetze [...] eine ausreichende Rechtsgrundlage“ für „die Erteilung einer Genehmigung zur Errichtung und zum Betrieb der streitbefangenen Anlage“ bilden.[164] Solange eine gesetzliche Regelung fehlte, war die Hoechster Anlage somit zurückgestellt. Diese Entscheidung, die auch die Genehmigungsverfahren anderer Produktionsanlagen stoppte, beschleunigte den Beratungsprozess innerhalb der Politik erheblich und bereits im Mai 1990 kam es zur Verabschiedung des Gentechnikgesetzes durch den Bundesrat. Die Hoechster Produktionsanlage konnte allerdings erst im März 1998 in Betrieb genommen werden.[165]

Die Erfahrungen mit der Insulinanlage lehrten die in der BRD ansässigen Chemieunternehmen einen zurückhaltenden Umgang mit Fragen der Gentechnik in der Öffentlichkeit. Der reibungslose Bau einer gentechnologischen Produktionsanlage setzte an erster Stelle die Zustimmung bzw. die Duldung der in unmittelbarer Nähe ansässigen Bevölkerung voraus. Diese Erfahrung umsetzend durchlief die Marburger EPO-Genanlage der Behringwerke, nach erfolgreichen klinischen Tests des Hormons[166], bereits 1988 das bundesweit erste öffentliche Genehmigungsverfahren für gentechnische Anlagen. Bei den Behringwerken war die Unternehmensleitung darauf bedacht, die aus Frankfurt bekannten Fehler gar nicht erst zu begehen, und so suchten Wissenschaftler des Unternehmens aktiv

160 Vgl. G. Lüdemann, Chemiegigant will Vorreiterrolle spielen, in: Frankfurter Neue Presse vom 2. Dezember 1987.

161 Vgl. z. B. A. Fischer, Diabetiker auf der Warteliste, in: Die Welt, 11. April 1988, S. 19.

162 Einen guten Überblick über die Ereignisse im Zusammenhang mit der Hoechster Humaninsulin-Produktionsanlage gibt N. Barth, Der Fall Hoechst, in: M. Thurau (Hg.), Gentechnik, Frankfurt a. M. 1989, S. 245–259.

163 Verwaltungsgericht II/2 H 3022/88 vom 3.2.1989.

164 VGH Kassel, Beschluss vom 6.11.1989, in: Neue juristische Wochenschrift, 1990/H. 5, S. 336 und 337.

165 C. Fritzenkotter, Gen-Insulin aus Deutschland, in: Die Welt, 18. März 1998, S. 8.

166 Vgl. Gentechnisches Hormon besteht klinischen Test, in: Die Welt, 17. Januar 1987, S. IV.

den Kontakt zur Bevölkerung und auch zur Öffentlichkeit.[167] Wurde über diese neue Vorgehensweise der Unternehmen1988 zumindest wohlwollend von der Presse berichtet, so stellte sich die Situation nur ein halbes Jahr später wiederum völlig anders dar. Der Plan Grünenthals zur Herstellung eines Herzinfarktmedikaments mit Hilfe gentechnisch veränderter Bakterien veranlasste nicht nur Anwohner und Umweltschutzverbände zu massiven Protesten, sondern sorgte auch in der Presse für eine anhaltend intensive Diskussion „über mögliche Sicherheitsmängel“[168], auf die Vertreter betroffener Unternehmen mit Hinweisen bzw. Drohungen reagierten, geplante Forschungslabore und Produktionsstätten bei fehlender Zustimmung ins Ausland zu verlagern.[169]

Während der achtziger Jahre warben vornehmlich leitende Persönlichkeiten in Forschungseinrichtungen und Industrieunternehmen für die Sicherheit der Gentechnik sowie ihren Einsatz in Forschung und Entwicklung.[170] Ähnliche Positionen einer überschätzten Gefahr vertraten auch die beiden Mitglieder der Enquete-Kommission Wolf-Michael Catenhusen und Ernst-Ludwig Winnacker. Während sich Catenhusen insbesondere in politischen Fragen für die Nutzung der Gentechnologie stark machte bezog Winnacker, auch als Chef des Münchener Genzentrums, immer wieder Position für die Sicherheit der neuen Technologie. Ende der achtziger Jahre erklärte er die Anwendung der Gentechnologie als „völlig ungefährlich“ und „beherrschbar“.[171]

Wesentlich zurückhaltender waren dagegen Biowissenschaftler universitärer Forschungsinstitute. Äußerungen wie die vom Genetiker Peter Starlinger, Leiter des Instituts für Genetik der Universität zu Köln, der 1985 erklärte, „Ich habe mit vielen meiner Kollegen ein Interesse daran, daß gentechnische Experimente nicht unterbunden werden“[172], sind für die achtziger Jahre als Ausnahme zu betrachten, hatten die an den Forschungen beteiligten Wissenschaftler in der Öffentlichkeit doch nur selten Position zur Gentechnik bezogen. Schon 1984 trat Starlinger vor deutschen Medizinern für eine Nutzung der Gentechnik ein, wobei er potenzielle Risiken im Grunde nur in einem bewussten Missbrauch durch Wissenschaftler oder Ärzte befürchtete.[173] Starlingers öffentliche Auftritte sind bis in die neunzi-

167 Vgl. H.-J. Noack, „Wir haben noch weit mehr in der Küche“, in: Der Spiegel, 43/1988, S. 50–56.

168 Vgl. Gentechnik: „Zerreißprobe ohnegleichen“, in: Der Spiegel, 1989/16, S. 47.

169 Vgl. Musik in Brüssel, in: Der Spiegel, 46/1988, S. 269 oder Gentechnik: „Zerreißprobe ohnegleichen“, in: Der Spiegel, 1989/16, S. 47 oder BASF verlagert Gentechnik in die Vereinigten Staaten, in: Die Welt, 12. November 1988, S. 12.

170 Vgl. z. B. A. Nöldechen, Für die Industrie ist die Gentechnik bereits bewährtes Handwerkszeug, in: Die Welt, 15. August 1988, S. 15.

171 Vgl. „Die Gentechnologie ist beherrschbar“, Ein Gespräch mit Prof. Ernst-Ludwig Winnacker, in: die Welt, 11. Juli 1988, S. 15.

172 P. Starlinger, Gefahren der Genmanipulation?, in: Blätter für deutsche und internationale Politik 1985/30, S. 883.

173 Vgl. P. Starlinger, Medizinische Gentechnologie: Möglichkeiten und Grenzen, in: Deutsches Ärzteblatt, 1984/81, S. 2094 u. 2097.

ger Jahre hinein zu verfolgen, wenngleich zu beachten bleibt, dass seine Aktivitäten vielmehr in seinem Amt als Vorsitzender der ZKBS als in seinem Wissenschaftlerdasein an einer Universität begründet waren.[174] Das größte Diskussions-Forum für Wissenschaftler bot Mitte der achtziger Jahre der Bund demokratischer Wissenschaftler (BdWi), der im Dezember 1985 bereits eine Fachtagung zum Thema Gentechnologie anbot. Hier positionierten sich Genetiker, Molekularbiologen oder Biochemiker wie Benno Müller-Hill oder Ernst-Randolf Lochmann.[175]

Eine besondere Rolle für die aufkommenden öffentlichen Diskussionen Mitte der achtziger Jahre nahmen die Biologinnen Regine Kollek und Beatrix Tappeser ein. Kollek zählte in den achtziger Jahren in der BRD zu den zentralen Figuren einer aufkommenden ethisch-theologischen, aber auch einer Sicherheitsdiskussion um die Eingriffe in das Erbmaterial. Ab 1985 beförderte sie durch Buchveröffentlichungen, Aufsätze, Zeitschriftenbeiträge, Vorträge und Interviews – zum Teil im Umfeld bzw. im Auftrag von den Grünen – nicht nur den Beginn einer ethischen Diskussion der Eingriffe in das menschliche Erbgut, sondern auch eine öffentlich geführte Sicherheitsdiskussion, während sie zugleich der Enquete-Kommission Chancen und Risiken der Gentechnologie des Deutschen Bundestags wissenschaftlich beistand. In ihren zahlreichen Beiträgen wie *Gen-Technologie: Die neue soziale Waffe* (1985)[176], *Sicherheitsaspekte der experimentellen Arbeit mit Retroviren* (1986)[177] oder *Gentechnologie und biologische Risiken* (1988)[178] ging es ihr neben der Erörterung und Beweisführung konkreter Risiken v. a. darum, die bislang ausschließlich im Kreise von Wissenschaft und Politik geführten Diskussionen in die breite Öffentlichkeit zu tragen. Auch ihre Fachkollegin Beatrix Tappeser trat seit Ende der achtziger Jahre für eine verstärkte Risikoforschung im Bereich gentechnischer Produktion ein. Zunächst als Vorstandsmitglied und seit 1987 auch als wissenschaftliche Mitarbeiterin des Öko-Instituts erwuchs sie in der Bundesrepublik durch ihre starke Präsenz als Referentin bei öffentlichen Diskussionsrunden sowie durch die Herausgabe von Publikationen, wie *Der achte Tag der Schöpfung* (1989)[179], zu einer Stimme des öffentlichen Widerstands gegen den Einsatz der Gentechnik ohne vorherige Technikfolgenabschätzung.

Neben Unternehmen, wissenschaftlichen Instituten und Einzelpersonen traten in den frühen Sicherheitsdiskussionen auch erste Umweltverbände in Erscheinung. Sie äußerten sich auf Veranstaltungen und in Sammelbänden nicht nur kritisch gegenüber geplanten Freisetzungen, sondern traten v. a. für eine öffentlich

174 Vgl. z. B. P. Starlinger, Molekulargenetische Grundlagenforschung, in: Rheinisch-Westfälische Akademie der Wissenschaften (Hg.), Parlamentarisches Kolloquium, Opladen 1990, S. 18 f.

175 Vgl. Bund demokratischer Wissenschaftler e. V. (Hg.), Gentechnologie, Marburg 1986.

176 F. Hansen/R. Kollek (Hg.), Gen-Technologie: Die neue soziale Waffe, Hamburg 1985.

177 In: R. Kollek/G. Altner/B. Tappeser (Hg.), Die ungeklärten Gefahrenpotentiale der Gentechnologie, München 1986, S. 49–69.

178 In: WSI Mitteilungen, 1988/41, S. 105–116.

179 Vgl. T. Weidenbach/B. Tappeser, Der achte Tag der Schöpfung, Frankfurt a. M. 1989.

geführte Diskussion ein. Nennenswerte Protestaktionen gab es während der achtziger Jahre kaum.[180] Neben einem 1986 vereitelten Bombenanschlag auf das Berliner Genzentrum durch die feministische und militante Gruppe Rote Zora, die sich grundsätzlich gegen Forschungen und Entwicklungen im Bereich der Gentechnologie wandte[181], ist im Grunde nur die Bürgerinitiative Höchster Schnüffler und Maagucker mit ihrem zeitweise erfolgreichen Protest gegen den Bau der Hoechster Insulin-Produktionsanlage zu nennen.[182] Thematisch breiter gefasst setzte sich auch das GeN für eine öffentlich geführte Sicherheitsdiskussion ein, das sich 1986 zur Auseinandersetzung mit kritischen Themen der Bio-, Gen- und Reproduktionstechnologien gegründet hatte.[183] Das Netzwerk äußerte sich auch über ökologische Fragestellungen hinaus und beteiligte sich während der achtziger Jahre insbesondere über die Herausgabe des alle zwei Monate erscheinenden *Gen-ethischen Informationsdiensts* (GID) an der Sicherheitsdiskussion. Mit der Zeitschrift bot das GeN der interessierten Öffentlichkeit im Wesentlichen ein umfangreiches Informationsangebot, um darüber eine kritische Auseinandersetzung mit dem Thema Gentechnik zu ermöglichen. Zwar setzte eine Mitgliedschaft[184] im Netzwerk keine Ablehnung der Gentechnik voraus, die Berichterstattung des GID lässt die angekündigte Objektivität jedoch bis in die Gegenwart weitgehend vermissen. Die Bereitstellung des in weiten Teilen sehr einseitigen, Anti-Gentechnik orientierten Informationsangebots und die Mobilisierung zu aktivem Widerstand offenbarten vielmehr eine Anti-Gentechnik Stimmung innerhalb des Netzwerks.[185]

5.3.3. Ökologische Gefahren transgener Nutzpflanzen

Zwar erfolgte die erste Freisetzung gentechnisch veränderter Pflanzen in der BRD erst im Jahr 1990, jedoch waren Diskussionen darüber bereits im Vorfeld aufgekommen. Schon in den siebziger Jahren gab es Visionen eines Einsatzes der Gen-

180 Während der achtziger Jahre traten Umweltschutzorganisationen vielmehr über öffentliche Aufrufe, wie z.B. gegen die Freisetzung von GVO's, in Erscheinung. Vgl. beispielhaft, Warnung vor riskanter Gentechnik, in: Der Spiegel 1988/10, S. 265.

181 Vgl. B. Gill, Gentechnik ohne Politik, Frankfurt a. M. 1991, S. 61.

182 Zudem verübte die autonome Gruppe *Zornige Viren* in der Nacht vom 1. auf den 2. Januar 1989 einen Brandanschlag auf das Institut für Biochemie in Darmstadt. Vgl. M. Kemme, Risiko Gentechnik?, in: H. G. Gassen/M. Kemme, Gentechnik, Frankfurt a. M. 1996, S. 340.

183 Vgl. Vereinssatzung Gen-ethisches Netzwerk e. V., abrufbar unter http://www.gen-ethisches-netzwerk.de/gen-ethisches-netzwerk-fuer-verantwortung-wissenschaft-und-forschung

184 Ende der achtziger Jahre zählte das GeN bereits über 850 Mitglieder, unter denen sich u. a. Naturwissenschaftler, Pfarrer, Lehrer und Angestellte des Bundesgesundheitsamts befanden. Vgl. M. Greffrath, Debatten in Gang setzen, in: R. Klingholz (Hg.), Die Welt nach Maß, Reinbek 1988, S. 191.

185 Vgl. die Inhalte des GID während der achtziger Jahre, Gen-ethisches Netzwerk e. V. (Hg.), Gen-ethischer Informationsdienst, Berlin 1985 ff.

technologie in der Landwirtschaft, die während der achtziger Jahre über eine sich abzeichnende kommerzielle Anwendung transgener Organismen sowie über erste internationale Freisetzungen transgener Bakterien und Pflanzen mehr und mehr Realität wurden.[186] Im Jahr 1987 war in der BRD ein Freisetzungsversuch mit einer Erbsensaat, geimpft mit gentechnisch manipulierten Bodenbakterien, erfolgt. Zu dieser Zeit entwickelte sich in Deutschland ein Bewusstsein und auch eine Diskussion über die Anwendungsmöglichkeiten der Gentechnik im Bereich der Nutzpflanzen[187], die vor allem durch Umweltverbände angestoßen und bestimmt wurde.

Ab Mitte der achtziger Jahre kam es international zu ersten Genehmigungen für Freilassungsversuche, die ein wachsendes öffentliches Interesse nach sich zogen. Im Jahr 1985 wurde von der amerikanischen Umweltbehörde Environmental Protection Agency (EPA) die erste Freilassung gentechnisch veränderter Lebewesen in die Umwelt genehmigt. Die Firma Advanced Genetic Sciences wollte auf einem Erdbeerfeld in Monterey County (Kalifornien) transgene Pseudomonas syringae Bakterien, sog. Eis-minus-Bakterien freisetzen, welche die Pflanzen vor Frostschäden schützen sollten. Einsprüche der Anwohner von Monterey County, ein verhängtes Moratorium sowie der Widerruf der Genehmigung durch die EPA[188] sorgten jedoch dafür, dass es erst 1987 zur Freisetzung der Bakterien kam, die noch während der achtziger Jahre unter dem Handelsnamen Frostban als Frostschutzmittel patentiert wurden.[189] Der erste offizielle Freisetzungsversuch der Eis-minus-Bakterien war zudem von Enthüllungen des prominenten Gentechnikgegners Jeremy Rifkin überschattet. Er hatte herausgefunden, dass Advanced Genetic Sciences im Vorfeld der Bewilligung Vorschriften nicht eingehalten und erste Freilandversuche bereits durchgeführt hatte. In der Folge kam es zu einer beinahe völligen Zerstörung des Versuchsfelds durch die radikale Umweltschutzorganisation Earth First. In Deutschland sorgte die erste Genehmigung für Versuche mit Frostschutzbakterien 1985 dagegen nur für kurze Aufmerksamkeit in den Printmedien.[190]

In der Folge erster amerikanischer und europäischer Freisetzungsversuche traten international eine Reihe von Umweltschutzverbänden als Gegner hervor. Sie standen den mit Hilfe der Gentechnik versprochenen Qualitätsverbesserungen der Pflanzen durch Übertragung von Genen und damit von Resistenzen gegen Krankheitserreger, Schädlinge sowie Herbizide, mit großen Vorbehalten gegenüber.

186 Vgl. z. B. R. H. Latusseck, Werkzeug für Pflanzen-Ingenieure, in: Die Welt, 29. März 1986, S. IV.

187 Vgl. R. Latusseck, Ertragssteigerungen mit der Injektionsnadel, in: Die Welt, 31. Januar 1987, S. IV oder Ders., Kartoffeln aus dem Reagenzglas, in: Die Welt, 3. Oktober 1987, S. IV.

188 Vgl. M. Pietschmann, Kein grünes Licht für eis-minus, in: DIE ZEIT vom 04. April 1986.

189 Vgl. A. R. Panesar/C. Knorr, Ökologische Gefahren der Freisetzung, in: M. Thurau (Hg.), Gentechnik, Frankfurt a. M. 1989, S. 214.

190 Vgl. Gemischte Gefühle, in: Der Spiegel, 1985/48, S. 270–274.

Eine durch Herbizid- und Pestizidresistenzen versprochene „partielle Entchemisierung“ schien ohne toxikologische und ökologische Folgewirkungen nicht möglich, denn diese Eigenschaften bedeuteten zugleich einen verstärkten Einsatz von giftigen Unkrautvernichtungs- und Schädlingsbekämpfungsmitteln in der Landwirtschaft.[191] Schon die Enquete-Kommission Chancen und Risiken der Gentechnologie hatte die gentechnische Herstellung von herbizidresistenten Pflanzen für solche Fälle abgelehnt, in denen es sich um Resistenzen gegenüber einem ökologisch und toxikologisch bedenklichen Herbizid handelte.

Das vielbenannte Versprechen, mit Hilfe der Gentechnologie die Länder der Dritten Welt in der Zukunft ausreichend mit Lebensmitteln versorgen zu können, fand nur wenig Zutrauen in der internationalen Öffentlichkeit. Unabhängig von der Tatsache, dass die Nahrungsmittelversorgung in diesen Ländern nicht als Mengen-, sondern vornehmlich als Verteilungsproblem erkannt wurde, zweifelten Kritiker an einer Einsatzmöglichkeit transgenen Saatguts in den Subsistenzproduktionen der Entwicklungsländer. Unter ökonomischen Gesichtspunkten führte eine Konzentration auf wenige Herbizide und Pestizide aus ihrer Sicht zu Abhängigkeiten von deren Produzenten. Die ökologischen Bedenken umfassten dagegen ein internationales Ausmaß. Die Folgen einer nicht auszuschließenden Auswilderung bzw. eines zufälligen Einkreuzens in verwandte Wildpflanzen waren regional nicht einzugrenzen, sondern ein globales Problem. Daran anknüpfend wurde auch die Übertragung von Pflanzengenen zur Produktion von Abwehrstoffen gegen Schadinsekten sehr kritisch gesehen, denn Wirkungen auf Nicht-Zielorganismen und die Gefahr einer durch großflächigen Anbau beschleunigten Resistenzbildung durch anpassungsfähige Schadinsekten bedeuteten eine Gefährdung des Ökosystems insgesamt.

Außerhalb der Umweltschutzverbände fanden die sich nach der Freilassungsgenehmigung für Eis-minus-Bakterien häufenden Freisetzungen transgener Organismen kaum Aufmerksamkeit in der BRD. Neben den Grünen, die sich gegen jede Anwendung der Gentechnologie und auch gegen jede staatliche Förderung gentechnologischer Forschungsprojekte wandten[192], machte sich auch das noch in der Gründungsphase befindliche GeN ab 1985 für ein wachsendes Bewusstsein der ökologischen und ökonomischen Folgen der Gentechnik sowie für eine Verbreitung der bislang weitgehend unbemerkten amerikanischen Diskussionen in der Öffentlichkeit stark.[193] Während in der Vereinszeitschrift GID im Jahr 1985 von der Anbaugenehmigung transgener Tabakpflanzen mit einer Resistenz gegenüber häufig auftretendem Bakterienbefall in den USA[194], 1987 von der mit einem

191 Vgl. D. Bartsch/M. Kiper/M. Thurau, Wie die Gentechnik die Landwirtschaft durchkapitalisiert, in: M. Thurau (Hg.), Gentechnik, Frankfurt a. M. 1989, S. 97.

192 Vgl. Ausführungen in Kapitel 5.2.

193 Das Gen-ethische Netzwerk e. V. (GeN) gründete sich 1986 als Verein zur Auseinandersetzung mit kritischen Themen der Bio-, Gen- und Reproduktionstechnologien. Die Vereinszeitschrift Gen-ethischer Informationsdienst (GID) erschien bereits seit 1985.

194 Vgl. Genmanipulierte Tabakpflanzen im Anbau, in: GID, 1987/13, S. 132.

transgenen Virenstamm infizierten Freisetzung von Raupen auf einem Gemüsefeld in Oxford[195] oder des im gleichen Jahr abgeschlossenen einjährigen Tests mit transgenen Nachtschattengewächsen des Brüsseler Biotechnologieunternehmens Plant Genetic Systems[196] zu lesen war, beliefen sich die Meldungen in deutschen Printmedien zur gleichen Zeit gegen Null. Nur innerhalb weniger deutscher Gruppierungen erwuchs zwischen den Jahren 1985 und 1988 eine zunehmende Skepsis gegenüber dem augenscheinlichen Ziel von Wissenschaft und Saatgutindustrie, mit Hilfe der Gentechnik abwehrstarke Pflanzen herstellen zu wollen. Die frühen Kritikpunkte zusammenfassend befürchtete die Bundeskonferenz entwicklungspolitischer Aktionsgruppen (BUKO) als Dachverband kleinerer Initiativen, Gruppierungen und Organisationen der BRD Ende der achtziger Jahre für den Fall eines großflächigen Anbaus transgener Getreidesorten, eine massive Verarmung genetischer Ressourcen, ökologischen Raubbau sowie zunehmende ökonomische Abhängigkeiten.

Unter den großen deutschen Umweltschutzverbänden nahm sich auch der 1975 gegründete BUND frühzeitig dem Thema Gentechnik an. Im Jahr 1986 richtete er den Arbeitskreis Bio- und Gentechnologie ein, der sich bis heute der Kritik und den rechtlichen Regelungen dieses Technologiebereichs verschreibt. Zwar erschien noch 1987 das erste BUND-Positionspapier unter dem Titel *Gentechnologie – Gedeih oder Verderb*, jedoch blieb dieses Papier bis zum Beginn der neunziger Jahre die einzige nennenswerte Veröffentlichung und öffentlichkeitswirksame Aktion des BUND zum Thema.[197] Ähnlich verhielt es sich mit dem bereits 1899 gegründeten Naturschutzbund Deutschland e. V. (NABU), der die Gentechnik 1988 erstmals als Titelthema des Mitgliedermagazins *Naturschutz heute*[198] aufgriff. Eine wesentliche Rolle nahmen Fragen rund um die Gentechnik in den Folgejahren der Verbandsarbeit jedoch nicht ein.[199] Wesentlich engagierter zeigte sich dagegen das Öko-Institut. Ab 1986 trat das nur neun Jahre zuvor im Umfeld des Widerstands gegen das Kernkraftwerk Wyhl gegründete Institut mit Veranstaltungen von Diskussionsrunden und zahlreichen Publikationen in die Öffentlichkeit, u. a. begleitet durch die bereits von den Sicherheitsdiskussionen bekannten Biologinnen Regine Kollek und Beatrix Tappeser.[200]

Auffällig ist die während der achtziger Jahre durchgängig fehlende Präsenz von Greenpeace Deutschland. Die ab den späten Neunzigern zu einem der welt-

195 Vgl. Erste Freisetzung in Europa, in: GID 1987/18, S. 172–173.

196 Vgl. Herbizidresistenz durch Gentechnik, in: GID, 1987/21, S. 210–211.

197 Vgl. BUND (Hg.), Der wissenschaftliche Beirat des BUND 1975–2006, Berlin 2007, S. 26–27.

198 Vgl. Naturschutz heute, 1988/4, Titelthema.

199 An dieser Stelle möchte ich Dr. Steffi Ober vom NABU für Ihre hilfreichen Hinweise zur Verbandsarbeit danken.

200 Zu den Publikationen der achtziger Jahre gehören u. a. R. Kollek, Die ungeklärten Gefahrenpotentiale der Gentechnologie, München 1986; I. Stumm, Gefahren der Gentechnik, Freiburg i. Br. 1986; B. Tappeser, Gentechnik: Diskussionsbeiträge aus dem Öko-Institut, Freiburg i. Br. 1988 oder M. Thurau, Gentechnik – wer kontrolliert die Industrie?, Frankfurt a. M. 1989.

weit schärfsten Gentechnikgegnern avancierende internationale Organisation war erstmals 1980 auf deutschem Boden als Greenpeace e. V. in Aktion getreten und hatte in seinen Anfangsjahren insbesondere Themen wie Atomkraft, Giftmüll und das Ozonloch auf der Agenda. Für eine Thematisierung der Gentechnik war in den ersten fünfzehn Jahren der deutschen Vereinsarbeit offenbar kein Platz. Erst 1996 unternahm der Verein eine erste öffentliche Aktion zum Thema Gentechnik[201] und beeinflusste fortan die Inhalte und den Verlauf der Diskussionen zur landwirtschaftlichen Anwendung der Gentechnik maßgeblich in Deutschland.

Zu einer der größten Aktionen der in der BRD ansässigen Umweltschutzverbände – darunter auch das GeN und das Öko-Institut – gehörte 1988 ein gemeinsamer Aufruf gegen einen Plan der EG-Kommission und Chemieindustrie, die Freisetzungsexperimente auch ohne Öffentlichkeitsbeteiligung genehmigungsfähig machen wollten. Die ZKBS sah eine Beteiligung von Umweltschutzverbänden neben den Experten-Gremien jedoch als eine Gefahr, die „eine sachbezogene öffentliche Diskussion eher behindern" würde. Die Verbände verfassten daraufhin einen gemeinsamen Aufruf, der in der Öffentlichkeit große Beachtung fand.[202]

Während das GeN, das Öko-Institut und Die Grünen in der BRD eine breite Öffentlichkeit für die international propagierten ökologischen und ökonomischen Gefahren gentechnischer Anwendungen im landwirtschaftlichen Bereich mobilisierten, entdeckten die deutschen Printmedien das Thema Grüne Gentechnik erst gegen Ende der achtziger Jahre für sich. Für erste große Aufmerksamkeit sorgte 1987 ein Freisetzungsversuch des Genetikers Walter Klingmüller und seiner Kollegen der Universität Bayreuth, die eine Erbsensaat mit gentechnisch manipulierten Bodenbakterien geimpft hatten. Den Ort des Erbsenackers wollten sie allerdings nicht bekannt geben, aus Angst da „würde doch bald eine Rotte Grüne kommen und alles zertrampeln". Der von der ZKBS genehmigte Versuch sorgte insbesondere vor dem Hintergrund der Genehmigungspraxis für schwere Kritik, da der Vorsitzende der Kommission, Werner Goebel, trotz des Einsatzes von transgenen Bakterien von einem natürlichen Vorgang ausging und somit keinen Grund für ein Verbot desselben sah.[203] Zugleich zeigt die schon frühe Furcht vor Feldzerstörungen, wie stark der noch junge ökologische Widerstand gegen die Gentechnik bereits im Jahr 1987 in Deutschland eingeschätzt wurde. Da nennenswerte Aktionen solcherart bis zu diesem Zeitpunkt – zumindest in der BRD – weitestgehend ausgeblieben waren, lässt sich die Angst vor Versuchssabotagen insbesondere auf die Erfahrungen der ökologischen Bewegung der siebziger Jahre zurückführen.

Ökologische Gefahren, verursacht durch den Eingriff des Menschen in die Natur, wurden nicht erst mit Beginn der Diskussionen um die Anwendung der Gentechnik in der Landwirtschaft gesehen. Ein ökologisches Bewusstsein hatte

201 Hier möchte ich Sabine Schupp von Greenpeace für die hilfreichen Hinweise zu ersten Anti-Gentechnik-Aktionen von Greenpeace Deutschland danken.

202 Vgl. Warnung vor riskanter Gentechnik, in: Der Spiegel, 1988/10, S. 265.

203 Vgl. Tür auf, in: Der Spiegel 1987/31, S. 135 und 138.

sich in der BRD schon wesentlich früher entwickelt und war spätestens seit Anfang der siebziger Jahre und der Perzeption einer globalen Umweltkrise Thema öffentlich-politischer Diskussionen. Die Verabschiedung des ersten Umweltprogramms der Bundesregierung im Jahr 1971 zeigt, dass Umweltschutz bereits zu Beginn der siebziger Jahre von Seiten der Politik als neue gesellschaftspolitische Aufgabe begriffen wurde. Ein erhöhtes Risikobewusstsein in Umweltfragen hatte innerhalb der deutschen Bevölkerung mehr und mehr zu einer Bereitschaft zur Mitwirkung in Bürger- und Umweltinitiativen geführt, die mit dem Beginn der Auseinandersetzungen um die Kernenergie um 1973 oftmals auch mit Bauplatzbesetzungen und Blockaden in Aktion traten.[204] Zu einer der stärksten Bürgerrechtsbewegungen gehörte bis Mitte der achtziger Jahre die Anti-Atomkraft-Bewegung (Anti-Akw-Bewegung). Die im Bereich der Gentechnik aktiven Umweltverbände, wie das Öko-Institut oder der BUND, waren entweder aus dieser Bewegung hervorgegangen oder hatten sich dem Thema aus allgemeinen umweltpolitischen Gründen angenommen. Zwar waren radikale Protestaktionen gegen die Gentechnologie, abgesehen von einem Sprengstoffanschlag der militanten Frauengruppe Rote Zora gegen den Heidelberger Technologiepark im April 1985[205], bis zu diesem Zeitpunkt kaum in der BRD aufgetreten, aber die organisatorische Verbindung der Gentechnikgegner zur Anti-AKW-Bewegung ließ die Bayreuther Forscher ähnliche Aktionen auch in diesem neuen Technologiebereich befürchten.

Die aufkommende Vermutung, es könnte sich bei den Diskussionen um die Nutzung der Gentechnik in der Landwirtschaft um eine Fortführung der Umwelt- und Ökodiskussionen der siebziger und frühen achtziger Jahre handeln, konnte während der Recherchen zu dieser Arbeit zwar durch zahlreiche Indizien gestützt werden, jedoch wurde aufgrund des begrenzten Rahmens der Arbeit keine gezielte Untersuchung in diese Richtung unternommen, um eine solche These hinreichend zu klären.[206]

An dieser Stelle soll ein weiterer Bereich der Grünen Gentechnik, der Einsatz in der Nutztierhaltung, nicht unerwähnt bleiben. Besondere Aufmerksamkeit erlangte die Herstellung des rekombinanten Rinderwachstumshormons Bovines Somatotropin (rBST). Schon zu Beginn der achtziger Jahre gab es in der deutschen Presse erste Berichte über Versuche mit Wachstumsgenen, die zunächst in befruchtete Eizellen von Mäusen transferiert wurden, langfristig jedoch auf Schweine, Schafe und Kühe angewandt werden sollten.[207] Das von der Hirnan-

204 Vgl. K. F. Hünemörder, Die Frühgeschichte der globalen Umweltkrise und die Formierung der deutschen Umweltpolitik (1950–1973), Stuttgart 2004, S. 22–23 und 110–111.

205 Vgl. http://www.idverlag.com/BuchTexte/Zorn/Zorn51.html (Aufgerufen am 14. Juni 2010).

206 Einen frühen Vergleich der Kernenergie- und der Gentechnik-Kontroverse unternahm Joachim Radkau. Vgl. J. Radkau, Hiroshima und Asilomar, in: Geschichte und Gesellschaft, 1988/14, S. 329–363.

207 Vgl. Sechs Super-Mäuse aus der Genfabrik, in: Der Spiegel, 1982/52, S. 104–105 oder Erbgut gestohlen, in: Der Spiegel 1984/41, S. 268–270.

hangdrüse produzierte und freigesetzte Rinderwachstumshormon Bovines Somatotropin sorgt für einen Fleischzuwachs bei Rindern und Steigerungen der Milchabgabe bei Kühen. Mitte der achtziger Jahre kam es infolge der Patentierung einer Methode zur Gewinnung von rBST in den USA zu intensiven Diskussionen, die spätestens ab 1987 auch in europäischen Staaten zu beobachten waren.[208] Zwar war eine direkte gentechnische Manipulation von Säugetieren während der achtziger Jahre technisch noch undenkbar, die Lokalisation des für das Rinderwachstumshormon verantwortlichen Gens ermöglichte über dessen Einschleusung in das Genom von Bakterien jedoch die Gewinnung des Genprodukts. Erste „Riesenschweine“ und „Riesensschafe“ litten u. a. an Erkrankungen wie Gelenkdeformationen, Herzschwäche und Arthritis, die den Forderungen der Kritiker eines Verzichts auf den Einsatz von rBST in der Diskussion Nachdruck verliehen.

In der BRD war das Interesse der Öffentlichkeit für das rBST spätestens nach einem Bericht von Sabine Rosenbladt und ihren Kollegen geweckt. Im Rahmen von Recherchearbeiten für eine Serie zum Thema „Gentechnik“ in der Zeitschrift natur hatte die Gruppe um Rosenbladt in der Bundesanstalt für Milchforschung in Kiel herausgefunden, dass die (Test-)Milch hormongespritzter Kühe bereits in Deutschland vermarktet wurde, ohne dass die Verbraucher darüber informiert wurden.[209] Das rBST entwickelte sich daraufhin zu einem Skandalthema in der Presse und auch das Europaparlament und die Europäische Kommission sahen sich von nun an zu einer Auseinandersetzung mit dem Thema gezwungen. Konkrete Anknüpfungspunkte für die Diskussion um die Einführung des Hormons in der BRD boten die Bereiche Tiergesundheit, Agrarstruktur und Nahrungsmittelqualität. Zu den wesentlichen Akteuren in diesem Diskussionsfeld gehörten Ende der achtziger Jahre Mitglieder des GeNs, die Arbeitsgemeinschaft Kritische Tiermedizin sowie erste Bauern- und Verbraucherverbände, darunter vor allem die Arbeitsgemeinschaft Bäuerliche Landwirtschaft e. V. (AbL) und die Verbraucher Initiative e. V.[210]

Neben den Diskussionen um die ökologischen Gefahren transgener Lebensmittel und Nutztiere entwickelte sich gegen Ende des Jahres 1987 insbesondere in den USA eine öffentliche Diskussion über die Patentierbarkeit von Lebewesen. Das Urteil des U.S. Patent and Trademark Office vom 7. April 1987, das auch gentechnisch veränderte, höhere Lebewesen als patentierbar erklärte, löste in der BRD v. a. unter Tier- und Umweltverbänden einen unmittelbaren Sturm der Entrüstung aus. Nun galten nicht mehr ausschließlich gentechnische Verfahren oder einzelne Mikroorganismen als patentierbar, sondern auch Lebewesen und darüber

208 Die Tiermedizinerin Anita Idel spricht in diesem Zusammenhang sogar von einer sich entwickelnden Widerstandsbewegung.

209 Vgl. H. Lorenzen, Pharmaindustrie will Einstieg der Gentechnik in den Tierstall, in: Unabhängige Bauernstimme, 1987/85, S. 8–9 oder A. Idel, Gedopte Kühe – Nein danke!, in: C. Keller/F. Koechlin (Hg.), Basler Appell gegen Gentechnologie, Zürich 1989, S. 137.

210 Vgl. A. Idel, Gedopte Kühe – Nein danke!, in: C. Keller/F. Koechlin (Hg.), Basler Appell gegen Gentechnologie, Zürich 1989, S. 135.

Säugetiere. Zwölf Monate nach der Entscheidung wurde in den USA das erste Patent auf ein Säugetier sowie alle seine Nachkommen erteilt. Konkret auf eine Maus, die sog. „Krebsmaus", deren gentechnische Veränderung eine besondere Anfälligkeit für Krebs gewährleistete, womit sie vor allem zur Erforschung von Krebsmedikamenten geeignet war.[211] 1992 erteilte auch das Europäische Patentamt einen rechtlichen Schutz auf diese Maus, wobei sich die international aufkommende Kritik an dieser Politik insbesondere gegen die Kommerzialisierung sämtlicher Lebensformen richtete.[212] Wenngleich die erste Patentierung eines transgenen Lebewesens im Bereich der Roten Gentechnik angesiedelt war, drohte die befürchtete Kommerzialisierung in den achtziger Jahren vielmehr in dem technisch fortgeschritteneren Bereich der Grünen Gentechnik.

Während sich deutsche Bauern noch bis Ende der achtziger Jahre ausgesprochen zurückhaltend verhielten, erklärte der Verband der Chemischen Industrie e. V. (VCI), bestehende „Beeinträchtigungen der internationalen Wettbewerbsfähigkeit" durch die von der EG-Kommission 1989 geplanten Änderung der Patentregelungen für aufgehoben.[213] Zuvor bezog bereits der geschäftsführende Direktor des Max-Planck-Instituts für ausländisches und internationales Patent- und Urheberrecht im Rahmen einer Anhörung des Rechtausschusses des Deutschen Bundestages eine ähnliche Position, wenn er auf ein Grundsatzurteil des Bundesgerichtshofs von 1969 aufmerksam machte, welches besagte, dass der gegenwärtige Stand der naturwissenschaftlichen Erkenntnis keinen Grund gebe, die planmäßige und weitgehend beherrschbare Ausnutzung biologischer Naturkräfte und Erscheinungen weiterhin dem Patentschutz zu unterstellen.[214]

Sollen nun am Ende des Kapitels die zentralen Akteure der in den achtziger Jahren aufkommenden, sich jedoch kaum mehr völlig entfaltenden Diskussionen im Umfeld der Grünen Gentechnik nochmals zusammengefasst werden, so findet sich neben einer kleinen Gruppe von Umwelt-, Landwirtschafts- und Verbraucherverbänden lediglich eine ebenso kleine Gruppe von bedeutenden Einzelakteuren. Auf der Seite der Interessenverbände haben im Wesentlichen das GeN, das Öko-Institut und die Arbeitsgemeinschaft Kritische Tiermedizin entscheidende Rollen beim Aufkommen einer öffentlichen Diskussion übernommen. Dagegen war von deutschen Bauern- und Landwirtschaftsverbänden kaum eine Reaktion auf die Diskussionen festzustellen. Nur vereinzelt wurden Stimmen laut, die in der Gentechnologie eine Reduzierung der Sortenvielfalt und eine zunehmende Konzentration auf kapitalintensive Betriebe und damit nicht zuletzt eine Gefahr für bäuerliche Existenzen sahen.[215]

211 Vgl. Schutz für manipulierte Mäuse, in: Die Welt, 22. April 1988, S. 17.
212 Vgl. US-Patentamt will jetzt auch Tiere und Pflanzen patentieren, in: GID, 1987/22, S. 233 oder Schielende Sau, in: Der Spiegel, 1987/19, S. 249–256.
213 Vgl. „Irgendwann gibt es ein Patent auf Brot", in: Der Spiegel, 1989/21, S. 229.
214 Vgl. E. Nitschke, Schutz für biologische Erfindungen, in: Die Welt, 4. Februar 1988, S. 19.
215 Vgl. M. Schumacher, Manipulierte Gene – Gefahr für bäuerliche Existenzen?, in: Unabhängige Bauernstimme, 1987/79, S. 8–9.

Da die aufkommenden Diskussionen vor allem aus der Arbeit und den Aktionen der genannten Verbände und Organisationen hervorgingen, sind Einzelakteure in den Auseinandersetzungen kaum auszumachen. Zu nennen ist jedoch die Tiermedizinerin Anita Idel, die als Mitglied der Arbeitsgemeinschaft Kritische Tiermedizin seit Ende der achtziger Jahre vehement gegen eine Zulassung des rBST eintrat. In Vorträgen und Aufsätzen wies sie wiederholt auf die aus ersten Versuchen bereits bekannten und zukünftig zu erwartenden schwerwiegenden, medizinischen Folgewirkungen für die Tiere hin.[216]

Zudem sorgten insbesondere Aktionen des Amerikaners Jeremy Rifkin immer wieder für Aufmerksamkeit in der BRD. In seiner Heimat nutzte er jede Gesetzeslücke zur Verhinderung geplanter Freilandversuche oder zur Einreichung von Klagen gegen die amerikanischen Gesundheitsbehörden. Als amerikanische Symbolfigur der aktiven Bewegung gegen die Anwendung der Gentechnologie gelang es ihm auch in der BRD über zahlreiche Zeitschriftenbeiträge, Essays, Buchveröffentlichungen, Stellungnahmen und Interviews, auch ohne aktives Vorgehen gegen politische Unzulänglichkeiten, und damit rein auf der Ebene der Diskussion ideologischer Grundsatzfragen, zu einem der bekanntesten Gentechnikgegner heranzuwachsen. Rifikin wollte solange auf die potenziellen Gefahren aufmerksam machen, „bis eine informierte Öffentlichkeit in aller Welt über die Gefahren eines biologischen Wettrüstens mit Hilfe der Gentechnik diskutiert.“[217]

Die deutschen Printmedien verfolgten die Protestaktionen des Gründers der amerikanischen Aktivistenorganisation Foundation on Economic Trends bereits während der achtziger Jahre. Rifkin hatte beispielsweise 1984 die vorläufige Sistierung eines Freisetzungsexperiments zweier Wissenschaftler der Universität von Kalifornien erwirkt, die transgene Pseudomonas-Bakterien als Frostschutzmittel für Tomaten testen wollten.[218] Diese Aktion Rifkins fand auch in deutschen Printmedien Beachtung und zog innerhalb der aufkommenden deutschen Diskussion eine besondere Sensibilisierung für transgene Frostschutzmittel nach sich.[219] Zudem unterstützten die zahlreichen öffentlichen Stellungnahmen Rifkins gegen die Patentierbarkeit von Lebewesen zugleich eine zunehmende Verzerrung der Gentechnik-Diskussionen.[220] Zwar hatten transgene Lebewesen in den USA zur ersten Patentierung eines Säugetiers geführt, jedoch verbanden sich mit dieser Entscheidung des U.S. Patent and Trademark Office weniger Fragen einer grundsätzlichen Notwendigkeit der Gentechnik, sondern vielmehr ethische Grundsatz-

216 Vgl. A. Idel, Gedopte Kühe – Nein danke!, in: C. Keller/F. Koechlin (Hg.), Basler Appell gegen Gentechnologie, Zürich 1989, S. 131 f. oder A. Idel, Gentechnik in der Landwirtschaft, in: Die GRÜNEN im Bundestag (Hg.), Frauen & Ökologie, Köln 1987, S. 158 f.

217 Vgl. „Wir halten sie auf, bis die Hölle zufriert“, *Spiegel* Gespräch mit Jeremy Rifkin, in: Der Spiegel, 1987/25, S. 168–173, hier S. 170.

218 Vgl. S. Ryser/M. Weber, Gentechnologie – eine Chronologie, Basel 1990, S. 26 und A. Nöldechen, Rifkins Masche zieht nicht mehr, in: Die Welt, 14. Dezember 1985, S. IV.

219 Vgl. Gemischte Gefühle, in: Der Spiegel, 1985/48, S. 270–274.

220 Vgl. J. Rifkin, Patentierung von Tieren und Pflanzen, in: GID, 1987/22, S. 233–235 oder „Wir halten sie auf, bis die Hölle zufriert“, in: Der Spiegel, 1987/26, S. 168–173.

fragen. Rifkin verknüpfte beide Fragen jedoch miteinander und leistete einer undifferenzierten Betrachtung beider Bereiche Vorschub.

5.4. VON DER DISKUSSION UM DIE REPRODUKTIONSTECHNOLOGIE ZUR GENTECHNOLOGIE

Wie in der Arbeit bereits mehrfach angeklungen, waren die Diskussionen um die Gentechnologie von Beginn an geprägt von Missverständnissen um den Gegenstand dieser Technologie. Insbesondere in den Printmedien erfolgten immer wieder Fehlzuschreibungen, so dass eine Ablehnung der IVF, Genomanalyse oder Klonierung von Lebewesen auch eine Ablehnung gentechnischer Versuche und Anwendungen zur Folge hatte. Schon die ersten Debatten zu einer zukünftigen Gentechnologie während des Ciba-Symposiums von 1962 wurden im Kontext der umstrittenen neuen Reproduktionstechniken geführt. Als die Gentechnik-Diskussionen Mitte der achtziger Jahre in der BRD aufkamen, waren die Diskussionen um Retortenbabies, Mietmütter und Samenbanken bereits in vollem Gange. Da sich die Fragen der einen Technologie offenbar an die Fragen der Anderen anknüpften, war es im Grunde selbstverständlich beide Technologiebereiche in den Diskussionen zusammenzuführen. Stellten sich im Zusammenhang mit der IVF Fragen nach dem Schutz des Lebens, der Zulässigkeit eines künstlichen Eingriffs in das Leben des Menschen und dem Menschenbild im Allgemeinen, ergaben sich diese Fragen in Bezug auf die Gentherapie genauso. Auch die Genomanalyse, die weder der Reproduktions-, noch der Gentechnologie zuzuordnen ist, wurde durch Parallelen der damit verbundenen ethischen Fragestellungen in die Gentechnikdiskussionen aufgenommen.

Am Anfang der innerdeutschen Diskussionen um die Reproduktionstechnologie steht ein Ereignis vom April 1982. Gemeint ist die Geburt des ersten sog. „Retortenbabies“ in der BRD. Als im Juli 1978 das weltweit erste, durch IVF gezeugte Kind in England zur Welt kam, hatte die Nachricht in Deutschland nur kurzfristig für Aufsehen gesorgt. Nun, da in der Uniklinik Erlangen das erste „Retortenbaby“ Deutschlands geboren, und zugleich eine große Nachfrage nach der Anwendung der IVF zu verzeichnen war, zeigte sich eine verstärkte öffentliche Aufmerksamkeit für das Thema. Neben betroffenen Familien und Gynäkologen, die die Möglichkeiten der IVF mehrheitlich befürworteten, stellten sich Kirchen und Verbände in den öffentlichen Diskussionen gegen die Anwendung dieser neuen Reproduktionstechnik. In Kombination mit den immer besser werdenden Möglichkeiten der Pränataldiagnostiken zur frühzeitigen Erkennung von Erbkrankheiten brachten sich auch Behindertenverbände verstärkt in die Diskussionen ein. Die in den achtziger Jahren bereits angekündigte Entwicklung und Anwendung einer Präimplantationsdiagnostik, also die molekulargenetische Untersuchung auf Erbkrankheiten von In-vitro Embryonen vor ihrer Implantation in den Uterus, sorgte für eine generelle Diskussion sämtlicher Biotechniken. Für erhebliches Aufsehen sorgte u. a. die militante Frauengruppe Rote Zora, die ihrer radikalen Ablehnung mit einem Sprengstoffanschlag auf den Biotechnologiepark in Heidelberg Ausdruck verlieh, den sie unmittelbar im Vorfeld des Bonner Kongresses *Frauen gegen Gen- und Reproduktionstechnologien*[221] verübte.[222]

Somit wurden bereits die frühen Debatten zur Gentechnologie in der BRD von Beginn an im Umfeld der wesentlich fortgeschritteneren Diskussionen um die Reproduktionstechnologie geführt. Dies zeigte sich u. a. in Veranstaltungs- und Gremientiteln, so im BMFT-Fachgespräch *Ethische und rechtliche Probleme bei der Anwendung gentechnischer und zytologischer Methoden am Menschen* von 1983 oder der sog. Benda-Kommission *Arbeitsgruppe In-vitro-Fertilisation, Genomanalyse und Gentherapie.*[223] Einen eigenen Rahmen zur Diskussion erhielt die Gentechnologie während der achtziger Jahre selten. Offenbar waren den Diskutanten die Grenzen beider Technologiebereiche nur selten bewusst, denn nur wenige machten auf die Fehlzuschreibungen aufmerksam. Ernst-Ludwig Winnacker tat sich hier als einer der wenigen Einzelkämpfer hervor, der sich für eine Trennung der parallel diskutierten Technologiebereiche stark machte. So richtete Winnacker, als Reaktion auf einen Artikel, der den Gentechnologie-Begriff völlig falschen Zusammenhängen benutzte, z. B. einen Brief an die Redaktion des *Deutschen Ärzteblattes*:

> „Es ist wichtig, daß die Öffentlichkeit diese Unterschiede verstehen lernt, da eine pauschale Verurteilung der Gentechnologie, wie sie hier und anderswo oft impliziert wird, die heute im Mittelpunkt stehenden Anwendungen, wie zum Beispiel die Insulinproduktion, torpedieren würden."[224]

Durchgängig differenzierte Betrachtungen erfolgten weder hier noch in anderen Medien. In der Folge waren *Spiegel*-Titelthemen, wie *Die Babymacher. Zeugung in der Retorte – Eingriff ins Erbgut*[225] oder Beiträge in *Die Welt* wie *Wir sind keine Menschenmacher – Deutsche Gentechnologen beteiligen sich intensiv an der Befruchtung im Reagenzglas*[226], ein ständiger Begleiter der bundesdeutschen Gentechnik-Diskussionen der achtziger Jahre.

Die Frage, warum die ähnlich gelagerten Probleme der Gentechnologie nicht vielmehr umgekehrt unter dem Begriff der Reproduktionstechnologie subsumiert wurden, konnte im Rahmen dieser Arbeit nicht untersucht werden. Die Entwicklungen zeigen jedoch, dass mit dem Aufkommen der Reproduktionstechnologien

221 Vgl. Die Grünen im Bundestag (Hg.), Frauen gegen Gentechnik und Reproduktionstechnik, Köln 1986.

222 Vgl. http://www.idverlag.com/BuchTexte/Zorn/Zorn51.html.

223 Vgl. Der Bundesminister für Forschung und Technologie (Hg.), Ethische und rechtliche Probleme der Anwendung zellbiologischer und gentechnischer Methoden am Menschen, Bonn 1984.

224 E.-L. Winnacker, Gentechnologie-Mißverständnis, in: Deutsches Ärzteblatt, 1984/81, S. 3386, Briefe an die Redaktion.

225 Vgl. Die Babymacher. Zeugung in der Retorte – Eingriff ins Erbgut, in: Der Spiegel 1986/3, Titelthema.

226 Vgl. I. Zahn, Wir sind keine Menschenmacher – Deutsche Gentechnologen beteiligen sich intensiv an der Befruchtung im Reagenzglas, in: Die Welt, 28. April 1984, S. IV.

nicht der Technologiebegriff, sondern vielmehr ihre Anwendungen wie die IVF oder PID im Mittelpunkt der öffentlichen Diskussionen standen. Anders verhielt es sich bei der Gentechnologie, bei der zunächst der Technologiebegriff und darauf folgend ihre konkreten Anwendungen in der Öffentlichkeit kommuniziert wurden. So lässt sich vermuten, dass die Suche nach einem Ober-Begriff für die bioethisch umstrittenen Anwendungen mit dem Bekanntwerden der Gentechnologie einen geeigneten Titel gefunden hatte.

5.5. ZUSAMMENFASSUNG

Die geringe Zahl der kritischen Beiträge zu Beginn der achtziger Jahre erlaubt es bis mindestens 1984 nicht von einer Diskussion innerhalb der bundesdeutschen Öffentlichkeit zu sprechen. Nur vereinzelte Akteure blieben über den Sicherheitsdiskurs der siebziger Jahre hinaus an dem Thema dran und zeigten ein Interesse an der Gentechnologie. Forschungen und Entwicklungen, die zu dieser Zeit im Wesentlichen in den USA vorangetrieben wurden, boten in der BRD nur selten Anlass zur Verbreitung oder gar Diskussion.

Die Gesamtbetrachtung der Umstände, unter denen um 1984/85 in Deutschland erste Diskussionen zur Gentechnologie aufkamen, führt zu dem Schluss, dass diese in wenigstens einem Problemfeld aus den zur selben Zeit wesentlich fortgeschritteneren Diskussionen um die neuen Reproduktionstechniken und damit zugleich aus der Frauenbewegung heraus entstanden. Beide Technologiebereiche schienen in weiten Teilen dieselben humanethischen Probleme aufzuwerfen. Theologen und Philosophen begannen bereits Anfang der achtziger Jahre Fragen zur ethischen Zulässigkeit der Gentechnologie in die Diskussionen um die Reproduktionstechnologie einzubeziehen. Bis Mitte der achtziger Jahre wurden die ethisch-moralischen Auseinandersetzungen um die Gentechnologie innerhalb der bestehenden Diskussionsfelder zunehmend vertieft und von einer wachsenden Akteurs-Gruppe in die Öffentlichkeit getragen. So lässt sich ab 1984/85 zwar von einer ethisch-moralischen Gentechnik-Diskussion sprechen, aufgrund der Verknüpfung mit den Reproduktionstechniken jedoch nicht von einer Eigenständigen.

Auch das BMFT griff die inhaltliche Verbindung um die Jahre 1983/84 unter Riesenhuber auf. Der Plan sah die gezielte Initiierung einer Gentechnik-Diskussion zwischen Wissenschaft und Politik vor, die eine unkontrollierte öffentliche Diskussion, sowohl in Bezug auf ethische als auch in Bezug auf Sicherheitsfragen, verhindern sollte. Wollte die BRD in diesem neuen Technologiebereich nicht den Anschluss an die internationale Spitze verlieren, musste eine Wiederholung der Kernenergiediskussionen für die Gentechnologie ausgeschlossen werden. So bot sich die Integration in ein bestehendes Konfliktfeld von Seiten der Politik nicht nur aufgrund inhaltlicher Parallelen, sondern ebenfalls zur Verhinderung der Konzentration auf nur einen Problemgegenstand an. Die Einberufung der Benda-Kommission oder auch die Veranstaltung eines Fachgesprächs *Ethische und rechtliche Probleme bei der Anwendung gentechnischer und zytologischer Me-*

thoden am Menschen[227] offenbarten bereits in ihrer Namensgebung eine bewusste Verbindung.

Im Ergebnis schlug der Plan jedoch insofern fehl als die Gentechnologie von der Öffentlichkeit mehr und mehr zum Ober-Begriff für sämtliche reproduktions- oder gentechnologischen und zugleich humanethisch bedenklichen Eingriffe am Menschen deklariert wurde. Die fehlende Abgrenzung beider Technologiebereiche trug zudem immer wieder zum Vorwurf einer eugenisch motivierten Gentechnologie bei. So erklärte der Soziologe Ulrich Beck beispielsweise in seinem *Spiegel* Essay, dass die Bekämpfung von Erbkrankheiten mit Hilfe der Gentechnologie zu einer generellen Abschaffung von Erbkrankheiten führen könne. Vor diesem Hintergrund fürchtete er keine politische oder soziale, dafür jedoch eine technologische Eugenik, beruhend auf den Prinzipien industrieller Massenproduktion und unter dem Vorwand der Gesundheitsvorsorge.[228] Im Rahmen des Eugenik-Vorwurfs bei Beck u. a. griffen die Diskussionen um die PID und die Gentherapie jedoch zumeist ineinander, der Vorwurf firmierte dagegen nur unter dem Decknamen der Gentechnik.

Ab 1984 sorgten erste kommerzielle Erfolge der Gentechnologie und die Genehmigung erster Freisetzungsversuche in den USA sowie die erfolgreiche Entwicklung transgener Arzneimittel, die auch in der BRD schon bald auf den Markt gelangten, für das verstärkte Aufkommen von Sicherheitsfragen in Forschung und Anwendung sowie Bedenken zur ökologischen Verträglichkeit. Anders als bei den ethischen Debatten erwuchsen die beiden Problemfelder bereits innerhalb eines Jahres zu einer Diskussion, an der nun nicht mehr nur Politiker, sondern auch Industrievertreter, Laien, Journalisten und Umweltschutzverbände beteiligt waren. Eine bedeutende Rolle übernahmen in diesem Zusammenhang die allein vor dem Hintergrund des Vorhabens einer Hoechster Insulinproduktionsanlage gegründete Bürgervereinigung Höchster Schnüffler un′ Maagucker sowie das GeN, die eine kritische öffentliche Diskussion über gerichtliche Klagen und regelmäßigen Informationsaustausch wesentlich beeinflussten.

Die zu vermutende Abgrenzung der drei zentralen Problemfelder – Ethik, Sicherheit, Ökologie – ist nur teilweise widerlegbar. Während die Diskussionen zu Fragen der Sicherheit und den ökologischen Gefahren der Gentechnologie durchaus Schnittmengen aufwiesen und in den Argumentationen häufig parallel aufgegriffen und thematisiert wurden, erfolgte die Behandlung ethischer Fragen zumeist isoliert und ohne Bezugnahme auf andere Problemgegenstände. Nur wenige der an den öffentlichen Diskussionen beteiligten Akteure stellten eine Verbindung aller Problemfelder her. Vor diesem Hintergrund lässt sich für die zweite Hälfte der achtziger Jahre durchaus von zwei parallel laufenden Gentechnik-Diskussionen sprechen: Die Ethisch-moralische auf der einen, und die unter dem

227 Veranstaltet vom BMFT am 14./15. September 1983.

228 Vgl. U. Beck, Eugenik der Zukunft, *Spiegel* Essay, in: Der Spiegel, 1988/47, S. 236–237.

Begriff der Sicherheitsdiskussionen – bezogen auf Forschungs- und Freisetzungsrisiken – zu subsummierende auf der anderen Seite.

An beiden Gentechnik-Diskussionen waren insbesondere Akteure aus der Politik beteiligt. Infolge der von Riesenhuber verstärkt beförderten Auseinandersetzung mit dem neuen Technologiebereich und der im Umfeld der Sicherheitsdiskurse erneut aufkommenden Frage einer gesetzlichen Regulierung, setzte innerhalb aller großen Parteien eine verstärkte Thematisierung und darauf folgend eine öffentliche Positionierung ein. Während sich die großen Parteien wie die CDU/CSU, FDP und SPD vor dem Hintergrund der wirtschaftlichen Potenziale mit einigen Einschränkungen für die Anwendung der Gentechnologie aussprachen, votierten Die Grünen grundsätzlich gegen ihre Forschung und Anwendung und zugleich für ein Gentechnikgesetz.[229] Zu einem ähnlichen Ergebnis gelangte 1987 auch die vom Deutschen Bundestag eingesetzte Enquete-Kommission, in der sich Vertreter aus Politik und Wissenschaft gemeinsam für eine gesetzliche Verankerung der bestehenden Sicherheitsrichtlinien aussprachen. Ganz im Sinne der DFG und MPG ergriff die schwarz-gelbe Regierung jedoch bis Ende der achtziger Jahre keine Gesetzgebungsmaßnahmen. Erst der durch eine Bürgerinitiative erwirkte Baustopp einer Hoechster Produktionsanlage für gentechnologisch hergestelltes Humaninsulin setzte ab 1989 einen beschleunigten Gesetzgebungsprozess in Gang, der in dem Jahr der Institutionalisierung der Technikfolgenabschätzung beim Deutschen Bundestag mit dem 1. Gentechnikgesetz von 1990 sein erfolgreiches Ende finden sollte.

Wie bereits angedeutet leisteten auch die Printmedien in den achtziger Jahren einen – wenn auch nur kleinen – Beitrag für das Aufkommen einer öffentlichen Diskussion. In der ersten Hälfte der achtziger Jahre konzentrierte sich das Interesse noch auf einige wenige herausragende Forschungs- und Entwicklungsergebnisse aus dem Ausland. Zudem gab es nur wenige Journalisten, die sich zu dieser Zeit intensiv mit dem Thema auseinandersetzten. Eine Ausnahme war Wolfgang Gehrmann, Wirtschaftsredakteur bei der *Zeit*, der sich bereits 1984 in *Gen-Technik – Das Geschäft des Lebens* intensiver mit dem neuen Technologiebereich auseinandersetzte.[230]

229 Die augenscheinlich eindeutige Positionierung der Grünen gegen die Gentechnologie wurde nicht durchgehend in der Partei vertreten. So begegnete die Bundestagsabgeordnete Heike Wilms-Kegel der grundsätzlichen Ablehnung ihrer Partei mit Unverständnis und stellte die provokative Frage: „Ihr wollt also wirklich die Entwicklung eines Impfstoffes gegen Aids verbieten?“ Vgl. Schöner und schneller, in: Der Spiegel, 1987/43, S. 35.

230 Vgl. W. Gehrmann, Gen-Technik – Das Geschäft des Lebens, München 1984.

Tabelle 4: Anzahl der Gentechnik-Beiträge in *Der Spiegel* und *Die Welt* während der achtziger Jahre

	1980	1981	1982	1983	1984	Ges. bis 1984	1985	1986	1987	1988	1989	Ges.
Der Spiegel	5	4	1	1**	1	12	3	1**	6	7	4	33
Die Welt	–	3	2	3	6	14	7	3	9	25 (9)*	9	67 (51)*
Ges.	5	7	3	4	7	26	10	4	15	32 (16)*	13	100 (84)*

* Abzüglich 16 Artikeln aus Die Welt-Serie Gentechnik – eine Bestandsaufnahme.

** Der Artikel war Titelthema des Spiegel.

In den beiden im Rahmen dieser Arbeit untersuchten Printmedienorganen, *Die Welt* und *Der Spiegel*, waren in der ersten Hälfte der achtziger Jahre kaum mehr als fünf Beiträge pro Jahr zur Gentechnologie erschienen. Wie in Tabelle 4 zu sehen, ist erst ab 1984/85 in beiden Organen ein tendenzieller Anstieg der Anzahl der Artikel zur Gentechnologie festzustellen, die nun neben den Ereignissen aus dem Ausland auch aktuelle Entwicklungen und Diskussionen aus dem eigenen Land aufgriffen. Besonders hervorzuheben ist in diesem Zusammenhang die *Welt*-Serie *Gentechnik – eine Bestandsaufnahme* von 1988. Sie gab sowohl eine lexikalische Einführung in die Technologie selbst als auch über bisherige Entwicklungen und Ziele im In- und Ausland. Neben dieser über sechs Monate und in 16 Beiträgen erschienenen Serie belegt auch die von der ersten zur zweiten Hälfte der achtziger Jahre verdoppelte (*Spiegel*) bzw. mehr als verdreifachte (*Welt*) Gesamtzahl der Artikel ein grundsätzlich wachsendes Interesse der Öffentlichkeit an der Gentechnologie. Zu ähnlichen Ergebnissen gelangte Georg Ruhrmann in seiner Untersuchung von acht deutschen Tageszeitungen Ende der achtziger Jahre. Darin erkannte er ab 1988 einen Trend zu mehr Aufmerksamkeit für das Thema Gentechnologie.[231]

Trotz des wachsenden öffentlichen Interesses offenbart die absolute Zahl der jährlichen Beiträge zur Gentechnik ein nach wie vor geringes Interesse der Printmedien, das im Jahr 1989 zudem abzunehmen scheint. Nicht berücksichtigt sind in der Tabelle dagegen die zahlreichen Artikel, in denen der Begriff „Gentechnik" oder „Gentechnologie" zwar auftauchte, die inhaltlich jedoch ausschließlich den Bereich der Reproduktionstechnik abdeckten und somit technologische Fehlzuschreibungen vornahmen. Aufgenommen wurden ausschließlich Beiträge, die tatsächlich über Gentechnik berichteten. Trotz der Berücksichtigung dieser Ver-

231 Vgl. G. Ruhrmann, Besonderheiten und Trends in der öffentlichen Debatte über Gentechnologie, in: G. Bentele/M. Rühl (Hg.), Theorien öffentlicher Kommunikation, München 1993, S. 386/387.

zerrung wurden die in den achtziger Jahren aufkommenden Diskussionen nicht wesentlich durch die Printmedien befördert. Vielmehr waren es Veranstaltungen und Sammelbände, in denen die Diskussionen vornehmlich ausgetragen und vorangetrieben wurden.

Auffallend unauffällig verhielten sich Mediziner während der achtziger Jahre zu Fragen der Gentechnologie. Diskussionen wurden innerhalb der Deutschen Ärzteschaft weder intern noch öffentlich geführt. Im Austausch mit Fachwissenschaftlern kam es vielmehr zu einer Informierung über neue Entwicklungen und potenzielle Möglichkeiten für die Medizin. Einen Austausch zu ethischen Fragen des Umgangs mit dem neuen Technologiebereich gab es offenbar nur innerhalb der Zentralen Kommission der Bundesärztekammer zur Wahrung ethischer Grundsätze in der Reproduktionsmedizin, Forschung an menschlichen Embryonen und Gentherapie. Im Auftrag der Bundesärztekammer erarbeitete sie 1989 Richtlinien zur Gentherapie am Menschen, die – unter Einhaltung bestimmter Voraussetzungen – eine somatische Gentherapie für vertretbar, eine Keimbahngentherapie dagegen für ausnahmslos abzulehnen erklärte.[232] Vorausgegangen waren ihnen auf europäischer Ebene die Richtlinien des European Medical Research Councils von 1988[233], dem zu dieser Zeit neben der BRD, England, Frankreich und Österreich auch die Niederlande, Dänemark, Finnland, Norwegen, Spanien und die Schweiz angehörten. Die Kernaussagen beider Weisungen waren in weiten Teilen identisch.

Neben den Medizinern gehörten auch deutsche Biowissenschaftler im Umfeld der Gentechnologie nicht zu den Akteuren der Diskussionen. Eine Stimme deutscher Molekularbiologen oder Genetiker – weder für, noch gegen die Gentechnologie – gab es im Grunde nicht. Lediglich Einzelakteure wie die Biologinnen Beatrix Tappeser oder Regine Kollek beteiligten sich aktiv an den öffentlichen Auseinandersetzungen.

Neben Diskussionen gab es auch erste Protestaktionen. Sie drückten sich zum Ende der achtziger Jahre v. a. in Form von Resolutionen, öffentlichen Erklärungen, juristischen Einspruchsverfahren oder Unterschriftensammlungen aus, während Demonstrationen nur vereinzelt dazu gehörten. Seit 1987 waren erste Aktionen zu verzeichnen, wobei sich nach einer Untersuchung von Dagmar Hoffmann erst seit 1988 mehr als fünf Protest-Ereignisse jährlich nachweisen lassen.[234] Zentrale Themen dieser Aktionen waren u. a. die Einführung des rBST, die Patentierung von Lebewesen, der geplante Bau von gentechnischen Produktionsanlagen sowie Freisetzungen transgener Pflanzen. Humangenetische Anwendungen boten dagegen nur selten Anlass für Protest.

232 Vgl. Bekanntmachung der Bundesärztekammer. Richtlinien zur Gentherapie beim Menschen, in: Deutsches Ärzteblatt, 1989/86, S. 2058–2059.

233 European Medical Research Councils, Gene therapy in man, in: Lancet, 1988/1, S. 1271.

234 Vgl. D. Hoffmann, Barrieren für eine Anti-Gen-Bewegung, in: R. Martinsen (Hg.), Politik und Biotechnologie, Baden-Baden 1997, S. 236–237.

6. VOM HUMAN GENOME PROJECT (1990) BIS „DOLLY“ (1997)

6.1. ETABLIERUNG DER GENTECHNOLOGIE

Der weltweite Aus- und Aufbau gentechnologischer Forschung und Produktion fand in den neunziger Jahren beinahe ungebremste Fortführung. In den USA zeichnete sich sowohl an Universitätsinstituten als auch bei Biotech-Unternehmen ein erheblicher Zuwachs an gentechnologischen Forschungsarbeiten ab. Viele Produkte erlangten marktreife, konnten jedoch nur mehr oder weniger umsatzstark etabliert werden.

Der Biotech-Boom der USA sorgte auch unter führenden deutschen Chemie- und Pharmakonzernen wie Bayer, Hoechst, Schering, Boehringer Ingelheim und Mannheim, Merck und der BASF für Aufbruchstimmung. Es kam zu einem verstärkten Ausbau der in den achtziger Jahren begonnenen gentechnologischen Aktivitäten. Bereits bestehende biotechnologische Forschungs- und Produktionsstätten erfuhren einen kontinuierlichen Ausbau. So eröffnete Hoechst im Herbst 1997 ein Genomforschungszentrum in Martinsried bei München während die BASF mit der kalifornischen Lynx ein Joint Venture in Heidelberg gründete.[1]

Auch die Bayer AG weitete ihre Arbeiten zur Entwicklung gentechnologischer Produktionsmethoden in den neunziger Jahren aus. Neben Forschungen zur Entwicklung von Gentherapien und Diagnostika liefen auch Projekte im Bereich des Pflanzenschutzes. Bei Hoechst folgten auf die Entwicklung des Humaninsulin u. a. Forschungen zu neuartigen Tierimpfstoffen sowie zu Nutzpflanzen-Resistenzen gegenüber dem hauseigenen Herbizid Basta. Die Schering AG konzentrierte sich auf den Pharma- und Pflanzenschutzbereich. Schon 1993 gelangte das erste gentechnisch hergestellte Medikament des Unternehmens, ein modifiziertes beta-Interferon zur Behandlung von Multipler Sklerose, in den USA auf den Markt. Zu einem der bedeutendsten Anbieter der mit Hilfe von GVO´s hergestellten Diagnostika avancierte die Boehringer Mannheim, die bereits 1990 mit ihrem ersten gentechnisch erzeugten Arzneimittel, EPO (Markenname *Recormon*), auf den Markt ging.[2] Einzig gescheitert schien in den neunziger Jahren die BASF mit ihren Bemühungen zur Entwicklung des Tumor-Nekrose-Faktors (TNF), einem aussichtsreichen Stoff zur Krebsbehandlung. Im Herbst 1993 kam es infolge starker Nebenwirkungen zum Abbruch der Patientenversuche[3] und damit zur endgültigen Einstellung der TNF-Forschungen.

1 Vgl. Aufbruchstimmung 1998, Stuttgart 1998, S. 20/21.

2 Vgl. U. Dolata, Internationales Innovationsmanagement, Hamburg 1994, S. 34/35.

3 Vgl. „Im Eiltempo, aber blind“, in: Der Spiegel, 1991/30, S. 108.

1998 waren in der BRD 43[4] rekombinante Wirkstoffe bzw. Medikamente zugelassen, wobei nur wenige davon auch in Deutschland produziert wurden.[5] Die zugelassenen Wirkstoffe unterstützten u. a. die Behandlung von Minderwuchs (*Genotropin*, 1991 und *Zomacton*, 1992), Diabetes (*GlucaGen*, 1992), Krebs (*Granocyte* und *Leukomax*, beide 1993), der Bluterkrankheit (*Recombinate*, 1993 und *Novoseven* 1996), Mukoviszidose (*Pulmozyme*, 1994), Fertilitätsstörungen (*Gonal-f*, 1995 und *Puregon*, 1996), Hepatitis B (*Tritanrix*, 1996 und *Procomvax*, 1999), Hepatitis A/B (*Twinrix*, 1996), Thrombosen (*Revasc*, 1997) oder Blutarmut (*Neorecormon*, 1997).[6] Während der gesamten neunziger Jahre gehörten Blutwachstumsfaktoren zu den weltweit umsatzstärksten gentechnisch hergestellten Pharmazeutika, gefolgt von Insulinen, Wachstumshormonen und Interferonen bzw. Interleukinen.[7]

Bis zum Ende der neunziger Jahre standen sich Prognose und Entwicklung des Biotech-Markts allerdings entgegen: Während Prognosen wie die Ernst & Young Studie *Biotech 97: Alignment*[8] eine permanente Ausdehnung des Marktes erwarteten und die zukünftige Arzneimittelentwicklung ohne Gentechnik nicht mehr für möglich hielten, gehörten Ende der neunziger Jahre auf dem weltweiten Arzneimittelmarkt gerade einmal drei rekombinante Wirkstoffe zu den zehn umsatzstärksten Medikamenten. In der BRD fanden sich zur gleichen Zeit unter den rd. 60.000 zugelassenen nur 200 gentechnisch produzierte Arzneimittel.[9] Trotz erster Positionierungen auf dem Pharmamarkt waren die rekombinanten Wirkstoffe nach wie vor weit hinter den ökonomischen Erwartungen zurückgeblieben. Zudem war eine Reihe hoffnungsvoller Wirkstoffe in den klinischen Tests gescheitert und erreichte nie Marktreife. Insgesamt stellte die Einführung der Gentechnologie in den Pharmabereich v. a. ein alternatives Produktionsverfahren für bereits vorhandene Wirkstoffe bereit, die Entdeckung neuer Wirkstoffe und die Entwicklung neuartiger, therapeutisch bahnbrechender Medikamente blieb dagegen aus.[10]

Neben Forschungsbemühungen an Wirkstoffen standen auch gentherapeutische Arbeiten, also verändernde Eingriffe in die genetische Information von Zellen. Eine Gentherapie ist eine therapeutische Maßnahme, bei der ein funktionsfähiges Gen in Soma- (Körper-) oder Keimbahnzellen eingebracht wird, um damit entweder einen genetischen Defekt zu korrigieren oder um Zellen eine neue, nicht

4 Vgl. Aufbruchstimmung 1998, Stuttgart 1998, S. 20.

5 Vgl. T. Dingermann, Gentechnik – Biotechnik, Stuttgart 1999, S. 7.

6 In Klammern stehen jeweils das Arzneimittel sowie das Jahr der Zulassung in der BRD. Eine Gesamtlistung findet sich beim Verband Forschender Arzneimittelhersteller e. V., online unter: http://www.vfa.de/de/forschung/am-entwicklung/amzulassungen-gentec.html (Zugriff, 02.04.2008).

7 Vgl. U. Dolata, Politische Ökonomie der Gentechnik, Berlin 1996, Tabelle 1, S. 26/27.

8 Vgl. K. B. Lee/G. S. Burrill/Ernst & Young Life Sciences Practice, Biotech 97: Alignment, Palo Alto 1996.

9 Vgl. U. Dolata, Internationales Innovationsmanagement, Hamburg 1994, S. 9.

10 Vgl. U. Dolata, Politische Ökonomie der Gentechnik, Berlin 1996, S. 25/26.

natürlicherweise vorhandene Funktion zu verleihen. Dabei kann der Gentransfer entweder in-vitro erfolgen, wobei die transgenen Zellen anschließend in den Körper des Patienten zurückgebracht werden müssen oder in-vivo, also direkt im Körper des Patienten. Ende der achtziger Jahre waren bereits drei Methoden, die Mikroinjektion, die Transfektion und die Infektion, für einen solchen Gentransfer entwickelt.

Ein Vorversuch zur ersten Gentherapie am Menschen erfolgte im Jahr 1989 durch eine Forschergruppe des National Cancer Institute und der NIH. Tumorinfiltrierende Lymphozyten wurden vor ihrer Wiedereinführung in den menschlichen Organismus mit einem fremden Gen markiert. Ziel dieses Versuchs war nicht die Therapie, sondern die Verfolgung einer markierten Zelle im Körper des Menschen.

Am 14. September 1990 erfolgte der weltweit erste genehmigte, klinische Gentherapieversuch an der damals vierjährigen Ashanti DeSilva.[11] Sie litt an einem rezessiv erblichen Defekt des Immunsystems, dem sog. Severe Combined Immunodeficiency. Dieser auf ein einziges in seiner Funktion gestörtes Gen zurückgehende Defekt bedingt eine Proliferationshemmung der T-Lymphozyten, die wiederum zu einem Mangel des lebenswichtigen Enzyms Adenosin-Desaminase (ADA) führt. Michael Blaese, French Anderson und Kenneth Culver vom Forschungsinstitut der NIH entnahmen der Patientin zunächst Lymphozyten aus dem Blut und infizierten diese in-vitro mit einem transgenen Retrovirus, welcher das intakte ADA-Gen enthielt und somit als Genfähre eingesetzt werden konnte. Anschließend wurden die um das ADA-Gen angereicherten T-Lymphozyten wieder in den Blutkreislauf der Patientin geschleust. Diese Therapiemethode hatte allerdings lediglich einen kleinen Prozentsatz der ohnehin nur über eine begrenzte Lebensdauer verfügenden Lymphozyten erreicht, so dass eine regelmäßige Wiederholung des Verfahrens notwendig wurde.[12]

Eineinhalb Jahre nach dem ersten Versuch startete im März 1992 in Europa die erste Gentherapiestudie. Claudio Bordignon und sein Team vom Ospedale San Raffaele in Mailand setzten in ihrer Studie, ebenso wie ihre Vorgänger, auf eine Therapie des ADA-Mangels. Auf die Therapiestudie in Italien folgten unmittelbar Anträge in den Niederlanden, Frankreich und der BRD. In Deutschland erfolgte 1994 der erste Gentherapieversuch. Im Zentrum erster gentherapeutischer Versuche standen zunächst monogen bedingte und bislang kaum behandelbare Erb-

11 Handelte es sich bei den öffentlichen Berichten zum weltweit ersten Gentherapieversuch immer um ein vierjähriges Mädchen, so sind keine eindeutigen Nennungen des Namens der Patientin veröffentlicht. Während zumeist von „Ashanti DeSilva" zu lesen war (Vgl. L. Thompson, Der Fall Ashanti, Basel 1995), finden sich vereinzelte Beiträge, in denen die Patientin „Linda" (Vgl. K. Bayertz, Gentransfer in menschliche Körperzellen, Bad Oeynhausen 1994, S. 159.) oder „Cynthia" (Vgl. W. Bartens, Die Tyrannei der Gene, München 1999, S. 85 f.) genannt wird.

12 Vgl. M. Strauss, Perspektiven der Gentherapie, in: A. M. Wobus/U. Wobus/B. Parthier (Hg.), Stellenwert von Wissenschaft und Forschung in der modernen Gesellschaft , S. 176/177.

krankheiten. Weltweit kamen die gentherapeutischen Studien aber nicht über ein Versuchsstadium hinaus. Bis Mitte der neunziger Jahre konzentrierten sich 90% der unternommenen gentherapeutischen Behandlungen an den ca. 500 Patienten in 100 Einzelstudien auf die USA.[13] In der BRD wurden zwischen 1995 und 2000 gerade einmal 47 abgeschlossene, laufende oder geplante klinische Gentherapiestudien verzeichnet.[14] Bis 1999 konnte die Zahl der weltweiten Gentherapieversuche auf 3000 Patienten in über 350 Studien gesteigert werden[15], wobei sich ein Großteil auf die Therapie monogen bedingter genetischer Defekte oder Krebserkrankungen konzentrierte.[16] Die wesentliche Herausforderung bestand in der Entwicklung geeigneter Vektorsysteme sowie in der Optimierung der Transfermethoden für die Übertragung von Genen.[17]

Sowohl unter den Medizinern als auch unter Vertretern der Biowissenschaften war das Interesse an Gentherapiestudien zu Beginn der neunziger Jahre weltweit sehr groß. In der BRD gründeten sich neben der Orthogen Gentechnologie GmbH im Jahr 1993, auch die die MediGene im Jahr 1994 als Ausgründung aus dem Münchener Genzentrum sowie die HepaVec GmbH als Ausgründung der MPG im Jahr 1996. Als größtes deutsches Gentherapieunternehmen spezialisierte sich die MediGene Ende der neunziger Jahre auf die Behandlung von Melanomen und die Entwicklung rekombinanter Impfstoffe gegen den menschlichen Papilloma-Virus als Auslöser für Gebärmutterhalskrebs.[18]

Ebenso wie im Pharmabereich verharrten auch gentechnologische Arbeiten in der Landwirtschaft zu einem Großteil im Stadium der Grundlagenforschung. Infolge erster Freilandversuche mit transgenen Pflanzen ab Ende der achtziger Jahre nahm die Zahl der Freisetzungen v. a. in den USA erheblich zu. Innerhalb Europas gehörte Frankreich zu einem der größten Freisetzungsstandorte.[19] Nach wie vor konzentrierten sich die industriellen Erwartungen auf Herbizid- und Pesti-

13 Eine Zusammenstellung der ersten rd. 60 veröffentlichten klinischen Genmarkierungs- und Gentherapieprotokolle findet sich in J. J. Schmitt/L. Hennen/T. Petermann, Stand und Perspektiven naturwissenschaftlicher und medizinischer Problemlösungen bei der Entwicklung gentherapeutischer Heilmethoden, TAB-Arbeitsbericht Nr. 25, Bonn 1994, S. 45–60.

14 Vgl. Deutscher Bundestag, Antwort der Bundesregierung auf eine kleine Anfrage der Abgeordneten Angela Marquardt und Dr. Ruth Fuchs sowie der Fraktion der PDS, 22.03.2000, Drucksache 14/3038.

15 Vgl. U. Kleeberg, Die klinische Prüfung von Gentherapeutika und Biotechnologika nach dem Arzneimittelgesetz, in: D. Arndt/G. Obe/U. Kleeberg (Hg.), Biotechnologische Verfahren und Möglichkeiten in der Medizin, München 2001, S. 74.

16 Vgl. M. Strauss, Perspektiven der Gentherapie, in: A. M. Wobus/U. Wobus/B. Parthier (Hg.), Stellenwert von Wissenschaft und Forschung in der modernen Gesellschaft , S. 179.

17 Vgl. K. Koch, Der Katalog der Gentherapie-Studien wächst. Einige Prüfungen sind von zweifelhaftem Wert, in: Deutsches Ärzteblatt, 1995/92, S. 1287–1289.

18 Vgl. H. Breyer, Heilen mit Genen?, in: M. Emmrich (Hg.), Im Zeitalter der Bio-Macht, Frankfurt a. M. 1999, S. 180/181.

19 H. G. Gassen/B. König/T. Bangsow, Biotechnik, wirtschaftliche Potentiale und öffentliche Akzeptanz, in: A. M. Wobus/U. Wobus/B. Parthier (Hg.), Stellenwert von Wissenschaft und Forschung in der modernen Gesellschaft , S. 93.

zidresistenzen. Neu waren Entwicklungsbemühungen in Richtung einer Steigerung von Stressresistenzen, von Zusatz- und Hilfsstoffen sowie für qualitätsbestimmende Inhaltsstoffe, die z. B. auf Vitaminanreicherungen von Pflanzen zielten. Zu den weltweiten Spitzenreitern gentechnisch veränderter Pflanzen gehörten Mais, Kartoffel, Raps, Sojabohne, Tomate, Baumwolle, Tabak und Zuckerrübe. Gentechnische Veränderungen an Obstpflanzen wie Apfel, Birne, Banane, Grapefruit, Melone, Pflaume, Pfirsich, Nektarine, Aprikose, Kirsche bzw. Steinfrüchten gelangten nur in wenigen Fällen zu Freisetzungsversuchen.[20] In der BRD konzentrierten sich die Forschungsvorhaben auf Raps und Zuckerrüben.

Nur wenige der vielfältigen Forschungsarbeiten an transgenen Pflanzen gelangten über das Stadium der Grundlagenforschung hinaus. 1994 kam die FlavrSavr Tomate der US-Firma Calgene als erste transgene Pflanze auf den Markt. Ein kommerzieller Durchbruch transgener Kulturpflanzen gelang zwei Jahre darauf mit der herbizidresistenten Roundup Ready-Sojabohne. Noch 1996 wurde sie in der EU zugelassen und ab November desselben Jahres auch in die BRD importiert.

Bis 1996 wurden weltweit auf rd. 1,7 Mio. Hektar (ohne China) der landwirtschaftlich genutzten Fläche transgene Pflanzen angebaut. Diese Zahl erhöhte sich im Folgejahr bereits auf 11 Mio. Hektar und bis 1998 auf 28 Mio. Hektar.[21] Die absoluten Zahlen lassen zwar die bis zum Ende der neunziger Jahre nur geringe Bedeutung gentechnisch unterstützter Landwirtschaft am Weltmarkt erkennen, das steile Wachstum offenbart neben ersten Erfolgen aber zugleich deren wachsende Bedeutung. In Deutschland fand erst mit dem Erprobungsanbau von insektenresistentem Bt-Mais ab 1998 ein nennenswerter Anbau transgener Pflanzen von rd. 1000 Hektar statt. Auch die Zahl der Freisetzungsgenehmigungen in der BRD erhöhte sich von einer Freisetzung im Jahr 1990 auf 138 in Jahr 1998.[22]

20 Vgl. K. Menrad/S. Gaisser/B. Hüsing/M. Menrad, Gentechnik in der Landwirtschaft, Pflanzenzucht und Lebensmittelproduktion, Heidelberg 2003, S. 114/115 und 105/106.

21 ISAAA-Report 1999, Global Review of Commercialized Transgenic Crops: 1999, No. 12–1999, p. 1.

22 Freisetzungsanträge, die mehrere Pflanzenarten erfassten wurden einfach gezählt. Vgl. Gründerzeit, Ernst & Youngs zweiter Deutscher Biotechnologie-Report 2000, Stuttgart 2000, S. 49.

Tabelle 5: Freisetzungsgenehmigungen für gentechnisch veränderte Pflanzen in Deutschland[23]

Jahr	Zahl der genehmigten Freisetzungen
1990	1
1991	1
1992	0
1993	4
1994	8
1995	14
1996	61
1997	77
1998	138

In der Lebensmittelbe- und -verarbeitung konnten erste transgene Enzyme und Mikroorganismen, die in der Milch- und Käseproduktion sowie in der Brauereiindustrie eine wichtige Rolle spielen, auf dem weltweiten Markt platziert werden. So erklärte Novo Nordisk, dass zur Gewinnung ihrer Enzyme bereits zu 90% gentechnische Verfahren angewendet würden. Das 1990 für die Käseherstellung zugelassene rekombinante Labferment Chymosin gehörte zu den am weitesten verbreiteten transgenen Enzymen. Das fermentativ aus transgenen Hefen, Pilzen und Bakterien gewonnene Chymosin entspricht in seiner Struktur und enzymatischen Spezifität dem im Kälbermagen wirksamen, aber bis dato nur begrenzt vorhandenen Enzym und bot sich somit als ein geeigneter Ersatzstoff an.[24]

Ein weiteres Anwendungsgebiet der Grünen Gentechnik in den neunziger Jahren verfolgte die Züchtung transgener Nutztiere. Bis zum Ende des Jahrhunderts kamen Bemühungen solcherart jedoch nur selten über das Stadium der Grundlagenforschung hinaus. Zu den Zielen einer gentechnologisch unterstützten Nutztierzüchtung gehörten neben Gewichtssteigerungen, Stress- und Krankheitsresistenzen gegenüber Umwelteinflüssen auch die Produktion von Pharmazeutika. Erfolge waren jedoch v. a. mit Steroiden und Wachstumshormonen erzielt worden. 1994 gelangte das Rinderwachstumshormon rBST der US-Firma Monsanto als erstes rekombinantes Produkt zur Unterstützung der Nutztierzüchtung auf den amerikanischen Markt.

Im Grenzbereich der Anwendungsfelder der Roten und Grünen Gentechnik liegt das sog. Gene-Pharming (auch molecular pharming), das die konventionelle Weiterzucht transgener Tiere bezeichnet und auf die Gewinnung pharmazeutischer Produkte, wie rekombinante Diagnostika, Impfstoffe und Therapeutika, also auf deren Verwendung als Bioreaktoren abzielt. Während der neunziger Jahre gab

23 Gründerzeit, Ernst & Youngs zweiter Deutscher Biotechnologie-Report 2000, Stuttgart 2000, Abb. 20, S. 49, hier ergänzt um die Angabe für das Jahr 1990.

24 Vgl. G. E. Sachse, Gentechnik in der Lebensmittelindustrie, in: H. G. Gassen/M. Kemme, Gentechnik, Frankfurt a. M. 1996, S. 174.

es jedoch nur einige wenige Pioniere der Pharming-Technologie in den USA, England und den Niederlanden. In der BRD liefen kleinere Forschungsarbeiten am Genzentrum der Universität München und dem Institut für Tierzucht und Tierverhalten in Mariensee. Gegen Ende der neunziger Jahre zielten die Forschungen weltweit auf mehr als dreißig verschiedene menschliche Proteine, jedoch war nicht ein von transgenen Tieren produzierter Wirkstoff als Pharmawirkstoff zugelassen worden.[25]

6.2. DAS GENTECHNIKGESETZ ALS MOTOR DER DEBATTE

Die gesetzliche Regulierung der Gentechnik in der BRD Mitte 1990 bedeutete die Verabschiedung des weltweit zweiten Gentechnikgesetzes. Nur in Dänemark wurde bereits 1986 eine entsprechende Rechtsgrundlage verabschiedet. In den USA als Vorreiterland der Gentech-Sicherheitsrichtlinien gibt es bis heute keine einheitliche gesetzliche Regelung der Gentechnik. Amerikanische Forschungsprojekte an öffentlichen Einrichtungen und Universitäten unterliegen lediglich den Richtlinien zur Genforschung der NIH.

Noch unmittelbar vor dem Inkrafttreten des ersten deutschen Gentechnikgesetzes (GenTG) waren Wissenschaftler, Industrie und forschungsfördernde Institutionen um eine Begrenzung des Geltungsrahmens, selten sogar um dessen Verhinderung bemüht. So beteiligten sich im Januar 1990 rund 2000 Ärzte und Wissenschaftler – darunter ca. 200 Professoren – an einer gemeinsam unterzeichneten Erklärung. In *Sechs Punkte zur Gentechnik*[26] erging sowohl an die Bundesregierung als auch an die Öffentlichkeit der Appell, die Entwicklung der Bio- und Gentechnologie nicht zu behindern. Die Unterzeichner erklärten die ihnen gewährte Forschungsfreiheit zu ihrer Verpflichtung, die Grundrechte in Bezug auf sämtliche Methoden und Forschungsziele zu respektieren und zugleich Kriterien für zuverlässige Sicherheitsstandards zu entwickeln.

Auch die Präsidenten der DFG, der Max-Planck-Gesellschaft, der Westdeutschen Rektorenkonferenz und der Fraunhofer Gesellschaft sowie der Vorsitzende der Arbeitsgemeinschaft der Großforschungseinrichtungen fürchteten um eine zu strenge Regulierung der Gentechnik. Am 24. März 1990 erklärten sie in einer gemeinsamen Stellungnahme zum GenTG:

> „In diesem Sinne halten wir es für unsere Pflicht, darauf hinzuweisen, daß die Gefährlichkeit der Gentechnologie in der Bundesrepublik Deutschland weit überschätzt wird. Die Aufgaben der Wissenschaft für die Gestaltung einer humanen Zukunft sind zu groß, als daß wir es uns leisten könnten, wegen einer falschen Einschätzung möglicher Risiken irreversible legislative

25 Vgl. K. Menrad/S. Gaisser/B. Hüsing/M. Menrad, Gentechnik in der Landwirtschaft, Pflanzenzucht und Lebensmittelproduktion, Heidelberg 2003, S. 35 u. 38.

26 Vgl. Sechs Punkte zur Gentechnik, Anhang in: ZMBH Report 1988/89, Heidelberg 1990, S. 143–145.

und administrative Strukturen aufzubauen, die die Nutzung einer zukunftsweisenden Technologie unnötig erschweren.“[27]

Das GenTG wurde mit Stimmenmehrheit von CDU/CSU und FDP und gegen die Stimmen von SPD und Grünen beschlossen. Am 20. Juni 1990 trat das erste GenTG der BRD in Kraft. Mit einem Geltungsbereich auf alle gentechnischen Anlagen und Arbeiten sollte es die Grundlage für eine sichere und kalkulierbare Anwendung der Gentechnik in Forschung und Industrie ermöglichen. Vor allem sollten damit sämtliche juristischen Zweifel, wie sie sich 1989 im Falle der Hoechster Insulin-Produktionsanlage für den Hessischen Verwaltungsgerichtshof in Kassel ergeben hatten, beseitigt werden. Mit dem Erlass des GenTGs trat zugleich eine Vielzahl weiterer Verordnungen[28] in Kraft, die neben dem Gesetz einen rechtlichen Rahmen für die Forschung und industrielle Anwendung der Gentechnik bildeten. Über das Gesetz und seine Verordnungen hinaus gab es für gentechnische Labors und Produktionsbereiche eine lange Liste zu beachtender Rechtsvorschriften (u. a. Abwasserabgabegesetz, Bundesnaturschutzgesetz, Chemikaliengesetz, Sozialgesetzbuch, Tierkörperbeseitigungsgesetz oder Wasserhaushaltsgesetz[29]).

Wesentlichen Einfluss auf die rechtlichen Rahmenbedingungen des Anbaus und der Vermarktung transgener Nahrungsmittel nahmen auch die EU-Regelungen. Das GenTG von 1990 berücksichtigte bereits die am 23. April 1990 auf europäischer Ebene verabschiedete Richtlinie über die Anwendung gentechnisch veränderter Mikroorganismen in geschlossenen Systemen (90/219/EWG), die sog. Systemrichtlinie, sowie die Richtlinie über die absichtliche Freisetzung gentechnisch veränderter Organismen in die Umwelt (90/220/EWG), die sog. Freisetzungsrichtlinie. Beide Richtlinien schufen einen gemeinsamen rechtlichen Rahmen für den Umgang mit der Gentechnik in der EG.[30] Die Systemrichtlinie regelt die Anwendung gentechnisch veränderter Mikroorganismen in geschlossenen Systemen und erfuhr im Oktober 1998 eine Modifizierung (98/81/EG), die insbesondere eine Vereinfachung der Verwaltungsverfahren bedeutete. 2001 erfolgte eine weitere Überarbeitung der Richtlinie (2001/204/EG), die u. a. die Sicherheitsstandards erhöhte. Das Inverkehrbringen von GVOs in die Umwelt zu Forschungs- und Entwicklungszwecken wird durch die Freisetzungsrichtlinie geregelt. Für die Mitgliedsstaaten bedeutete diese Regelung, dass sie die Zulassung für ein GVO oder ein GVO enthaltendes Produkt nicht verweigern konnten,

27 Vgl. Gemeinsame Stellungnahme in Frankfurter Rundschau vom 24. März 1990.

28 Die folgenden Verordnungen gehörten zum GenTG: Gentechnik-Aufzeichnungsverordnung (GenTAufzV), Gentechnik-Verfahrensordnung (GenTVfV) und Gentechnik-Sicherheitsverordnung (GenTSV), Gentechnik-Anhörungsverordnung (GenTAnhV) und ZKBS-Verordnung (ZKBSV).

29 Vgl. M. Kemme, Risiko Gentechnik?, in: H. G. Gassen/M. Kemme, Gentechnik, Frankfurt a. M. 1996, s. Tabelle 1, S. 325.

30 U. Dolata, Politische Ökonomie der Gentechnik, Berlin 1996, S. 61.

sofern es den Vorschriften dieser Richtlinie entspricht. Der Einsatz oder Verkauf durfte lediglich vorübergehend eingeschränkt oder verboten werden.

Damit öffnete die Freisetzungsrichtlinie in ihrer ursprünglichen Fassung von 1990 v. a. den der Gentechnik skeptisch gegenüberstehenden Ländern eine Hintertür, die vielfach genutzt wurde. Die Mitgliedsstaaten machten flächendeckend Gebrauch von ihrem Recht, im Rahmen des EG-Beteiligungsverfahrens ein Veto gegen die Zulassung von gv-Pflanzen einzulegen, was dazu führte, dass bis Anfang 1998 nur 18 GVO-Produkte zugelassen wurden. 1999 erklärte der Umweltministerrat, innerhalb der EU solange auf kommerzielle Freisetzungen zu verzichten, bis eine novellierte Freisetzungsrichtlinie in Kraft tritt. Damit wurden keine weiteren Neuzulassungen von GVOs erteilt, womit es zu einem EU-weiten De-facto-Moratorium kam.[31] Erst 2001 wurde eine überarbeitete Freisetzungsrichtlinie (2001/18/EG), in der das Vorsorgeprinzip gestärkt und die Risikoabschätzung erweitert wurde, vom Europäischen Parlament angenommen.[32]

Ergänzungen fanden die beiden europäischen Verordnungen durch die am 15. Mai 1997 in Kraft getretene sog. Novel Food Verordnung des Europäischen Parlaments. Sie regelt das In-Verkehr-Bringen und die Kennzeichnung neuartiger Lebensmittel und Lebensmittelzutaten, zu denen neben rein biotechnologischen Erzeugnissen auch neuartige und darüber GVOs enthaltende bzw. aus GVOs bestehende Nahrungsmittel gehörten. Die Verordnung erfasste jedoch keine im Vorfeld zugelassenen Lebensmittel und Lebensmittelzutaten, sondern galt nur für alle neuen Produkte.

Mit dem Erlass des GenTGs im Juni 1990 und des Embryonenschutzgesetzes (ESchG) im Dezember 1990, das u. a. ein Verbot jeder nicht der Erhaltung des Embryos dienenden „Verwendung“ und der künstlichen Veränderung der Erbinformation menschlicher Keimbahnzellen festschrieb, folgte der Bundestag – zumindest grundsätzlich – den Empfehlungen der Benda- und der Enquete-Kommission sowie denen der Bundesärztekammer. Beide Gesetze sorgten jedoch keineswegs für eine Beruhigung der öffentlichen Diskussionen um die rechtliche Regulierung der Gentechnologie. In der Kritik standen v. a. die mit dem Gesetz geregelten bürokratischen Vorschriften, die Sicherheitsbestimmungen, die Anhörungsoptionen sowie die fehlenden Regelungen zur Gentherapie.

Die MPG erklärte in der deutschen Presse ihren Unmut und sprach vom „Standort Deutschland“, der durch das GenTG für die gentechnische Forschung „unattraktiv geworden“ sei. Zu einem der stärksten Gegner des Gesetzes gehörte zu Beginn der neunziger Jahre Ernst-Ludwig Winnacker, Biochemiker, Vizepräsident der DFG und ehemaliges Mitglied der Enquete-Kommission Chancen und Risiken der Gentechnologie (1984-1987).[33] Zwar hatte die Enquete-Kommission durchaus eine Notwendigkeit gesetzlicher Regelungen festgestellt, in der Praxis jedoch lediglich eine Erweiterung und Umbenennung des Bundesseuchenschutz-

31 Vgl. R. Hartmannsberger, Gentechnik in der Landwirtschaft, Baden-Baden 2007, S. 59.
32 Vgl. D. Barben, Politische Ökonomie der Biotechnologie, Frankfurt a. M. 2007, S. 193.
33 Vgl. Lust und Laune, in: Der Spiegel, 1992/46, S. 322.

gesetzes vorgeschlagen – ein eigenständiges Gesetz war nicht in ihrem Sinne. So sprach Winnacker 1993 in *Am Faden des Lebens* von „Schikanen“, die mit einem „beachtlichen Papierkrieg“ zum Abzug deutscher Wissenschaftler in das Ausland führen würden.[34] Noch in den frühen 2000ern hielt er das GenTG, insbesondere im Hinblick auf die Grüne Gentechnik, für ein „Verhinderungsgesetz“[35], welches die durch das Grundgesetz gesicherte Forschungsfreiheit bedrohe. Die DFG forderte 1996 „in Deutschland die gleichen Voraussetzungen wie in anderen Wissenschaftsnationen [...] herzustellen, damit sich biomedizinische und biotechnologische Grundlagenforschung wieder mit dem unerlässlich nötigen Freiraum entwickeln kann.“[36]

Zu Beginn des Jahres 1990 forderte der Präsident des Verbands der Chemischen Industrie, Hermann J. Strenger (Bayer), in der Presse noch eine schnelle Verabschiedung des GenTGs zur Sicherung des Industriestandorts Deutschlands.[37] Mit dem Ergebnis schien der Verband nicht zufrieden und beteiligte sich nur zweieinhalb Jahre später an einer Anzeigenkampagne der Deutschen Chemischen Industrie, die neben der Werbung für das Potenzial der Gentechnik zur Krankheitsbekämpfung auch eine Klage über das zwei Jahre zuvor noch geforderte GenTG enthielt: „[...] die Ausführungsbestimmungen sind kompliziert und erfordern einen hohen bürokratischen Aufwand. Das erschwert es, die Möglichkeiten der Gentechnik in Deutschland zu nutzen.“[38] Die von der Presse vielfach als Gentech-Lobby verschrienen Forschungs- und Industrievertreter traten nachdrücklich mit öffentlichen Klagen über das GenTG und die sich daraus ergebenden Nachteile für den Wirtschaftsstandort Deutschland in der Öffentlichkeit auf.[39]

Zum Zeitpunkt des Inkrafttretens des GenTGs fehlten Forschungsarbeiten zu Sicherheitsfragen der Gentechnik – zumindest in der BRD – beinahe völlig, was sowohl den Gegnern als auch Befürwortern immer wieder Angriffsmöglichkeiten bot. Hatten sich die Mitte der achtziger Jahre aufgekommenen Diskussionen um die biologische Sicherheit der Gentechnik vor dem Inkrafttreten des Gesetzes wieder beruhigt, so sorgte der im GenTG festgeschriebene Umgang mit GVOs für ein erneutes Aufkommen der Kontroversen. Das Gesetz regelte neben dem Umgang mit GVOs in geschlossenen Systemen (vgl. §7 GenTG) auch deren Freisetzung und Inverkehrbringung (vgl. §14 GenTG). Während Umwelt- und Verbraucherverbände bis zum Vorliegen gesicherter wissenschaftlicher Erkenntnisse zur

34 Vgl. E.-L. Winnacker, Am Faden des Lebens, München 1993, S. 305–308.

35 Vgl. E.-L. Winnacker, Die gesellschaftliche Verantwortung angesichts neuer humanbiologischer Möglichkeiten, in: N. Knoepffler/D. Schipanski/S. L. Sorgner (Hg.), Humanbiotechnologie als gesellschaftliche Herausforderung, München 2005, S. 207.

36 Deutsche Forschungsgemeinschaft, Forschungsfreiheit, Weinheim 1996, S. 30.

37 Vgl. Chemische Industrie mahnt Gesetz zur Gentechnik an, in: Die Welt, 26. Januar 1990, S. 12.

38 Die Deutsche Chemische Industrie, Chemie im Dialog: Chancen der Gentechnik, in: Die Welt, 10. Juni 1992, S. 6.

39 Vgl. Lust und Laune, in: Der Spiegel, 1992/46, S. 322, Prägender Einfluß, in: Der Spiegel, 1992/50, S. 234 oder Bedrohte Schmankerln, in: Der Spiegel, 1993/6, S. 190.

Rückholbarkeit und Begrenzung der Ausbreitung von GVOs ein absolutes Freisetzungsverbot forderten, verlangten Forschungs- und Industrievertreter nach Lockerungen der Regelungen zu den Sicherheitsmaßnahmen gentechnischer Arbeiten in gentechnischen Anlagen.[40] Zwar räumten auch Biowissenschaftler der Gentechnik ein Ungewissheitspotenzial ein, jedoch gingen sie anders als die Vertreter der Umweltverbände nicht von einem „besonderen Risiko“[41] der Gentechnik aus, sondern lediglich von einem den natürlichen Ereignissen zugrundeliegenden gleichwertigen Risikopotenzial.[42]

Tatsächlich stand die Entwicklung eines wissenschaftlich begründeten und zuverlässigen Sicherheitskonzepts für gentechnische Arbeiten im Labor und im Freiland in der BRD zum Zeitpunkt der Verabschiedung des GenTGs noch aus. Dieser Umstand war dem Gesetzgeber durchaus bewusst, denn bereits am 30. Mai 1990 beschloss der Ausschuss für Forschung, Technologie und Technikfolgenabschätzung das gerade erst eingerichtete Büro für Technikfolgenabschätzung beim Deutschen Bundestag (TAB) mit einer Untersuchung zur Nutzung der Gentechnik und ihrer biologischen Sicherheit zu beauftragen. Den Endbericht *Biologische Sicherheit bei der Nutzung der Gentechnik* legte das TAB 1993 vor.[43]

Die von der Bundesregierung erhoffte Ruhe in den Diskussionen setze auch in den Monaten nach dem Inkrafttreten des GenTGs nicht ein. In §4 und §5 verfügte das GenTG die Beteiligung von Natur- und Umweltschutzverbänden in den Ausschüssen der Sachverständigenkommission der ZKBS.[44] Da die Verbände spätestens seit Beginn der neunziger Jahre erheblichen Widerstand – v. a. im Kontext der Grünen Gentechnologie – leisteten, ermöglichte ihre Entsendung in die ZKBS zwar die aktive Mitwirkung an der Ausführung des GenTGs, den geforderten Raum zur Diskussion ihrer grundsätzlichen Ablehnung des Gesetzes sowie des späteren Entwurfs zu dessen Deregulierung bot sie jedoch nicht. Die von dem Gremium zu begutachtende Antragsflut ließ wenig Raum für grundsätzliche Diskussionen der Gentechnik. In der Konsequenz deklarierten die Umweltverbände ihre Beteiligung an der ZKBS-Arbeit zur Alibiveranstaltung, in der kritischen Stimmen keine Einflussmöglichkeiten geboten würden und kündigten im November 1993 ihre Mitarbeit.[45]

40 Vgl. E.-L. Winnacker, Vortrag, in: Hochschulrektorenkonferenz (Hg.), Standortfaktor Hochschulforschung, Bonn 1993, S. 66/67.

41 Vgl. z. B. M. Raubuch/R. Baufeld, Die Gentechnologie ist eine Risikotechnologie, in: GID, 1996, 112/113, S. 33f.

42 B. Gill/J. Bizer/G. Roller, Riskante Forschung, Berlin 1998, S. 51–53.

43 Vgl. F. Gloede/G. Bechmann/L. Hennen/J. J. Schmitt, Biologische Sicherheit bei der Nutzung der Gentechnik: Endbericht, Bonn 1993.

44 Die Verbände, die jeweils ein Mitglied und einen Stellvertreter in die ZKBS entsandten richteten sich unter dem Dach des Deutschen Naturschutzrings eine Projektgruppe Bio- und Gentechnologie ein, die der Beratung und Vernetzung untereinander dienen sollte.

45 Vgl. M. Steindor, Kritik als Programm, in: M. Emmrich (Hg.), Im Zeitalter der Bio-Macht, Frankfurt a. M. 1999, S. 392–394 und J. Spangenberg, Freibrief – Das neue Gentechnikgesetz, in: Blätter für deutsche und internationale Politik, 1990/7, S. 838.

Einen ähnlichen Streitpunkt bot die Umsetzung der durch die Gentechnik-Anhörungsverordnung geschaffenen Öffentlichkeitsbeteiligung, nach der Freisetzungsvorhaben zunächst öffentlich bekannt zu machen sind und schriftliche Einwendungen erhoben werden können. Die hohe Zahl von Ausnahmeregelungen der Verordnung schürte sehr schnell Unmut, v. a. unter Verbraucher- und Umweltverbänden, die in öffentlichkeitswirksamen Aktionen zur Einreichung von Einwendungen gegen beinahe jedes Freisetzungsvorhaben aufgerufen hatten.[46] In der Mehrzahl der Fälle erfolgten mehrere tausend Einwendungen an die sich mehrtägige Erörterungstermine anschlossen, die für größere Transparenz und darüber für eine größere Akzeptanz der Gentechnologie sorgen sollten. Die Gespräche gestalteten sich jedoch ausgesprochen schwierig, da diese nur selten zur Diskussion konkreter Anwendungen, sondern v. a. zur Äußerung grundsätzlicher Kritik an der Gentechnik genutzt wurden. In der Folge schaffte die Gesetzesnovelle von 1993 die auf Einwendungen folgenden Erörterungstermine ab, während die Möglichkeit zu schriftlichen Einwendungen bestehen blieb. Auch drei Jahre darauf stellte der *Bericht der Bundesregierung über Erfahrungen mit dem Gentechnikgesetz* fest, dass sich die mit der Öffentlichkeitsbeteiligung verbundenen Erwartungen nicht erfüllt hatten.

Die in Anhörungsverfahren, Einwendungen und über Feldbesetzungen vielfach zu vernehmende Skepsis von Teilen der Öffentlichkeit gegenüber der Gentechnologie veranlasste die Bundesregierung mehrfach zur Beauftragung von Studien zur sinnvollen Begegnung gegenüber existierenden Ängsten. So kam der Rat für Forschung, Technologie und Innovation, der 1995 vom Bundesminister für Bildung, Wissenschaft, Forschung und Technologie einberufen wurde, in seinen Empfehlungen von 1997 zu dem Ergebnis, dass vorhandene Ängste ernstgenommen werden müssten, indem ihnen mit Information, Offenheit und überzeugenden Argumenten begegnet werde. Konkret sah der Rat in der Durchführung von öffentlichen Fachgesprächen und Diskussionsrunden die Möglichkeit zum erfolgreichen Abbau von Kommunikations- und Wissensbarrieren.[47] Wenngleich die Bundesregierung die Empfehlungen in zahlreichen Veranstaltungen und Dialogformaten umsetzte, konnten Einwendungen und Feldbesetzungen bis in die Gegenwart kaum eingedämmt werden.

Ein weiterer zentraler Kritikpunkt am GenTG betraf die Regelungen zur somatischen Gentherapie. Vor dem Hintergrund erster gentherapeutischer Versuche in den USA war die Gentherapie im Jahr 1990 Realität geworden. Juristisch wurde der gentechnische Eingriff an menschlichen Körperzellen in der BRD als ein weiteres, und mit der Organtransplantation gleichzusetzendes Heilverfahren gewertet, das keine eigenständigen gesetzlichen Regelungen erhielt. Das GenTG von 1990 erfasste nur gentechnische Arbeiten mit menschlichen Zellen oder Zelllinien unter Laborbedingungen. Es beschränkte sich also lediglich auf einen Teil-

46 Vgl. G. Winter, Entfesselungskunst, in: Kritische Justiz, 1991/24, S. 28f.

47 Vgl. Bundesministerium für Bildung, Wissenschaft, Forschung und Technologie (Hg.), Biotechnologie, Gentechnik und wirtschaftliche Innovation, Bonn 1997, S. 74 und 83.

schritt der Gentherapie, nämlich auf den der gentechnischen Veränderung entnommener Zellen und ihrer anschließenden Vermehrung. Die Reimplantation dieser veränderten Zellen am Menschen wurde dagegen nicht vom Gesetzgeber erfasst.

Vor diesem Hintergrund sahen die Beschlüsse der Konferenz der Justizminister und -senatoren sowie der Konferenz der für das Gesundheitswesen zuständigen Minister und Senatoren der Länder noch 1990 einen neuerlichen rechtlichen Handlungsbedarf. Ein Vorstoß erfolgte erst im Juni 1992 durch den Freistaat Bayern, der einen Antrag für eine „Entschließung des Bundesrates zur Anwendung gentechnischer Methoden am Menschen" stellte. Im Antrag wurde auf die Gefahr nicht nur medizinisch begründeter, sondern auch eugenisch motivierter Eingriffe am menschlichen Erbgut verwiesen, denen das GenTG derzeit nicht hinreichend vorbeuge.[48] Unter der Federführung des Gesundheitsausschusses reagierten mehrere Ausschüsse des Deutschen Bundestages noch im Oktober 1992 mit Empfehlungen. Nur kurze Zeit darauf erhielt eine Arbeitsgruppe um Roland Mertelsmann von der Ethikkommission der Albert-Ludwig-Universität Freiburg die Einwilligung zur ersten gentherapeutischen Behandlung in der BRD.[49]

Zur unverzüglichen Beseitigung der vorhandenen Regelungslücken im GenTG drängte der Bundesrat auf eine schnelle Prüfung der Empfehlungen durch die Bundesregierung. Diese reagierte zwar auf die Forderungen und setzte unter der Federführung des Gesundheitsministeriums eine interministerielle Bund-Länder-Arbeitsgruppe Somatische Gentherapie ein, jedoch hatte sie auf das in der Zwischenzeit bereits angelaufene Novellierungsverfahren zum GenTG keinen Einfluss mehr.[50] Die Arbeitsgruppe, die im Frühjahr 1993 ihre Arbeiten aufnahm, erhielt den Auftrag, den medizinisch-naturwissenschaftlichen Stand dieser speziellen Therapiemöglichkeit aufzuarbeiten und den aus einer Anwendung dieser Therapieform notwendigen politischen Handlungsbedarf abzuleiten. Die Verfassungsänderung von 1994 nimmt den deutschen Gesetzgeber zusätzlich in die Pflicht, denn der Bund erhält in Art. 74 I Nr. 26 GG die Zuständigkeit für die medizinisch unterstützte Erzeugung menschlichen Lebens, die Untersuchung und die künstliche Veränderung von Erbinformationen sowie für die Regelungen zur Transplantation von Organen, Geweben und Zellen.[51]

Im Mai 1997 legte die Arbeitsgruppe ihren Abschlussbericht vor. Die rechtliche Prüfung bescheinigte der Gentherapie hierin ein hohes Erfolgspotenzial zur Bekämpfung schwerster Krankheiten und befand zugleich, dass sich die ethische Bewertung der somatischen Gentherapie grundsätzlich an diejenige anderer, kon-

48 Vgl. Der Bayerische Ministerpräsident, Antrag des Freistaates Bayern, Drucksache 424/92 vom 12. Juni 1992, Bonn 1992.

49 Vgl. R. A. Zell, Gentherapie jetzt auch in Deutschland, in: Die Welt 11. November 1992, S. 9.

50 Vgl. A. Hofmann, Die Anwendung des Gentechnikgesetzes auf den Menschen, Hamburg 2003, S. 97.

51 Vgl. Art. 74, Nr. 26 GG.

ventioneller Therapieverfahren orientieren könne. Zwar bestehe ein gewisser Anpassungsbedarf, ein spezielles Gentherapiegesetz wurde jedoch nicht für erforderlich gehalten. Die bei einer somatischen Gentherapie angewandten Gentherapeutika wurden als Arzneimittel eingestuft, womit die Vorschriften des Arzneimittelrechts gelten sollten bzw. das Arzneimittelgesetz entsprechend den Notwendigkeiten der somatischen Gentherapie angepasst werden sollte. Zugleich sollten die Anfang 1995 verabschiedeten Richtlinien der Bundesärztekammer zum Gentransfer in menschliche Körperzellen für alle Anwendungen der somatischen Gentherapie gelten und von allen Landesärztekammern übernommen werden.[52]

In der Bewertung des ersten deutschen GenTGs standen sich die Positionen der Industrie- und Forschungsvertreter sowie der Umwelt- und Verbraucherverbände nach wie vor gegenüber. Die anhaltende Kritik am Gesetz zeigte bald Wirkung und in der Konsequenz beauftragte der Deutsche Bundestag die Bundesregierung mit einer Stellungnahme zur Umsetzung des Berichts der Enquete-Kommission Chancen und Risiken der Gentechnologie im GenTG. Die Bundesregierung erörterte diese Frage gemeinsam mit den Ausschüssen des Deutschen Bundestages sowie mit Sachverständigen aus Wissenschaft und Industrie. Im Abschlussbericht an den Deutschen Bundestag[53] erging Ende 1992 die Empfehlung zur Erarbeitung eines Novellierungsentwurfs des GenTGs, da vor allem in der strengen Reglementierung des Gesetzes eine zu große Beeinträchtigung der Forschung und damit des Wirtschaftsstandorts Deutschland gesehen wurde. Zudem erkannten alle beteiligten Sachverständigen einen akuten Regelungsbedarf der somatischen Gentherapie.[54] Der daraufhin erarbeitete Gesetzesentwurf und auch das novellierte GenTG schlossen den Bereich der Humangenetik unter §2 formal aus: „Dieses Gesetz gilt nicht für die Anwendung von gentechnisch veränderten Organismen am Menschen.“[55]

Während sich die Regierungen der anderen EG-Länder noch um eine Implementierung der System- und Freisetzungsrichtlinien bemühten, beschloss der Deutsche Bundestag am 1. Oktober 1993 das erste Änderungsgesetz zum GenTG. Ein wesentlicher Teil des Änderungsgesetzes sah neben der Beschränkung auf den Anwendungsbereich der Grünen Gentechnik und einer Abschaffung der mündlichen Erörterungstermine auch Verfahrensvereinfachungen wie die Festschreibung des sog. „kleinen Maßstabs“ und Kompetenzerweiterungen der ZKBS vor.[56] Keine der Änderungen blieb in der Folge ohne Diskussion in der Öffentlichkeit, wobei das Ausklammern humanmedizinischer Anwendungen im GenTG für erhebli-

52 Vgl. Bundesministerium der Justiz (Hg.), Abschlussbericht der Bund-Länder-Arbeitsgruppe „Somatische Gentherapie“, Bonn 1997.

53 Beschlussempfehlung und Bericht des Ausschusses für Forschung, Technologie und Technikfolgenabschätzung, Drucksache 12/3658 vom 06. November 1992.

54 Vgl. A. Hofmann, Die Anwendung des Gentechnikgesetzes auf den Menschen, Hamburg 2003, S. 98/99.

55 Vgl. GenTG in der Fassung vom 16. Dezember 1993, §2, Abs. 3.

56 Vgl. Ebd., § 11, Abs. 6 a.

che Kritik sorgte. Das Gesetz bot somit v. a. in der ersten Hälfte der neunziger Jahre immer wieder Anlass und auch Anknüpfungspunkte in den öffentlichen Diskussionen.

Ende 1996 erklärte die Bundesregierung in ihrem Bericht über die Erfahrungen mit dem Gentechnikgesetz, dass die Gentechnik keine Risikotechnik sei und sie deshalb alles Erforderliche tun werde, „um ein Übermaß an bürokratischer Kontrolle der Gentechnik und überzogene Anforderungen zu vermeiden und wo nötig zu korrigieren.“[57] Auch die Koalitionsvereinbarungen von SPD und Bündnis 90/Die Grünen aus dem Jahr 1998 sahen eine systematische Weiterentwicklung der verantwortbaren Innovationspotenziale der Bio- und Gentechnologie vor, die in der Konsequenz eine Fortführung der forschungspolitischen Biotechnologieförderung bedeutete.

Entsprechend dieser Einschätzung der Bundesregierung sprach die Förderpolitik, im Gegensatz zu den Diskussionen um das GenTG und seine Novellierung, eine sehr eindeutige Sprache. Mitte der neunziger Jahre erkannte die Bundesregierung, dass der gravierende Abstand der BRD im Bereich gentechnologischer Forschung und Entwicklung zu den weltweit führenden USA und Japan in den letzten zehn Jahren kaum aufgeholt werden konnte. Gab es Mitte der neunziger Jahre in den USA rd. 300 gentechnische Produktionsanlagen, waren es in Deutschland lediglich sechs Anlagen.[58] Zwischen 1990 und 1994 waren die Gesamtausgaben des BMFT und anderer Ressorts, wie dem BML, zwar von rd. 270 Mio. DM auf rd. 440 Mio. DM gestiegen[59], zu gentechnologischen Innovationen hatte die Erhöhung der finanziellen Mittel jedoch nicht geführt.

Diese Situation änderte sich mit dem von Bundesforschungsminister Jürgen Rüttgers initiierten BioRegio-Wettbewerb, der auf einen erheblichen Aus- und Aufbau des Innovationsstandorts Deutschland im Bereich der Bio- und Gentechnologie zielte. Bislang waren staatliche Förderprogramme in diesem Bereich lediglich akademischer Forschung und Verbundprojekten zwischen Universitäten und großen Industrieunternehmen zugänglich gewesen. Ab 1995 förderte der BioRegio-Wettbewerb erstmals gezielt die Ausgründung von kleineren Biotechnologiefirmen aus akademischen Forschungsinstituten, wobei deutsche Wissenschaftler nun auch als Unternehmer auftraten. Infolge des Wettbewerbs, der am Anfang einer gezielten forschungspolitischen Förderung der Biotechnologie in der BRD stand, stieg die Zahl der Gründungen neuer Biotechnologieunternehmen sprunghaft an. Waren es zum Start der BioRegio-Initiative 1995 noch 75 Unternehmen, stieg die Zahl in den folgenden sechs Jahren auf 365 an, so dass Deutschland, gemessen an der Zahl der Unternehmen, auf den dritten Rang – nach den

57 Vgl. Bericht der Bundesregierung über Erfahrungen mit dem Gentechnikgesetz, Drucksache 13/6538 vom 11. Dezember 1996, S. 33.

58 Vgl. P. Brandt, Gentechnik: Erwartungen und Realität, in: Ders. (Hg.), Zukunft der Gentechnik, Basel 1997, S. 2.

59 U. Dolata, Politische Ökonomie der Gentechnik, Berlin 1996, Tabelle S. 135.

USA und Kanada – vorrückte.[60] Folgeprogramme, wie BioFuture, BioChance oder BioProfile des BMBF sorgten Ende der neunziger Jahre bzw. Anfang des neuen Jahrtausends für eine nachhaltige Förderung der durch den BioRegio-Wettbewerb initiierten Gründungen von Biotechnologieunternehmen. Bis zum Ende der neunziger Jahre machte die Bundesregierung die Biotechnologie, und darüber auch die Gentechnologie, trotz anhaltender Diskussionen und z. T. auch Proteste zu einem zentralen Schwerpunkt ihrer Forschungspolitik.[61]

6.3. FORSCHUNGSOBJEKT MENSCH – DER BEGINN BIOETHISCHER DISKUSSIONEN

Der biomedizinische Wissenszuwachs der neunziger Jahre des 20. Jahrhunderts, zurückgehend auf die Erkenntnisse aus den Bereichen Genomanalyse, Reproduktions- und Transplantationsmedizin sowie somatischer Gentherapie, zog eine Vielzahl bioethischer Fragestellungen zum menschlichen Leben nach sich. Ihre Beantwortung brachte für Wissenschaftler, Politiker, Mediziner, Theologen und Ethiker gleichermaßen Schwierigkeiten mit sich. Neben einem internen Austausch standen zunehmend interdisziplinäre Gespräche, die u. a. in öffentlichen Foren wie dem 1996 ins Leben gerufenen *Jahrbuch für Wissenschaft und Ethik* oder verschiedensten Veranstaltungsreihen ausgetragen wurden.

6.3.1. Humangenomanalyse

Die ethischen Grundsatzfragen der Gentechnik aus den achtziger Jahren hatten mit dem Start des Human Genome Project (HGP) im Jahr 1990 noch keine Beantwortung gefunden. Parallelen waren nicht offensichtlich, ging es bei der Gentechnik doch insbesondere um Fragen der Zulässigkeit von gezielten Eingriffen am Menschen. Die Genomanalyse verfolgte dagegen zunächst „nur“ den reinen Erkenntnisgewinn über das menschliche Genom und schien somit für die Gentechnikdiskussionen keine unmittelbare Bedeutung zu haben. Patentrechtliche und bioethische Fragen verengten die Diskussionen jedoch bald und zogen vor allem in den Medien eine undifferenzierte Auseinandersetzung nach sich.

Nachdem bereits 1984 auf Einladung des amerikanischen Department of Energy ein erstes Treffen zur Initiierung eines Sequenzierungsprojekts des gesamten menschlichen Genoms stattgefunden hatte, verabschiedeten 1988 rd. 250 internationale Wissenschaftler in Valencia eine gemeinsame Deklaration zum sog. Human Genome Project. Ihr Forschungsinteresse erklärten sie darin mit dem Glauben an den Nutzen der Erkenntnisse für die Gesundheit und das Wohlergehen

60 Vgl. Ernst & Young, Zeit der Bewährung – Deutscher Biotechnologiereport 2003, Stuttgart 2003 sowie F. Hucho et al., Gentechnologiebericht, München 2005, S. 467, Abb. 3.

61 Vgl. BMBF (Hg.), Bundesbericht Forschung 2000, Bonn 2000, S. 174–175.

der Menschheit. Noch im September desselben Jahres kam es unter der Leitung von James Watson zur Gründung der Dachorganisation des Projekts, der Human Genome Organization (HUGO), zu deren zentralen Aufgaben die Verteilung der Gelder sowie die Vermeidung von Konkurrenzsituationen bei der Mittelakquise gehörten. Das HGP war mit einer Beteiligung von mehr als 50 Nationen nicht nur das erste international koordinierte biologische Großprojekt, mit einer Ausstattung von rd. 6 Milliarden Dollar war es zugleich das bis dato Teuerste.

Ab 1995 beteiligte sich auch Deutschland an der Genomforschung.[62] Das Deutsche Humangenomprojekt (DHGP) wurde neben dem BMBF auch durch die DFG, die MPG und die Wirtschaft finanziert.[63] Die Gründe für den späten Einstieg Deutschlands in die Humangenomforschung lagen v. a. in der bis dahin vorherrschenden Zurückhaltung der großen Industrien und Unternehmen begründet, die biowissenschaftlichen Forschungen vor dem Hintergrund der öffentlichen Diskussionen der letzten Jahre skeptisch gegenüberstanden.[64] 1995 warb Bundesforschungsminister Rüttgers dann mit einer Unterstützung des BMBF von 200 Mio. DM in den nächsten fünf Jahren, was gut 40 Mio. DM pro Jahr bedeutete. Zur Motivation für den Einstieg in das internationale Projekt erklärte Rüttgers: „Mit diesem Wissen ausgerüstet, werden wir die Ursache für viele Krankheiten erfassen und neue Methoden für frühzeitige Erkennung und gezieltes Vorbeugen entwickeln.“[65] Im internationalen Vergleich war das deutsche Fördervolumen jedoch eher gering. Im Jahr 2000 war die BMBF-Förderung auf 45 Mio. DM jährlich gestiegen, während die HGP-Förderung in den USA zur selben Zeit 250 Mio. US$ pro Jahr betrug.[66]

Nachdem das HGP 1995 das Erbgut des Bakteriums Haemophilus Influenzae als erstes vollständig sequenziertes Genom und 1998 das erste Genom eines Vielzellers, das des Fadenwurms Caenorhabditis elegans[67], präsentieren konnte, erhielt das Projekt Ende der neunziger Jahre privatwirtschaftliche Konkurrenz. 1998 kündigte der Biochemiker Craig Venter an, das menschliche Erbgut binnen drei Jahren auf der Basis privater Finanzierung im Alleingang entschlüsseln zu wollen. Sein im selben Jahr gegründetes Unternehmen Celera Genomics plante die Genomkartierung mit Hilfe vollautomatisierter Sequenzierungsroboter und entwi-

62 Forschungsschwerpunkte des DHGP befanden sich in Rostock, Leipzig, Halle, Würzburg, Jena, Konstanz, Freiburg, Tübingen, Heidelberg, Frankfurt, Mainz, Göttingen, Münster, Hannover sowie Brandenburg.

63 Beteiligungen der Wirtschaft erfolgten über den Verein zur Förderung der Humangenomforschung e. V.

64 F. Hucho et al., Gentechnologiebericht, München 2005, S. 53.

65 R. Moniac, Deutsches Projekt zur Erforschung der Gene, in: Die Welt, 21. Juni 1995, S. 5 und I. Bördlein, Nationales Genomprojekt – Anschluß an das Weltniveau im Auge, in: Deutsches Ärzteblatt, 1995/92, S. 1552.

66 Gründerzeit, Ernst & Youngs zweiter Deutscher Biotechnologie-Report 2000, Stuttgart 2000, S. 32.

67 Das Genom war zum Zeitpunkt der Präsentation zu 99% erforscht.

ckelte ein Programm zur Assemblierung der sequenzierten Genomanbschnitte.[68] Am 26. Juni 2000 präsentierten Bill Clinton, Craig Venter und Francis Collins, der Direktor des amerikanischen HGP, der Öffentlichkeit die Arbeitsversion der humanen Genomsequenz. Mit diesem Schritt wurde eine forschungsstrategische Wende in der Humangenomforschung eingeleitet, von der strukturalen hin zur funktionalen Genomik.

Mit dem Einstieg Venters im Jahr 1998 geriet das HGP zunehmend in Kritik. Die zentrale Legitimation für das Großprojekt ging für alle beteiligten Nationen auf die Nutzung der Erkenntnisse für medizinische Zwecke zurück. Zwar waren von Beginn an ethische Bedenken laut geworden, dass Projekt könnte weit über die medizinische Diagnostik hinausgehen, Privatisierungsentwicklungen ließen diesen Legitimierungsanspruch jedoch zunehmend in den Hintergrund treten. Venter hatte mit Blick auf die Sequenzierungsergebnisse und die Entwicklung von Pharmaprodukten auch Patentierungsabsichten eingeräumt, die er schon bald in die Tat umsetzte. Zur Motivation für den Einstieg in das internationale Projekt erklärte Rüttgers: „Mit diesem Wissen ausgerüstet, werden wir die Ursache für viele Krankheiten erfassen und neue Methoden für frühzeitige Erkennung und gezieltes Vorbeugen entwickeln.“[69] Bereits mit Beginn des HGP standen Fragen einer kommerziellen Verwertung der Genomforschung und einer moralischen Zulässigkeit der Patentierung menschlicher und nichtmenschlicher Gene zur Diskussion, die mit zunehmendem Erkenntnisgewinn verstärkt geführt wurde. Im Fokus standen im Wesentlichen drei Fragen: Sind Patente auf „Leben“ unmoralisch? Behindern Patente die biomedizinische Forschung? Und: Begünstigen Bio-Patente eine unfaire Ressourcenverteilung?

Bereits am 3. April 1992 hatte das Europäische Patentamt erstmals ein Patent auf ein gentechnisch verändertes Tier, die Harvard-Krebsmaus von Du-Pont, erteilt. Dieses Ereignis sorgte in der Öffentlichkeit für erhebliches Aufsehen und die Presse vermeldete das „Erbgut als Ware“[70]. Im Kontext des Krebsmaus-Patents gründete sich in Deutschland die Initiative Kein Patent auf Leben, der sich bald mehr als hundert deutsche Organisationen, darunter vor allem Umwelt- und Bauernverbände[71], anschlossen, um sich an schriftlichen Einsprüchen und öffentlichkeitswirksamen Protestaktionen zu beteiligen. Die Mitglieder der Initiative sahen in der Patentvergabe auf transgene Gene, Pflanzen (bzw. Saatgut) oder Tiere und deren Nachkommen nicht nur moralische Grundprinzipien gefährdet, sondern auch die Gefahr einer ungerechten Verteilung natürlicher Ressourcen. 1995 richtete sich die Aufmerksamkeit der Initiative u. a. auf den Kölner Genforscher

68 Vgl. A. R. Krefft, Patente auf human-genomische Erfindungen, Köln 2003, S. 27.

69 R. Moniac, Deutsches Projekt zur Erforschung der Gene, in: Die Welt, 21. Juni 1995, S. 5 und I. Bördlein, Nationales Genomprojekt – Anschluß an das Weltniveau im Auge, in: Deutsches Ärzteblatt, 1995/92, S. 1552.

70 Vgl. Titelstory, Erbgut als Ware – Medizin der Zukunft: Handel mit Genen, in: Der Spiegel, 1993/44.

71 Darunter u. a. Greenpeace, Gen-ethisches Netzwerk oder Misereor.

Klaus Rajewsky, der als erster deutscher Wissenschaftler ein Patent auf ein gentechnisch verändertes Säugetier (Maus) erhielt. Deutsche Patentgegner und v. a. die Initiative Kein Patent auf Leben unterstellten Rajewsky Habgier, der das Patent in der Konsequenz einem Kölner Verein zur Förderung der Immunologie übertrug und die transgenen Mäuse zu Forschungszwecken kostenlos zur Verfügung stellte.[72]

Vor allem Greenpeace nahm sich einem Kampf gegen Patente auf Leben an. Bereits im Kontext erster Planungen zur Patenterteilung auf transgene Lebewesen begann die international tätige Organisation ab 1990 zunächst auf europäischer Ebene mit Protestaktionen und Einsprüchen. Noch im selben Jahr startete Greenpeace eine eigene Kampagne gegen Patente auf Leben, die bis in das Jahr 2011 fortgeführt wurde. Greenpeace befürchtete in den Patenterteilungen vor allem einen Verlust der Artenvielfalt, Abhängigkeiten für Landwirte und eine beschleunigte Entwicklung gentechnisch veränderter Tiere. Übergeordnet stand jedoch die Forderung, dass das Erbgut aller Lebewesen nicht als monopolisiertes geistiges Eigentum gelten dürfe, sondern frei zugänglich bleiben müsse.[73]

Die wortgewaltigen Formulierungen der großen Protestaktionen der Verbände fanden innerhalb der deutschen Presse ein großes Echo. Regelmäßig war hier von Gläsernen Zeiten zu lesen, die Arbeitgebern, Versicherungen und anderen – nicht durch medizinische Interessen geleiteten – Kreisen einen zunehmend unkontrollierten und langfristig verpflichtenden Zugang zu persönlichen Daten ermöglichen könnten. In Deutschland sprach der *Spiegel* von einem „Monopol auf die Software des Lebens“ und stellte weitreichende Vergleiche zwischen Craig Venter und Billl Gates auf.[74] Einzelakteure insbesondere der Umweltverbände nutzten in Interviews und Berichten die Gelegenheit zu Forderungen nach ethischen Normen und schnellen rechtlichen Rahmenbedingungen.[75]

In der BRD stand die breit gefasste Community der Genomforscher den Patentierungsmöglichkeiten mehrheitlich skeptisch gegenüber, in denen sie v. a. eine zunehmende Behinderung der Forschungen erkannten. Deutsche Wissenschaftler, die selbst Patente beantragt oder zugesprochen bekommen hatten, hielten sich in der Öffentlichkeit weitgehend mit Stellungnahmen zurück. Wurden, wie im Falle Rajewskys, Fälle erteilter Patente bekannt, gab es in der BRD kaum Wissenschaftler, die sich den öffentlichen Auseinandersetzungen stellten. Befürwortende Stimmen waren lediglich von internationalen Vertretern wie Craig Venter oder James Watson zu vernehmen, die versuchten, den öffentlichen Widerständen durch Hinweise auf die Bedeutung von Patenten für die Forschungen zur Weltge-

72 Rollgriff ins Erbgut, in: Der Spiegel, 1995/4, S. 190 f.

73 Vgl. Pressemitteilungen zur Greenpeace Kampagne gegen Patente auf Leben unter http://www.greenpeace.de/themen/patente/(Abruf: 20.12.2011).

74 Titelstory *Der Bauplan des Menschen*, Schlacht um die Gene, in: Der Spiegel, 1998/37, S. 272 ff.

75 Vgl. U. Fuchs, Die Genomfalle, Düsseldorf 2000, S. 93/94.

sundheit entgegenzuwirken.[76] Vor allem Nobelpreisträger James Watson zeigte in zahlreichen Zeitschrifteninterviews laufende Präsenz.[77] Deutsche Genomforscher wagten dagegen kaum wortgewaltige Vergleiche wie die des „biology's moon shot“ oder der „Suche nach dem Heiligen Gral“.[78]

Die katholische Kirche begegnete den Möglichkeiten zur Patentierung von Leben konsequent ablehnend. Sie versteht Gottes Geschöpfe nicht als Menschenwerk und lehnt deshalb eine Patentierung im Sinne einer menschlichen Erfindung ab. Dagegen sprach sich die EKD (Evangelische Kirche in Deutschland) nicht prinzipiell für ein Verbot von Patenten aus. In ihrem Verständnis bedeutete die Gewährung eines Patents auf transgene Lebensmittel kein Recht auf das Leben selbst, sondern lediglich auf einzelne DNA-Sequenzen.[79]

Die deutsche Bundesregierung zeigte sich im Zusammenhang mit Fragen um die Patentierung von Leben während der neunziger Jahre in der Öffentlichkeit skeptisch bis ablehnend. Der Bundesbericht Forschung aus dem Jahr 2000 offenbarte jedoch eine andere Grundhaltung zur Sache. So ist dort im Zusammenhang mit den Zielen des DHGPs u. a. von der „Patentierung und Umsetzung der Forschungsergebnisse in innovative Anwendungen“ die Rede. Zudem informiert der Bericht über die Gründung einer Patent- und Lizenzagentur im Rahmen des DHGP im Jahre 1997, deren positive Wirkung sich bereits in zehn Firmengründungen niedergeschlagen hatte.[80]

In der BRD trugen die aufkommenden Diskussionen über die Zulässigkeit von Patentansprüchen auf Gene und transgene Lebewesen zu vermehrter Kritik am Gesamtvorhaben des HGP bei. Neben den Kontroversen um die Patentierungsmöglichkeiten waren zugleich Befürchtungen laut geworden, die Humangenomanalyse würde einer zunehmenden genetischen Diskriminierung Vorschub leisten. Die Argumente der Initiatoren und Förderer des HGPs entsprachen ganz offensichtlich denen der Gentherapeuten, wollten sie doch beide zu Gesundheit und Wohlergehen der Menschheit beitragen. Kritiker sahen darin eine Reduzierung des Menschen auf seine molekulare Struktur, die eine ausschließlich genbasierte Erklärung für Gesundheit, Krankheit und auch menschliches Verhalten bedeute.[81] Zudem trug die Gentechnologie ebenso wie das HGP in ihren Augen zu einer ethisch problematischen Definition normaler und abnormaler Gensequenzen

76 Vgl. Sollen wir den Piloten ins Gehirn blicken? Ein Gespräch mit James D. Watson. Und vgl. J. C. Venter, Der Mensch in der Genfalle, beide in: F. Schirrmacher (Hg.), Die Darwin AG, Köln 2001, S. 266 und 238.

77 Vgl. z.B. „Was ist eine Superrasse?“, Spiegel-Interview mit dem Nobelpreisträger James Watson über die Entschlüsselung des menschlichen Erbguts, in: Der Spiegel, 1991/30, S. 112–114 oder James Watson: Warum diese Angst vor der Genforschung, in: Die Welt, 6. Mai 1991, S. 6 oder Geschäft mit den Genen, in: Der Spiegel, 1992/8, s. 229.

78 Heiliger Gral in der Zelle, in: Der Spiegel, 1998/14, S. 205.

79 Vgl. Einverständnis mit der Schöpfung, Evangelische Kirche in Deutschland, 2. Aufl., Gütersloh 1997. http://www.ekd.de/EKD-Texte/44607.html, vgl. Kapitel 6.

80 Vgl. BMBF (Hg.), Bundesbericht Forschung 2000, Bonn 2000, S. 176.

81 Vgl. O. Schöffski, Gendiagnostik, Göttingen 2000, S. 33.

bei. Vor allem in der deutschen Presse wurden der Begriff der „genetischen Diskriminierung“ und Erinnerungen an die Nationalsozialistische Rassenhygiene präsent, die zumindest kurzfristig Warnungen vor einer neuen Eugenik laut werden ließen.[82] Die moderne Biomedizin schien in den Augen der Kritiker, im Gewand der Genetiker, Molekularbiologen, Gentechnologen und der Pharmaindustrie, einen neuen, eugenisch motivierten Angriff auf die Menschheit vorzubereiten.

Die Engführung der Argumente aus den Diskussionen um die Genomanalyse und die Gentechnologie führte vor allem in den Printmedien zu undifferenzierten Begriffsverwendungen, nicht selten sogar zu Fehlzuschreibungen. Häufig fand der Begriff „Gentechnik“ in den Beiträgen eine freizügige Verwendung, thematisierten sie doch aus wissenschaftlicher Sicht ausschließlich den Anwendungsbereich der Genomanalyse bzw. der Molekularbiologie.[83] Aber auch Wissenschaftler trugen zu einer undifferenzierten Zuschreibung der Gegenstandsbereiche bei. So erklärte beispielsweise Ernst-Ludwig Winnacker 1993 im Rahmen eines Diskussionskreises, veranstaltet von der Deutschen Akademie der Naturforscher Leopoldina, „daß die Fragen der Genomanalyse am Ende vielleicht die wirklichen und einzigen Risikofragen darstellen, mit denen wir uns in Sachen Gentechnik auseinandersetzen müssen.“[84] Auch Jens Reich lieferte Anknüpfungspunkte für Verwechslungen, überschrieb er z. B. einen seiner Vorträge mit dem Titel *Büchse der Pandora – ist das Humangenom-Projekt tatsächlich so gefährlich?*[85] und nutzte damit wohlwissend eine Metapher, die bereits im Kontext der Gentechnikdiskussionen vielfache Verwendung gefunden hatte.

Die Initiatoren des HGPs waren auf Konfrontationen im Kontext bioethischer Fragestellungen vorbereitet. Parallel zum Start des HGPs erfolgte 1990 die Institutionalisierung des bioethischen Forschungsprogramms Ethical, Legal and Social Issues[86], welches mit einem finanziellen Rahmen von mehr als 75 Mio. Dollar das Größte des 20. Jahrhunderts werden sollte. Als Begleitprogramm des HGPs untersuchte es dessen rechtlichen, ethischen und sozialen Implikationen im Sinne einer geistes- und sozialwissenschaftlichen Folgenabschätzung. Vor der Integration des

82 Vgl. z. B. Genetische Diskriminierung rechtzeitig ausschließen, in: Die Welt, 3. August 1996, S. 8. Vgl. dazu auch die Titelstory *Menschen nach Plan* des Spiegel aus dem Jahr 1991: „Im Eiltempo, aber blind“, in: Der Spiegel, 1991/30, S.102 u. 110.

83 Vgl. den in der Rubrik Wissenschaft mit „Gentechnik“ überschriebenen Artikel, Rückkehr der Saurier – US-Wissenschaftler haben Erbmaterial von urtümlichen Lebewesen aus dem Tertiär isoliert, in: Der Spiegel, 1992/43, S. 336 f. Oder Wortlaut eines Artikels der *Welt* „Die Rechtsprechung hat es schon vor Jahren für zulässig erachtet, Spuren [...] gentechnisch zu untersuchen und für Beweiszwecke zu nutzen.“, vgl. R. Wassermann, Gen-Datei im Streit, in: Die Welt, 28. April 1998, S. 4.

84 Vgl. Gentechnik als eine Herausforderung in Deutschland, Leopoldina-Diskussionskreis, Halle 1993, S. 20.

85 J. Reich, Das Humangenom-Projekt – Büchsenöffnung der Pandora?, in: G. Orth (Hg.), Forschen und tun, was möglich ist?, Münster 2002, S. 9.

86 Das Forschungsprogramm war am Office of Biological and Environmental Research und dem National Human Genome Research Institute angesiedelt.

neugewonnen Grundlagenwissens in die klinische Praxis, sollten potenzielle Folgen erkannt und Lösungsvorschläge, z. B. in Form gesundheitspolitischer Richtlinien, entworfen werden.[87]

Auf europäischer Ebene begann 1990 das Human Genome Analysis Program mit einem Budget von zunächst 15 Mio. Euro. Auch die BRD startete im Rahmen des DHGPs Begleitforschungen zu den mit der Genomsequenzierung verbundenen ethischen, rechtlichen und sozialen Fragestellungen. Wenngleich die Förderungssumme dafür lediglich 3% der Gesamtaufwendungen des DHGPs ausmachte, erhielt der deutsche Institutionalisierungsprozess der jungen Disziplin Bioethik durch die Genomforschung erheblichen Auftrieb. So wird zu Beginn des Jahres 1999 auf Initiative des BMBF das Deutsche Referenzzentrum für Ethik in den Biowissenschaften eingerichtet, das als nationales Dokumentations- und Informationszentrum die wissenschaftlichen Grundlagen für eine qualifizierte bioethische Diskussion im deutschen, europäischen und internationalen Rahmen schaffen sollte.[88] Anders als in den USA, Großbritannien oder Australien reagierte das deutsche Begleitforschungsprogramm jedoch nicht auf die neue, wenngleich in der BRD nur kurzfristige Aktualität des Eugenik-Begriffs.[89]

Den lange Zeit anhaltenden öffentlichen Diskussionen um die Humangenomanalyse wurde 2001 u. a. in Form einer Bürgerkonferenz zum Thema „Streitfall Gendiagnostik“ am Deutschen Hygiene-Museum begegnet. Das Konzept der Bürgerkonferenzen als Verfahren zur Politikberatung in Form einer „Information über die gesellschaftliche Wahrnehmung und Einschätzung wissenschaftlicher und technologischer Entwicklungen“ hatte sich bereits seit den frühen neunziger Jahren in zahlreichen europäischen Ländern – allen voran Dänemark, wo bereits seit Ende der achtziger Jahre Bürgerkonferenzen etabliert wurden – als geeignetes Instrument herausgestellt.[90]

6.3.2. Erste humane Gentherapiestudien

Neben dem Start des DHGPs sorgten in der BRD auch erste klinische Erprobungen der Gentherapie im In- und Ausland für großes öffentliches Interesse an den biomedizinischen Entwicklungen. Entscheidend für die sich auf Fragen der Behandlungserfolge und Ethik konzentrierenden Diskussionen zur Gentherapie und ihre Bewertung blieb die bereits in den achtziger Jahren vorgenommene Unterscheidung zwischen somatischen Eingriffen und Veränderungen in der Keimbahn.

87 Vgl. N. Biller-Andorno, Das ELSI-Programm des U.S.-amerikanischen Humangenomprojekts, in: Ethik in der Medizin, 2001/13, S. 243–245.
88 Vgl. www.drze.de
89 Vgl. T. Lemke, Die Polizei der Gene, Frankfurt a. M. 2006, S. 79.
90 S. Joss, Zwischen Politikberatung und Öffentlichkeitsdiskurs, in: S. Schicktanz/J. Naumann (Hg.), Bürgerkonferenz: Streitfall Gendiagnostik, Opladen 2003, S. 15 f.

Erste Gentherapiestudien der neunziger Jahre wurden im Wesentlichen an Patienten mit einer Erkrankung ohne reale Überlebenschance durchgeführt und zielten somit vorwiegend auf eine Linderung bzw. Behebung der Folgen von Erbdefekten, nicht jedoch auf eine Heilung. Internationale Vereinbarungen über ethische Kriterien zur Durchführung von experimentellen Therapien am Menschen, wie der Nürnberger Code oder die Deklaration von Helsinki, erklärten den Einsatz neuer Therapieverfahren nur dann für zulässig, wenn keine adäquaten oder erfolgversprechenden konventionellen Therapien zur Behandlung vorhanden sind. Auch die am 20. Januar 1995 vom Vorstand der Bundesärzteammer verabschiedeten Richtlinien zum Gentransfer in menschliche Körperzellen erklärten Behandlungen nur für schwere, mit anderen Mitteln nicht mehr heilbare, und erfahrungsgemäß tödlich verlaufende Krankheiten für zulässig.[91]

Am 14. September 1990 erfolgte durch ein Forscherteam um Michael Blaese, French Anderson und Kenneth Culver vom Forschungsinstitut der NIH der weltweit erste genehmigte, klinische Gentherapieversuch an einer vierjährigen Patientin, die an sog. ADA-Mangel litt. Der Therapieversuch der ersten europäischen Studie von Claudio Bordignon und seinem Team vom Ospedale San Raffaele in Mailand zielte im März 1992 auf dieselbe Erkrankung. 1994 begannen auch deutsche Wissenschaftler mit Studien. Nachdem eine Freiburger Arbeitsgruppe um den Krebsmediziner Roland Mertelsmann 1992 von der Ethikkommission der Albert-Ludwig-Universität die Einwilligung zur gentherapeutischen Behandlung von Dickdarm-, Nieren- und Hautkrebspatienten erhalten hatte[92], gab Mertelsmann im Mai 1994 die ersten Behandlungen bekannt.[93] Der Freiburger Mediziner erklärte, seit dem 22. April zwei Krebspatienten mit gentechnisch veränderten Zellen behandelt zu haben. Nur wenige Stunden nach der Bekanntgabe meldete sich eine Arbeitsgruppe um den Molekularbiologen Burghardt Wittig, die den Anspruch auf die erste Gentherapie in Deutschland für sich erhob. Sie behaupteten bereits am 28. März im Berliner Rudolf-Virchow-Klinikum einen Nierenzellkrebspatienten therapiert zu haben.[94]

Erfolgten bis zum Jahr 1995 weltweit ca. 100 gentherapeutische Einzelstudien an rd. 500 Patienten, konnte die Zahl bis 1999 auf 350 Studien mit rd. 3000 Patienten gesteigert werden, wobei sich rd. 90% der Behandlungen auf die USA kon-

91 Richtlinien zum Gentransfer in menschliche Körperzellen, in: Deutsches Ärzteblatt, 1995/92, S. 583-588.

92 Vgl. R. A. Zell, Gentherapie jetzt auch in Deutschland, in: Die Welt 11. November 1992, S. 9.

93 Die Genspritze – Hoffnung für Krebskranke (Spiegel-Titelthema), dazu: „Den Tumor fressen“, in: Der Spiegel, 1994/19, S. 222 ff. oder Erste Gen-Therapie an Patienten in Deutschland, in: Die Welt, 5. Mai 1994, Titelseite.

94 E. Heitmann, Der Gentherapeut: Mit Goldkugeln gegen den Krebs, in: Die Welt, 6. Mai 1994, S. 8 und M. Simm, Freiburg und Berlin haben die Nase vorn, in: Deutsches Ärzteblatt, 1994/91, S. 1052.

zentrierten.[95] In der BRD wurden zwischen 1995 und 2000 insgesamt 47 abgeschlossene, laufende oder geplante klinische Gentherapiestudien verzeichnet.[96] Wenngleich keine der weltweit durchgeführten Studien über ein Versuchsstadium hinausgelangte, kamen bereits mit dem Bekanntwerden des ersten somatischen Gentherapieversuchs im Jahr 1990 erneut Diskussionen über die Zulässigkeit dieser neuen Therapiemethode an humanen Soma- und Keimzellen auf. War die Möglichkeit einer Gentherapie am Menschen bereits in den achtziger Jahren diskutiert worden, lösten die ersten praktischen Umsetzungen eine Wiederbelebung der Diskussionen aus, die sich insbesondere auf Fragen des Behandlungserfolgs und der ethischen Zulässigkeit konzentrierten, während Fragen der Sicherheit nur selten eine Rolle spielten und sich vornehmlich auf die Diskussionen zur Keimbahntherapie beschränkten. Für den Einsatz der somatischen Therapiemethode wurden im Wesentlichen die ärztliche Verpflichtung zur Hilfeleistung, die Analogien zu anderen Heilverfahren sowie der Vorzug des kausalen Ansatzes der Therapie ins Feld geführt. Argumentationen gegen einen Einsatz sahen Gefahren durch Nebenwirkungen, einer Verletzung der Menschenwürde und verbessernder Eingriffe ins menschliche Erbgut und damit eines slippery slope.

Öffentliche Widerstände, die sich aus Gründen der Sicherheit gegen einen Einsatz der somatischen Gentherapie wandten, waren in der BRD kaum zu vernehmen. Für größeres Aufsehen sorgte lediglich der Neubau des Zentrums für Molekulare Neurobiologie in Falkenried, dessen Planungen neben Arbeiten mit gentechnisch veränderten Kolibakterien auch solche mit Vaccinia-Viren vorsahen. Rund 300 Anwohner fürchteten ein Entweichen der transgenen Bakterien und Viren und gingen mit einem Antrag auf Baustopp gegen das geplante Zentrum vor. Im Juli 1994 lehnte das Hamburger Verwaltungsgericht den Antrag ab, woraufhin eine großangelegte Unterschriftenaktion der Ökologisch-Demokratischen-Partei, unterstützt durch Bürgerinitiativen und Tierschützer, folgte, die durch eine Unterschriftensammlung ein „kleines Volksbegehren“ erwirken wollte.[97] Jedoch scheiterten alle Bemühungen und 1998 erfolgte die Eröffnung des Zentrums.

Wenngleich die Sicherheitsaspekte in den öffentlichen Diskussionen um die somatische Gentherapie nur nachrangig von Bedeutung waren, war die Politik bereits im Vorfeld erster Genehmigungen um wissenschaftliche Bewertungen bemüht. Da die Durchführung gentherapeutischer Studien in der BRD nicht durch das GenTG, sondern durch das Arzneimittelgesetz geregelt wird, welches keinen Unterschied zwischen gentherapeutischen Wirkstoffen und konventionellen

95 Vgl. U. Kleeberg, Die klinische Prüfung von Gentherapeutika und Biotechnologika nach dem Arzneimittelgesetz, in: D. Arndt/G. Obe/U. Kleeberg (Hg.), Biotechnologische Verfahren und Möglichkeiten in der Medizin, München 2001, S. 74.

96 Vgl. Deutscher Bundestag, Antwort der Bundesregierung auf eine kleine Anfrage der Abgeordneten Angela Marquardt und Dr. Ruth Fuchs sowie der Fraktion der PDS, 22.03.2000, Drucksache 14/3038.

97 Die Angst vor dem Genlabor – auch die Experten sind uneins, in: Die Welt, 25. November 1994, S. H 6, Regionalteil Hamburg.

Pharmaka macht[98], war die Gefahr einer gesetzlichen Fehleinschätzung latent vorhanden. Aus medizinischer Sicht wurden die Risiken einer Gentherapie denen einer Organtransplantation bzw. der Impfstoffanwendung gleichgesetzt, so erklärte es auch der VCI in einem im März 1994 veröffentlichten Positionspapier zur Gentherapie.[99]

Bereits 1991 beauftragte das BMFT unter der Projektleitung des Philosophen Kurt Bayertz eine Studie zum *Gentransfer in menschliche Körperzellen*, die nur drei Jahre nach dem ersten humanen Gentherapieversuch eine durchaus positive Bilanz zog, wenn es darin heißt, „[...] unerwartete Negativfolgen der durchgeführten Behandlungen sind bislang ausgeblieben."[100] Zu einer ähnlichen Einschätzung kam auch die 1993 vom Bundesgesundheitsministerium einberufene Bund-Länder-Arbeitsgruppe Somatische Gentherapie, in welcher der begonnene interministerielle Austausch unter Beteiligung von Experten fortgesetzt werden sollte. Der 1997 erschienene Abschlussbericht in Form eines Sachstandpapiers zur somatischen Gentherapie erklärte die vorhandenen gesetzlichen Regelungen für ausreichend.[101]

Für eine gewisse Unsicherheit sorgten dagegen die beiden vom TAB Anfang der neunziger Jahre eingeforderten Gutachten zur medizinischen Biosicherheit. Während Mertelsmann et al. von der Universität Freiburg das Risiko unerwünschter Freisetzungen oder das Einschleusen neuer Informationen auch in die Keimbahn theoretisch für möglich, aufgrund bekannter, klinischer Situationen aber als extrem unwahrscheinlich einschätzten[102], hielten Beatrix Tappeser und Bärbel Panholzer vom Öko-Institut Rekombinationen der Vektoren und eine Übertragung freigesetzter Viren in die Keimbahn durchaus für möglich.[103] Kritische Einschätzungen waren auch in dem vom Ausschuss für Forschung, Technologie und Technikfolgenabschätzung des Deutschen Bundestages im März 1993 in Auftrag gegebenen Monitoring-Projekt zur Gentherapie zu vernehmen. Der erste Sachstandsbericht aus dem Jahr 1994 informierte u. a. über die Probleme entwickelter Gentransfermethoden. Diese bestanden zum einen im lokal schwer bestimmbaren Einbau neuer Gene in die Erbsubstanz, zum anderen in der unter Experten umstrittenen Möglichkeit einer Verbreitung rekombinanter Viren, die als Vektoren

98 Vgl. C. Huber, Gentherapie in Deutschland aus der Sicht der Kommission Somatische Gentherapie der Bundesärztekammer, in: D. Arndt/G. Obe/U. Kleeberg (Hg.), Biotechnologische Verfahren und Möglichkeiten in der Medizin, München 2001, S. 71.

99 Vgl. Positionspapier des Verbandes der Chemischen Industrie e. V. (VCI) zur Gentherapie vom 18. März 1994.

100 K. Bayertz, Gentransfer in menschliche Körperzellen, Bad Oeynhausen 1994, S. 164.

101 Vgl. Bundesministerium der Justiz (Hg.), Abschlussbericht der Bund-Länder-Arbeitsgruppe „Somatische Gentherapie", Bonn 1997, S. 7.

102 Vgl. Gutachten von Mertelsmann et al., Vergleichende Analyse von Sicherheitsaspekten gentherapeutischer Methoden bei der somatischen Gentherapie, TAB Bericht S. 63 f.

103 Vgl. Gutachten von B. Tappeser und B. Panholzer, Methodische Verfahren der somatischen Gentherapie – Analyse unter Risikoaspekten, TAB Bericht S. 70 f.

zur Übertragung von Genen in die Zellen von Patienten genutzt werden.[104] Zu einer breiten öffentlichen Diskussion von Sicherheitsfragen der Gentherapie kam es jedoch erst im Jahr 1999 mit dem Tod des weltweit ersten Patienten infolge eines Gentherapieversuchs.

Standen Fragen zur Sicherheit der somatischen Gentherapie zu Beginn der neunziger Jahre beinahe ausschließlich für die Politik zur Debatte, zog die Diskussion einer Bewertung der Behandlungsergebnisse größere Kreise. Innerhalb weniger Monate nach Bekanntgabe der ersten beiden Gentherapieversuche erfolgte die Einreichung von mehr als 150 weiteren Studienanträgen.[105] Zu dieser Zeit gingen die wenigsten Mediziner und Biowissenschaftler von einer kurz- oder gar mittelfristigen Entwicklung erfolgreicher Therapien zur Behandlung großer Volkskrankheiten aus. Ein Großteil der deutschen Vertreter erster Gentherapie-Arbeitsgruppen diskutierte diese Einschätzung jedoch vornehmlich in Fachzeitschriften wie dem *Deutschen Ärzteblatt*[106] und im Rahmen fachinterner Veranstaltungen[107], so z. B. im Rahmen der internationalen Gentherapie-Symposien-Reihe des Max-Delbrück-Centrums (MDC) für molekulare Medizin in Berlin-Buch. Auch der Zellbiologe Michael Strauss, Leiter einer der ersten Gentherapie-Arbeitsgruppen der BRD, äußerte seine frühen Einschätzungen, dass mit einer Massentherapie als Standardverfahren und einer Garantie auf Heilung nicht zu rechnen sei[108], nur in fachinternen Foren.

Dagegen kamen nur wenige Experten der insbesondere von den Journalisten geforderten Informierung der Öffentlichkeit nach.[109] Zur Stärkung des Dialogs zwischen Wissenschaftlern und Öffentlichkeit gründete sich 1995 die Deutsche Gesellschaft für Gentherapie e. V. als eine Vereinigung von Ärzten und Naturwissenschaftlern.[110] Eine Überwindung der Distanz gelang ihr jedoch nicht. Nur wenige Wissenschaftler waren zu Beginn der neunziger Jahre um eine Beruhigung der in der Öffentlichkeit aufkommenden Euphorie um die somatische Gentherapie bemüht. Die Folge war eine stark einseitige Berichterstattung und Positionierung

104 Vgl. J. J. Schmitt/L. Hennen/T. Petermann, Stand und Perspektiven naturwissenschaftlicher und medizinischer Problemlösungen bei der Entwicklung gentherapeutischer Heilmethoden, TAB-Arbeitsbericht Nr. 25, Bonn 1994, S. 4/5.

105 Vgl. R. Paslack, Somatische Gentherapie – Eine historische Fallstudie (1965–2000), Frankfurt a. M. 2009, S. 189.

106 Vgl. z. B. S. Nikol/B. Höfling, Aktueller Stand der Gentherapie – Konzepte, klinische Studien und Zukunftsperspektiven, in: Deutsches Ärzteblatt, 1996/93, S. 2050–2058.

107 Gentherapie – Medizin der Zukunft?, Zeitschrift für Allgemeinmedizin, 1993/69, S. 957–960 oder S. Nikol, Aktueller Stand der Gentherapie, in: Deutsches Ärzteblatt, 1997/94, S. 798–800. Vgl. auch die Akademiesitzungen und –vorträge der Akademie der Wissenschaften und der Literatur in Mainz, die das Thema Genomanalyse und Gentherapie während der neunziger Jahre regelmäßig aufgriff, in: C. Rittner/P. M. Schneider/P. Schölmerich (Hg.), Genomanalyse und Gentherapie, Stuttgart 1997.

108 Vgl. Gentherapie – Medizin der Zukunft?, Zeitschrift für Allgemeinmedizin, 1993/69, S. 957–960.

109 P. Luther, Gentherapie – Ängste und Hoffnung, in: Die Welt, 14. Juni 1994, S. 7.

110 Vgl. www.dg-gt.de

im Rahmen öffentlicher Veranstaltungen, die auf optimistische Einschätzungen einzelner Mediziner und Biowissenschaftler zurückging. Bei ihnen handelte es sich zumeist um Antragsteller, die in der Öffentlichkeit eine positive Stimmung gegenüber dem neuen Forschungszweig befördern wollten. Die Rechnung ging zunächst auf, wenn die Presse einen ersten Erfolg der Gentherapie darin verbuchte, für „wachsende gesellschaftliche Akzeptanz der Gentechnik“ gesorgt zu haben.[111] Auch die 1991 vom BMFT beauftragte Studie zum *Gentransfer in menschliche Körperzellen* warb für das Verfahren und weckte große Erwartungen:

> „Die somatische Gentherapie befindet sich noch in einem experimentellen Stadium. Gleichwohl ist zu erwarten, daß eine rasche Weiterentwicklung des Verfahrens bis hin zur Etablierung als Standard-Therapie für bestimmte Arten von Erkrankungen während der nächsten Jahre erfolgen wird.“[112]

Mertelsmann und Wittig referierten auf öffentlichen Veranstaltungen und gaben der Presse bereitwillig Interviews.[113] Als Sprecher der Deutschen Arbeitsgemeinschaft für Gentherapie war Mertelsmann in seinen öffentlichen Auftritten insbesondere um Aufklärung und eine Versachlichung der Berichterstattung bemüht. Neben laienverständlichen Verfahrenserläuterungen berichtete er über Verlauf, ernüchternde Ergebnisse und Erkenntnisse erster Gentherapiestudien. Allerdings waren Mertelsmann und Wittig als Pioniere deutscher Gentherapiestudien erst 1994 zu Bekanntheit gelangt.[114] Die großen Gentherapie-Visionen hatten zu diesem Zeitpunkt bereits vier Jahre im Zentrum öffentlicher Foren gestanden. Zurückhaltende Prognosen waren insbesondere in den Printmedien nicht nur unattraktiv, sondern zugleich weitestgehend fremd.

Sowohl im Falle der ersten Gentherapie als auch bei den Folgestudien zur Behandlung eines ADA-Mangels konnte ein deutlich erhöhter Spiegel von ADA-positiven T-Lymphozyten nachgewiesen werden, eine Normalisierung der Abwehrfunktionen stellte sich für die Patienten aber nicht ein. Als Herausgeber der seit Anfang 1990 erscheinenden Zeitschrift Human Gene Therapy berichtete French Anderson regelmäßig über die therapeutischen Fortschritte der ersten Gentherapiepatienten, wenngleich eindeutig definierte biochemische und therapeutische Maßstäbe für die Versuche fehlten. Konkrete Aussagen über die Wirksamkeit und medizinische Unbedenklichkeit der Gentherapie waren bis Ende der neunziger Jahre kaum möglich. Ein Großteil beinahe aller weltweit begonnenen klinischen Studien befand sich bis dahin noch in Phase I und prüfte vornehmlich die Verträglichkeit und Sicherheit des Gentransfers, dessen Erfolgsrate kein be-

111 Die Genspritze – Hoffnung für Krebskranke (Spiegel-Titelthema), dazu: „Den Tumor fressen“, in: Der Spiegel, 1994/19, S. 228.

112 K. Bayertz/J. Schmidtke/H.-L. Schreiber (Hg.): Somatische Gentherapie, Stuttgart u. a. 1995, S. 1.

113 Vgl. Erste Gentherapie an Patienten in Deutschland, in: Die Welt, 5. Mai 1994, Titelseite und Der Gentherapeut – Mit Goldkugeln gegen den Krebs, in: Die Welt, 6. Mai 1995, S. 8.

114 Vgl. R. Mertelsmann, Praxis der Gentherapie in Deutschland, in: C. Rittner/P. M. Schneider/P. Schölmerich (Hg.), Genomanalyse und Gentherapie, Stuttgart 1997, S. 61.

friedigendes Niveau erreichen konnte. Nur wenige Studien waren zu einer Prüfung der Effekte der Therapie in Phase II übergegangen.[115] Zudem reichten die Anzeichen der Behandlungserfolge für eine wissenschaftliche Beweisführung nicht aus, denn das Forscherteam um Blaese und auch alle Folgestudien hatten vom amerikanischen *Recombinant DNA Advisory Committee* (RAC) die Auflage zur parallelen Weiterbehandlung aller Patienten mit konventionellen Medikamenten erhalten. Diese Bedingung des RAC machte die eindeutige Feststellung eines Therapieerfolgs infolge einer gentherapeutischen Behandlung kaum möglich. In den meisten Fällen konnten klinische Gentherapieprotokolle lediglich den qualitativen Nachweis für einen erfolgreichen Gentransfer erbringen, nicht jedoch einen quantitativ feststellbaren therapeutischen Effekt.

Ernüchternde Bilanzen zur Gentherapie drangen spätestens ab 1995, etwa zu der Zeit als Deutschland in das HGP einstieg, an die Öffentlichkeit. Der im Dezember 1995 vom Panel to Assess the NIH Investment in Research on Gene Therapy veröffentlichte Bericht stellte fest, dass bislang kein einziger klinischer Gentherapieversuch erfolgreich war. Zudem wurden die potenziellen Erfolge bislang nur für seltene „Nischen-Krankheiten" und nicht etwa für die versprochenen großen Volkskrankheiten erzielt. Der nur wenige Monate zuvor erschienene erste Sachstandsbericht im Rahmen des Monitoring-Vorhabens „Gentherapie" offenbarte, dass „die generelle Wirksamkeit gentherapeutischer Methoden noch nicht bewiesen" und „die echte Heilung einer Erkrankung bisher nicht gelungen" sei.[116] Auch Detlev Ganten, Vorstand des MDC, erklärte, dass sich die Wirksamkeit der verschiedenen Therapien bislang nicht nachweisen lasse. Zwar gab es zahlreiche Anzeichen für die Wirksamkeit einzelner Therapien, insbesondere aufgrund der konventionellen Weiterbehandlung der Patienten jedoch keine Beweise. Das schlechte Abschneiden einer Vielzahl von Studien wurde in der niedrigen Transfektionsrate und dem Fehlen geeigneter Vektorsysteme zur zielgenauen Übertragung der Gene erkannt.[117]

Nicht nur in Deutschland machte sich Ernüchterung und der Vorwurf der Täuschung in der Öffentlichkeit breit. Auf die Euphorie der frühen neunziger Jahre folgten Schlagzeilen wie „Düstere Bilanz der Gentherapie"[118] oder „Gentherapie erfüllte nicht die Erwartungen".[119] Im Rahmen des zweiten *Congress of Molecular Medicine* erkannte der Molekularbiologe Jens Reich durchaus ethisch-

115 Vgl. R. Paslack, Die somatische Gentherapie, in: R. Paslack/H. Stolte (Hg.), Gene, Klone und Organe, Frankfurt a. M. 1999, S. 13.

116 Vgl. J. J. Schmitt/L. Hennen/T. Petermann, Stand und Perspektiven naturwissenschaftlicher und medizinischer Problemlösungen bei der Entwicklung gentherapeutischer Heilmethoden, TAB-Arbeitsbericht Nr. 25, Bonn 1994, S. 5.

117 Vgl. K. Koch, Der Katalog der Gentherapie-Studien wächst. Einige Prüfungen sind von zweifelhaftem Wert, in: Deutsches Ärzteblatt, 1995/92, S. 1287–1289.

118 D. Brown, Düstere Bilanz der Gentherapie: In nahezu allen Fällen ein Fehlschlag, in: Die Welt, 17. Dezember 1995, S. 76.

119 J. Kubitschek, Gentherapie erfüllte nicht die Erwartungen, in: Die Welt, 16. Februar 1996, S. 8.

soziale Probleme der Gentherapie, die sich für ihn insbesondere über „prinzipielle Sorgen“ zur Gentechnik, aber auch in Form geweckter „wilde[r] Hoffnungen“ bei totkranken Patienten ausdrückten.[120] Während v. a. grundsätzliche Kritiker der Gentechnik wie Hiltrud Breyer, Europaabgeordnete und Gründungsmitglied von Bündnis 90/Die Grünen sowie dem GeN, den Wissenschaftlern Verschleierung, übereifrige Darstellungen und die Verbreitung irreführender Informationen erfolgreich verlaufener Gentherapien vorwarfen[121], verwiesen Mediziner und Biowissenschaftler im Gegenzug auf ihre von Beginn an verhaltenen Einschätzungen. Diese, zumeist in rein fachinternen Foren geäußerten Einschätzungen hatten die breite Öffentlichkeit jedoch kaum erreicht.

In den aufkommenden Diskussionen um die neu zu bewertenden Erfolgsaussichten stellten sich Vertreter gentherapeutischer Forschungen in Interviews und Diskussionsveranstaltungen nur vordergründig der skeptischen Öffentlichkeit. Trotz der verhaltenen bis vernichtenden Bilanz galt die Gentherapie unter Medizinern und Biowissenschaftlern nach wie vor als aussichtsreiches Konzept, deren Förderung es fortzusetzen galt.[122] Vor diesem Hintergrund kam es v. a. zu einer offensiven Kommunikation mit der Politik. So suchten die an frühen Studien beteiligten Wissenschaftler des MDC im Rahmen der Gentherapie-Symposien-Reihe[123] nach internationaler Unterstützung ihrer Forderung zur Forschungsförderung. Auch die Gesellschaft für Humangenetik e. V. trat infolge der schlechten Gentherapie-Bilanz an die Öffentlichkeit und bekräftigte 1996 in einem Positionspapier die Entwicklung und Anwendung der somatischen Gentherapie parallel zu konventionellen Therapieverfahren.[124]

Vertreter der Forschungsförderungseinrichtungen von DFG und MPG verlangten vor dem Hintergrund ihres nach wie vor vorhandenen pharmazeutischen, medizinischen und auch industriellen Potenzials nach einer Fortsetzung der Gentherapiestudien. 1995 veröffentlichte die Senatskommission für Grundsatzfragen der Genforschung der DFG eine erste Stellungnahme zur somatischen Gentherapie, in der sie ihre Bedeutung trotz der bislang ausgebliebenen Erfolge unterstreicht.[125] Gute zehn Jahre später kommt die DFG in einer zweiten Stellungnah-

120 D. Forger, Molekulare Arzthelfer reparieren krankes Gen, in: Die Welt, 7. Mai 1998, S: 8.

121 Vgl. H. Breyer, Heilen mit Genen?, in: M. Emmrich (Hg.), Im Zeitalter der Bio-Macht, Frankfurt a. M. 1999, S. 186.

122 Vgl. J. Kreuzer/L. Jahn/E. v. Hodenberg, Gentherapie am Beispiel des homozygoten Low-Density-Lipoprotein-Rezeptordefektes, in: Deutsches Ärzteblatt, 1994/91, S. 163–164 und K. Bayertz, Korrekturen am Text des Lebens – Ethische und soziale Aspekte der somatischen Gentherapie, in: Deutsches Ärzteblatt, 1994/91, S. 442–450.

123 Mein herzlichster Dank für die Bereitstellung von Unterlagen zu den internationalen Gentherapie-Symposien gilt der Presse- und Öffentlichkeitsarbeit des Max-Delbrück-Centrum für Molekulare Medizin Berlin-Buch.

124 Vgl. Positionspapier der Gesellschaft für Humangenetik e. V., in: Medizinische Genetik, 1996/8, S. 125–131.

125 Vgl. Senatskommission für Grundsatzfragen der Genforschung (Hg.), Genforschung, Deutsche Forschungsgemeinschaft, Mitteilung 1, Weinheim 1997, S. 2.

me zu einer ähnlichen Einschätzung und stellt nach wie vor einen erheblichen Forschungsbedarf fest.[126]

Ende der neunziger Jahre stellten sich auch Industrievertreter verstärkt den Diskussionen zu den Erfolgsaussichten und der ethischen Zulässigkeit der Gentherapie und warben für ein positives Image, auch in Bezug auf Sicherheitsfragen. Infolge des 14-jährigen Streits um die Hoechster Insulin-Anlage war die Notwendigkeit einer öffentlichen Akzeptanz der Forschungen erkannt. Trotz gedämpfter kurzfristiger Hoffnungen innerhalb der scientific community warben Industrievertreter mit dem großen Potenzial der Gentechnik, die molekularen Ursachen von Krebs oder Aids zu erkennen und auch zu bekämpfen.[127] Zugleich beklagten sie unter Hinweis auf die Situation in anderen europäischen Staaten oder den USA die deutsche Rechtslage, die die Forschung am Standort Deutschland extrem behindere.[128]

Erst mit dem Bekanntwerden erster Gentherapien wurde die ethisch-philosophische Debatte der achtziger Jahre reaktiviert und erweitert. In den aktuellen Diskussionen ging es v. a. um eine Unterscheidung der potenziellen Ziele einer Gentherapie, also der Therapie von Krankheiten auf der einen Seite und der genetischen Verbesserung auf der anderen Seite. Zwar gab es durchaus Stimmen, die die ethische Zulässigkeit der somatischen Gentherapie gar nicht in Frage gestellt sahen und ihren Einsatz nachdrücklich forderten, jedoch gab es sie nur vereinzelt. Zu ihnen gehörte u. a. der deutsche Genetiker und Bioethiker Erhard Geissler, der schon im Jahr 1991 erklärte, dass er es für unmoralisch halte „auch nur einen, dem geholfen werden könnte, leiden oder gar sterben zu lassen – nur weil in der Phantasie der – übrigens in der Mehrzahl gesunden und zumindest derzeit nicht auf gentherapeutische Eingriffe angewiesenen – Kritiker völlig hypothetische Gefahren der Gentechnik für die Menschheit und ihre belebte Umwelt existieren.“[129]

Für die Philosophie war die Frage einer Grenzziehung zwischen Gesundheit und Krankheit eine alte und zugleich ungeklärte Debatte, die nun, überholt von der technologischen Wirklichkeit, eine neuerliche Aktualität erfuhr. Zwar bestand weitgehende Einigkeit darüber, dass die ersten gentherapeutischen Studien ausschließlich „schwerwiegende“ Krankheiten zu behandeln versuchten, die Gefahr eines slippery slope zur genetischen Korrektur beliebiger Dispositionen schien für Vertreter der Theologie, Philosophie, Politik, Medizin und der Biowissenschaften jedoch durchaus gegeben. Vor dem Hintergrund immer schnellerer technologi-

126 Vgl. Entwicklung der Gentherapie, Stellungnahme der Senatskommission für Grundsatzfragen der Genforschung, Deutsche Forschungsgemeinschaft, Weinheim 2007, S. X.

127 Vgl. P. Stadler, Gentechnik made in Germany, Leverkusen 1993, Bayer AG, S. 10.

128 Vgl. z. B. R. Krebs, Wie geht die Industrie mit den gesellschaftspolitischen Aspekten der Gentechnik um?, in: C. Rittner/P. M. Schneider/P. Schölmerich (Hg.), Genomanalyse und Gentherapie, Stuttgart 1997, S. 99–112.

129 E. Geissler, Der Mann aus Milchglas steht draußen vor der Tür, in: E. P. Fischer/W.-D. Schleuning (Hg.), Vom richtigen Umgang mit Genen, München 1991, S. 112.

scher Entwicklungen stellte der Philosoph Jürgen Mittelstraß die Frage nach einer besonderen Verantwortung bzw. Ethik der Wissenschaftler, die er zu Beginn der neunziger Jahre jedoch nicht finden konnte.[130]

In Deutschland erfolgte die Beratung biomedizinischer Forschung und damit auch gentherapeutischer Studien durch Ethikkommissionen, eingerichtet von den verschiedensten Professionen. Seit Mitte der neunziger Jahre wurde die Einrichtung einer Ethikkommission auf Bundesebene zwar mehrfach diskutiert, jedoch gelang erst 2001 die Einrichtung eines Nationalen Ethikrates, deren Mitglieder durch den Bundeskanzler bzw. die Bundeskanzlerin ernannt werden. Das erste staatliche Beratungsorgan zu ethischen Fragen der Biomedizin wurde 1995 mit der Einberufung des Ethikbeirates beim Bundesgesundheitsministerium eingesetzt, der den Minister zu ethischen Fragen der Gesundheitspolitik beraten und auch informieren sollte.[131]

Insbesondere für die deutschen Mediziner stellten sich mit dem Bekanntwerden erster gentherapeutischer Eingriffe im Ausland ethische und moralische Fragen in dem Sinne, ob der Eingriff eines Arztes allein durch eine gute Handlungsabsicht moralisch richtig ist?[132] Fragen dieser Art waren bereits im Kontext reproduktionsmedizinischer Fortschritte aufgekommen, bislang jedoch unbeantwortet geblieben. Zu Beginn der neunziger Jahre existierte in der BRD keine gesetzliche Grundlage für die Frage, unter welchen Voraussetzungen sich ein Arzt zur Anwendung eines Heilversuchs entschließen darf. Sowohl der Nürnberger Code (1947) als auch die überarbeiteten Versionen der Deklaration von Helsinki (1964, 1975, 1983, 1989) über die Durchführung von Versuchen an Menschen ebenso wie die internationalen Richtlinien für biomedizinische Forschung der Weltgesundheitsorganisation (1993) wiesen lediglich eine ethische Richtung.

Infolge des angestoßenen Diskussionsprozesses innerhalb der Ärzteschaft erfolgte am 13. März 1994 die Einrichtung der Zentralen Ethikkommission bei der Bundesärztekammer als erste dauerhafte Ethikkommission auf nationaler Ebene. Mit der Installation dieses zentralen Beratungsgremiums war die ethische Verortung biomedizinischer Eingriffe für die deutschen Mediziner jedoch keineswegs abgeschlossen. 1995 verabschiedete der Vorstand der Bundesärztekammer *Richtlinien zum Gentransfer in menschliche Körperzellen der zentralen Kommission der Bundesärztekammer zur Wahrung ethischer Grundsätze in der Reproduktionsmedizin, Forschung an menschlichen Embryonen und Gentherapie*[133], denen 1997 auch der Deutsche Ärztetag zustimmte.[134] Die Richtlinien verpflichteten

130 Vgl. J. Mittelstraß, Auf dem Wege zu einer Reparaturethik?, in: J.-P. Wils/D. Mieth (Hg.), Ethik ohne Chance?, Tübingen 1991, S. 99 u. 101.

131 Vgl. M. Fuchs, Nationale Ethikräte, Berlin 2005, S. 43–44.

132 Vgl. J. G. Meran/R. Löw/Th. Benter/H. Poliwoda, Ethische Perspektiven des retroviralen Gentransfer, in: Deutsches Ärzteblatt, 1990/87, S. 1457–1463.

133 Vgl. Richtlinien zum Gentransfer in menschliche Körperzellen, in: Deutsches Ärzteblatt 1995/92, S. 789–794.

134 Medizinethik in einer offenen Gesellschaft, in: Deutsches Ärzteblatt, 1997/94, S. 1325–1327.

Prüfungsleiter vor Beginn gentherapeutischer Studien den Rat der parallel eingerichteten Kommission Somatische Gentherapie[135] einzuholen, die bis 1999 die Beratung von 28 Anträgen übernommen hatte[136], lokalen Ethik-Kommission beratend zur Seite stehen und eine einheitliche Begutachtungspraxis sicherstellen sollte. Gegen eine Beratung und Begleitung biomedizinischer Forschungen durch öffentlich-rechtliche Ethikkommissionen in Deutschland hatten sich lediglich die Verbände der pharmazeutischen Industrie gewandt. Sie sahen in diesem System Probleme aufgrund zeitlicher Verzögerungen, Inkompetenzen, mangelnder Sorgfalt und damit Gefahrenquellen für eine Gefährdung des Wirtschaftsstandorts Deutschland.[137]

Die Einrichtung mehrerer Gremien zur ethischen Bewertung von Gentherapieexperimenten weist für die neunziger Jahre auf eine anhaltende Handlungsunsicherheit unter den Medizinern hin. 1999 gestand Christoph Fuchs, Hauptgeschäftsführer der Bundesärztekammer und des Deutschen Ärztetages, auf dem 10. Europäischen Theologenkongress *Menschenbild und Menschenwürde* im Kontext der Entwicklungen der Gentechnik eine gewisse Überforderung der Mediziner in ihrem Alltag ein. Die „diagnostisch-therapeutische Schere“ gehe so schnell auseinander, dass die ethische Reflexion der Mediziner nicht Schritthalten könne.[138] Zur Überwindung ihrer bioethischen Ratlosigkeit suchten die Mediziner immer wieder Unterstützung in der Theologie. Im Kontext der in den achtziger Jahren begonnenen Institutionalisierung der Bioethik als akademischer Disziplin in der BRD war die Einrichtung von Bioethik-Lehrstühlen zumeist in Anbindung an theologische Fakultäten erfolgt. Dies zog eine zunehmende Vermischung von Bioethik und Religion nach sich, die auch auf der Ebene national operierender Bioethik-Kommissionen ihren Ausdruck findet.[139]

Bereits im November 1989 hatten der Rat der EKD und die Deutsche Bischofskonferenz die gemeinsame Erklärung *Gott ist ein Freund des Lebens*[140] abgegeben, in der gegenüber der Gentechnik und auch einer Gentherapie am Menschen prinzipielle Vorbehalte geäußert und Eingriffe in menschliche Keimzellen grundsätzlich abgelehnt wurden. Nur zwei Jahre darauf veröffentlichte der

135 Ihr gehören Biowissenschaftler, mit Biowissenschaften vertraute Ärzte, ein Mitglied der ZKBS, ein Ethikwissenschaftler, ein Rechtswissenschaftler sowie ein Vertreter des öffentlichen Lebens an.

136 Vgl. C. Huber, Gentherapie in Deutschland aus der Sicht der Kommission Somatische Gentherapie der Bundesärztekammer, in: D. Arndt/G. Obe/U. Kleeberg (Hg.), Biotechnologische Verfahren und Möglichkeiten in der Medizin, München 2001, S. 71.

137 Vgl. E. Doppelfeld, Beratung und Begleitung biomedizinischer Forschung durch Ethik-Kommissionen, in: Jahrbuch für Wissenschaft und Ethik, 1997/2, S. 135.

138 Begründungsbedürftige Menschenbilder – Der Zehnte Europäische Kongreß evangelischer Theologen, in: Herder Korrespondenz, 1999/53, S. 574.

139 H. Gottweis/B. Prainsack, Religion, Bio-Medizin und Politik, in: M. Minkenberg/U. Willems (Hg.), Politik und Religion, Wiesbaden 2003, S. 421.

140 Kirchenamt der Evangelischen Kirche in Deutschland/Sekretariat der Deutschen Bischofskonferenz (Hg.): Gott ist ein Freund des Lebens, Gütersloh 1989.

Rat der EKD die Studie *Einverständnis mit der Schöpfung*, die ein neues Naturverständnis für einen verantwortungsvollen Umgang mit der Gentechnik forderte. Eine generelle Festlegung gegen den Einsatz der Gentechnik ohne Differenzierungen widersprach diesem neuen Naturverständnis der EKD[141], die den Auftrag aus dem 1. Buch Mose „Macht euch die Erde Untertan“ nicht als Freibrief für willkürliche Ausbeutung der Natur, sondern als Ermächtigung des Menschen verstand, gestaltend in die Natur einzugreifen.

Eine interdisziplinäre Diskussion zur bioethischen Bewertung gentherapeutischer Studien hatte zu Beginn der neunziger Jahre noch nicht stattgefunden. Einer Überwindung des fehlenden Austausches nahm sich im Jahr 1996 u. a. ein Arbeitskreis des Instituts Technik-Theologie-Naturwissenschaften an der Ludwig-Maximilians-Universität München an, welches 1992 zur Förderung des Dialogs zwischen Technik, Theologie und Naturwissenschaften von Vertretern der Kirche, den Naturwissenschaften und der Wirtschaft gegründet worden war. Der Arbeitskreis wollte im Kontext gentherapeutischer Studien v. a. den Dialog zwischen Ärzten, Molekularbiologen, Ethikern und Theologen anregen und Handlungsgrenzen ethisch-moralischer Art analysieren, bewerten und öffentlich zur Diskussion stellen, noch bevor die Gesellschaft in diesem Bereich in Entscheidungszwänge gerät.[142] Im Jahr 1997 entwarfen neben den Naturwissenschaftlern Ernst-Ludwig Winnacker und Peter Hans Hofschneider, der evangelische Sozialethiker Trutz Rendtorff, der katholische Moraltheologen Wilhelm Korff sowie der Gynäkologe Hermann Hepp im Rahmen einer weiteren interdisziplinären Arbeitsgruppe (1994–1997) des Instituts ein siebenstufiges „Eskalationsmodell“[143] gentechnischer Eingriffe am Menschen.

Parallel zu den Diskussionen um die somatische Gentherapie gab es auch einen öffentlichen Diskurs zum Einsatz der Keimbahntherapie am Menschen, die seit 1991 in der BRD mit dem Embryonenschutzgesetz verboten ist – auf europäischer Ebene übernimmt dies die 1999 in Kraft getretene Bioethik-Konvention. Anders als bei der somatischen Therapie handelte es sich bei den Auseinandersetzungen um die Keimbahntherapie um theoretische Diskurse ohne praktische Vorerfahrungen in der Anwendung. Sowohl in der Politik, Medizin, Theologie als auch in den Biowissenschaften gab es ab Ende der achtziger Jahre öffentliche Er-

141 EKD-Studie wendet sich gegen ein pauschales Ja oder Nein zur Gentechnik, in: Herder Korrespondenz, 1991/45, S. 290–291.

142 Vgl. E.-L. Winnacker, Gentechnik: Ethische Bewertung von Eingriffen am Menschen, in: Jahrbuch für Wissenschaft und Ethik, 1997/2, S. 92.

143 Stufen: 1) Gentechnische Herstellung von Medikamenten, 2) Somatische Gentherapie zur Behandlung genetischer Erkrankungen, 3) Somatische Gentherapie eines Gendefekts am Ungeborenen, 4) Keimbahntherapie zur Behandlung von krankheitsverursachenden Erbfehlern, 5) Keimbahntherapie mit Einführung neuer Gene zur Krankheitsprävention, 6) Keimbahntherapie als Prävention gegen Risikofaktoren oder Normabweichungen, 7) Keimbahntherapie zur Veränderung der menschlichen Gattung. Vgl. Winnacker, E.-L./Rendtorff, T./Hepp, H./Hodschneider, P. H., Korff, W., Gentechnik: Eingriffe am Menschen, München 1997. Zusammenfassung nach G. Altner, Leben in der Hand des Menschen, Darmstadt 1998, S. 87.

klärungen und Richtlinien, die einen Einsatz der Keimbahntherapie ablehnten oder verboten. Nur wenige Einzelpersonen sprachen sich öffentlich für eine Anwendung der Keimbahntherapie aus. Zwar hielten es die Printmedien vor dem Hintergrund erster somatischer Gentherapieversuche am Menschen trotz des gesetzlich verankerten Verbots für „fraglich, ob es möglich sein [werde], die Eigendynamik der expandierenden Genmedizin zu bremsen“[144], jedoch zeichnete sich zu keinem Zeitpunkt eine ernsthafte Diskussion zur Zulässigkeit der Keimbahntherapie ab. Vielmehr herrschte in weiten Teilen der Öffentlichkeit grundsätzliche Einigkeit über ein kategorisches Nein zu gentherapeutischen Eingriffen in die menschliche Keimbahn, das es für keinen anderen Anwendungsbereich der Gentechnik so offensichtlich je gegeben hatte.

Die Argumente gegen einen Einsatz der Keimbahntherapie am Menschen waren ähnlich denen für die somatische Gentherapie. Sie sahen potenzielle Gefährdungen durch Nebenwirkungen, eine Verletzung der Menschenwürde und nichttherapeutische Zielverfolgung und darüber eines slippery slope. Entscheidende Erweiterung erhielten die Contra-Argumente zur Keimbahntherapie um die Aspekte unkalkulierbarer Risiken, auch für Folgegenerationen sowie um die für eine Keimbahntherapie notwendige verbrauchende Embryonenforschung. Beide Argumente sorgten in der Öffentlichkeit für grundsätzliche Ablehnung der Keimbahntherapie. Zwar gab es vereinzelte Stimmen, die unter Hinweis auf Erfahrungen mit der positiven Eugenik im Dritten Reich Befürchtungen einer Menschenzüchtung und „neuen Eugenik“ äußerten, diese Argumente spielten aufgrund der ohnehin bestehenden Einigkeit zur Ablehnung der Keimbahntherapie in den öffentlichen Diskursen jedoch nur eine untergeordnete Rolle.

Bereits 1988 verabschiedeten die European Medical Research Councils, denen neben Frankreich, Großbritannien und den Niederlanden u. a. auch Österreich, Norwegen, Dänemark, Spanien, die Schweiz und die BRD angehörten, Richtlinien für die Korrektur genetischer Defekte beim Menschen. Während es gegenüber der somatischen Gentherapie, ebenso wie bei der Organtransplantation, keine grundsätzlichen Bedenken gab, wurden Keimbahnversuche sowie gentechnische Eingriffe zur Veränderung menschlicher Eigenschaften verboten. Das 1991 in der BRD in Kraft getretene ESchG sieht bis in die Gegenwart ein unverändertes Verbot der Keimbahntherapie vor, für das sich zwei Jahre zuvor auch der Rat der EKD und die Deutsche Bischofskonferenz in der Erklärung *Gott ist ein Freund des Lebens* ausgesprochen hatten. Auch Deutsche Mediziner wiederholten im Kontext jeder thematisch anknüpfenden öffentlichen Veranstaltung, wie z. B. im Rahmen von Ärztetagen, ihre strikte Ablehnung einer gentechnischen Manipulation der menschlichen Keimbahn.[145]

Natürlich gab es in den Diskursen durchaus Stimmen, die das kategorische Nein zur Keimbahntherapie hinterfragten. So sprach sich William French Ander-

144 Die Genspritze – Hoffnung für Krebskranke (Spiegel-Titelthema), dazu: „Den Tumor fressen“, in: Der Spiegel, 1994/19, S. 226.

145 Medizinethik in einer offenen Gesellschaft, in: Deutsches Ärzteblatt, 1997/94, S. 1327.

son als einer der Gentherapie-Pioniere im Falle schwerer, jedoch nicht näher definierter, Krankheiten unter bestimmten Voraussetzungen durchaus für den Einsatz einer Keimbahntherapie aus.[146] Auch der Biologe Hans Mohr sah in der prinzipiellen Entscheidung gegen eine Keimbahntherapie am Menschen das Verwerfen einer potenziellen Möglichkeit, die im Sinne des hippokratischen Eides den Leidensdruck zu vermindern versprach.[147] Selbst Ernst-Ludwig Winnacker, der nur kurze Zeit vor seiner Präsidentschaft bei der DFG ab 1998 feststellte „Keimzellen sind für uns tabu“[148], erklärte 1999, dass er und seine Forscher die erste Stufe des Eingriffs in die Keimbahn zur Behandlung schwerer Erbfehler für ethisch gerechtfertigt halten.[149] Die Journalistin Ursel Fuchs befand das Tabu Keimbahntherapie durch solcherart Äußerungen Ende der neunziger Jahre zwar kategorisch wegdiskutiert, eine ernsthafte öffentliche Diskussion, die zudem die geltende Rechtssituation in der BRD in Frage stellte, wurde durch diese vereinzelten Stimmen jedoch nicht angestoßen.[150]

Gab es um die Zulässigkeit der Keimbahntherapie selbst im Grunde keine Diskussionen, so zog eines der zentralen Argumente gegen ihren Einsatz, nämlich das der verbrauchenden Embryonenforschung, im Kontext der Verabschiedung einer Bioethik-Konvention des Europarates eine intensive Diskussion nach sich. Bei der Konvention handelte es sich um den Versuch einer internationalen Konsensbildung mit dem Ziel, ethische Regeln für die Europäische Union festzulegen. 1994 gelangten Informationen über den bis dato unveröffentlichten Entwurf der Konvention an die Öffentlichkeit, der aufgrund seiner Unvereinbarkeit mit dem deutschen Grundgesetz und ESchG für intensive Diskussionen sorgte.[151] Der Entwurf sah die Zulässigkeit fremdnütziger Forschung an Embryonen während der ersten 14 Tage vor. Zudem wurden die Einschränkungen der medizinischen Forschung an Behinderten als nicht ausreichend einstuft.[152]

In Deutschland regte sich erheblicher Widerstand gegen die Bioethik-Konvention. An einer Unterschriftenaktion gegen die Ratifizierung der Konvention beteiligten sich rd. 2 Millionen Bürger. Insbesondere Behinderten- und Wohlfahrtsverbände wie die Caritas, Lebenshilfe oder Diakonie begegneten der Kon-

146 W. Anderson, Editorial, in: Human Gene Therapy, 1992/3, S. 2.

147 Vgl. H. Mohr, Die Reichweite der Verantwortung und die Grenzen der Verantwortbarkeit, in: W. Bender/H. G. Gassen/K. Platzer/B. Seehaus (Hg.), Eingriffe in die menschliche Keimbahn, Münster 2000, S. 14.S

148 Die Entwicklung geht einfach zu schnell – 25 Jahre Gentechnik, in: Süddeutsche Zeitung, 29.12.1997, S. 9.

149 Vgl. Der Gen-Ethik-Streit – Menschen zähmen statt züchten?, in: FOCUS, 1999/40, S. 78–84.

150 Vgl. U. Fuchs, Die Genomfalle, Düsseldorf 2000, S. 168/169.

151 Vgl. z. B. Stille Praxis, in: Der Spiegel, 1994/41, S. 221.

152 Vgl. H. v. Schubert, Das Dilemma der „angewandten Ethik“ zwischen Prinzip, Ermessen und Konsens am Beispiel von „Bioethik-Konvention“ und kirchlichen Stellungnahmen, in: Ethik in der Medizin, 2000/12, S. 46.

vention öffentlich mit Skepsis.[153] Der Protest gegen die Konvention war in keinem europäischen Land so groß wie in Deutschland. In der Öffentlichkeit wandten sich insbesondere Theologen, Bioethiker, Mediziner und Biowissenschaftler dagegen. Neben Dietmar Mieth oder Helmut Baitsch sprach sich auch der Vorsitzende der Deutschen Bischofskonferenz, Karl Lehmann, entschieden gegen den Entwurf zur Bioethik-Konvention aus und forderte dessen Korrektur.[154] Im September 1996 stimmte die Parlamentarische Versammlung des Europarates dem *Übereinkommen zum Schutz der Menschenrechte und der Menschenwürde im Hinblick auf die Anwendung von Biologie und Medizin*, der sog. Bioethik-Konvention zu. Die BRD enthielt sich neben Belgien und Polen in der Abstimmung.[155] Bis heute unterzeichnete und ratifizierte die BRD die Konvention nicht.

Es ist festzustellen, dass die Gentherapie in den öffentlichen Diskussionen nur wenigen spezifischen Bedenken ausgesetzt war, die nicht auf generelle Bedenken gegenüber der Gentechnik zurückgingen. In den sich daraus ergebenden Grundsatzkritiken, die nicht mehr nur eine Einzelanwendung in den Blick nahmen, erkannten v. a. Vertreter der Biowissenschaften, Medizin sowie der Politik ein Gefährdungspotenzial für die biowissenschaftlichen Forschungen. So erklärte DFG-Präsident Wolfgang Frühwald in einem Interview mit der Herder Korrespondenz 1996: „Ich meine, daß Deutschland nicht in Gefahr ist Risiken zu unterschätzen, sondern eher in der Gefahr, sie weit zu überschätzen. In keinem Land ist die fundamentale Wissenschaftsangst so verbreitet wie bei uns.“[156] Vor dem Hintergrund der in einigen Teilen der Öffentlichkeit als Bedrohung wahrgenommenen Gentechnologie sahen sich Mediziner und Biowissenschaftler im angloamerikanischen Spracheraum vielfach dem Vorwurf der sogenannten „german angst“ ausgesetzt.[157] Zur Überwindung der Akzeptanzprobleme setzten Unternehmen wie Bayer oder Hoechst, wie bereits in den achtziger Jahren, auf Aufklärungsbroschüren für die Laienöffentlichkeit.[158] Selbstauferlegte Leitlinien für den verantwortungsvollen Umgang mit der Gentechnik bei Bayer sollten den Eindruck verantwortungsvoller Ingenieure nachdrücklich unterstützen.[159]

153 Vgl. Bioethik-Konvention: Deutsche Unterschrift weiterhin umstritten, in: Herder Korrespondenz, 1998/52, S. 224.

154 G. Facius, Front gegen Bioethik-Konvention, in: Die Welt, 28. Januar 1995, S. 2. Vgl. auch: Bioethik-Konvention: Deutsche Unterschrift weiterhin umstritten, in: Herder Korrespondenz, 1998/52, S. 224–226.

155 Vgl. Das Übereinkommen zum Schutz der Menschenrechte und der Menschenwürde im Hinblick auf die Anwendung von Biologie und Medizin, Köln 1998, S. 10.

156 „Wissen, was wir tun“, Ein Gespräch mit DFG-Präsident Wolfgang Frühwald, in: Herder Korrespondenz, 1996/50, S. 24.

157 Vgl. Diskussionsbeitrag G. Obst, somatischer Gentransfer und Gentherapie – Prinzipien und Perspektiven, in: Deutsches Ärzteblatt, 1995/92, S. 2229.

158 Vgl. Hoechst High Chem, Frankfurt a. M. 1990 oder P. Stadler, Gentechnik made in Germany, Leverkusen 1993, Bayer AG.

159 Vgl. Bayer AG (Hg.), Molekularbiologie und Gentechnik – Fortschritt und Verantwortung, Leverkusen 1990, S. 91.

6.4. „DOLLY“ UND DIE GENTECHNIK

Am 27. Februar 1997 titelte die Zeitschrift nature „A flock of clones“. Das Klonschaf „Dolly“ läutete weltweit eine neue Phase der bioethischen Diskussionen ein[160], die zumindest in der BRD auch einen wesentlichen Einfluss auf die Diskussionen um die Gentechnik nahmen. Die Kritik an der Klonierungstechnik, also einer Reproduktionstechnologie, wurde in den Diskussionen unmittelbar auf die Gentechnik übertragen, weshalb sie im Rahmen dieser Arbeit in einem eigenen Kapitel Beachtung finden soll. Auch der *Spiegel* beförderte mit seinen Beiträgen eine nachhaltige Verschränkung der Diskussionen und erklärt das Phänomen ihrer Parallelführung 1997 sehr treffend folgendermaßen: „Tatsächlich scheinen mit der Geburt Dollys zwei Disziplinen zusammenzurücken, in denen sich die Forscherträume von der Manipulierbarkeit des Lebens und die Ängste vor menschlichem Größenwahn gleichermaßen kristallisieren: die Gentechnik [...] und die Reproduktionsmedizin [...].“[161] Nach dem HGP sorgte nun das Klonschaf als zweites biotechnisches „Großprojekt“ für ein negatives Image und eine ausgeprägte Skepsis gegenüber der Gentechnik in der Öffentlichkeit.

Bereits vor dem Bekanntwerden von Dolly hatten Klonierungsversuche an Säugetieren für Aufsehen in der Öffentlichkeit gesorgt. In der Tierzucht wurden bereits seit Jahren Klonierungsverfahren angewandt. Schon 1996 ließen die beiden aus derselben undifferenzierten Embryozelle geklonten Schafe Megan und Marag Diskussion über die Zulässigkeit des Klonens von Säugetieren laut werden, die bis dahin jedoch keinen nennenswerten Einfluss auf die Diskussionen um die Gentechnik genommen hatten.[162] Mit dem Bekanntwerden von Dolly änderte sich die Situation, denn hier waren die Forscher einen Schritt weiter gegangen. Ein Team um Ian Wilmut vom Roslin-Institut in Schottland hatte die Zellkerne von drei Zellpopulationen entfernt: Es handelte sich um Euter-Zellen eines sechs Jahre alten Schafes, Zellen eines 26 Tage alten Fötus und Zellen eines neun Tage alten Embryos. Die Zellkerne wurden in entkernte Ei-Zellen transferiert und die daraus entstandenen Embryonen in Empfänger-Schafe transplantiert. Von den insgesamt 277 erzeugten Embryonen überlebte am Ende nur das Schaf Dolly. Es war das erste geklonte Säugetier, bei dem die Erbinformation aus bereits ausdifferenzierten, adulten Spenderzellen, also von einem ausgewachsenen Säugetier stammte. Der Hintergrund des Klonierungsversuchs war die Herstellung einer genetisch identischen Kopie von Dollys Mutter, dem transgenen Schaf Tracy, welches infolge der Übertragung eines menschlichen Gens das pharmazeutisch wertvolle Protein Alpha-1-Antitrypsin zur Behandlung von Lungenkrankheiten in seiner Milch produzierte. Als Meilenstein der Klonforschung feierten internationale Forscher jedoch nicht die neue Möglichkeit zur Erzeugung pharmazeutischer Wirk-

160 D. Barben, Politische Ökonomie der Biotechnologie, Frankfurt a. M. 2007, S. 210.

161 Spiegel-Titelstory *Der Sündenfall*, „Jetzt wird alles machbar“, in: Der Spiegel, 1997/10, S. 219.

162 R. Gatermann, Geklonte Schafe haben keinen Vater, in: Die Welt, 8. März 1996, S. 8.

stoffe, sondern die Möglichkeit zur Klonierung eines erwachsenen Säugetiers. Um möglichen Vorwürfen unmittelbar vorzubeugen, erklärten Wilmut und sein Team bei jeder Gelegenheit, dass ihnen die Übertragung der neuen Technik auf den Menschen absolut fern liege, wenngleich sie nicht daran zweifelten, dass Versuche dazu eines Tages unternommen werden würden.[163]

Während die breite Öffentlichkeit – in besonderer Weise befördert durch die Medien – in eine ethische Diskussion verfiel, startete unter Biowissenschaftlern eine internationale Auseinandersetzung über die Versuchsergebnisse und eine Optimierung des Verfahrens. Anders als bei den rein fachinternen Diskussionen zur Gentechnik wurde die Dolly-Methode von deutschen und internationalen Forschern auch in Tageszeitungen und Zeitschriften diskutiert.[164] Die Euphorie der Forscher über die außergewöhnlichen wissenschaftlichen Erkenntnisse wurde in den Folgemonaten durch weitere Klonerfolge, wie dem Schaf Polly, das aus gentechnisch veränderten, kultivierten Zellen geklont wurde[165] genährt. Ähnlich wie Wilmut, war den meisten Forschern daran gelegen, jegliche Anwendung der Technik auf den Menschen offensiv für ethisch unzulässig zu erklären und grundsätzlich abzulehnen. Es gab nur wenige Ausnahmen, bei denen Wissenschaftler erklärten, auch Menschen klonen zu wollen. Zu ihnen gehörte 1998 der amerikanische Wissenschaftler Richard Seed, der in einem Radiointerview ankündigte, innerhalb von 90 Tagen einen Menschen zu klonen, was in den USA zu diesem Zeitpunkt lediglich im Bundesstaat Kalifornien gesetzlich verboten war.[166] Für ähnlich große Aufregung sorgte zu Beginn des Jahres 1999 eine Meldung koreanischer Wissenschaftler, die behaupteten, dass sie erstmals einen menschlichen Embryo aus differenzierten Körperzellen mittels Zellkerntransfer kloniert hätten.

In Deutschland wurden Ankündigungen wie die von Seed mit Entsetzen aufgenommen und Bundesforschungsminister Rüttgers und Karsten Vilmar, Präsident der Bundesärztekammer, verurteilten diese zugleich öffentlich.[167] Nur wenige Tage nach Seeds Ansage unterzeichnete eine Mehrheit der Mitgliedsländer des Europarates ein Protokoll, welches ein Verbot des Klonens von Menschen vorsah und zur Aufnahme in die nationale Gesetzgebung verpflichtete.[168] Allerdings gehörte die BRD, insbesondere aus Sorge um fehlende Schutzbestimmungen der medizinischen Forschung, nicht zu den Unterzeichnern; nicht zuletzt wegen der

163 Spiegel-Titelstory *Der Sündenfall*, „Jetzt wird alles machbar“, in: Der Spiegel, 1997/10, S. 218.

164 Vgl. Einmal ist keinmal, in: Der Spiegel, 1997/32, S. 144–145 oder Geklonte Kühe sollen Medikamente liefern, in: Die Welt, 22. Januar 1998, S. 9.

165 I. Wilmut, Was es heißt, Dolly zu sein, in: I. Wilmut/K. Campbell/C. Tudge, Dolly – Der Aufrbuch ins biotechnische Zeitalter, München/Wien 2000, S. 25 ff.

166 D. Förger, Ein Forscher will Gott spielen, in: Die Welt, 8. Januar 1998, Titelseite und Furcht vor Frankenstein, in: Der Spiegel, 1998/3, S. 178.

167 A. Schulte am Esch, „Man kann Wissenschaft nicht aufhalten“, in: Die Welt, 9. Januar 1998, S.8 und Klonierungsversuche sind „purer Wahnsinn“, in: Die Welt, 10. Januar 1998, S. 8.

168 Dokument gegen das Klonen von Menschen, in: Die Welt 13. Januar 1998, S. 8.

Erfahrungen im Zusammenhang mit den öffentlichen Diskussionen um die Bioethik-Konvention.

Die deutsche Öffentlichkeit zeigte sich vom wissenschaftlichen Durchbruch jedoch weitgehend unbeeindruckt. So verbreiteten die Medien unmittelbar wiedererwachte Phantasien einer „Schönen neuen Welt“ im Huxley'schen Sinne und machten Dolly mit Schlagzeilen wie „Jetzt wird alles machbar“[169] über Wochen zum internationalen Medienstar. Insbesondere Theologen, Philosophen, Biowissenschaftler und Mediziner diskutierten auf der Basis wissenschaftlicher Fakten, und darunter v. a. die hohe Misserfolgsrate, die ethische Zulässigkeit solcher Versuche an Tier und Mensch und gelangten mehrheitlich zu einer ablehnenden Positionierung. Unter deutschen Medizinern sorgte das Klonschaf zugleich für das Aufkommen bioethischer Diskussionen. Eine langfristige Aufrechterhaltung der Verbote zur Klonierung und Keimbahntherapie sowie der Einschränkungen der Gentherapie wurden vor dem Hintergrund einer zukünftig nutzenbringenden Anwendung dieser neuen Technologiebereiche durchaus als gefährdet gesehen. Alle diese grundsätzlichen Einschränkungen sahen die Mediziner genau dann in Frage gestellt, wenn die ärztliche Norm im Sinne einer Nützlichkeitsethik verstanden werde[170], wobei der Umgang mit einem solchen neuen ärztlichen Selbstverständnis unter ihnen vielfach für Befremden und Unsicherheit sorgte.

Befürwortende bzw. unentschlossene Positionierungen zur Klonierung von Säugetieren bzw. Menschen waren in den öffentlichen Diskussionen der BRD dagegen ausgesprochen selten zu vernehmen. Die wenigen, nicht grundsätzlich ablehnenden Bewertungen stammten zumeist von Philosophen, die im Schutze ihrer Disziplin mit schwerwiegenden öffentlichen Anfeindungen offenbar nicht zu rechnen hatten. So erklärte Johann S. Ach, Philosoph und heutiger Geschäftsführer des Centrums für Bioethik an der Universität Münster, unmittelbar nach dem Bekanntwerden von Dolly: „Ich halte keines der diskutierten Argumente, die ein Verbot der Klonierung von Tieren und Menschen begründen könnten, für wirklich überzeugend. Das gilt insbesondere für die verschiedenen Varianten des Menschenwürde-Arguments [...]. D. h., gegen die Anwendung des Verfahrens der Klonierung beim Tier und beim Menschen ist an sich moralisch wenig einzuwenden.“[171] Auch der Philosoph Dirk Lanzerath erklärte, dass „die klontechnische Erzeugung eines menschlichen Individuums nicht notwendigerweise eine unzu-

169 Spiegel-Titelstory *Der Sündenfall*, „Jetzt wird alles machbar“, in: Der Spiegel, 1997/10, S. 216 ff.

170 Vgl. H. Korzilius, Hello, Dolly!, in: Deutsches Ärzteblatt, 1997/94, S. 445 oder G. Klinkhammer, Anfang und Ende des menschlichen Lebens, Die Würde des Menschen wahren, in: Deutsches Ärzteblatt, 1997/94, S. 651–652.

171 J. S. Ach, Hello Dolly?, in: J. S. Ach/G. Brudermüller/C. Runtenberg (Hg.), Hello Dolly?, Frankfurt a. M. 1998, S. 147.

lässige Instrumentalisierung darstellen muss“, da im Falle der Achtung der Selbstzwecklichkeit des Klons die Menschenwürde desselben nicht verletzt würde.[172]

Handelte es sich bei der Klontechnik zwar um keine Anwendung der Bio- bzw. Gentechnologie, so nahm das „Dolly-Ereignis“ dennoch erheblichen Einfluss auf die Gentechnikdiskussionen der BRD, was u. a. durch Bevölkerungsumfragen bestätigt wurde, die zeigten, dass die Nachricht von Dolly die Einstellung zur Gentechnik negativ beeinflusste.[173] Die Verschränkung beider Diskussionen infolge falscher Disziplinzuschreibungen wurde vornehmlich durch die Medien befördert, wenngleich auch Einzelakteure in den Diskussionen für Verwechslungen sorgten. Gerade die Printmedien hatten Eingriffe zur „Manipulation“ des menschlichen Lebens schon in der Vergangenheit vielfach unter dem Begriff „Gentechnik“ bzw. „Gentechnologie“ subsummiert. In einer Vielzahl an Beiträgen war es dabei jedoch v. a. um Anwendungen der Reproduktionstechnologie, wie der IVF oder der PID, gegangen, also gerade nicht um eine Gentechnologie. Diese fahrlässige und undifferenzierte Disziplinzuschreibung war in den öffentlichen Diskussionen auch außerhalb der Printmedien vielfach vorzufinden, während nur wenige Akteure, zumeist mit wissenschaftlichem Hintergrund, in den Diskussionen um eine explizite Abgrenzung der Technologiebereiche bemüht waren. Mit Dolly wurde die Parallelführung der Diskussionen nicht nur fortgesetzt, sondern zugleich geschärft. Die besondere Brisanz der ersten erfolgreichen Klonierung eines ausgewachsenen Säugetiers machte Dolly in den öffentlichen Diskussionen fälschlicherweise zum Stellvertreterobjekt der Gentechnik.

6.5. TRANSGENE NAHRUNGSMITTEL – EINE ZWEITE GENTECHNIKDISKUSSION

Bereits während der achtziger Jahre hatte sich gezeigt, dass die Einführung der Gentechnik in die Landwirtschaft in der deutschen Öffentlichkeit mit Ängsten, Hoffnungen und Konflikten verbunden ist. Schon der erste Freisetzungsversuch aus dem Jahr 1987, einer mit gentechnisch manipulierten Bodenbakterien versehenen Erbsensaat, hatte unter Hinweis auf die potenziellen ökologischen und gesundheitlichen Gefahren zu ersten Diskussionen geführt. Mit dem Beginn eines kommerziellen Anbaus transgener Kulturpflanzen und dem Start von Freisetzungsversuchen in der BRD schärften während der neunziger Jahre vor allem Umweltverbände ihre Positionierungen und bestimmten die Diskussionen maßgeblich in ihrem Inhalt und Verlauf. Gleiches galt auch für den aus technologischer Sicht weit weniger vorangeschritteneren Bereich der transgenen Tiererzeugung. Forschungs- und Industrievertreter sahen sich personen- und damit

172 D. Lanzerath, Der geklonte Mensch: Eine neue Form des Verfügens?, in: M. Düwell/K. Steigleder (Hg.), Bioethik, Frankfurt a. M. 2003, S. 260.

173 Genpillen zunehmend akzeptiert, in: Die Welt, 7. Mai 1997, S. 14.

verbraucherstarken Widerständen gegenüber, denen sie mit verschiedenen Strategien entgegenzutreten suchten.

6.5.1. Transgene Pflanzen

Die vornehmlich außereuropäisch unternommenen Forschungsbemühungen an transgenen Nutzpflanzen hatten bereits während der achtziger Jahre in der BRD für heftige Kritik gesorgt. Erste marktreife Produkte und der Beginn von Freisetzungsversuchen auch auf deutschen Böden ließen die frühen Diskussionen zu neuer Intensität gelangen. 1992 unterzeichnete Deutschland die *Convention on Biological Diversity*, die sog. Biodiversitätskonvention, die den Erhalt der biologischen Vielfalt, eine nachhaltige Nutzung ihrer Bestandteile und eine gerecht verteilte Nutzung genetischer Ressourcen verfolgte. Zugleich verpflichteten sie ihre Unterzeichner zur sicheren Weitergabe, Handhabung und Verwendung von GVOs.[174] Genau an dieser Stelle setzte die Kritik deutscher Gegner einer gentechnisch unterstützten Landwirtschaft an, denn sie fürchteten durch die Eingriffe in das Ökosystem unkalkulierbare Risiken im Sinne eines Angriffes auf die Biodiversität. Anknüpfend an die Diskussionen der achtziger Jahre wurden beim Anbau transgener Pflanzen im Wesentlichen folgende Gefahren gesehen:

- Negative toxikologische und ökologische Folgewirkungen aufgrund des vermehrten Einsatzes von Herbiziden und Pestiziden,
- die Übertragung neuer Gene (v. a. Antibiotikaresistenzgene) auf Wildpflanzen, Bodenbakterien und/oder den Menschen,
- die Auswilderung transgener Pflanzen sowie eine Verdrängung natürlicher Pflanzenarten,
- unvorhergesehene Wirkungen auf Nicht-Zielorganismen (z. B. Insekten).
- Resistenzbildungen bei Schadinsekten,
- die Zunahme von Gesundheitsrisiken und Ausprägung von Allergien, Krebs, chronischen Vergiftungen oder Antibiotikaresistenzen sowie
- die Begünstigung einer Konzentration in der Landwirtschaft durch Patente von der ausschließlich die Lebensmittelindustrie profitiert, während kleinere Landwirtschaftsbetriebe in ihrer Existenz bedroht werden.

Ein Großteil dieser Contra-Argumente zur landwirtschaftlichen Nutzung der Gentechnik wurde aus den Diskussionen der achtziger Jahre übernommen, lediglich die beiden letztgenannten Punkte bildeten eine Erweiterung in der Argumentation. Die Kritiker beriefen sich in ihren Erklärungen stark auf hypothetische Risiken, was ihnen v. a. von Seiten der Wissenschaftsvertreter den Vorwurf einbrachte, in den Diskussionen irrationale und auf Glaubensansichten beruhende Ängste vorzu-

174 Vgl. Convention on Biological Diversity, Rio de Janeiro 1992.

bringen. Die Befürworter eines transgenen Pflanzenanbaus argumentierten dagegen mit folgenden Potenzialen:

- Eine „Entchemisierung“ der Landwirtschaft,
- die Bekämpfung von Problemen der Umwelt und der Welternährung,
- Ertragssteigerungen und darüber verminderte Kosten für Landwirte und Verbraucher,
- eine beschleunigten Nachahmung natürlicher Prozesse sowie
- die ernährungspsychologische Anpassung der Lebensmittel auf den Bedarf (zum Beispiel durch allgenfreie Lebensmittel).

Auch die Befürworter kamen in ihrer Argumentation kaum über die achtziger Jahre hinaus und setzten neuerdings v. a. auf die „Natürlichkeit“ der Gentechnik sowie ihre Möglichkeit zur Bedarfsanpassung.

Die erste Genehmigung zur Ausbringung transgener Pflanzen in Deutschland erhielten 1989 Heinz Saedler und seine Mitarbeiter vom Max-Planck-Institut für Züchtungsforschung in Köln. Sie hatten einen Antrag auf Ausbringung von gentechnisch veränderten Petunien gestellt. In ihr Erbgut war ein Farbstoffsynthesegen aus der Maispflanze eingeführt worden, welches die Ausprägung eines lachsroten Pigments steuern sollte. Vor dem Hintergrund der ersten Protestwelle gegen eine landwirtschaftliche Nutzung der Gentechnik in den achtziger Jahren ging die Bundesregierung beim Einstieg in die ersten Freilandversuche vorsichtig vor. Hatten die Forscher die Ungefährlichkeit des bereits im Gewächshaus erprobten Versuchs versichert, der lediglich der Erforschung springender Gene und damit der Grundlagenforschung diene[175], so erging die Genehmigung für den ersten Freilandversuch auf deutschem Boden sehr bewusst an ein wissenschaftliches Institut, dass die Ausbringung einer transgenen Zierpflanze beantragt hatte. Freisetzungsversuche transgener Nutzpflanzen, durchgeführt von Unternehmen, sollten erst in einem zweiten Schritt angegangen werden.

Die von der Fachwelt völlig harmlos eingeschätzten Petunienversuche sorgten in Teilen der Öffentlichkeit für erhebliches Missfallen. Bereits ein Jahr vor der Ausbringung sollte die Öffentlichkeit im Rahmen einer Anhörung über die Ziele des Versuchs informiert werden. Nachdem der erste Anhörungstermin wegen schwerer Tumulte abgesagt werden musste, nahmen die Freisetzungsgegner am zweiten Termin zwar nicht mehr teil, jedoch versuchte die inzwischen mobilisierte Bürgerinitiative *Bürgerinnen beobachten Petunien* mit rund 200 Beteiligten und mehrstündigen Sitzblockaden vergebens die Ausbringung der Petunien zu verhindern.[176]

175 Vgl. L. Kürten, Der Gentechnik-Streit treibt seltsame Blüten, in: Die Welt, 28. September 1988, S. 29.

176 Vgl. B. Gill/J. Bizer/G. Roller, Riskante Forschung, Berlin 1998, S. 257 und Vgl. O. Köhler, Blockade gegen Petunien, in: die tageszeitung, 8. Mai 1990, S. 7 und W. Löhr, Petunien in Köln freigesetzt, in: GID, 1990, 54/55, S. 2.

Die Kölner Forscher verzichteten zunächst auf die für 1989 genehmigte Freisetzung und führten den deutschlandweit ersten Versuch mit GVOs im Jahr darauf auf einem Testfeld des Instituts durch, während zeitgleich in den USA bereits 141 Freisetzungsvorhaben durchgeführt worden waren.[177] Allerdings führte der besonders heiße Sommer des Jahres 1990 dazu, dass die rd. 37.000 transgenen Petunien nicht die gewünschte Rosa-Färbung produzierten, sondern ausbleichten. Der unerwartete Versuchsverlauf sorgte v. a. von Seiten der Umwelt- und Verbraucherverbände für erhebliche Kritik[178], die den Versuch für missglückt erklärten und ihre Befürchtungen unabsehbarer Folgen bestätigt sahen.[179] Noch Jahre später verwiesen Gen-KritikerInnen, wie Beatrix Tappeser vom Öko-Institut Freiburg in ihren Warnungen vor unkalkulierbaren Risiken auf den missglückten Petunien-Versuch.[180]

Ein erster Feldversuch mit einer transgenen Nutzpflanze wurde im April 1993 in der BRD genehmigt und erging an das Institut für Genbiologische Forschung Berlin GmbH. Es handelte sich um eine transgene Kartoffelpflanze, die einen einzigen, speziell für die Papierherstellung und Abwasseraufbereitung nutzenbringenden Stärketyp produzieren sollte. Ähnlich wie der Petunienversuch des MPI Köln sorgten auch die Folgegenehmigungen für Freilandversuche mit transgenen Nutzpflanzen in der BRD[181] für Widerstände, die vor allem auf lokale Bürger- bzw. Gemeindegruppierungen zurückzuführen waren. Der Protest äußerte sich zumeist in schriftlichen Einwendungen, Unterschriftenaktionen, Demonstrationen, Feldblockaden, gerichtlichen Klagen sowie Feldbesetzungen und ebenfalls Feldzerstörungen. So zog auch die Genehmigung der von der TU München und der Hoechst/Schering/AgrEvo GmbH beantragten Freilandversuche für transgenen Phosphinothricin-resistenten Mais und Raps erhebliche Widerstände nach sich. Bei Phosphinothricin handelt es sich um ein unter dem Handelsnamen „Basta“ bekanntes Breitbandherbizid, das in Pflanzen die Verwertung von Ammoniak blockiert. Mehrfache Versuchsfeldzerstörungen zwangen die Forscher zu einer Fortsetzung der Versuche im Ausland.[182] Im Falle der vom Institut für Botanik der Universität Hamburg beantragten Freisetzung transgener Kartoffeln im Jahr 1993,

177 A. Pühler, Freilandexperimente, in: A. M. Wobus/U. Wobus/B. Parthier (Hg.), Stellenwert von Wissenschaft und Forschung in der modernen Gesellschaft , S. 143.

178 Vgl. Peinliche Petunien, in: GID, 1990/58, S. 3 oder Transgene Petunien: Neuer Versuch in nächsten Jahr, 1990/61, S. 4 f.

179 Vgl. A. R. Panesar/C. Knorr, Ökologische Gefahren der Freisetzung, in: M. Thurau (Hg.), Gentechnik, Frankfurt a. M. 1989, S. 214 und Sprung in die Farbe, in: Der Spiegel, 1989/10, S. 119.

180 Geschäft mit Gift und Gegengift, in: Der Spiegel, 1994/7, S. 162.

181 Die ersten Genehmigungen für Freilandversuche mit transgenen Nutzpflanzen erhielten: 1992 transgene Kartoffeln: IGF Berlin und Uni Hamburg; 1992 transgene Zuckerrübe: KWS/Planta; 1993 transgener Mais und Raps: TU München; 1994 Mais und Raps: AgrEvo, Kartoffeln: MPI Köln, Rhizobien: Uni Bielefeld.

182 Vgl. G. E. Sachse, Gentechnik in der Lebensmittelindustrie, in: H. G. Gassen/M. Kemme, Gentechnik, Frankfurt a. M. 1996, S. 180/181.

führten dic übcr 6000 eingegangenen Einwendung letztlich zu einem Rückzug des Antrags.[183]

Mitten in der Hochphase der Diskussionen zum Einsatz der Gentechnik in der Landwirtschaft sorgte die amerikanische Marktzulassung der Flavr Savr Tomate als erstes gentechnisch verändertes Lebensmittel am 19. Mai 1994 für weiteren Auftrieb der innerdeutschen Auseinandersetzungen. Infolge der Entdeckung des Gens für das Enzym Polygalacturonidase, das bei der Reifung Zellwände abbaut, zielte die gentechnische Veränderung der Tomate auf eine verringerte Produktion des Enzyms. Die Folge war eine verlängerte Reifung und damit auch Lagerfähigkeit der Flavr Savr- bzw. der sog. Anti-Matsch-Tomate. Im Zentrum deutscher Widerstände gegen das erste für den menschlichen Verzehr auf den Markt gelangte GVO-Lebensmittel stand die Stärkung der Verbraucherrechte in Bezug auf gesundheitliche Unbedenklichkeit, Transparenz und Wahlfreiheit. Während ihre Marktzulassung nicht nur in der BRD, sondern auch in Österreich und der Schweiz auf große Ablehnung stieß, war der aus FlavrSavr-Tomaten produzierte Ketchup in Großbritannien bereits nach wenigen Wochen in den Supermärkten ausverkauft, nachdem die Herstellerfirma Calgene ihr Produkt aus Werbegründen mit einem Aufkleber „produced from Flavr Savr-seeds“ gekennzeichnet hatte.

Während der neunziger Jahre galten nur wenige Forschungsbemühungen den Veränderungen der Zusatz- oder Inhaltsstoffe von Lebensmitteln, so z. B. beim „vegetarian cheddar“, der frei von tierischem Rennin und damit vegetariertauglich war.[184] Vielmehr zielten die gentechnischen Eingriffe in Pflanzengenomen auf Resistenzübertragungen gegen Herbizide, Viren und Insekten und damit auf Massenertragssteigerungen. Eine Kombination von Resistenzgenen mit Genen zur Optimierung der Nährwerte der Pflanze oder des medizinischen Nutzens erfolgte erst mit der zweiten Generation transgener Pflanzen ab etwa 1997.

Zu besonderer Aufmerksamkeit gelangte die herbizidresistente Sojabohne der Firma Monsanto, deren kommerzieller Anbau 1996 in den USA startete. Die Sojabohne verfügte über eine Herbizidresistenz, die sie gegenüber dem firmeneigenen *Roundup* unschädlich machte. Aufgrund ihrer Verwendung in mehreren tausend Lebensmitteln schien eine Veränderung der Sojapflanze ausgesprochen lukrativ. Die Genehmigung zur Anlieferung und Weiterverarbeitung genmanipulierter Sojabohnen aus den USA durch die Europäische Kommission im April 1996 zog in der BRD, ebenso wie in der Schweiz und den Niederlanden, eine Welle großangelegter Widerstandsaktionen nach sich. So gab die Genehmigung im Juni 1996 Greenpeace Deutschland den Anstoß, umweltpolitisch in das Themenfeld Gentechnik einzusteigen und eine großangelegte Kampagnenpolitik zu starten. Zahlreiche deutschlandweite Protestaktionen, v. a. von Interessensverbänden organisiert, übten starken öffentlichen Druck aus. In der Folge erklärten Ein-

183 Vgl. AK gegen Gentechnologie, Widerstand gegen Gentech-Rüben, in: Unabhängige Bauernstimme, Mai 1993, S. 10–11.

184 Vgl. G. E. Sachse, Gentechnik in der Lebensmittelindustrie, in: H. G. Gassen/M. Kemme, Gentechnik, Frankfurt a. M. 1996, S. 175.

zelhandelsunternehmen, wie Co-op, Markan, Edeka und Famila, Babynahrungshersteller, wie Hipp, Alete und Milupa, und Nahrungsmittelproduzenten, wie Nestlé und Unilever, keine mit der transgenen Sojapflanze in Berührung gekommenen Produkte herzustellen bzw. zu vermarkten. Industrievertreter versuchten vergebens mit Hinweisen auf die Unbedenklichkeit gegenzusteuern, dennoch avancierte die transgene Sojapflanze zum Symbol des innerdeutschen Konflikts um transgene Lebensmittel.

Die großen Akzeptanzprobleme in der BRD sorgten bis zum Ende der neunziger Jahre dafür, dass rekombinante Nutzpflanzen bzw. GVOs enthaltende Lebensmittel keinerlei wirtschaftliche Bedeutung erlangten. Militante Mitglieder einzelner Umweltschutzgruppen traten während der gesamten neunziger Jahre deutschlandweit vielfach durch Feldzerstörungen in Erscheinung, die durch Raub, Zertrampeln oder Behandlung der ausgebrachten Pflanzen vorgenommen wurden. Ähnlich extremistische Erscheinungen gab es zwar auch in den USA, diese beschränkten sich aber vornehmlich auf die ersten Freisetzungsversuche und nahmen schnell an Zahl und Intensität ab.[185] Auch die Zahl der Einwendungen gegen Freisetzungsversuche und gentechnische Produktionsanlagen gingen in den USA bald tendenziell gegen Null. In der BRD standen dagegen massenhafte Einwendungen auf der Tagesordnung des Robert Koch-Instituts. Die Regelung einer Öffentlichkeitsbeteiligung in der Gentechnik-Anhörungsverordnung zum GenTG verpflichtete zur öffentlichen Bekanntmachung von Freisetzungsvorhaben und ermöglichte die Erhebung von schriftlichen Einwendungen und die Veranstaltung von Erörterungsterminen. Bis zum Ende der neunziger Jahre wurde lediglich in zwei Fällen deutscher Freisetzungsvorhaben keine Einwendung erhoben, in der Mehrzahl erfolgten jedoch mehrere tausend Einwendungen.[186] Die meist mehrtägigen Erörterungstermine wurden nur selten zu Auseinandersetzungen mit den konkret zur Diskussion stehenden Verfahren genutzt. Vielmehr wurden die Termine als Forum für grundsätzliche Kritik an der Gentechnik genutzt. In der Folge schaffte die Gesetzesnovelle von 1993 die auf Einwendungen folgenden Erörterungstermine ab.

Eine wesentliche Zahl der Einwendungen, Feldzerstörungen und auch Kampagnen in der BRD entfiel auf überregional aktive Umwelt- und Verbraucher**verbände** wie Greenpeace Deutschland, das Öko-Institut oder die Verbraucher Initiative. Allein im Jahr 1996 zerstörten militante Gentechnikgegner mindestens 14 Versuchsfelder.[187] Anlass zum Einstieg in die Diskussionen um die Grüne Gentechnik waren meist Regelungsvorhaben für die Freisetzung oder Vermarktung transgener Lebensmittel. Zudem führten teilweise vorhandene personelle Überschneidungen bzw. Vernetzungen zu zeitlich enggelagerten Einstiegen in die Dis-

185 Vgl. H.-G. Dederer, Gentechnikrecht im Wettbewerb der Systeme, Berlin/Heidelberg 1998, S. 339.

186 Vgl. Gen-Rüben auf Bayerns Felder? – 3200 Einwendungen, in: Unabhängige Bauernstimme, März 1993, S. 6.

187 Vgl. Insel der Wut, in: Der Spiegel, 1996/46, S. 96.

kussionen.[188] Das Interesse am Themenbereich Gentechnik erwuchs für eine Vielzahl von Verbänden um 1989/90, im Kontext der Bewilligung und Ausführung des Petunienversuchs des Kölner MPIs bzw. um 1993/94 vor dem Hintergrund der Novelle des GenTGs sowie der Marktzulassung der Flavr Savr Tomate. Vergleichsweise spät stieg Greenpeace Deutschland erst im Jahr 1996, angestoßen durch die EU-Zulassung des transgenen Sojas, in die Diskussionen ein.

Zu den im Bereich der Grünen Gentechnik öffentlich besonders aktiven Akteuren unter den Interessenverbänden gehörten: Agrarbündnis e. V., Arbeitsgemeinschaft bäuerliche Landwirtschaft (AbL), Arbeitsgemeinschaft der Verbraucherverbände (AGV), Arbeitsgemeinschaft Ökologischer Landbau (AGÖL), Arbeitskreis Kritische Tiermedizin, Arche GENoha, Bund für Lebensmittelrecht und Lebensmittelkunde (BLL), Bund für Umwelt und Naturschutz Deutschland (BUND), Bundesvereinigung des Lebensmitteleinzelhandels (BVL), Bündnis 90/Die Grünen, Demeter-Bund, Deutscher Bauernverband (DBV), Deutscher Brauerbund (DBB), Die Verbraucher Initiative, Gen-ethisches Netzwerk (GeN), Greenpeace, Öko-Institut, Umweltinstitut München e. V., Verband Deutscher Großbäckereien (VDG), Verband für gentechnikfrei erzeugte Lebensmittel (VGL), Vereinigung Deutscher Reformhäuser (VDR) und Naturland (NL).[189] Unter den Gewerkschaften beteiligten sich v. a. die Gewerkschaft Nahrung-Genuss-Gaststätten (NGG) und IG Chemie-Papier-Keramik (IG-CPK). Diese Auflistung zeigt, dass sich die mitgliederstärksten Vereinigungen unter den Verbraucher- bzw. Umweltverbänden befanden.

Wenngleich Greenpeace Deutschland erst im Jahr 1996 in das Themenfeld Gentechnik einstieg sorgte der Verein mit unmittelbaren Aktionen für große Aufmerksamkeit in der Öffentlichkeit.[190] Mit ihm trat 1996 der größte Umweltverband Deutschlands und ein zugleich ausgesprochen finanzstarker Verein in die Diskussionen um die Gentechnik in der Landwirtschaft ein.[191] Noch im selben Jahr startete Greenpeace eine großangelegte Anti-Gentechnik-Kampagne und legte bereits im September 1996 die Ergebnisse einer Emnid-Umfrage vor, nach der sich rd. 73% aller Befragten gegen transgene Nahrungsmittel aussprachen. Im Oktober 1996 startete Greenpeace eine Gen-Soja-Infomobil-Tour durch Deutschland, um die Bevölkerung aufzuklären und Unterschriften gegen die Einfuhr der gentechnisch veränderten Sojabohne zu sammeln.[192] Neben Feldbesetzungen oder dem Entern von Schiffen sorgten Greenpeace-Vertreter am Welternährungstag 1996 (16. Oktober) mit einem am Unilever-Hochhaus angebrachten Plakat mit der Aufschrift „Wollen Sie Ihre Lebensmittel genmanipuliert?“ und der Abbildung

188 Vgl. M. Behrens/S. Meyer-Stumborg/G. Simonis, Gen Food, Wuppertal 1997, S. 74.

189 Vgl. Auflistung bei M. Kemme, Risiko Gentechnik?, in: H. G. Gassen/M. Kemme, Gentechnik, Frankfurt a. M. 1996, s. Tabelle 2, S. 338.

190 Vgl. z. B. Streit um Gen-Soja neu entfacht, in: Die Welt, 7. November 1996, S. 14.

191 Ich danke Sabine Schupp vom Team Nachhaltige Landwirtschaft Greenpeace für die ausführlichen Informationen über die frühen Greenpeace Aktionen zum Thema Gentechnik.

192 Vgl. http://www.greenpeace.de/themen/gentechnik/

eines aus dem Hause Unilever stammendem Rama Margarinebechers für eine nie zuvor in der BRD erreichte öffentliche Aufmerksamkeit für das Thema Grüne Gentechnik. Greenpeace erklärte, jede Freisetzung gentechnisch veränderter Organismen abzulehnen und war in diesem Kontext nicht nur national aktiv, sondern auch auf europäischer und internationaler Ebene. Mit ihrem öffentlichkeitswirksamen Einstieg in die Diskussionen übte der Umweltverband von Beginn an einen starken Druck, v. a. auf Lebensmittelunternehmen aus. So erklärten Unilever und auch Nestlé nur wenige Tage nach den Greenpeace-Aktionen ihren Verzicht auf transgene Sojaprodukte.[193]

Das bereits 1986 in die ersten Diskussionen eingestiegene Öko-Institut setzte sein Anti-Gentechnik Programm auch während der neunziger Jahre fort und zeigte in mehreren Publikationen und verschiedensten Diskussionsveranstaltungen regelmäßig öffentliche Präsenz zum Thema. Anders als Greenpeace, wo nicht zuletzt aufgrund des finanziellen Rückhalts mehrheitlich vereinsintern agiert und eine grundsätzliche Ablehnung aller landwirtschaftlichen Anwendungsbereiche der Gentechnik kommuniziert wurde, setzte das Öko-Institut vermehrt auf großangelegte Gemeinschaftsaktionen mit anderen Verbänden, wobei ein besonderer Fokus der Anwendung von Gentechnik im Nahrungsmittelbereich galt. Auch das Öko-Institut agierte vornehmlich über Publikationen und Veranstaltungen. So gab es im Auftrag der Arbeitsgemeinschaft der Verbraucherverbände u. a. ein Hintergrundpapier zur Bedeutung der Gentechnik bei der Herstellung und Verarbeitung von Nahrungsmitteln heraus[194] und veranstaltete eine Tagung zum Thema „Gentechnik und Ernährung“.[195]

Das 1986 gegründete GeN wurde seinem Anspruch auf Bereitstellung eines umfangreichen Informationsangebots zur kritischen Auseinandersetzung für die interessierte Öffentlichkeit auch in den neunziger Jahren gerecht, wenngleich die Informationen ausschließlich gentechnikkritisch und damit einseitig erfolgten. Neben Informationsbereitstellungen über die Vereinszeitschrift GID verfolgte das GeN v. a. die Organisation und Beteiligung an bundesweiten Initiativen, Informations- und Aufklärungskampagnen gegen Gentechnik, mit denen sie in der Öffentlichkeit regelmäßige Präsenz zeigten. Im Rahmen von großangelegten und von mehreren Verbänden gemeinsam getragenen Projekten übernahm das GeN zumeist die Rolle der Koordination. So setzte das Netzwerk seine 1988 gestartete Kampagne „Essen aus dem Genlabor? – Natürlich nicht!“[196] fort, an der sich während der neunziger Jahre bereits mehr als 40 Gruppen, Initiativen und Verbrau-

193 Firmen verzichten auf Gen-Soja, in: Die Welt, 15. März 1997, S. 18. Vgl. auch online: http://www.greenpeace.de/themen/gentechnik/

194 Öko-Institut e. V. (Hg.), Bedeutung der Gentechnik bei der Herstellung und Verarbeitung von Nahrungsmitteln, Freiburg 1991.

195 Öko-Institut e. V. (Hg.), Industrielle Nahrungsmittelproduktion oder Lebensmittel als Naturprodukt, Werkstattreihe Nr. 78, Freiburg 1991.

196 Pressemitteilung des Gen-ethischen Netzwerk e. V. vom 8. Oktober 1991, Auftakt zur Kampagne „Essen aus dem Genlabor – Natürlich nicht!“

cherverbände beteiligten.[197] Es folgten Initiativen mit Titeln wie „Kein Patent auf Leben“ (1992) oder „Arche GENoha“ (1993) sowie die Organisation eines Kongresses „geGEN – für gentechnikfreie Landwirtschaft“ (1995).[198]

Auch das überregional aktive Umweltinstitut München e. V. trat seit Beginn der neunziger Jahre mit Kampagnen gegen einen Gentechnikeinsatz im Lebensmittelbereich auf. Im Jahr 1986, und damit im gleichen Jahr wie das GeN gegründet, richteten sich die Aktivitäten des Instituts zunächst auf die Verminderung von Umweltbelastungen infolge des Reaktorunfalls in Tschernobyl, erstreckten sich bald aber auch auf die Bereiche Energie, Naturschutz und Gentechnik. Im Rahmen der seit 1988 vom GeN koordinierten Kampagne „Essen aus dem Genlabor“ beriet und informierte das Umweltinstitut München zur Gentechnik ab Oktober 1991 über die Einrichtung der Wanderausstellung *Essen aus dem Genlabor und andere GENiale Geschäfte*, die von einer umfänglichen Öffentlichkeitsarbeit begleitet wurde. Nach dem Anspruch der Initiatoren sollte die Ausstellung nicht nur informieren, sondern auch zum Nachdenken und kritischen Handeln motivieren. Forschungs- und Unternehmensvertreter kritisierten die Ausstellung jedoch stark und erhoben den Vorwurf einer Kampagne gegen Gentechnik im Lebensmittelbereich. So hoben Informationsbroschüren mit Überschriften wie *Der Killerkäse* oder *Die Kartoffel auf dem Reißbrett der Gentechniker* sehr einseitig und beinahe ausschließlich deren Risiken hervor. Die Werbebroschüre zur Wanderausstellung forderte neben einer breiten öffentlichen Diskussion zugleich den sofortigen Stopp des Einstiegs in die Gentechnik.[199] Zudem wurde der Ausstellung das Fehlen wissenschaftlicher Grundlagen vorgeworfen, die sich u. a. in der fehlenden Unterscheidung zwischen den Bereichen der Gen- und Reproduktionstechnologie offenbarten.[200]

Kennzeichnend für die Positionierung der Umweltverbände, unter denen Greenpeace bis heute zu den aktivsten Akteuren in der Öffentlichkeit zählt, ist eine bedingungslose Ablehnung der Gentechnik in Nahrungsmitteln bzw. für die gesamte Landwirtschaft. Zwar plädierte Bernhard Gill, Politologe und Vorstandsmitglied des GeNs, 1990 im GID für eine Konzentration der Gentechnologie-Debatten auf die Grundprobleme, da die Kritik Gefahr laufe, sich in Detailfragen zu verlieren[201], gerade im Umfeld der Umweltverbände gab es für eine solche Entwicklung allerdings keinerlei Hinweise. Vielmehr erfuhr die Gentechnologie eine grundsätzliche Ablehnung, wobei ihre Nutzungskonditionen nicht im Geringsten verhandelbar schienen. Die Gründung zahlreicher Umweltverbände erfolgte im Kontext der Diskussionen um die Kernenergie. In der Folge wurden ihre Risiken immer wieder mit denen der Gentechnologie verglichen, was für beide

197 Vgl. Umweltinstitut München (Hg.), Essen aus dem Genlabor, München 1992, S. 3.
198 Vgl. http://www.gen-ethisches-netzwerk.de/25Jahre
199 Vgl. Umweltinstitut München (Hg.), Essen aus dem Genlabor, München 1992, S. 16.
200 Vgl. z. B. K. Koschatzky/S. Maßfeller, Gentechnik für Lebensmittel?, Köln 1994, S. 324/325.
201 B. Gill, Politisierung der Gentechnologie – aber wie?, in: GID, 1990, 54/55, S. 39–44.

Technologiebereiche häufig eine undifferenzierte sowie bedingungslose Ablehnung bedeutete.

Anders als bei den Umweltverbänden wandten sich Verbraucherverbände, zu denen hier auch Naturkost- und Anbauverbände wie der Demeter-Bund e. V. gerechnet werden, in öffentlichen Positionierungen nicht flächendeckend gegen gentechnische Verfahren in der Landwirtschaft und der Lebensmittelverarbeitung. Schon zu Beginn der neunziger Jahre wurden nicht nur von Verbraucherverbänden, sondern auch von themennahen Forschungsinstituten sog. Verbraucher Ratgeber[202] veröffentlicht, die eine erste Informationsbasis für verunsicherte Verbraucher liefern sollten und auf mögliche Risiken gentechnisch veränderter Lebensmittel hinwiesen. Da eine Kennzeichnungsverpflichtung zu Beginn der neunziger Jahre noch fehlte, konzentrierten sich die Informationen auf praktische Ratschläge für den Supermarktbesuch. Eher unüblich waren Beteiligungen wie die der Zeitschrift *Politische Ökologie*, die sich 1994 mit dem Themenheft *GENiale Zeiten – Essen aus der Genküche*[203] an der Informationsoffensive der Verbraucherverbände beteiligte. Auffällig sind die ausschließlich kritischen Beiträge, was nicht zuletzt auf deren Verfasser wie die Biologen Arno Todt, Wolfgang Löhr, Beatrix Tappeser, Florianne Koechlin und dem Philosophen Ludger Honnefelder zurückzuführen ist, die z. T. bereits im Rahmen ihrer Aktivitäten in Umweltverbänden für eine grundsätzliche Ablehnung der Gentechnik eintraten.

Zu einem zentralen Handlungsfeld der Verbraucherverbände innerhalb der Gentechnikdiskussionen gehörten die Regelungen um die europäische Novel Food Verordnung vom Mai 1997, die wesentlichen Einfluss auf die rechtlichen Rahmenbedingungen des Anbaus und der Vermarktung transgener Nahrungsmittel in Deutschland nahm. Bereits im Vorfeld der Entscheidung zur Novel Food-Verordnung im März 1996 verschickten Verbraucherzentralen und Umweltschutzgruppierungen an Mitglieder des Europaparlaments Giftgrüne Protest-Postkarten, während der BUND im Juni sogar eine Ballontour mit einer „Killertomate“ starte.[204] Die Novel Food Verordnung regelt das In-Verkehr-Bringen neuartiger Lebensmittel und Lebensmittelzutaten, zu denen u. a. rein biotechnologische Erzeugnisse, wie z. B. der kalorienarme Margarineersatz *Olestra* gehören.[205] Darüber hinaus schloss die Verordnung solche neuartigen Nahrungsmittel ein, die GVOs enthalten, aus GVOs bestehen (z. B. transgene Tomaten) oder aus GVOs hergestellt wurden, diese jedoch nicht enthalten (z. B. Tomatenmark). Die Verordnung erfasste allerdings keine im Vorfeld zugelassenen Lebensmittel und Lebensmittelzutaten, somit auch nicht das im Jahr 1996 in der EU eingeführte transgene Soja.

202 Vgl. z. B. A. Todt, Gentechnik im Supermarkt, Katalyse-Institut, Hamburg 1993.
203 GENiale Zeiten – Essen aus der Genküche, Politische Ökologie, 1994/35, Special.
204 Vgl. C. Schindler, „Jetzt erst recht ...“, in: GID, 1996, 112/113, S. 23–24.
205 Vgl. M. Kemme, Risiko Gentechnik?, in: H. G. Gassen/M. Kemme, Gentechnik, Frankfurt a. M. 1996, s. Tabelle 1, S. 329.

Die Mehrzahl der Verbraucherverbände hielten die in der Novel Food Verordnung geregelte Kennzeichnungspflicht für neuartige, insbesondere gentechnisch veränderte Lebensmittel für problematisch. Eine Kennzeichnung sollte nur in den Fällen vorgenommen werden, in denen sich das neuartige Lebensmittel in einem oder mehreren Merkmalen „nachweisbar“ von einem vergleichbaren, konventionellen Lebensmittel unterscheidet, wobei unklar blieb, bis zu welcher Verarbeitungsstufe und welchem Anteil eines gentechnisch veränderten Stoffes im Endprodukt eine Kennzeichnungspflicht bestehen sollte. Die drei Jahre vor der Verordnung auf den Markt gebrachte Flavr Savr Tomate hätte demnach keiner Kennzeichnungspflicht unterlegen, da sie im Sinne der Verordnung keine neuartigen Eigenschaften aufwies. Verbraucher- und auch Umweltverbände forderten jedoch eine Kennzeichnungspflicht für alle GVOs enthaltenden Produkte.[206] In Bayern initiierten SPD, Bündnis 90/Die Grünen und mehr als 50 Einzelgruppen, die sich zur Initiative Gentechnikfrei aus Bayern zusammengeschlossen hatten, sogar ein Volksbegehren zur Kennzeichnung gentechnikfreier Nahrungsmittel in Bayern, welches jedoch 1998 scheiterte.[207] Nur wenige Verbände wie der Bund für Lebensmittelrecht und Lebensmittelkunde e. V. erklärten eine Kennzeichnung nur dort für sinnvoll, „wo nach naturwissenschaftlichen Erkenntnissen überhaupt ein nachweisbarer Unterschied zwischen Nahrungsbestandteilen aus gentechnisch veränderten und nicht veränderten Pflanzen existiert“.[208] Auch der BUND, welcher die Novel Food Verordnung durchaus begrüßte, stand mit seiner Position innerhalb der Gruppe deutscher Umweltverbände weitgehend allein da und sorgte dort mit seiner Einschätzung für Missmut und einem Zweifel an die Gen-Front.[209]

Besonders aktiv unter den Verbraucherverbänden zeigte sich die im September 1985 gegründete und ökologisch orientierte Verbraucher Initiative e. V. Als Bundesverband kritischer Verbraucher stieg sie bereits wenige Jahre nach ihrer Gründung zur mitgliederstärksten Verbraucherorganisation Deutschlands auf. Zwar waren auch ihre Informationen tendenziell auf die Risiken und Gefahren der Gentechnik[210] fokussiert, jedoch ließ der Verzicht auf die Forderung eines absoluten Verbots der Gentechnik potenzielle Verhandlungsbereitschaft in den Diskussionen zu. Anfang der neunziger Jahre zeichnete der Verband mit Publikationen, wie *Genüsse aus dem Gen-Labor*[211] oder einem *Positionspapier zu Gentechnik in Lebensmitteln* vom 16. Mai 1992 ein differenziertes Bild der Gentechnik, die einen verantwortungsvollen Umgang mit transgenen Produkten nicht grundsätzlich

206 A. Mann, Position der Verbraucherzentrale Bayern e. V. zu gentechnisch hergestellten Lebensmitteln, in: A. Haniel/S. Schleissing/R. Anselm, Novel Food, München 1998, S. 45–48.
207 Bayern: Volksbegehren zu Gentechnik gescheitert, in: Die Welt, 9. Mai 1998, S. 5.
208 C. Toussaint, in: Aufbruchstimmung 1998, Stuttgart 1998, S. 51 und „Gespaltene Zunge“, in: Der Spiegel, 1995/22, S. 115.
209 Vgl. Bröckelt die Front der GenkritikerInnen?, in: Unabhängige Bauernstimme, 1997/1, S. 3.
210 Vgl. z. B. K. Koschatzky/S. Maßfeller, Gentechnik für Lebensmittel?, Köln 1994, S. 333.
211 C. Becktepe (Hg.), Genüsse aus dem Gen-Labor?, Bonn 1991.

ausschlossen.[212] Dieses transportierte die Verbraucher Initiative seit 1997 auch über die anfänglich in ihrer Trägerschaft befindliche Internetplattform *transGEN*. Als online-Informationssystem zur Grünen Gentechnik gehörte es zu einem der ersten Projekte, welches das Internet für Verbraucherinformationen nutzte und u. a. durch Institutionen wie dem Forum Bio- und Gentechnologie – Verein zur Förderung der gesellschaftlichen Diskussionskultur e.V., Bayer CropScience, der EU-Kommission oder dem Umweltbundesamt finanziert wurde und wird.[213]

Deutsche Bauernverbände beteiligten sich nicht nur spät, sondern auch zurückhaltend an den Diskussion um eine Nutzung der Gentechnik in der Landwirtschaft. Vor dem Hintergrund der Vereinigung von Vertretern des konventionellen und des ökologischen Landbaus zugleich verwundert die Zurückhaltung jedoch kaum. Nur vereinzelt waren während der neunziger Jahre öffentliche Positionierungen oder Beiträge in Diskussionsforen vernehmbar. Dem bundesweit größten Verband im Landwirtschaftssektor, dem Deutschen Bauernverband (DBV), sind mehr als 90% aller deutschen Bauern angeschlossen. Als Interessenvertreter der deutschen Bauern räumte der DBV der Gentechnik erst 1997 einen eigenen Themenschwerpunkt innerhalb seines Jahresberichts ein, während er ihr zugleich kritisch, aber offen gegenüber stand. Öffentliche Diskussionen, über die Grenzen des Verbands hinaus, wurden offensichtlich gemieden. Vor dem Hintergrund des gesteigerten Wettbewerbspotenzials erkannte der DBV die neuen technologischen Möglichkeiten und erklärte, „der Gentechnik offen gegenüber[zustehen]“. So wurden durchaus Probleme in einer reinen Steigerung der Ertragsmengen gesehen, die zu einem Verdrängungswettbewerb innerhalb der Landwirtschaft sowie einer zunehmenden Monopolstellung von Saatgut- und Zuchttieranbietern führen könnten. Jedoch erkannte der DBV im Hinblick auf die Verfolgung grundsätzlicher Ziele einer umweltschonenderen Produktion, der Senkung des Pflanzenschutz- und Düngemitteleinsatzes, einer Emissionsminderung sowie der Verbesserung der Produktqualität durchaus Chancen in der Gentechnik. Vor dem Anbau und einer erfolgreichen Vermarktung gentechnisch veränderter Pflanzen sah der DBV jedoch die Notwendigkeit zur Überwindung der Akzeptanzprobleme unter den deutschen Verbrauchern, die aus seiner Sicht z. B. durch eine Produktkennzeichnung erreicht werden könnte.[214]

Grundsätzlich offen gegenüber der Gentechnik stand auch die Deutsche Landwirtschafts-Gesellschaft e. V. und richtete im Rahmen ihrer Fachtagung im April 1993 an Vertreter von Politik, Unternehmen sowie Umweltschutz- und Landwirtschaftsverbände die Frage: *Gentechnik – quo vadis?*, bei der sie sich auf möglichst breiter Basis über zukünftige Möglichkeiten einer gentechnisch unterstützten Pflanzenzüchtung informieren wollte.[215] Ähnlich dem DBV war auch bei

212 M. Kemme, Risiko Gentechnik?, in: H. G. Gassen/M. Kemme, Gentechnik, Frankfurt a. M. 1996, S. 339.

213 Vgl. http://www.transgen.de/home/impressum/792.doku.html

214 Vgl. Deutscher Bauernverband (Hg.), Deutscher Bauernverband 1997, Bonn 1998, S. 78.

215 Vgl. Gentechnik – quo vadis?, Frankfurt a. m. 1993.

der Deutschen Landwirtschafts-Gesellschaft während der neunziger Jahre kein nachhaltiges Interesse am Thema Gentechnik vernehmbar. Sie gelangte nicht über vereinzelte Stellungnahmen und die Veranstaltung einer Fachtagung hinaus.

Die von der AbL seit März 1976 herausgegebene, überregionale *Unabhängige Bauernstimme* lässt gegen Ende der achtziger, Anfang der neunziger Jahre eine ausgesprochen randständige, wenngleich kritische Auseinandersetzung mit dem Thema Gentechnik feststellen. Die AbL war als Herausgeber der Bauernstimme insbesondere auf politischer Ebene öffentlichkeitswirksam gegen die Gentechnik vorgegangen und agierte ähnlich dem Umweltverbänden. In den ersten Berichten wurde v. a. im Kontext des Rinderwachstumshormons, von Patentierungsfragen und einer damit zusammenhängenden Verteuerung von Saatgut und Zuchttieren über Gentechnik berichtet[216], die als „Gefahr für bäuerliche Existenzen?“ wahrgenommen wurde.[217] Diese Haltung ist nicht zuletzt auf die Autorenschaft zurückzuführen, unter denen sich v. a. GentechnikkritikerInnen wie Anita Idel befanden.

Eine ähnliche Situation zeigte sich beim AgrarBündnis e. V. Seit 1993 gab der Verein den *Kritischen Agrarbericht* als Antwort auf den Agrarbericht der Bundesregierung heraus. Er kam nicht über einzelne Diskussionsbeiträge und Positionen zu aktuellen Fragestellungen der Gentechnik, wie z.B. Gesetzesnovellen, hinaus und beleuchtete den Einsatz der Gentechnologie in der Landwirtschaft bereits seit der ersten Ausgabe ausgesprochen kritisch.[218] Auch hier steckten hinter den Berichten oftmals Autoren, die in gentechnikkritischen Initiativen und Verbänden vertreten waren, wie z. B. Anita Idel oder Beatrix Tappeser, während Industrie- oder Forschungsvertreter nicht zu Wort gelangten.

Während die an den öffentlichen Diskussionen beteiligten Interessenverbände in der BRD vornehmlich eine kritische bis ablehnende Haltung gegenüber der Grünen Gentechnik einnahmen, gehörte die Chemie- und Lebensmittel**industrie** zu ihren stärksten Befürwortern. Noch ehe sich transgene Lebensmittel auf dem deutschen Markt befanden sahen sich die Unternehmen dem Vorwurf eines heimlichen Einstiegs in das „Geschäft mit dem Gen-Fraß“ ausgesetzt, dem sie während der neunziger Jahre jedoch nur wenig entgegenzusetzen hatten.

Der Einstieg in das lukrative Gentech-Geschäft im Bereich der Landwirtschaft gestaltete sich ausgesprochen schwierig und verlangte nach Umwegen. So schien die Verwendung von sog. Totschlagargumenten zur Abwehr grundsätzlicher Gentechnikkritik, wie der Heilung schwerster Krankheiten oder einer Sicherung der Ernährung der Weltbevölkerung, die Diskussionen eher zu befördern, denn zu unterbinden. Diese Fehlleitung in der Argumentation wurde jedoch erst gegen Ende der neunziger Jahre von der Industrie erkannt. Dagegen schien ein Zugang über die medizinischen, und wesentlich unumstritteneren Anwendungsbereiche

216 Vgl. W. Löhr, Die Patentierung nicht zulassen, in: Unabhängige Bauernstimme, September 1991, S. 15.

217 Vgl. M. Schumacher, Manipulierte Gene – Gefahr für bäuerliche Existenzen?, in: Unabhängige Bauernstimme, Mai 1987, S. 8/9.

218 Vgl. AgrarBündnis e. V. (Hg.), Der kritische Agrarbericht, Hamm 1993 ff.

für viele Unternehmen, wie z. B. die Schering AG[219], eine sinnvolle Strategie zur Gewinnung eines Vertrauensvorschusses unter den Verbrauchern. Im Bereich der Roten Gentechnik konnten die Stärken und Schwächen bzw. die „Chancen und Risiken“ offener gegenübergestellt werden und Misserfolge medizinischer Studien sowie die fehlende Gewissheit über potenzielle Schäden für Mensch und Umwelt verhalten eingestanden werden.[220]

Sowohl die Industrie als auch einzelne Vertreter der im Bereich der Grünen Gentechnik tätigen Wissenschaftler, werteten die Diskussionen um die Einführung der Gentechnik als Problem mangelnder Akzeptanz, die vordergründig auf defizitäre Wissensgrundlagen und ausgeprägte Vorurteile zurückzuführen seien.[221] Aus diesem Grund verfolgten Industrien und Wissenschaftler zeitweise gemeinsam die Strategie der Gegensteuerung mit Aufklärungskampagnen. Der Verbraucher sollte zum einen davon überzeugt werden, dass gentechnische Verfahren in der Landwirtschaft und Lebensmittelproduktion lediglich eine Fortsetzung der klassischen Züchtung bedeuteten und zum anderen mit Informationen über die Vorteile der Gentechnik zur Einsicht gebracht werden[222], wenngleich erste internationale Studien bereits gezeigt hatten, dass die Bereitstellung von Informationen nicht für einen Einstellungswandel ausreichten.

Weiterhin entwickelte die Industrie während der neunziger Jahre die Idee, mit sog. „Functional Food“ größere Akzeptanz unter den Verbrauchern zu erreichen. Schon zu Beginn der Neunziger hatte die Industrie feststellen müssen: „Wir haben den Eindruck, daß der Konsument den Sinn von Gentechnologie für die Ernährung nicht erkennen kann. Wir wissen keine Argumente, um den Leuten ein solches Produkt schmackhaft zu machen“.[223] Zum Ende des Jahrzehnts musste jedoch festgestellt werden, dass auch das „Functional Food“ die potenziell gesundheitsfördernden Eigenschaften, wie den optimierten Eisengehalt und Vitamin-A-Gehalt des „Golden Rice“, nicht zum erhofften Abbau der bestehenden Vorbehalte gegenüber transgenen Lebensmitteln beigetragen hatten. Wurden die mit der Novel-Food Verordnung geplanten Kennzeichnungsregeln in der Industrie als Herabwertung der eigenen Produkte erkannt, so war ihr zugleich die Notwendigkeit größtmöglicher Transparenz gegenüber dem Verbraucher bewusst, was sich in Äußerungen wie der vom Nestlé-Sprecher Albrecht Koch, „Wir sind keine Ideologen, die den Verbraucher bekehren wollen“[224], sehr deutlich zeigte.

Der Einfluss gentechnikkritischer Verbände auf die Positionierungen der Industrie während der neunziger Jahre war immens. Es waren insbesondere die Dis-

219 Vgl. Genforscher brauchen einen Vertrauensvorschuß, Interview mit Guiseppe Vita, in: Die Welt, 20. März 1005, S. 7.
220 Vgl. Herausforderung Gentechnologie, Düsseldorf 2000, S. 17.
221 Vgl. zum Beispiel K. Koschatzky/S. Maßfeller, Gentechnik für Lebensmittel?, Köln 1994 (Fraunhofer-Institut für Systemtechnik und Innovationsforschung).
222 Vgl. Herausforderung Gentechnologie, Düsseldorf 2000, S. 2.
223 Keine Chance für Käse aus dem Genlabor, in: Die Welt, 24. Februar 1993, S. 14.
224 „Gespaltene Zunge“, in: Der Spiegel, 1995/22, S. 112.

kussionen um die Einführung der transgenen Sojabohne aus den USA, die zu einem unentschlossenen und von den öffentlichen Diskussionen abhängigen Stimmungsbild der Industrie beitrugen. Während der Anbau transgener Sorten und der Verzehr gentechnisch veränderter Lebensmittel Ende der neunziger Jahre in den USA kein Thema öffentlicher Diskussionen mehr darstellte, sahen sich Nahrungsmittelhandel und -industrie angesichts der starken Proteste und einer offensichtlichen Verbraucherablehnung gezwungen, zumindest in der BRD auf den Verkauf und die Produktion transgener Nahrungsmittel zu verzichten. So erklärten Babykosthersteller, wie Alete, Hipp, Humana, Milupa und Aponti infolge des öffentlichen Drucks, auf die Verarbeitung von Gen-Soja verzichten zu wollen. Auch die Karstadt AG und Markant Deutschland oder die Kraft-Jacobs-Suchard erklärten grundsätzlich keine Produkte gentechnisch veränderter Soja in ihr Sortiment aufnehmen zu wollen, dieses andernfalls jedoch wenigstens als solches zu kennzeichnen.[225] Allerdings geriert Kraft-Jacobs-Suchard in die Schlagzeilen als bei Kontrollen der Unternehmensschokolade Toblerone das aus genverändertem Soja stammende Lecithin gefunden wurde und zu Beginn des Jahres 1997 rund 250 Tonnen Toblerone zurückgerufen werden mussten.[226]

Nicht nur Nestlé gehörte zu den Unternehmen, die ihre ursprüngliche Erklärung, auf Gentech-Produkte verzichten zu wollen, trotz des erheblichen öffentlichen Drucks, nicht lange aufrecht hielten. Weltweit begannen Lebensmittelkonzerne mit schrittweisen Umstellungen ihrer Produktionen. So erklärte Nestlé-Chef Helmut Maucher bereits zu Beginn des Jahres 1997, dass Nestlé weltweit und auch in Deutschland nicht auf Gentechnik verzichten könne.[227] Kaum war die Novel Food Verordnung in Kraft getreten, gestand Nestlé im Juli 1997, schon bald EU-weit und ebenfalls in der BRD genveränderte Sojabohnen verarbeiten zu wollen.[228]

Das stark angespannte Verhältnis zwischen Lebensmittelindustrie und gentechnikkritischen Interessensverbänden wurde von der Öffentlichkeit nur selten im Rahmen direkter Kommunikation beider Akteure wahrgenommen. So traten die Verbände v. a. mit Protestaktionen gegen einzelne Industrieunternehmen in Erscheinung. Dagegen operierten Unternehmensvertreter in der Auseinandersetzung vielmehr mittels öffentlicher Stellungnahmen und Positionierungen, in denen z. B. Andreas Seiter von der Novartis Deutschland GmbH Greenpeace „Falschinformation und Angstmache“ vorwarf, was innerhalb der Bevölkerung zu der Vorstellung führe, „Gentechnik auf dem Acker sei etwas Gefährliches“.[229]

225 Vgl. http://www.greenpeace.de/themen/gentechnik/und Firmen verzichten auf Gen-Soja, in: Die Welt, 15. März 1997, S. 18.

226 Das neue Schlaraffenland, in: Der Spiegel, 1997/15, S. 210.

227 Vgl. Industrienahrung und Gen-Food, in: Unabhängige Bauernstimme, 1997/2. S: 14–16.

228 A. Gilgenberg-Hartung, Gen-Nahrung erobert die Regale, in: Die Welt, 8. Juli 1997, S. 16 und Nestlé bringt Gen-Produkte auf den Markt, in: Die Welt, 16. Januar 1998, S. 15.

229 A. Seiter, Biotechnologie spart Geld und entlastet die Umwelt, in: Die Welt, 24. Februar 1998, S. G2.

Biowissenschaftler und Forschungsvertreter verhielten sich in der Mehrzahl ausgesprochen zurückhaltend, ähnlich den Bauernverbänden. Unter den wenigen sich an den Diskussionen beteiligenden, jedoch zugleich in der Öffentlichkeit mehrheitlich bekannten Forschungsvertretern überwogen die befürwortenden Stimmen, die die starken öffentlichen Widerstände gegen die Grüne Gentechnik auf eine fehlgeleitete Kommunikation zurückführten. Warnende Stimmen wie die des Biochemikers Arpad Puztai, der infolge nebenwirkungsauffälliger Tierversuche mit transgenen Lebensmitteln auch eine Gefahr für den Menschen sah, waren die Ausnahme.[230] Vielmehr wurden die negativen Einschätzungen der Grünen Gentechnik in der Öffentlichkeit mit strategischen Fehlern seitens der Industrie bei der Einführung gentechnisch veränderter Lebensmittel Mitte der neunziger Jahre in der BRD begründet, die es verpasste die Verbrauchervorteile geeignet zu kommunizieren.[231]

Ende des Jahres 1992 schlossen sich Wissenschaftler, Vertreter der Kirche und Personen des öffentlichen Lebens zur Initiative Pro Gentechnik des VCIs zusammen. Hierbei handelte es sich um eine für die Ziele der Gentechnologie werbende Anzeigenserie in der Tagespresse. Zu den Initiatoren gehörten Klaus Murrmann, Tyll Necker und Hans Peter Stihl als Vorsitzende der Arbeitgeberverbände und Karl Lehmann, Vorsitzender der Deutschen Bischofskonferenz.[232] Auf Nachfragen erklärte Lehmann, dass er mit seiner Unterschrift zur Durchbrechung gängiger Vorurteile eines „Teufelswerks“ beitragen wolle.[233] Jedoch erfolgte die Kommunikation der Initiative in ihren Anzeigen nicht anders als bei Gentechnikgegnern. Auch sie hantierte mit Pauschalisierungen und ließ eine objektive Informierung der Verbraucher vermissen, was ihr von Seiten der Printmedien starke Kritik einbrachte und sie als verzweifelten Versuch einer Gegenkampagne zu den Interessenverbänden erscheinen ließ.[234] Das GeN antwortete auf den Werbeslogan der Initiative „Ohne Gentechnik verspielen wir in Deutschland ein Stück Zukunft“ kurzerhand mit dem Gegenslogan „Mit Gentechnik verspielen wir ...“.[235]

Unter den wissenschaftspolitisch aktiven Biowissenschaftlern setzte sich Ernst-Ludwig Winnacker, wie schon bei der Roten Gentechnik, ab Mitte der neunziger Jahre auch verstärkt für eine Akzeptanz der Grünen Gentechnik ein. Für Winnacker stellte es einen Widerspruch dar, dass gerade ökologisch bewusste Menschen die Gentechnik ablehnten. So stellte er in seinem Aufsatz *Wieviel Gentechnik brauchen wir?* fest, dass die Gentechnik zur Überwindung von Missstän-

230 Birgt Gen-Nahrung doch Gefahr für die Gesundheit?, in: Die Welt, 11. August 1998, S. 7.
231 Vgl. Herausforderung Gentechnologie, Düsseldorf 2000, S. 6/7.
232 Vgl. K. Koschatzky/S. Maßfeller, Gentechnik für Lebensmittel?, Köln 1994, S. 334.
233 Vgl. Notizen, in: Herder Korrespondenz, 1993/47, S. 162.
234 Vgl. K. Wöhlert/A. E. Weihermann, Gentechnikakzeptanz und Kommunikationsmaßnahmen in der Lebensmittelindustrie, Arbeitsbericht Nr. 6, Essen 1999, S. 53 oder Falsche Tränen, in: Der Spiegel, 1993/30, S. 180.
235 Unsere Antwort auf die Initiative „Pro Gentechnik“ der Chemischen Industrie, in: GID, 1993/84, S. 4.

den der Ernährung – wie Trinkwasserverunreinigungen, Pestizidrückständen oder Rinderwahnsinn – derzeit die geeignete Technik sei.[236] Auch wandte er sich öffentlich gegen die v. a. von Seiten der Umweltverbände gezogenen Parallelen zu den Risiken der Kernenergie, insbesondere dem vieldiskutierten GAU: „Zu unterstellen, daß es das Undenkbare gibt, führt in den Bereich der Science-fiction und den der reinen Spekulation, aber nicht zu seriöser Technikfolgenabschätzung. Winnacker erkannte die Gentechnik in der Ernährungs- und Landwirtschaft in einer Sündenbock-Rolle, da sie „für allerlei Fehlentwicklungen der Vergangenheit herhalten muß“, was aus seiner Sicht dazu führte, dass in der Gegenwart unter dem Stichwort Gentechnik „Stellvertreterkriege“ geführt würden.[237]

Neben einzelnen Wissenschaftsvertretern unternahmen auch große deutsche Wissenschaftsorganisationen, wie die DFG, die MPG oder das MDC Versuche, auf die vorhandenen Akzeptanzprobleme im Bereich der Grünen Gentechnik zu reagieren. So empfahl die DFG im März 1996 in der Stellungnahme *Gentechnik und Lebensmittel* die verantwortungsvolle Entwicklung der Gentechnik in der Pflanzenzüchtung.[238] Auch im Jahr darauf forderte die DFG im Kontext der in den Diskussionen immer wieder befürchteten ökologischen Risiken durch den Einsatz von GVO′s begleitende Sicherheitsforschungen. Die DFG erkannte in der Grünen Gentechnik ein großes Potenzial zur „Sicherung einer vielfältigen Nahrungsmittelversorgung“ und empfahl nachdrücklich die „Weiterentwicklung der Gentechnik in der Pflanzenzüchtung und der lebensmittelbezogenen Mikrobiologie“.[239]

1992 kam der Zwischenbericht des beim TAB angesiedelten Projekts *Biologische Sicherheit bei der Nutzung der Gentechnik* zu dem Schluss, dass die Risiken einer Freisetzung von GVOs in die Umwelt, aufgrund mangelnden Wissens über Ausbreitungsfähigkeiten und -möglichkeiten, derzeit kaum abgeschätzt werden können. Zur Erweiterung des Wissens sprachen sich Teile der Projektgruppe für kontrollierte Freisetzungsversuche aus.[240] Auch der Rat von Sachverständigen für Umweltfragen forderte 1998 in seinem Umweltgutachten ökologische Dauerbeobachtungen für freigesetzte transgene Pflanzen.[241] Während also gentechnikkritische Umweltverbände einen weltweiten Stopp der Experimente forderten, sahen Forschungsvertreter und Wissenschaftsorganisationen gerade im großflächigen Anbau gentechnisch veränderter Pflanzen die Möglichkeit zur Gewinnung von Erkenntnissen über potenzielle ökologische Folgen.

236 Vgl. E.-L. Winnacker, Wieviel Gentechnik brauchen wir?, in: M. Elstner (Hg.), Gentechnik, Ethik und Gesellschaft, Berlin u. a. 1999, S. 48 f.

237 Vgl. E.-L. Winnacker, Das Genom, Frankfurt a. M. 1996, S. 71 und 74.

238 Deutsche Forschungsgemeinschaft, Gentechnik und Lebensmittel, Weinheim 1996.

239 Senatskommission für Grundsatzfragen der Genforschung (Hg.), Genforschung, Deutsche Forschungsgemeinschaft, Mitteilung 1, Weinheim 1997, S. 16/17.

240 Vgl. F. Gloede et al., Zwischenbericht Projekt „Biologische Sicherheit bei der Nutzung der Gentechnik“, Bonn 1992, S. 1–13.

241 H. Sukopp, Ökologische Begleitforschung und Dauerbeobachtung von gentechnisch veränderten Kulturpflanzen, in: Monitoring von Umweltwirkungen gentechnisch veränderter Pflanzen, Berlin 1998, S. 5 ff.

Tatsächlich wurden während der neunziger Jahre mehrere Untersuchungen zur Bewertung der Sicherheitsrisiken unternommen, eindeutige Ergebnisse brachten diese jedoch nicht. So hatten bisherige Freisetzungsversuche laut dem 1998 erschienenen Endbericht zum TA-Projekt *Gentechnik, Züchtung und Biodiversität* gezeigt, dass in Bezug auf das Auswilderungspotenzial von Nutzpflanzen sowie eines vertikalen Gentransfers kein spezifisch gentechnisch vermitteltes Risiko benannt werden kann. Somit sei im Vergleich zu konventionellen Züchtungsmethoden kurz- bis mittelfristig kein signifikant negativer Einfluss auf die biologische Vielfalt im mitteleuropäischen Raum zu erwarten.[242] Vier Jahre zuvor waren Knut Koschatzky und Sabine Maßfeller in der Studie *Gentechnik für Lebensmittel?* für das Fraunhofer-Institut für Systemtechnik und Innovationsforschung nur zu einem bedingt ähnlichen Ergebnis gelangt: „Insgesamt gibt es somit bisher keine Hinweise darauf, daß Gentransfer zwischen verschiedenen Pflanzenspecies ein Risiko darstellt.“ Allerdings: „Ein gentechnikspezifisches Risiko tritt erst dann auf, wenn mittels bio- und gentechnischen Methoden die Artgrenzen überschritten und „neue“ Nutzpflanzen geschaffen werden. [...] Ein mögliches gentechnikspezifisches Risiko besteht bei einem Gentransfer von transgenen Pflanzen auf Mikroorganismen.“[243]

Zugleich lagen Ende der neunziger Jahre sowohl in Deutschland als auch weltweit erste Studienergebnisse vor, die Übertragungen künstlich eingeführter Gene auf verwandte Wildpflanzen nachgewiesen hatten. Vertreter des Niedersächsischen Landesamts für Ökologie kamen sogar zu dem Schluss, dass „[b]ei zukünftigem Großflächigen Anbau von gentechnisch verändertem Raps [...] davon [auszugehen sei], daß transgener Pollen in erheblichem Ausmaß verbreitet wird.“ Auch ein Vertreter des europäischen Biotechnologie-Verbands, David Bennett, musste öffentlich einräumen, dass es „in der letzten Zeit eine ganze Flut schlechter Nachrichten“ bezüglich des Auswilderungspotenzials gegeben habe.[244]

Große Unterstützung fanden Wissenschaftsvertreter und -organisationen durch die **Politik**. Vertreter der Bundesregierung bzw. der Genehmigungsbehörden für Freisetzungsversuche waren in der Öffentlichkeit grundsätzlich um positive Stimmung bemüht. Zielten die Novellierungen des GenTGs (vgl. Kap. 6.2) offensichtlich auf Vereinfachungen der Zulassung und des Anbaus transgener Pflanzen, erklärte der Bundesminister für Ernährung, Landwirtschaft und Forsten[245], Jochen Borchert, die Gentechnik im März 1993 in der hauseigenen *informiert*-Reihe zu einer der Schlüsseltechnologien des 21. Jahrhunderts und stellte fest, dass weltweit bereits 1100 Freilandversuche mit gentechnisch veränderten Pflanzen ohne „besondere Sicherheitsprobleme“ durchgeführt worden sind, wäh-

242 Vgl. R. Meyer/C. Revermann/A. Sauter, TA-Projekt "Gentechnik, Züchtung und Biodiversität", Bonn 1998, S. 11.

243 Vgl. z. B. K. Koschatzky/S. Maßfeller, Gentechnik für Lebensmittel?, Köln 1994, S. 25.

244 Wettrüsten auf dem Acker, in: Der Spiegel, 1998/2, S. 163–137.

245 Im Jahr 2001 benannte sich das Ministerium um zu Bundesministerium für Ernährung, Landwirtschaft und Verbraucherschutz.

rend in Deutschland lediglich zwei Versuche mit Zierpflanzen vorgenommen wurden. Die aus Sicht der Politik einzuschlagende Richtung war für Borchert klar vorgegeben: „In Zukunft werden es jedoch auch bei uns mehr werden müssen, wenn Deutschland nicht international den Anschluß verlieren will."[246] Auch aus den anderen Resorts kam verstärkte Unterstützung. Während sich Bundesforschungsminister Heinz Riesenhuber infolge der Drohung in Deutschland angesiedelter Unternehmen zur Verlagerung von Forschung und Produktion, um die Zusicherung von Freilandversuchen bemühte, ging Bundeswirtschaftsminister Günter Rexrodt mit Warnungen an die Öffentlichkeit, wenn er zur Grünen Gentechnik erklärte, dass „Erfolg oder Mißerfolg auf diesem Gebiet [...] das weitere Schicksal der ganzen Wirtschaft mitbestimmen" werden.[247]

Im Kontext der aufgekommenen Risikofragen bemühten sich Vertreter der Politik v. a. um eine Verharmlosung der von den Umweltverbänden vorgebrachten Vergleiche mit der Kernenergie. Eine Wiederholung der Risikodebatte aus den siebziger und achtziger Jahren sollte unbedingt verhindert werden.[248] Unterstützung für eine frühzeitige Abschätzung des Risikopotenzials transgener Pflanzen leistete insbesondere das 1990 gegründete TAB. Die Bio- und Gentechnologie gehörte von Beginn an zu den thematischen Schwerpunkten. Bis einschließlich 1998 erschienen insgesamt sieben TAB-Arbeitsberichte zu Themen der Gentechnik.[249] 2009 rangierte die Grüne Gentechnik auf dem dritten Platz der Schwerpunktthemen in der Geschichte des TAB.[250] Dieses besondere Augenmerk der TA auf den Bereich der Gentechnik war keine deutsche Besonderheit. Auch in anderen europäischen Ländern wie Dänemark oder den Niederlanden wurde eine Vielzahl von TA-Studien zum Thema durchgeführt.[251]

Die beiden großen **Kirchen** in Deutschland hielten sich mit Positionierungen zur Grünen Gentechnik weitgehend zurück. Sie sahen ihr Handlungsfeld vielmehr im Bereich der Reproduktionstechnologie, die sie vereinzelt auch zu Aussagen über die medizinischen Anwendungsbereiche der Gentechnologie veranlasst hatten. Auseinandersetzungen mit der Frage der ethischen Zulässigkeit transgener Pflanzen und Nahrungsmittel gab es nur selten, und wenn, knüpften diese weitgehend an die Positionierungen zur Roten Gentechnologie an. So erkannte die

246 Bundesministerium für Ernährung, Landwirtschaft und Forsten (Hg.), Gentechnik, Bonn 1993.

247 H. Crolly, „Die kritische Biotech-Masse ist da", in: Die Welt, 23. Februar 1998, S. G4.

248 Vgl. W.-M. Catenhusen, Diskussionsbeitrag, in: J. J. Hesse/R. Kreibich/C. Zöpel (Hg.), Zukunftsoptionen, Baden-Baden 1989, S. 111.

249 Es handelte sich hierbei um: Biologische Sicherheit bei der Nutzung der Gentechnik (Nr. 9/1992 und Nr. 20/1993); Gentherapie (Nr. 25/1994 und Nr. 40/1996); Auswirkungen moderner Biotechnologien auf Entwicklungsländer und Folgen für die zukünftige Zusammenarbeit (Nr. 34/1995); Gentechnik, Züchtung und Biodiversität (Nr. 55/1998); Gentechnologie und Genomanalyse aus der Sicht der Bevölkerung (Nr. 3/1992).

250 Vgl. http://www.tab-beim-bundestag.de/de/ueber-uns/themenfindung.html

251 Vgl. Listeneuerer TA-Studien zur Biotechnologie in: Technikfolgen-Abschätzung zu neuen Biotechnologien, Bonn 1993, S. 42 ff.

Evangelische Kirche 1997 in „gentechnisch veränderten[n] Nahrungsmittel[n]" [...] keine grundsätzlichen ethischen Bedenken." Allerdings sollte dem Verbraucher immer die Möglichkeit zur selbstbestimmten Entscheidung über den Kauf eines GVO enthaltenden Produkts eingeräumt werden.[252]

Ähnlich äußerte sich auch der Moraltheologe Johannes Reiter, Mitglied der Bioethik-Kommission des Landes Rheinland-Pfalz und später der Enquete-Kommission Recht und Ethik der modernen Medizin des Deutschen Bundestages. Schon seit Ende der achtziger Jahre richtete er seine Aufmerksamkeit in Essays, Interviews und Zeitschriftenbeiträgen immer wieder auf die Entwicklungen der Gentechnik, zu der er sich mit einem bedingten Ja positionierte. Auch in einer Anwendung der Gentechnik in der Landwirtschaft sah Reiter keine grundsätzlichen ethischen Probleme, da die „gentechnische Optimierung von Pflanzen" für ihn, im Vergleich zu den traditionellen Züchtungsmethoden, nichts grundsätzlich Neues darstellte. Wesentlich sei die bestmögliche Minimierung der Eintrittswahrscheinlichkeit von Negativfolgen.[253]

Wesentlich unklarer blieb die Sicht auf die Dinge von Seiten der katholischen Kirche. Offizielle Verlautbarungen zur Grünen Gentechnik gab es nicht. Hinweise auf eine Bewertung gaben allein vereinzelte Äußerungen wie die des katholischen Moraltheologen Johannes Gründel, der sinnvolle Anwendungen mit Hilfe der Gentechnik durchaus für möglich hielt, wenngleich nur im Sinne eines verantwortlichen Umgangs.[254]

Deutsche **Mediziner** hielten sich in Fragen zur Grünen Gentechnik stark zurück. Zwar nahmen sie in ihrer Fachzeitschrift gelegentlich aktuelle Entwicklungen zur Kenntnis, beteiligten sich jedoch nicht aktiv mit eigenen Positionen an den Diskussionen.[255]

Die **Printmedien** entwickelten ab Mitte der neunziger Jahre, also mit der Einführung des transgenen Sojas, ein verstärktes Interesse an der Grünen Gentechnik. Dieses blieb jedoch nur bei vereinzelten Medien ungebrochen bis zum Ende des Jahrtausends bestehen und hatte, bezogen auf die Zahl der Beiträge, keine feststellbaren Auswirkungen auf die Berichterstattung zur Roten Gentechnik (Vgl. Tabelle 6 in Kap. 6.6). Es kam also zu keiner Interessensverlagerung innerhalb des Themengebiets Gentechnik, sondern zur Erweiterung des Berichtsfeldes. Anknüpfungspunkte der Berichterstattung waren neben der Marktzulassung der Anti-Matsch-Tomate oder des transgenen Sojas auch die Diskussionen um die Novel

252 Vgl. Einverständnis mit der Schöpfung, Evangelische Kirche in Deutschland, 2. Aufl., Gütersloh 1997. http://www.ekd.de/EKD-Texte/44607.html, vgl. Kapitel 3.4 und 6.

253 J. Reiter, Ein bedingtes Ja ist geboten, in: Herder Korrespondenz, 1993/47, S. 303–304.

254 Vgl. N. Lossau, Gen-Produkte à la carte, in: Die Welt, 2. Juni 1995, S. 4.

255 Vgl. z. B. K. Koch, Wie Bakterien Kopien ihres Erbgutes in der Umwelt freisetzen, in: Deutsches Ärzteblatt, 1995/92, S. 684–686 oder S. Dauth, Forum Gentech-Nahrung. Risiken ernst nehmen, aber nicht überzeichnen, in: Deutsches Ärzteblatt, 1994/91, S. 2384–2386 oder Gentechnik im Nahrungsmittelbereich, Kennzeichnungspflicht wird definiert, in: Deutsches Ärzteblatt, 1996/93, S. 933.

Food Verordnung oder das GenTG sowie öffentliche Aktionen von Greenpeace und anderen Interessensverbänden.

Firmierte schon der Petunienversuch von 1990 als großer „Flop“ bzw. als „Fiasko in Farbe“ in den Printmedien[256], so entwickelte sich die Berichterstattung im Laufe der Jahre mit Slogans wie „Gemüse aus dem Genlabor“, „Franken-Food“ oder „Gen-Fraß“, zu oftmals realitätsfernen Darstellungen. So zeigte z. B. die Titelstory, *Der Gen-Fraß – Biotechniker bauen die Nahrung um*, des *Spiegel* vom April 1993 nicht nur das Bild von quadratisch geformtem Gemüse und Obst, sondern erklärte zugleich, dass „das nach Schokolade schmeckende Hähnchen [...] nicht mehr fern“ sei.[257] Zwar sind dramatisierende Slogans in allen Themengebieten kennzeichnend für die Berichterstattung des *Spiegel*, der überzogene Duktus gegenüber gentechnischen Forschungen an Nahrungsmitteln war jedoch presseübergreifend zu vernehmen. Spätestens mit dem Bekanntwerden von Versuchen, bei denen Tomatengene in die Kartoffel übertragen wurden und deren Ergebnis die sog. „Tomoffel“ war, machten auch andere Printmedienorgane die augenscheinliche Absurdität gentechnischer Eingriffe zu einem Teil ihrer Berichterstattung. Trotz des häufig geäußerten Vorwurfs, insbesondere von Vertretern der Industrie und Politik, bedeuteten die z. T. überzogenen Darstellungen nicht zugleich eine kritische Bewertung der Grünen Gentechnik durch die Printmedien, wie mehrfache Untersuchungen belegten.[258]

Eine mangelnde Akzeptanz transgener Pflanzen ist während der neunziger Jahre insgesamt betrachtet nur in Teilen der Öffentlichkeit zu festzustellen. Zu ihnen zählten v. a. die gentechnikkritischen Umwelt- und Verbraucherverbände, die z. T. über durchaus beachtliche Mitgliederzahlen auswiesen. Allein Greenpeace Deutschland hatte Ende der neunziger Jahre über rd. eine halbe Million Fördermitglieder[259] und damit eine ausreichend große Basis – auch in finanzieller Hinsicht -, um mit ihren Aktionen und Informationskampagnen zugleich einen erheblichen Einfluss auf die Medien und auch die Bevölkerung auszuüben, wie mehrere Umfrageergebnisse (Allensbach, Emnid, dem Eurobarometer u. a.) während dieser Zeit belegten. Die deutsche Bevölkerung stand transgenen Nahrungsmitteln sehr skeptisch gegenüber, nur rd. 20% lehnten sie jedoch grundsätzlich ab. In den Printmedien wurden die Skeptiker allerdings häufig unter den Ablehnern subsummiert, so dass häufig von der Behauptung zu lesen war, dass Dreiviertel der Bevölkerung transgene Nahrungsmittel ablehnen.[260] Während der neunziger Jahre gab es durchaus Bemühungen, den augenscheinlichen Konflikt zwischen

256 Vgl. Fiasko in Farbe, in: Der Spiegel, 1990/48, S. 267–268.

257 Spiegel-Titelstory *Der Gen-Fraß* – Biotechniker bauen die Nahrung um, in: Der Spiegel, 1993/15, S. 202 ff.

258 Vgl. z. B. H. M. Kepplinger/S. C. Ehmig/C. Alheim, Gentechnik im Widerstreit, Frankfurt a. M. 1991 oder J. Hampel/O. Renn (Hg.), Kurzfassung der Ergebnisse der Verbundprojekts „Chancen und Risiken der Gentechnik aus Sicht der Öffentlichkeit“, Stuttgart 1998.

259 Vgl. Greenpeace (Hg.), Greenpeace Jahresrückblick 2000, Hamburg 2001, S. 6.

260 Vgl. F. Hucho et al., Gentechnologiebericht, München 2005, S. 312/313.

Lebensmittelindustrie und gentechnikkritischen Umwelt- und Verbraucherverbänden zu überwinden, erfolgreich waren diese Versuche jedoch nur selten.

Erste öffentliche Kommunikationsansätze gab es bereits zwischen Februar 1991 und Juni 1993 mit der Durchführung eines vom BMFT finanzierten TA-Verfahrens zum Anbau von Kulturpflanzen mit gentechnisch erzeugter Herbizidresistenz. Den Antrag auf das erste bundesweit angelegte Diskursprojekt hatten Wolfgang van den Daele vom Wissenschaftszentrum Berlin für Sozialforschung, Alfred Pühler vom Institut für Genetik der Universität Bielefeld und Herbert Sukopp vom Institut für Ökologie der Technischen Universität Berlin gestellt.[261] Die in Auftrag gegebenen Gutachten und Kommentare zum Problemfeld sollten im Rahmen mehrerer Konferenzen von rd. 60 Personen aus Wissenschaft, Wirtschaft, Behörden und Verbänden ausgewertet werden. Kurz vor Abschluss traten die Vertreter der Umweltverbände– darunter AbL, Arbeitsgemeinschaft Ökologischer Landbau, BUKO Agrar-Koordination, BUND, Öko-Institut Freiburg, Pestizid Aktions-Netzwerk, Saatgut Aktions-Netzwerk und das Umweltinstitut München – aus dem TA-Verfahren im Juni 1993 aus und erklärten es in seinem Partizipationsanspruch in einer gemeinsamen Presse-Information für gescheitert. Den ursprünglichen Anspruch zur dialogischen, ergebnisorientierten und nachvollziehbaren Durchführung einer Technikfolgenabschätzung und -bewertung sahen sie insbesondere aufgrund der seit Beginn des Jahres 1996 vermehrt vorgenommenen oder geplanten Freisetzungsvorhaben transgener herbizidresistenter Pflanzen von Seiten der am Verfahren beteiligten Industrien[262] nicht mehr gegeben. „Durch die Schaffung vollendeter Tatsachen ist der Diskurs über die Bewertung der Herbizidresistenz untergraben.“ Dennoch erklärten die Umweltgruppen ihre grundsätzlich positive Bewertung von TA-Verfahren.[263]

In einer Stellungnahme zum Austritt der Umweltgruppen erklärte Wolfgang van den Daele, dass die Ergebnisse des Verfahrens keinen bedenkenlosen Anbau transgener Pflanzen, sondern vielmehr eine Einzelfall-Risikoprüfung nahelegen.[264] Im Abschlussbericht des TA-Verfahrens wurde die Frage nach besonderen, für die menschliche Gesundheit und den Naturhaushalt relevanten Risiken transgener Pflanzen weitestgehend verneint. Im Vergleich zur konventionellen Züchtung handle es sich bei transgenen Pflanzen um „normale Risiken“. So wurde zwar die Wahrscheinlichkeit eines horizontalen Transfers des Herbizidresistenzgens von der Pflanze auf ein Bodenbakterium im Vergleich zur natürlichen Trans-

261 Vgl. W. v. d. Daele/A. Pühler/H. Sukopp, Vorwort, in: W. v. d. Daele et al., Grüne Gentechnik im Widerstreit, Weinheim u. a. 1996, S. V.

262 Die Vorwürfe galten CibaGeigy mit deren Start einer Strategie zu gentechnisch übertragener Herbizidresistenz, der Durchführungen von Freisetzungsversuchen im Ausland durch Hoechst sowie die Freisetzung transgener Zuckerrüben durch die KWS Saat AG.

263 Vgl. Erklärung der Umweltgruppen zum Austritt aus dem TA-Verfahren vom 9. Juni 1993, in: Ökologische Briefe, 1993/26, S. 12.

264 Vgl. Stellungnahme W. van den Daele vom 16.06.1993, Das falsche Signal zur falschen Zeit, in: Politische Ökologie, 1996/35, S. 65.

ferrate durchaus als erhöht angesehen, absolut jedoch als seltenes und extrem unwahrscheinliches Ereignis eingeschätzt.[265] Die Teilnehmer des TA-Verfahrens kamen zu dem Ergebnis, dass zusätzliche Sicherheitsauflagen zur Gewährleistung einer Risikominimierung durchaus zu begründen wären, ein absolutes Verbot der Einführung transgener herbizidresistener Pflanzen dagegen nicht.

Dieses Beteiligungsverfahren war eines der ersten seiner Art, das durch die Übergabe von Gutachten an politische Entscheidungsträger und deren Teilnahme die Möglichkeit zur Partizipation an wissenschaftspolitischen und technologiepolitischen Entscheidungen bot. Als Reaktion auf die aufkommenden Gentechnik-Diskussionen im Agrar- und Lebensmittelsektor starteten zur Begegnung dieser Konflikte Anfang bis Mitte der neunziger Jahre mehrere kommunikative Verfahren, wie Bürgerkonferenzen, -dialoge, -werkstätten oder -gipfel, die als öffentlicher Austragungsort für Konflikte genutzt wurden und im Idealfall zu einer Konfliktreduzierung oder gar Konfliktregulierung im Sinne eines von allen Parteien getragenen Konsens führen sollten. Beispielhaft seien hier zwei Partizipationsverfahren zum Thema Grüne Gentechnik vorgestellt:

- In den Jahren 1993 bis 1995 rief die Akademie für Technikfolgenabschätzung Baden-Württemberg unter dem Titel *Biotechnologie/Gentechnik: eine Chance für die Zukunft?* unter Beteiligung von 194 Laien ein vom Ministerium für Wissenschaft und Forschung gefördertes Projekt ins Leben. In der ersten Projektphase wurden die Potenziale der beide Technologiebereiche analysiert, während über Werkstattgespräche und Bürgerforen in der zweiten Projektphase gesellschaftlich wünschenswerte Entwicklungen ermittelt wurden.
- 1995 bis 1996 erfolgte unter Federführung der niedersächsischen Staatskanzlei ein Diskursprojekt zur Gentechnologie in Niedersachsen. Unter der Beteiligung von rd. 100 Experten und Laien erfolgte die Erarbeitung von Empfehlungen, die die Landesregierung in Fragen der Gentechnik beraten sollten.[266]

Neben diesen öffentlich getragenen Partizipationsverfahren gab es in Deutschland auch von Seiten der Unternehmen und Umweltverbände vereinzelte Versuche mit Gentechnikkritikern bzw. -befürwortern in einen Dialog zu treten. Anfang der neunziger Jahre waren Industrievertreter noch nicht bereit, an einer vom Öko-Institut zum Thema *Gentechnik und Ernährung* veranstalteten Tagung teilzunehmen.[267] Im Rahmen eines nur wenige Monate später von der Friedrich-Ebert-Stiftung organisierten Expertengesprächs waren sie dann sehr wohl zu einer Diskussion des Themas, gemeinsam mit Vertretern der Forschung, Politik und den

265 Vgl. W. v. d. Daele/A. Pühler/H. Sukopp, Zusammenfassung der Ergebnisse des TA-Verfahrens, in: W. v. d. Daele et al., Grüne Gentechnik im Widerstreit, Weinheim u. a. 1996, S. 41.

266 Vgl. M. Behrens/S. Meyer-Stumborg/G. Simonis, Gen Food, Wuppertal 1997, S. 235–242.

267 Öko-Institut e. V. (Hg.), Industrielle Nahrungsmittelproduktion oder Lebensmittel als Naturprodukt, Werkstattreihe Nr. 78, Freiburg 1991, S. 1.

Interessensverbänden, darunter auch das Öko-Institut, bereit.[268] Ein ähnliches Format wählten 1994 Unilever und der BUND als sie gemeinsam einen sog. „Gen-Dialog“ ins Leben riefen, an dem neben Vertretern der Unternehmen und Verbände auch Vertreter der Gewerkschaften, Einzelhandelsunternehmen sowie der Nahrungsmittelindustrie teilnahmen. Im Wesentlichen sollte es hier um einen Informations- und Meinungsaustausch zur Markteinführung transgener Nahrungsmittel gehen. Noch vor der Vorstellung erster Ergebnisse im Herbst 1996 stieg der BUND jedoch aus dem Projekt aus.[269]

Wesentliche Gründe für das vereinzelte Austreten der Interessensverbände aus laufenden Dialogverfahren lagen vor allem in der verschiedentlichen Zugrundelegung indirekter Teilnahmevoraussetzungen begründet. Während die Verbände für die Zeit der Dialoge auf Aktionen zum Verhandlungsthema verzichteten, waren die Unternehmen nicht zur Unterbrechung laufender Beantragungsverfahren bzw. konkreter Freisetzungsversuche bereit. Für die Verbände war eine ergebnisoffene Diskussion somit nicht mehr gegeben und in der Konsequenz zogen sie sich aus den Diskussionen zurück und ließen ihre unterbrochenen Anti-Gentechnik-Kampagnen neu aufleben.

Anders als bei den medizinischen Anwendungen der Gentechnik waren die Diskussionen um transgene Pflanzen bzw. Nahrungsmittel kaum emotional aufgeladen. Die mehrheitlich mit sachlichen Argumenten geführten Auseinandersetzungen führten im Grunde nur unter Umweltverbänden und Industrievertretern zu Polarisierungen, während innerhalb der anderen Akteursgruppen durchaus differenzierte Bewertungen feststellbar sind.

6.5.2. Transgene Tiere

Zu den Diskussionen um die Grüne Gentechnik gehörten während der neunziger Jahre nicht nur Anwendungsfragen der Pflanzenzucht, sondern auch der Tierzucht. Gentransferstudien an Nutztieren bewegten sich allerdings bis zum Ende der neunziger Jahre in einem experimentellen Stadium, so dass an eine kommerzielle Nutzung nicht zu denken war. Gentechnische Veränderungen im Nutztierbereich verfolgten insbesondere drei Ziele: 1) Effizienz- und Qualitätssteigerungen, 2) Gene Pharming sowie die 3) Entwicklung von Tiermodellen für Humanerkrankungen. Gene-Pharming (molecular pharming) bezeichnet die Verwendung transgener Tiere als Bioreaktoren und gehört damit ebenso wie die Entwicklung von Tiermodellen für Humanerkrankungen in den Bereich der medizinischen, also der Roten Gentechnik. Die Liste der theoretisch durch Pharming produzierbaren pharmakologischen Produkte mit klinisch-therapeutischer Bedeutung war lang

268 Vgl. Friedrich-Ebert-Stiftung (Hg.), Gentechnik und Lebensmittel, Bonn 1992.

269 M. Behrens, Nationale Innovationssysteme im Gentechnikkonflikt, in: D. Barben/G. Abels (Hg.), Biotechnologie – Globalisierung – Demokratie, Berlin 2000, S. 212–213 und M. Behrens/S. Meyer-Stumborg/G. Simonis, Gen Food, Wuppertal 1997, S. 242–245.

und die Hoffnungen der Mediziner groß.[270] Unternehmen wie Bayer, die BASF, Aventis, Boehringer Ingelheim oder Degussa waren in den neunziger Jahren jedoch nicht besonders an Forschungen zur gentechnischen Veränderung von Tieren – sei es im Bereich der Roten oder der Grünen Gentechnik – interessiert, so dass gentechnologische Tierforschungen in Deutschland bis zum neuen Jahrtausend im Grunde keine Rolle spielten.[271] Die Risiken einer gentechnischen Veränderung von Nutztieren wurden v. a. in der Ineffizienz der Gentransfermethoden gesehen, die zu unerwünschten Nebenwirkungen für das Tier führen könnten.[272]

Im Zentrum der Diskussionen um transgene Tiere stand die bereits während der achtziger Jahre stark diskutierte Anwendung des gentechnisch hergestellten Rinderwachstumshormons rBST, welches unter dem Namen *Posilac* zum 1. Februar 1994 von der FDA zum Verkauf freigegeben wurde. Der Einsatz des Hormons galt nicht nur einem Fleischzuwachs bei Rindern, sondern auch einer Steigerung der Milchabgabe bei Kühen. Neben Befürchtungen potenzieller Gesundheitsgefährdungen für Mensch und Tier wurde in der Verwendung des Hormons zugleich ein Verstoß gegen die tierärztliche Ethik erkannt. Im Kontext der Zulassung des Monsanto-Produktes formierte sich in den neunziger Jahren v. a. unter deutschen Bauern und Landwirten Widerstand, der innerhalb dieser Gruppe bis zum Ende der neunziger Jahre keine vergleichbare Entwicklung für andere Anwendungsbereiche der Grünen Gentechnik fand.[273] Neben Protesten deutscher Tierärzte, Molkereien und des DBVs starteten 1994 die im AgrarBündnis zusammengeschlossenen Organisationen mit Hilfe einer Anschubfinanzierung der AbL eine „Kampagne für ein endgültiges Verbot des gentechnisch produzierten Rinderwachstumshormons rBST“.[274] Vor allem die AbL kämpfte Mitte der 90er Jahre massiv gegen die Zulassung des transgenen Rinderwachstumshormons und mobilisierte Bauern und Landwirte mit zahlreichen Artikeln in der *Unabhängigen Bauerstimme* erfolgreich zum aktiven Widerstand. Befragungen unter Landwirten hatten ergeben, dass rd. 75% das rBST nicht in ihrem Betrieb zum Einsatz bringen wollten. In den öffentlichen Diskussionen stand v. a. die Tierärztin Anita Idel für den deutschen Protest gegen das rBST. Druck gegen dessen Einsatz wuchs jedoch nicht nur in der BRD, sondern in ganz Europa. Konzertierte Aktionen konnten ab 1988 ein EU-weites Moratorium durchsetzen welches im Jahr 2000 in ein EU-weites Verbot für rBST überführt wurde.

270 Darunter insbesondere assoziierte Krankheiten wie Krebs, vgl. T. Bialas, Transgenes Pharming- ein neues biotechnisches Verfahren mit zukünftiger Bedeutung für die Medizin, in Deutsches Ärzteblatt, 1994/91, S. 965–969.

271 Gründerzeit, Ernst & Youngs zweiter Deutscher Biotechnologie-Report 2000, Stuttgart 2000, S. 63.

272 Vgl. K. Menrad/S. Gaisser/B. Hüsing/M. Menrad, Gentechnik in der Landwirtschaft, Pflanzenzucht und Lebensmittelproduktion, Heidelberg 2003, S. 31.

273 Vgl. Leistungshormon unerwünscht, in: Der Spiegel, 1993/48, S. 229.

274 Vgl. Kampagne für ein endgültiges Verbot von rBST, in: Unabhängige Bauernstimme, 1994/5, S. 3.

Neben dem Rinderwachstumshormon waren gentechnische Veränderungen im Nutztierbereich während der neunziger Jahre an transgenen Fischen am weitesten vorangeschritten. Die Veränderungen konzentrierten sich auf Steigerungen des Wachstums resp. Gewichts sowie den Aufbau von Kältetoleranzen. So wurde Lachseiern aus dem Atlantik eine DNA-Sequenz der Flunder injiziert, die ein sogenanntes Anti-Frost-Protein kodiert, um sie in den Aufzuchtkäfigen vor der kanadischen Küste am Erfrieren zu hindern.[275] Weitere Genübertragungen erfolgten an der Forelle, dem Catfish, der Tilapia, dem Coholachs, dem Chinook und dem Karpfen. Zwar wurden transgenen Fischen die größten Chancen auf eine kommerzielle Nutzung vorhergesagt, dennoch erfolgte während der gesamten neunziger Jahre keine kommerzielle Nutzung transgener Tiere in der praktischen Landwirtschaft.[276]

Neben den transgenen Tieren selbst sorgte auch deren Patentierung für Kontroversen. Nachdem das U.S. Patent and Trademark Office am 7. April 1987 auch gentechnisch veränderte, höhere Lebewesen als patentierbar erklärt hatte und das Europäische Patentamt 1992 erstmals einen rechtlichen Schutz auf einen Säugetierorganismus und damit ein transgenes Lebewesen, die sog. Krebsmaus, erteilt hatte, löste dies international, in der BRD jedoch insbesondere unter Tierschutz- und Umweltschutzverbänden, einen unmittelbaren Sturm der Entrüstung aus. Die Krebsmaus, in deren Genom ein menschliches Brustkrebsgen übertragen wurde, diente als Modellorganismus für humane Krebserkrankungen, an dem verschiedenste Medikamente getestet werden sollten.[277] Patentierungsfragen waren bereits im Kontext des 1991 von der schottischen Firma PPL Therapuetics vorgestellten Schafs „Tracy“ aufgekommen, in deren Erbgut ein Forscherteam um Ian Wilmut ein menschliches Gen eingeschleust hatten, so dass deren Milchdrüsen das Enzym Alpha-1-Antitrypsin synthetisieren konnten, das als Medikament gegen eine Lungenkrankheit dienen sollte. Zwar waren Patentierungsfragen somit zunächst im Bereich der Roten Gentechnik aufgetreten, eine Übertragung auf transgene Nutztiere jedoch ebenso wahrscheinlich. Die Kritik an der Patentierung umfasste neben tierethischen und religiösen Einwänden v. a. Bedenken gegen eine Kommerzialisierung sämtlicher Lebensformen. Auch unter Forschungsvertretern regte sich Kritik, die infolge der Lizensierung des Tiermodells eine Einschränkung der Forschungsfreiheit befürchteten. Die Bündnis 90/Die Grünen Abgeordnete Hiltrud Breyer warnte vor einem „Verstoß gegen die guten Sitten“ sowie vor „skrupelloser Ausbeutung des Lebens“.[278]

Neben den Bauern- und Verbraucherverbänden trugen auch Tierschutzorganisationen zu den Diskussionen bei. Für eine absolute Ablehnung von Genmanipulationen an Tieren stand aber lediglich der Deutsche Tierschutzbund. Andere

275 Vgl. z. B. K. Koschatzky/S. Maßfeller, Gentechnik für Lebensmittel?, Köln 1994, S. 38.

276 Vgl. K. Menrad/S. Gaisser/B. Hüsing/M. Menrad, Gentechnik in der Landwirtschaft, Pflanzenzucht und Lebensmittelproduktion, Heidelberg 2003, S. 193–195.

277 Vgl. Schutz für manipulierte Mäuse, in: Die Welt, 22. April 1988, S. 17.

278 Vgl. Freibrief für Genbastler, in: Der Spiegel, 1992/33, S. 192–193.

Tierschutzorganisationen traten wesentlich zurückhaltender auf und zeigten ein gewisses Verständnis für Tierversuche in begrenztem Umfang, sofern tierethische Grundsätze dabei nicht überschritten würden.[279] Mit ähnlichen Einschätzungen traten augenscheinlich auch Forschungsvertreter in den Diskussionen auf. So sprach sich beispielsweise Heiner Niemann vom Institut für Tierzucht und Tierverhalten, unter Beachtung von Aspekten des Tierschutzes und der Ethik, für eine intensive Forschung der Anwendungsmöglichkeiten von Bio- und Gentechnik in der Tierzucht aus.[280]

Ähnlich wie bei der Anwendung der Gentechnik auf Nutzpflanzen waren von Seiten der Kirchen auch zur gentechnischen Veränderung an Tieren und damit an gottgeschaffenen Lebewesen keine offiziellen Positionierungen zu vernehmen, diese erfolgten erst um die Jahrtausendwende im Kontext der Diskussion um die Xenotransplantationen (vgl. Kap. 7.4.2.). Bewertungen im theologischen Umfeld lassen jedoch keine grundsätzliche Ablehnung erkennen. Der Moraltheologe Johannes Reiter erkannte keine grundsätzlichen ethischen Probleme, wobei gentechnische Veränderungen von Tieren verantwortlich gegenüber den Interessen des Menschen und der Eigenbedeutung des Tieres abgewogen werden müssten.[281] Auch Michael Schlitt von der Stiftung Internationales Begegnungszentrum St. Marienthal bewertete den Einsatz der Gentechnologie an Tieren aus Sicht christlicher Verantwortung nicht als grundsätzlich verboten. Im Rahmen der Tagung der Evangelischen Akademie Bad Boll zur *Bio- und Gentechnologie bei Tieren* 1998 erklärte Schlitt, dass jede Technologie ein gewisses Restrisiko mit sich bringe, das jedoch für den technischen Fortschritt in Kauf genommen werden müsste. Für ihn galt der Grundsatz, „daß das technisch Machbare am ethisch Gebotenen gemessen und entsprechend begrenzt werden muss“.[282]

Bis heute haben gentechnisch veränderte Tiere keine praktische Bedeutung für die menschliche Ernährung. Auch im Bereich des Gene Pharming, also der Nutzung transgener Tiere als Bioreaktoren, ist erst seit 2008 ein in der Milch von transgenen Tieren produziertes Medikament auf dem Markt.[283]

6.6. ZUSAMMENFASSUNG

Boten während der achtziger Jahre v. a. ökologische und Sicherheitsfragen Anknüpfungspunkte für die innerhalb der BRD geführten Diskussionen, waren es

279 U. Nickel, Möglichkeiten sowie ethische Grenzen der Bio- und Gentechnik bei Tieren – Bewertung aus tierschützerischer Sicht, in: Gene und Klone, Bad Boll 1998, S. 141 ff.

280 H. Niemann, Bio- und Gentechnologie bei Tieren, in: Gene und Klone, Bad Boll 1998, S. 6 ff.

281 J. Reiter, Ein bedingtes Ja ist geboten, in: Herder Korrespondenz, 1993/47, S. 304.

282 M. Schlitt, Bewertung der Bio- und Gentechnologie bei Tieren aus christlicher Verantwortung, in: Gene und Klone, Bad Boll 1998, S. 110 ff.

283 BMELV, Stand der Gentechnik in Forschung und Entwicklung, vgl. www.bmelv.de

während der neunziger Jahre insbesondere das internationale und europäische Geschehen, das vor dem Hintergrund der unerwartet raschen technologischen Fortschritte im Bereich der Gentherapie, der Humangenomsequenzierung sowie der gentechnischen Veränderung an Pflanzen für Diskussionen sorgte. Die therapeutische Gentechnologie differenzierte sich mehr und mehr aus und ihre Anwendungsfelder expandierten erheblich. Im Bereich der Roten Gentechnik orientierten sich die Diskussionen insofern dicht an der technologischen Wirklichkeit, als sie zumeist durch konkrete Erkenntnisse und somit Ereignisse ausgelöst wurden. Inhaltlich weiteten sie sich jedoch zumeist zu Grundsatzdiskussionen einer Manipulation am Menschen aus. Für den Bereich der Grünen Gentechnik verhält sich die Diskussionsführung ähnlich den ersten Diskussionen zur Roten Gentechnik Mitte der achtziger Jahre. Ausgelöst durch den ersten Freisetzungsversuch auf deutschem Boden, dem Petunienversuch des MPI in Köln, entstand eine breite Diskussion, die sich zwar an den technologischen Möglichkeiten orientierte, sich jedoch neben konkreten Chancen zumeist auf hypothetische Risiken konzentrierte.

Während sich die Diskussionen zur Zulässigkeit einer gentechnischen Manipulation des menschlichen Erbguts, ausgelöst durch den ersten Gentherapieversuch am Menschen, in den neunziger Jahren im Grunde auf konkrete Anwendungen beschränkten, und bis zum Bekanntwerden von Dolly eine gewisse Beruhigung erfuhren, erwuchs der Bereich der Grünen Gentechnik zu einem neuen Minenfeld innerhalb der Gentechnikdiskussionen. Mit dem rekombinanten Rinderwachstumshormon und der Flavr Savr Tomate drangen erste transgene Produkte auf den internationalen Markt, die auch für deutsche Verbraucher erstmals konkrete Berührungspunkte boten. Ihren Höhepunkt erreichten die in der BRD aufkommenden Auseinandersetzungen um transgene Nahrungsmittel mit der Einführung der transgenen Sojabohne im Herbst 1996. Die zwischen 1993 und 1996 festzustellende vorübergehende Konzentration der Gentechnikdiskussionen auf ihre landwirtschaftlichen Anwendungen wurde im Frühjahr 1997, mit dem Bekanntwerden von Dolly, aufgehoben. Der reproduktionstechnologische Meilenstein der Klonierung eines ausgewachsenen Säugetiers beflügelte die Diskussionen um gentechnologische Anwendungen in der Medizin erneut, wobei sich die Parallelführung der Diskussionen beider Technologiebereiche v. a. aufgrund identischer bioethischer Fragestellungen zur Manipulierbarkeit des Menschen ergab.

Tabelle 6: Anzahl der Gentechnik-Beiträge in *Der Spiegel* und *Die Welt* während der neunziger Jahre[284]

		1990	1991	1992	1993	1994	1995	1996	1997	1998	Ges.
Der Spiegel	Rote GT	1	4*	5	3*	5*	7	5	6	3	39
	Grüne GT	1	1	2	4*	3	5	2	3*	2	23
Die Welt	Rote GT	4	3	4	9	12	9	9	11	7	68
	Grüne GT	–	–	3	1	3	5	12	9	17	50
Ges. Rote GT		5	7	9	12	17	16	14	17	10	
Ges. Grüne GT		1	1	5	5	6	10	14	12	19	
Gesamtzahl aller Artikel		6	8	14	17	23	26	28	29	29	180

* Einer dieser Artikel war Titelthema des *Spiegel*.

Die angesprochene vorübergehende Konzentration der Diskussionen auf den Bereich der Grünen Gentechnik scheint durch eine Betrachtung der absoluten Beitragszahlen der beiden untersuchten überregionalen Medienorgane auf den ersten Blick widerlegt, liegt die Zahl der Artikel zur Roten Gentechnik doch immer über bzw. gleichauf mit denen im Bereich der Grünen Gentechnik. Bei einem Großteil der in Tabelle 6 erfassten Beiträge zu medizinischen Anwendungen der Gentechnologie handelte es sich jedoch um reine Berichte über neue Erkenntnisse oder Durchbrüche, nicht um Beiträge, die eine Diskussion aufgriffen oder anstießen. D. h. zwischen 1993 und 1996 erschienen insbesondere berichtende Artikel.

Darüber hinaus legen die absoluten Zahlen der Beiträge in Tabelle 6 auf den ersten Blick keine besondere thematische Bedeutung für die Medien nahe. Allerdings erfasst die Statistik in Tabelle 6 ausschließlich Beiträge mit einem – im Sinne des für die Arbeit definierten Verständnisses – tatsächlichen, inhaltlichen Bezug zur Gentechnik. Die Zahlen wären folglich erheblich größer, wären auch diejenigen Beiträge erfasst worden, die zwar vorgeben, über gentechnologische Anwendungen zu berichten, tatsächlich jedoch Bereiche der Reproduktionstechnologie o. ä. thematisierten. D. h. die aufgezeigte Anzahl von Gentechnikbeiträgen ist insofern nicht aussagekräftig zur Bestätigung der Intensivierung des öffentlichen Interesses als sie nicht alle auf die Diskurse wirkenden Beiträge erfasst. Insgesamt war das Interesse an biowissenschaftlichen Entwicklungen in der Öffentlichkeit während der neunziger Jahre stark gestiegen. Im Vergleich zum Inte-

284 In der Übersicht sind keine Artikel aufgenommen, in denen das Wort „Gentechnologie“ bzw. „Gentechnik“ aufgrund falscher Technologiezuordnungen fällt.

resse an der Klonierungstechnik oder der PID war das Interesse an rein gentechnologischen Anwendungen[285] jedoch eher nachrangig.

Das gestiegene Interesse der bundesdeutschen Öffentlichkeit an den Biowissenschaften wird u. a. durch die Informationsoffensive vier großer Deutscher Museen bestätigt, die Ende der neunziger Jahre in einem Gemeinschaftsprojekt mit dem Alimentarium Vevey (Schweiz) zeitgleich Ausstellungen unter dem Titel *Gen-Welten* eröffneten. Das Deutsche Hygiene-Museum Dresden, das Landesmuseum für Technik und Arbeit in Mannheim, das Museum Mensch und Natur in München sowie die Kunst- und Ausstellungshalle der Bundesrepublik Deutschland in Bonn präsentierten zwischen dem 27. März 1998 und dem 10. Januar 1999[286] auf verschiedenste Weise eine Bestandsaufnahme bisheriger Erkenntnisse und Produkte.[287] Auch erste Überlegungen zur Einrichtung eines Langzeitvorhabens der Berlin-Brandenburgischen Akademie der Wissenschaften Ende der neunziger Jahre unterstreichen die hohe Relevanz des Themas Gentechnik in der Öffentlichkeit. Der Biochemiker Ferdinand Hucho brachte im Jahr 1998 den Vorschlag zur Herausgabe eines regelmäßigen „Reports zum Stand der Gen- und Biotechnik in Deutschland“[288] in die Akademie ein, der aktuelle Entwicklungen in der BRD dokumentieren und kritisch begleiten sollte. Im Jahr 2000 mündete dieser Vorschlag in der Einrichtung der interdisziplinären Arbeitsgruppe Gentechnologiebericht.[289]

Im Bereich der Roten Gentechnik waren die Diskussionen durch eine Konzentration auf bioethische Fragen gekennzeichnet, während bei der Grünen Gentechnik vor allem ökologische Fragen im Vordergrund standen. Obwohl gerade die medizinischen Anwendungen ausgesprochen emotional diskutiert wurden, waren es die gentechnischen Anwendungen in der Landwirtschaft, die von massiven Protestbewegungen in Form von Unterschriftenaktionen, Demonstrationen oder Feldbesetzungen begleitet wurden. Durch die verbreitete Kooperationsbereitschaft der Interessenverbände und die Beteiligung mitglieder- und finanzstarker Verbände wie Greenpeace gelangten viele der Protestaktionen zu erheblichem öffentlichen Aufsehen und z. T. juristischen Konsequenzen. Vor dem Hintergrund des bis 1998 für den Weltmarkt völlig unwesentlichen Anbaus transgener Pflanzen, der jedoch wesentlich fortgeschritteneren medizinischen Gentechnologie, standen die Diskussion der neunziger Jahre in einem Missverhältnis zur technologischen Realität.

285 Im Sinne des für die Arbeit definierten Verständnisses.

286 Die Ausstellung in München endete erst am 11. April 1999.

287 Zentrales Augenmerk wurde darauf gelegt keine polemischen Pro und Kontra-Argumente gegenüber zu stellen, sondern ausschließlich Denksanstöße zu liefern. Vgl. Kunst- und Ausstellungshalle der Bundesrepublik Deutschland GmbH (Hg.), Gen-Welten – Prometheus im Labor?, Bonn 1998 und Gen-Welten – Leben aus dem Labor?, Mannheim 1998.

288 Jahrbuch 1998, Berlin-Brandenburgische Akademie der Wissenschaften, Berlin 1999, S. 183.

289 Jahrbuch 2000, Berlin-Brandenburgische Akademie der Wissenschaften, Berlin 2001, S. 279 ff.

Für den Bereich der Roten Gentechnik gelang auch während der neunziger Jahre keine Überwindung der undifferenzierten Diskussion bio- und reproduktionsmedizinischer Technologien. Fehlzuschreibungen erfolgten nun vor allem im Kontext der Humangenomanalyse und Klonierungsversuche an Säugetieren. Neben den Unklarheiten der Technologiezugehörigkeiten standen Unsicherheiten der Berufsbezeichnung. Vor allem in der Presse kursierte ein wildes Durcheinander an Begriffen. Hier war von Molekularbiologen, Genetikern, Genforschern, Genmedizinern, Gentherapeuten, Genbastlern, Genchirurgen, Gendoktoren, Genärzten oder von Geningenieuren die Rede. Allein der Beitrag zum *Spiegel*-Titelthema *Die Genspritze – Hoffnung für Krebskranke* vom Mai 1994 nutzte sechs verschiedene Berufsbezeichnungen.[290]

Die Parallelführung der Diskussionen zur Reproduktionstechnologie, Humangenomanalyse und Gentechnologie sorgte auch im Kontext vereinzelt aufkommender Vergleiche gentechnischer Anwendungsmöglichkeiten mit den Praktiken der nationalsozialistischen Rassenhygiene für eine Übertragung der Diskussionen auf die Gentechnik. Vorwürfe, die moderne Biomedizin bereite im Gewand der Genetiker, Molekularbiologen und der Pharmaindustrie einen neuen, eugenisch motivierten Angriff auf die Menschheit vor, gab es selten. Die wenigen Unterstellungen eines eugenisch motivierten Einsatzes der Gentechnik kamen zumeist im Kontext der Diskussionen um die Humangenomanalyse oder die PID zustande. So stellte der Humangenetiker Friedrich Vogel im Rahmen eines Symposiumbeitrags zur *Humangenetik und Genomanalyse in Deutschland* an der Mainzer Akademie der Wissenschaften im Oktober 1996 die Entwicklung der Rassenhygiene in Deutschland und ihre Ausprägungen im Nazideutschland in eine Reihe mit den gegenwärtigen Möglichkeiten der Genomanalyse.[291] Da diese vereinzelten Warnungen vor einer neuen Eugenik im Kontext der Auseinandersetzungen um die Gentechnik jedoch nur ausgesprochen selten in den öffentlichen Diskussionen aufgegriffen und diskutiert wurden, ist eine Bedeutung für ihren Verlauf nicht festzustellen.

Trotz der weitgehend unabhängig voneinander geführten Auseinandersetzungen um medizinische und landwirtschaftliche Anwendungen war beiden Diskussionen nicht nur ein gestiegenes Interesse, sondern auch eine starke Erweiterung der beteiligten Akteure, unter denen nur wenige an beiden Themen gleichermaßen teilhatten, gemein. Unter den Akteuren fanden sich zunehmend hochrangige Vertreter aus Politik und Wissenschaft wie zum Beispiel Ernst-Ludwig Winnacker. Dagegen beteiligten sich die aus der Frauenbewegung hervorgetretenen Gruppie-

290 Vgl. Die Genspritze – Hoffnung für Krebskranke (Spiegel-Titelthema), dazu: „Den Tumor fressen", in: Der Spiegel, 1994/19, S. 222 ff. Hierin tauchen die Bezeichnungen Berufsbezeichnungen „Gentherapeuten", „Genchirurgen", „Genärzte", „Geningenieure", „Gendoktoren" und „Zunft der Gentechniker" auf.

291 Vgl. F. Vogel, Humangenetik und Genomanalyse in Deutschland. Einst und jetzt, in: C. Rittner/P. M. Schneider/P. Schölmerich (Hg.), Genomanalyse und Gentherapie, Stuttgart 1997, S. 17–28.

rungen aus den achtziger Jahren nur noch selten an den Diskussionen. Ihre Aktivitäten beschränkten sich auf wenige Arbeitsgemeinschaften wie das *Feministische Frauengesundheitszentrum FINRRAGE* oder *Frauen in Naturwissenschaft und Technik.*[292]

In den öffentlichen Diskussionen der BRD ging es – vordergründig und zumindest hypothetisch – um die Klärung der Frage des zukünftigen Umgangs mit der Gentechnik, nicht jedoch darum, eine Position über die Andere obsiegen zu lassen. Die in den neunziger Jahren aufkommenden Beteiligungsverfahren ließen zwar durchaus die Erzielung eines Konsens zu, eine Übertragung dieser in kleinen Gruppen erzielten Einigkeit in die breite Öffentlichkeit konnte jedoch nicht erreicht werden. Tatsächlich zeigten sich in den Diskussionen, insbesondere denen zur Grünen Gentechnik, mehrheitlich verhärtete Fronten der Positionierungen. Für die Akteure war die Gentechnik, bezogen jeweils auf die medizinischen oder landwirtschaftlichen Anwendungsbereiche, etwas, das man entweder befürwortete oder ablehnte, eine Position dazwischen gab es nur selten. Abwägungen eines Pro und Contra waren für medizinische wie landwirtschaftliche Anwendungen insbesondere unter Theologen und Philosophen zu vernehmen. So erklärte die EKD, dass die zahlreichen Pro- und Contra-Argumente der Gentechnik-Diskussionen wichtige Argumente und zutreffende Gesichtspunkte wiedergeben, eine klare Entscheidungsfindung jedoch nicht einfach machen.[293] Daneben war nur für Bündnis 90/Die Grünen gegen Ende der neunziger Jahre eine Abschwächung ihrer grundsätzlichen Ablehnung der Gentechnik festzustellen. Bereits mit ihrem Einzug als Fraktion in den Deutschen Bundestag im Jahr 1994 waren ihre radikalen Aktionen deutlich zurückgegangen. Noch im Oktober 1997 lehnten Bündnis 90/Die Grünen im Rahmen des Kongresses *Gen-Medizin – Das Versprechen einer Gesellschaft ohne Krankheit und Behinderung* in Berlin alle Anwendungsbereiche der Gentechnik konsequent ab.[294] Diese Einstellung gab sie bis 1999 auf und forderte lediglich noch ein Verbot der grünen Gentechnik. Hintergrund dieses Gesinnungswandels war nicht zuletzt der Einzug in die Rot-Grüne Regierung im Jahr 1998.

Eine besondere Rolle innerhalb der Gentechnik-Diskussionen übernahm Ernst-Ludwig Winnacker, Biochemiker, Vizepräsident der DFG und ehemaliges Mitglied der Enquete-Kommission Chancen und Risiken der Gentechnologie (1984–1987). Als Forschungsvertreter setzte er sich immer wieder für ein differenziertes Bild der Gentechnik ein, dem er selbst jedoch fast ausschließlich mit Pro-Gentechnik Aufrufen in der Öffentlichkeit gerecht wurde. Er argumentierte v. a. mit wissenschaftlichen Erkenntnissen wie z. B. im Jahr 1993 im Rahmen der Jahresversammlung der Hochschulrektorenkonferenz, bei der er angesichts „einer Technologie, die in den bald zwanzig Jahren ihrer Existenz nicht einen einzigen

292 Vgl. M. Kemme, Risiko Gentechnik?, in: H. G. Gassen/M. Kemme, Gentechnik, Frankfurt a. M. 1996, s. Tabelle 2, S. 338.

293 Vgl. Einverständnis mit der Schöpfung, Evangelische Kirche in Deutschland, 1. Aufl., Gütersloh 1991.

294 Vgl. Gentechnik in der Medizin, in: GID, 1997/123, S: 27–28.

für sie spezifischen Unfall zu beklagen hatte“ sein Unverständnis über Negativschlagzeilen bekundete.[295]

Die augenscheinlich von allen Akteuren geforderte öffentliche Auseinandersetzung mit Verantwortungsfragen der Gentechnik zur Bestimmung des sozial, moralisch, ethisch, ökologisch oder medizinisch „richtigen“ Handelns war von Beginn an eine nicht zu bewältigende Herausforderung, waren die verschiedenen Akteursgruppen – abgesehen von den Umweltverbänden – selbst kaum in der Lage zu einer gruppenspezifischen Positionierung zu gelangen. Zudem wurden insbesondere durch politische Entscheidungen – auf europäischer wie nationaler Ebene – während laufender Diskussionsprozesse immer wieder Tatsachen geschaffen. Neben dem von der EU im Jahr 1994 mit einer Fördersumme von 336 Mio. ECU verabschiedeten Forschungsprogramm Biomed 2[296] stand der Start des BioRegio-Wettbewerbs im Jahr 1995. Die Entscheidung zur nationalen Forschungsförderung im Bereich der Bio- und Gentechnologie war zum Zeitpunkt einer nachdrücklich durch die Politik geforderten breiten öffentlichen Diskussion ganz offensichtlich bereits getroffen. Bundesforschungsminister Jürgen Rüttgers bezog in den neunziger Jahren klar Position für die Förderung der Gentechnologie. Zugleich verurteilte er Aktionen gegen diese neue Technologie und verlangte mit Strafverfolgungen durch das Bundeskriminalamt ein vehementes Vorgehen gegen die „Anti-Gentechnik-Chaoten“.[297]

Für das mittelfristige „Scheitern“ der innerdeutschen Diskussionen im Sinne einer nicht erzielten Einigung gab es noch während der neunziger Jahre Erklärungsansätze. So lag für den Theologen Dietmar Mieth gerade in der Vorstellung, die Ethik könne durch den öffentlichen Diskurs ersetzt werden, ein schweres Missverständnis. Herauszufinden, was die Menschen wollen bedeutete für ihn nicht, herausgefunden zu haben, was moralisch richtig ist.[298] Der Biologe Hans Mohr ging sogar so weit zu behaupten, „daß es ein großer Fehler war, daß wir uns auf die fundamentalistische Debatte überhaupt eingelassen haben: Gentechnik ist gut oder schlecht; Genforschung ist etwas Böses oder ist etwas Feines usw. Das hätten wir nie machen dürfen, sondern wir hätten von Anfang an darauf dringen müssen, die Debatte produktlinienspezifisch, auch organismenspezifisch zu führen.“[299] Allerdings hatten auch Ansätze einer Diskussionsführung in diesem Sinne nicht zum gesuchten Konsens führen können.

295 E.-L. Winnacker, Vortrag, in: Hochschulrektorenkonferenz (Hg.), Standortfaktor Hochschulforschung, Bonn 1993, S. 63/64.

296 P. Liese, Grünes Licht für die somatische Gentherapie, in: Deutsches Ärzteblatt, 1995/92, S. 23–25.

297 A. Gilgenberg-Hartung, Angst vor Grüner Gentechnik, in: Die Welt, 13. September 1996, S. 9.

298 Vgl. D. Mieth, Gentechnik im öffentlichen Diskurs: Die Rolle der Ethikzentren und Beratergruppen, in: M. Elstner (Hg.), Gentechnik, Ethik und Gesellschaft, Berlin u. a. 1999, S. 213.

299 H. Mohr, Diskussionsbeitrag in Diskussion Nr. III, in: A. M. Wobus/U. Wobus/B. Parthier (Hg.), Stellenwert von Wissenschaft und Forschung in der modernen Gesellschaft , S. 113.

7. VON DER HUMANEN STAMMZELLFORSCHUNG (1998) BIS ZUR DRITTEN ÄNDERUNG DES GENTECHNIKGESETZES (2006)

7.1. STAND DER GENTECHNIK

Zu Beginn des neuen Jahrtausends erlangte nur ein Bruchteil der internationalen gentechnologischen Forschungen im Bereich der Medizin und der Landwirtschaft auch marktreife. Zwar waren im Kontext des 1990 gestarteten HGPs auch Projekte zur Analyse von Tier- und Pflanzengenomen gestartet, die systematische Genomforschung befand sich jedoch noch im Grundlagenstadium. Das quantitative Ergebnis des HGPs hatte offenbart, dass die menschliche DNA-Sequenz nicht wie angenommen über rd. 100.000 Gene, sondern lediglich über rd. 35.000 Gene verfügte. Nicht erst mit dieser Erkenntnis aus dem Jahr 2001 wurde Forschern international bewusst, dass die funktionelle Genomanalyse die entscheidenderen Ergebnisse liefern würde. Weltweit begannen Investitionen in die qualitative Genomanalyse, die auch dem neuen Forschungsbereich der Synthetischen Biologie starken Auftrieb verschaffte. So setzte Deutschland die erste Förderphase des DHGP in einer Zweiten (1999–2003) fort und das BMBF startete im Jahr 2004 die von der Wirtschaft unterstützte Initiative *FUGATO – Funktionelle Genomanalyse im tierischen Organismus*. Die Hoffnungen in die Biotech-Branche waren groß. Die Bundesregierung startete auf den erfolgreichen BioRegio-Wettbewerb weitere Initiativen wie BioFuture (ab 1998) zur Förderung junger Wissenschaftler, BioProfile (1999) zur Förderung einzelner Regionen, die spezielle Profile in zukunftsfähigen Anwendungsfeldern aufweisen, BioChance (1999–2003) zur Förderung vorwettbewerblicher Forschung in jungen Biotechnologieunternehmen und daran anschließend BioChancePlus (2004–2007).[1] Zwar waren keine konkreten medizinischen Produkte aus dem HGP hervorgegangen, im Bereich der Diagnose von Infektions- und Tumorerkrankungen waren jedoch durchaus erste Fortschritte zu verzeichnen. Außerdem konnte die deutsche Biotech-Industrie infolge des Einstiegs der BRD in das HGP ihre Patentierungsraten für Polynukleotide und Proteine erheblich steigern.

2000 waren in Deutschland mehr als 30 gentechnisch hergestellte Arzneimittel zugelassen, darunter v. a. Humaninsuline, Blutgerinnungsfaktoren, Somatropine und Interferone.[2] Diese Zahl konnte bis 2006 auf rd. 120 Arzneimittel gestei-

1 Vgl. BMBF (Hg.), Bundesbericht Forschung 2000, Bonn 2000, S. 175.

2 A. Barner, Zum Stand der Entwicklung und Produktion gentechnisch hergestellter Arzneimittel, in: D. Arndt/G. Obe/U. Kleeberg (Hg.), Biotechnische Verfahren und Möglichkeiten in der Medizin, München 2001, S. 53.

gert werden, womit rd. 4% aller zugelassenen Wirkstoffe in der BRD gentechnischen Ursprungs waren und mit ca. 3 Mrd. Euro bereits 12% des gesamten Arzneimittelumsatzes ausmachten. Unter den Neuzulassungen befanden sich im Wesentlichen Wirkstoffe zur Behandlung von Rheumatoider Arthritis, Stoff-Stoffwechselstörungen, Krebs, Blutarmut, Hepatits A/B, Diabetes sowie ein Mehrfachimpfstoff gegen Diphtherie, Tetanus, Keuchhusten, Hepatitis B und Haemophilus Influenzae b (Hirnhautentzündung).[3] International wie auch in der BRD war die Entwicklung von Medikamenten v. a. auf die Therapie von Krebserkrankungen fokussiert. Die Forschungsbemühungen in Sachen Gene Pharming dümpelten dagegen auch im neuen Jahrtausend vor sich hin. Amerikanische Unternehmen hatten zwar erste, auf konventionellem Wege schwer gewinnbare Wirkstoffe mit Hilfe transgener Tiere produzieren können, die Zulassung dieser seltenen Wirkstoffe in Europa ließ jedoch auf sich warten.[4] Neue Forschungsansätze ergaben sich mit der Xenotransplantation, der Übertragung von Tierorganen auf den Menschen bzw. der Verwendung von lebenden nicht-humanen tierischen Zellen, Geweben oder Organen für Patienten. Mit Hilfe gentechnischer Veränderungen sollten tierische Zellen und Gewebe an den menschlichen Organismus angepasst werden und Abstoßungsreaktionen bei Übertragungen vermieden werden. Auch in der BRD arbeiteten bereits Ende der neunziger Jahre verschiedenen Arbeitsgruppen an der Entwicklung der Xenotransplantation, darunter auch eine Gruppe des 1996 gegründeten Leibniz-Instituts für Biotechnologie und künstliche Organe.

Bis Ende 2005 wurden weltweit mehr als 1100 Gentherapiestudien durchgeführt, ein Drittel davon in Europa. Im November 2005 wurden in China erste Gentherapie-Arzneimittel zugelassen, die zur Behandlung maligner Tumore eingesetzt werden.[5] Die geringe Zahl der deutschen Studien hatte innerhalb der weltweiten Forschungen nur wenig Bedeutung. Zwischen 2004 und 2006 waren es gerade einmal 15 Gentherapiestudien, die u. a. auf die Behandlung von HIV Infektionen[6] und Sehbehinderungen[7] zielten.

3 Eine Gesamtlistung findet sich beim Verband Forschender Arzneimittelhersteller e. V., online unter: http://www.vfa.de/de/forschung/am-entwicklung/amzulassungen-gentec.html (Zugriff, 02.04.2008).

4 Vgl. U. Dewald, Medikamente aus der Milch genetisch veränderter Tiere, in: Die Welt, 29. Juli 2003, S. 31.

5 Vgl. Senatskommission für Grundsatzfragen der Genforschung (Hg.), Entwicklung der Gentherapie, Deutsche Forschungsgemeinschaft, Mitteilung 5, Weinheim 2007, S. 4.

6 Vgl. Verhaltene Zuversicht, Deutscher Biotechnologie-Report 2007, Ernst & Young, Mannheim 2007, S. 27.

7 Vgl. C. Ehrenstein, Gentherapie soll Blinde wieder sehen lassen, in: Die Welt, 7. März 2002, S. 31.

Tabelle 7: Weltweite Anbaufläche transgener Pflanzen 1996–2006[8]

Jahr	Hektar (in Millionen)
1996	1,7
1997	11,0
1998	27,8
1999	39,9
2000	44,2
2001	52,6
2002	58,7
2003	67,7
2004	81,0
2005	90,0
2006	102,0

Die in Deutschland ansässigen Biotech-Unternehmen konzentrierten sich inzwischen zwar auf die medizinischen Anwendungen der Bio- und Gentechnologie, jedoch erhielten gerade die internationalen Forschungen und Entwicklungen zu den landwirtschaftlichen Anwendungen einen erheblichen Auftrieb. Wurden bis 1996 weltweit auf rd. 1,7 Mio. Hektar (ohne China) gentechnisch veränderte Pflanzen angebaut, konnte die Zahl bis 1999 auf das 23-Fache mit rd. 40 Mio. Hektar gesteigert werden. Wenngleich die großen Steigerungsraten in den darauffolgenden Jahren nicht aufrechterhalten werden konnten, so wurde die Gesamtanbaufläche bis 2006 immerhin auf 102 Mio. Hektar ausgebaut. 2004 betrug der weltweite Anteil gentechnisch veränderter Pflanzen an der gesamten landwirtschaftlichen Anbaufläche bereits 5%.[9] Ein wesentlicher Grund für den starken Zuwachs ab 1997 war der Start des kommerziellen Anbaus von GVOs und damit der explosionsartige Anstieg des weltweiten Anbaus von transgenem Soja. 2003 betrug die Anbaufläche von Gen-Soja bereits 41,4 Mio. Hektar, die 55% der weltweiten Gesamtanbaufläche von Soja entsprachen. Genveränderter Mais wurde zur gleichen Zeit auf 15,5 Mio. Hektar angebaut, was ca. 11% des gesamten Maisanbaus entsprach.[10]

Die USA waren mit 55% (54,6 Mio. Hektar) weiterhin das Hauptanbauland für transgene Pflanzen, gefolgt von Argentinien mit 18% und Brasilien mit 11%.[11] Der Anteil Europas betrug Ende 2006 dagegen gerade einmal 0,2% (ca. 0,2 Mio. Hektar) an der weltweiten Gesamtanbaufläche, wovon auf Deutschland wiederum nur ein Anteil von 0,5% entfiel. Ein nennenswerter Anbau transgener Pflanzen fand innerhalb der EU lediglich in Spanien statt. Trotz der an absoluten Zahlen gemessenen geringen Bedeutung Deutschlands für den weltweiten und auch europäischen Anbau, bewegten sich die nationalen Steigerungsraten in einem nen-

8 Vgl. ISAAA-Report 2006, Global Status of Commercialized Biotech/GM Crops: 2006, No. 35–2006, p. 5.

9 Vgl. F. Hucho et al., Gentechnologiebericht, München 2005, S. 301.

10 Vgl. A. Magiera, Bei Grüner Gentechnik sehen sie Rot, Marburg 2008, S. 34.

11 Vgl. ISAAA-Report 2006, Global Status of Commercialized Biotech/GM Crops: 2006, No. 35–2006, p. 10.

nenswerten Zuwachs. So wurde die Gesamtanbaufläche transgener Pflanzen in Deutschland von 342 Hektar im Jahr 2005 auf 947 Hektar im Jahr 2006 gesteigert, wobei sich der Anbau, wie in vielen anderen europäischen Ländern, auf transgenen Mais konzentrierte. Von den 106 Anbaustandorten in der BRD entfielen die größten Anbauflächen auf Brandenburg und Mecklenburg-Vorpommern.[12] In Deutschland durfte bis 2006 nur der in der EU seit 1998 als Lebens- und Futtermittel zugelassene transgene Mais MON 810 von Monsanto kommerziell angebaut werden. 2006 erhielten in Deutschland fünf Maissorten des MON 810 erstmals die Sortenzulassung.[13]

Nach wie vor dominierten unter den gentechnisch veränderten Eigenschaften an Nutzpflanzen Herbizid- und Insektenresistenzen. 2006 sind weltweit mehr als 100 transgene Pflanzen zugelassen. Die Sojabohne blieb vor dem Mais die am häufigsten angebaute gentechnisch veränderte Pflanze. Während in den USA bis 2002 bereits 74% der Sojabohnen-Gesamtanbaufläche auf transgene Pflanzen entfielen waren es in Argentinien zum selben Zeitpunkt bereits 99%.[14] Auf die Sojabohne und den Mais folgten Baumwolle und Raps als die am häufigsten angebauten transgenen Nutzpflanzen. Innerhalb der EU gehörte Mais, gefolgt von Raps, Zuckerrüben und Kartoffeln zu den am häufigsten freigesetzten Pflanzen.

Zwar konzentrierte sich der transgene Pflanzenanbau in der BRD auf die Maispflanze, das Forschungsinteresse war jedoch wesentlich breiter. Parallel zum DHGP startete 1999 in der BRD das öffentlich und privatwirtschaftlich geförderte Pflanzengenomprogramm *Genomanalyse im biologischen System Pflanze – GABI*, das deutsche Forschungsaktivitäten der funktionalen Genomforschung an Modell- und Nutzpflanzen bündelte.[15] Bis Ende 1999 wurden in der BRD 480 Anträge zur Freisetzung von GVOs genehmigt, wobei lediglich zwei Freisetzungsanträge einer Freisetzung von Bakterien galten.[16] Ein Großteil der beim Robert-Koch-Institut eingegangenen Freisetzungsanträge bezog sich neben Mais auch auf gentechnische Veränderungen von Kartoffeln, Raps und Zuckerrüben. Die meisten Anträge entfielen mit rd. 35% auf Großunternehmen, gefolgt von 25% auf MPIs und andere Bundesforschungsanstalten sowie 20% auf Universitäten und Fachhochschulen. Die verbleibenden 20% entfielen auf kleinere und mittlere Unternehmen.[17]

12 Vgl. Verhaltene Zuversicht, Deutscher Biotechnologie-Report 2007, Ernst & Young, Mannheim 2007, S. 41/42.

13 B. Müller-Röber et al., Grüne Gentechnologie, München 2007, S. 62.

14 Vgl. Deutscher Bauernverband (Hg.), Situationsbericht 2003, Bonn 2002, Tabelle S. 241.

15 Vgl. F. Hucho et al., Gentechnologiebericht, München 2005, S. 67.

16 Gründerzeit, Ernst & Youngs zweiter Deutscher Biotechnologie-Report 2000, Stuttgart 2000, S. 47.

17 Ernst & Young (Hg.), Neue Chancen, Deutscher Biotechnologie-Report 2002, Mannheim 2002, S. 62.

7.2. DRITTE ÄNDERUNG DES GENTECHNIKGESETZES UND DEUTSCHES STAMMZELLGESETZ

Mit dem Start der Rot-Grünen Regierung im Jahr 1998 wurde das Thema Gentechnik auch in der Bundesregierung wieder zu einem umstrittenen Thema. Während rechtspolitische Fragen der medizinisch angewandten Gentechnik v. a. vor dem Hintergrund neuerer Technologien eine Beantwortung brauchten, galt es insbesondere anbaurechtliche Fragen für die Grüne Gentechnik zu klären. Im Bereich der Grünen Gentechnik schien die Klärung anstehender Fragen auf den ersten Blick leicht, ging es offenbar „nur" darum, die europäischen Richtlinien zur Regelung von Schwellenwerten und Kennzeichnungsverordnungen in nationales Recht zu übernehmen. Die Koalitionsvereinbarungen von SPD und Bündnis 90/Die Grünen sahen eine systematische Fortführung und Weiterentwicklung der verantwortbaren Innovationspotenziale der Bio- und Gentechnologie vor. So eindeutig das Vorhaben, so mehrdeutig die Praxis. Während die SPD v. a. wirtschaftspolitisch die F&E-Förderung im Bereich der Grünen Gentechnik verfolgte, betrieben Bündnis 90/Die Grünen eine „nicht mehr als nötig"-Politik. Die offenkundige Uneinigkeit der Koalitionspartner in Fragen der Gentechnik offenbarte sich auch in politischen Entscheidungen. Während das BMBF die Pflanzen-Genomforschung neben GABI auch durch spezifische Förderprogramme wie BioFuture, BioChance oder BioProfile[18] förderte und die Biotechnologie erneut zur Leitwissenschaft des neuen Jahrtausends erklärte[19], stellte das Bundesministerium für Ernährung, Landwirtschaft und Verbraucherschutz (BMVEL) den ökologischen Landbau mit spezifischen Programmen in den Vordergrund seiner Bemühungen und schaffte rechtliche Rahmenbedingungen, die die Anwendung der Grünen Gentechnik zu Beginn des neuen Jahrtausends in Deutschland erheblich erschwerten.[20]

Die nationale Gentechnikpolitik war im Wesentlichen durch europäisches Gemeinschaftsrecht bestimmt. Geplante Änderungen des EG-Rechts zogen mehrfach innerdeutsche Diskussionen nach sich, da die Änderungen mittelfristig auch eine Anpassung des deutschen Rechts notwendig machten. So verlangte die Änderung der Systemrichtlinie von 1990 (90/219/EWG) eine Anpassung des in der BRD geltenden GenTGs an die neue Richtlinie vom 26. Oktober 1998 (98/81/EG). Die europäische Änderungsrichtlinie übernahm das in der BRD bereits eingeführte vierstufige Sicherheitssystem im Umgang mit GVOs zwar weitgehend, enthielt darüber hinaus aber auch Neuregelungen des Genehmigungs- und Anmeldeverfahrens, die v. a. eine Beschleunigung derselben bedeuteten und aus den Reihen der Gentechnik-Gegner vielfach Kritik nach sich zogen. Zur Umsetzung der Änderungen der Systemrichtlinie in nationales Recht erhielt das deutsche

18 Vgl. BMBF (Hg.), Bundesbericht Forschung 2000, Bonn 2000, S. 175.

19 Vgl. Bundesministerium für Bildung und Forschung (Hg.), Rahmenprogramm Biotechnologie, Bonn 2001.

20 F. Hucho et al., Gentechnologiebericht, München 2005, S. 371.

GenTG nach der Novellierung von 1993 neun Jahre darauf die zweite grundlegende inhaltliche Veränderung. Am 16. August 2002 wurde das Zweite Gesetz zur Änderung des GenTGs verabschiedet.

Dringender noch als bei der Systemrichtlinie stand nach wie vor eine Änderung der Freisetzungsrichtlinie aus. 1999 hatte der europäische Umweltministerrat erklärt, innerhalb der EU solange auf kommerzielle Freisetzungen zu verzichten bis eine novellierte Freisetzungsrichtlinie in Kraft tritt, was seit Juli 1999 zu keinen weiteren Neuzulassungen von GVOs und damit zu einem EU-weiten De-facto-Moratorium führte. Eine Novellierung der EU-Freisetzungsrichtlinie (2001/18/EWG) wurde erst am 12. März 2001 verabschiedet. Neben der Einführung von Überwachungsvorschriften erfolgten vor allem Änderungen im Hinblick auf eine verstärkte Beteiligung der Öffentlichkeit an Antragsverfahren sowie eine Befristung aller Freisetzungsgenehmigungen auf nur noch zehn Jahre. Die Frist zur Umsetzung der überarbeiteten Freisetzungsrichtlinie in nationales Recht bis zum 17. Oktober 2002 verstrich jedoch ohne eine Aufhebung des De-facto-Moratoriums. Bis Oktober 2002 hatten nur drei der 15 Mitgliedsstaaten die Richtlinie umgesetzt und auch in der BRD sollte ihre Umsetzung erst im März 2006 erfolgen. So stellte sich die Situation 2003 so dar, dass nur aus Nicht-EU-Staaten importierte transgene Pflanzen in Europa auf dem Markt waren, während keine neuen Freisetzungsgenehmigungen[21] erteilt wurden. Da die EU-Kommission auf Druck des Europäischen Parlaments keinen Gebrauch von ihrem Recht machte, eine Genehmigung per Mehrheitsentscheidung zu erteilen, bestand das De-facto-Moratorium von 1999 bis Mai 2004.

Die Wende leitete der insbesondere von den USA ausgehende handelspolitische Druck auf die EU ein, die durch die Anwendung eines nicht wissenschaftlich begründeten Vorsorgeprinzips gegen den freien Handel unzulässige Import-Barrieren und Kennzeichnungspflichten aufgebaut sah. In der Konsequenz erhob die USA Mitte 2003 Klage vor der Welthandelsorganisation (WTO) und bewegte die EU damit zur Einsicht. Infolge einer Absichtserklärung der EU-Kommission, in Zukunft wieder GVO-Lebensmittel und Pflanzen zulassen zu wollen, machte die EU von ihrem Recht Gebrauch, allein eine Entscheidung über die Zulassung eines Produkts zu fällen. Im Mai 2004 genehmigte sie schließlich die Einfuhr von Bt-Mais, und sorgte mit dieser Entscheidung für intensive Diskussionen innerhalb der BRD.[22]

Die im Kontext des De-facto-Moratoriums innerhalb der EU aufgekommenen Diskussionen hatten 2003 nicht nur zu einer Herauslösung gentechnisch veränderter Lebensmittel aus der Novel Food Verordnung[23] geführt, sondern wenige Mo-

21 Für transgene Mikroorganismen wurden dagegen durchaus Genehmigungen erteilt.

22 Vgl. R. Hartmannsberger, Gentechnik in der Landwirtschaft, Baden-Baden 2007, S. 59 und S. 74.

23 Verordnung (EG) Nr. 1829/2003 des Europäischen Parlaments und des Rates vom 22. September 2003 über genetisch veränderte Lebensmittel und Futtermittel, In: Amtsblatt der Europäischen Union vom 18.10.2003.

nate darauf auch zu einer neuen Kennzeichnungspflicht. Am 1. April 2004 trat eine europaweite Kennzeichnungspflicht für GVO-Lebensmittel, in denen mehr als 0,9% GVOs enthalten sind, in Kraft. Ab sofort war ein Etikett verpflichtend, das darauf verweisen muss, ob ein Lebensmittel aus GVOs besteht, genmanipulierte Anteile enthält oder mit ihrer Hilfe hergestellt wurde, unabhängig davon, ob die fremde Erbsubstanz „zufällig oder technisch unvermeidbar“ in das Lebensmittel gelangte.[24] Die Neuregelungen stellten eine Verschärfung der alten Regeln dar und verlangen – unabhängig davon, ob sich die Genveränderung im Endprodukt nachweisen lässt – eine Kenntlichmachung aller Bestandteile von transgenen Pflanzen in Lebensmitteln.[25] Deutsche Vertreter der Agrochemie, Pflanzenzüchter und Wirtschaftsverbände hielten Verunreinigungen unter 0,9% beim Import kaum für realisierbar und sprachen sich deshalb für eine Anhebung des Werts auf 3% aus. Umweltverbände zeigten sich mit den Verhandlungsergebnissen dagegen weitgehend zufrieden. Neben Verbraucherministerin Renate Künast (Bündnis 90/Die Grünen) erklärte auch Henning Strodthoff (Greenpeace) seine Zufriedenheit mit den neuen Regeln und erkannte darin einen Sieg für den Verbraucherschutz in ganz Europa.

Parallel zu den europarechtlichen Verhandlungen über die neuen Kennzeichnungsregelungen diskutierten deutsche Politiker die infolge der veränderten EU-Freisetzungsrichtlinie von 2001 notwendig gewordenen Änderungen des deutschen Gentechnikrechts. Wenngleich die Frist zur Umsetzung in nationales Recht im Oktober 2002 abgelaufen war, brachten die Regierungsfraktionen erst im Februar 2004 einen Entwurf zur Neuordnung des Gentechnikrechts ein, nach dessen Ablehnung im Bundesrat im Juli 2004 jedoch ein mehr als eineinhalb Jahre andauernder Kampf um die Änderung des Gesetzes und die Anpassung an die EU-Freisetzungsrichtlinie begann. So erfolgte am 21. Dezember 2004 zwar die Verabschiedung des Gesetzes zur Neuordnung des Gentechnikrechts, dieses setzte jedoch zunächst nur einen Teil der Richtlinie um. Die Anfang 2005 in Kraft getretene Neuordnung wollte infolge des aufgehobenen EU-Moratoriums laut BMVEL v. a. die gentechnikfreie konventionelle und ökologische Landwirtschaft vor Auskreuzungen, Beimischungen und sonstigen Einträgen von GVOs schützen.[26] Zu den wesentlichen Neuerungen des GenTGs gehörte die Einführung

- einer *Vorsorgepflicht*, die die mit GVOs umgehenden Personen zur Vorsorge vor Beeinträchtigungen der Gesundheit, der Umwelt sowie der Koexistenz verpflichtete,
- eines öffentlichen *Standortregisters*, in der jeder Anbau und jede Freisetzung von GVOs einzutragen ist und

24 Vgl. A. Magiera, Bei Grüner Gentechnik sehen sie Rot, Marburg 2008, S. 19.
25 Vgl. P. Bethge, Sinnloses Label, in: Der Spiegel, 2003/28, S. 160–162.
26 Bundesministerium für Verbraucherschutz, Ernährung und Landwirtschaft (Hg.), Das neue Gentechnikgesetz, Berlin 2004.

- einer *Haftungsbestimmung*, die einen Ausgleichsanspruch gegenüber dem Verwender von GVOs ermöglichte, sofern durch diese eine wesentliche Beeinträchtigung eintritt.

Während die Gesetzesnovelle in weiten Teilen der Regierung und auch der Umweltverbände wie dem BUND oder NABU als Erfolg für die Verbraucher gewertet wurde[27], kritisierten Vertreter aus Industrie und Wissenschaft ihren innovationsfeindlichen Charakter. Die DFG beklagte bereits im Vorfeld des neuen GenTGs die vorgesehene verfassungsrechtliche Einschränkung der Forschungsfreiheit sowie dessen Konzentration auf „Vorschriften im Interesse der Gefahrenabwehr“.[28] Am 8. März 2004 nahm auch das Präsidium der Deutschen Akademie der Naturforscher Leopoldina in einer Pressemitteilung Stellung zur Novelle des GenTGs und kritisierte u. a. die durch die Neufassung zugrunde gelegte Gefährlichkeitsprämisse, da im Gesetzestext nicht mehr von „möglichen, potenziellen oder etwaigen Risiken“ gesprochen wurde.[29] In einem offenen Brief und Memorandum erkannte die Union der Deutschen Akademien der Wissenschaften in der Novelle „praktisch das Ende der Forschung und Entwicklung auf dem Gebiet der Grünen Gentechnik“.[30] Allein die Vereinigung deutscher Wissenschaftler e. V. zeigte sich befremdet über die Vorwürfe der Akademienunion und erklärte in einer Antwort, dass die Neufassung des GenTGs dem Konsumenten vielmehr eine Wahlfreiheit und „sorgfältig geplante Forschung“ ermögliche.[31] Auch der sonst zurückhaltende DBV meldete sich im Kontext der Gesetzesnovelle zu Wort und riet deutschen Landwirten vor dem Hintergrund der neuen Haftungsregeln vom Anbau gentechnisch veränderter Pflanzen ab.[32]

Infolge der Feststellung des europäischen Gerichtshofs einer Vertragsverletzung durch Deutschland mit Urteil vom 15. Juli 2004 erfolgte nur zwei Jahre nach der Neuordnung des Gentechnikrechts am 17. März 2006 die Verabschiedung des Dritten Gesetzes zur Änderung des GenTGs. Wenngleich das Gesetz überwiegend Form- und Verfahrensvorschriften enthielt, die sich auf die Inhalte der Antragsunterlagen, Regelungen zu Bearbeitungsfristen und Öffentlichkeitsbeteiligungen konzentrierten, erfolgte mit ihm die vollständige Umsetzung der Freisetzungsrichtlinie von 2001.

27 NABU und BUND begrüßen Gentechnikgesetz, Gemeinsame Pressemitteilung vom 18. Juni 2004.

28 Stellungnahme der Deutschen Forschungsgemeinschaft zum Entwurf eines Gesetzes zur Neuordnung des Gentechnikrechts. Juni 2004.

29 Stellungnahme des Präsidiums der Leopoldina zur Novellierung des Gentechnikgesetzes vom 8. März 2004.

30 Union der Deutschen Akademien der Wissenschaften, Offener Brief und Memorandum zur Grünen Gentechnik in Deutschland, 25.8.2004.

31 Vereinigung Deutscher Wissenschaftler e. V:, Antwort auf den offenen Brief und das Memorandum der Union der Deutschen Akademien der Wissenschaften zur Grünen Gentechnik in Deutschland, Presseerklärung 10.09.2004.

32 Vgl. „Deutsches Gentechnikgesetz ist Weltspitze“, in: Die Welt, 24. Juni 2004, S. 10.

Die im Kontext der Roten Gentechnik aufgeworfenen bioethischen Fragen der vergangenen vier Jahrzehnte gewannen vor dem Hintergrund der ausstehenden rechtlichen Regulierung der Gendiagnostik, Stammzellforschung und PID zu Beginn des neuen Jahrtausends an Brisanz und gaben um 2000/2001 den Auftakt für eine große Gen-Debatte.[33] Handelte es sich in weiten Teilen um verwandte Fragen der Menschenwürde und der Zulässigkeit von Eingriffen in Gottes Schöpfung, so wurden die z. T. ähnlich gelagerten Fragen im Lichte neuer technologischer Möglichkeiten wesentlich intensiver in der Öffentlichkeit diskutiert als dies bisher bei der Roten Gentechnik der Fall gewesen war. Insbesondere vor dem Hintergrund der unaufschiebbaren Entscheidungen zur Stammzellforschung musste auf die lange Zeit mehr oder weniger intensiv diskutierten Fragen dringend eine Antwort gegeben werden.

Die Dringlichkeit der Fragen erkannte auch der Deutsche Bundestag, der am 24. März 2000 eine Enquete-Kommission Recht und Ethik in der modernen Medizin einsetzte. Unter Berücksichtigung „ethischer, verfassungsrechtlicher, sozialer, gesetzgeberischer und politischer Aspekte“ galt ihr Auftrag der Untersuchung der Fortschritte der Medizin, der Forschungspraxis und der daraus resultierenden Fragen und Probleme. Infolge des im November 2001 vorgestellten Teilberichts zur Stammzellforschung, in dem sich eine knappe Mehrheit für ein Importverbot humaner embryonaler Stammzellen aussprach, legte die Kommission 2002 ihren Abschlussbericht vor. Darin empfahl sie die Regelung „genetische[r] Untersuchungen am Menschen durch ein umfassendes Gendiagnostikgesetz“[34], wobei Problemhorizonte der Gentechnologie nicht unmittelbar thematisiert wurden.

Die durch die Enquete-Kommission angestoßenen Diskussionen wurden im Kontext des DFG-Antrags zur "Gewinnung und Transplantation neuraler Vorläuferzellen aus humanen embryonalen Stammzellen" des Neurowissenschaftlers Oliver Brüstle bereits im August 2000 verschärft. Das ESchG untersagte zu diesem Zeitpunkt zwar eine verbrauchende Embryonenforschung und damit die Gewinnung von embryonalen Stammzellen, nicht jedoch den Import von im Ausland gewonnenem Zellmaterial. Vor dem Hintergrund der offensichtlich gewordenen gesetzlichen Regelungslücke forderte der Deutsche Bundestag Anfang Juli 2001von der DFG keine vollendeten Tatsachen zu schaffen. Die DFG selbst hatte sich im Frühjahr 1999 zunächst gegen Experimente mit Embryonalen Stammzellen ausgesprochen, richtete nur kurze Zeit darauf jedoch ein Schwerpunktprogramm zur Stammzellforschung ein und empfahl 2001 einen Stufenplan zum Ausbau der embryonalen Stammzellforschung.

In der BRD folgte eine umfassende bioethische und auch biopolitische Debatte, die sich nicht nur auf die Stammzellforschung, sondern auch auf die PID und die Gentechnik erstreckte. Zur Beförderung des Diskurses meldete sich Bundes-

33 Vgl. T. Hildebrandt/H. Knaup/A. Neubacher, Konflikt am Kabinettstisch, in: Der Spiegel, 2001/10, S. 44–46 und „Ein Embryo ist kein Rohstoff“, in: Die Welt, 1. Juni 2001, S. 2.

34 Deutscher Bundestag (Hg.), Schlussbericht der Enquete-Kommission Recht und Ethik der modernen Medizin, Opladen 2002, S. 13 UND 381.

kanzler Gerhard Schröder am 20. Dezember 2000 mit einem *Beitrag zur Gentechnik* in der Wochenzeitung Die Woche an die Öffentlichkeit. Zur Stammzellforschung erklärte er:

> „Ich stimme mit der Deutschen Forschungsgemeinschaft überein, dass wir dem Ruf nach einer Lockerung des Verbots der Verwendung embryonaler Stammzellen solange nicht folgen sollten, bis das biologische Potential der adulten Stammzellen für den Einsatz in der Medizin besser untersucht ist.“[35]

Neben dieses vorläufige Urteil der Stammzellforschung stellte er eine generelle Beurteilung medizintechnologischer Möglichkeiten für den Wirtschaftsstandort Deutschland, zu denen er v. a. die Möglichkeiten der Gentechnik zählte. Nicht zuletzt aufgrund dieser Aussage erntete er vielfach den Vorwurf, bislang unantastbare Werte zugunsten wissenschaftlicher und wirtschaftlicher Interessen auszuhöhlen:

> „Eine Politik ideologischer Scheuklappen und grundsätzlicher Verbote wäre nicht nur unrealistisch. Sie wäre auch unverantwortlich. Eine Selbstbescheidung Deutschlands auf Lizenzfertigungen und Anwenderlösungen würde im Zeitalter von Binnenmarkt und Internet nur dazu führen, dass wir das importieren, was bei uns verboten, aber in unseren Nachbarländern erlaubt ist. Wir würden so nicht nur den Anschluss an eine Spitzen- und Schlüsseltechnologie des 21. Jahrhunderts verlieren. Sondern wir würden uns vor allem der Möglichkeit begeben, über die Anwendungen und Folgen dieser Techniken kompetent mitzubestimmen.“[36]

Ein weiterer Schritt zur Beschleunigung der Diskussionen erfolgte nur wenige Monate darauf im Mai 2001. Mit dem Beschluss der Rot-Grünen Bunderegierung zur Einsetzung eines Nationalen Ethikrats[37] *besetzte* Bundeskanzler Schröder das Gremium mit von ihm berufenen Mitgliedern und löste gleichzeitig das Beratungsgremium beim Bundesgesundheitsministerium auf. Unter den Mitgliedern des Nationalen Ethikrats fanden sich eine Reihe von Protagonisten der Gentechnik-Diskussionen, darunter u. a. der Soziologe Wolfgang van den Daele, die Philosophin Eve-Marie Engels, der evangelische Theologe Wolfgang Huber, die Biologin Regine Kollek, der Molekularbiologe Jens Reich und der Biochemiker Ernst-Ludwig Winnacker.

Nachdem sich die Enquete-Kommission Recht und Ethik in der modernen Medizin für ein Importverbot ausgesprochen hatte empfahl der Nationale Ethikrat Ende November 2001 mit knapper Mehrheit die Zulassung des embryonalen Stammzellimports. Diese Abstimmung des Ethikrats stieß insbesondere unter Kirchenvertretern auf erhebliche Kritik.[38] Unmittelbar vor der Entscheidung des Deutschen Bundestages versuchten die Deutsche Bischofskonferenz (DBK) und die Evangelische Kirche in Deutschland Druck auf die Abgeordneten auszuüben

35 G. Schröder, Beitrag zur Gentechnik, in: Die Woche, 20. Dezember 2000.

36 Ebd.

37 Heute Deutscher Ethikrat.

38 Vgl. Kirchenvertreter kritisieren das Votum des Nationalen Ethikrats zu embryonalen Stammzellen, in: Herder Korrespondenz, 2002/56, S. 50.

und baten um ein „klares Votum für die Würde und den Schutz des Menschen von Anfang an". Noch am 30. Januar 2002 appellierten sechs deutsche Nobelpreisträger in einem offenen Brief in der *Welt*, kein Importverbot für embryonale Stammzellen auszusprechen.[39]

Die verschiedenen und zugleich knappen Abstimmungsergebnisse erschwerten eine rechtspolitische Einigung erheblich. Dennoch beschloss der Bundestag am 30. Januar 2002 ein Stammzellgesetz (StZG), welches die Verwendung und den Import embryonaler Stammzellen grundsätzlich verbietet, unter strengen Auflagen jedoch zulässt. Das Gesetz sieht eine Stichtagsregelung vor, die sowohl Import als auch Verwendung von vor dem 1. Januar 2002 hergestellten embryonalen Stammzellen erlaubt. Durch die Regelung sollte eine durch Deutschland verursachte Herstellung und Erzeugung von solchen Stammzellen verhindert werden. Die Gewährung des Imports von Stammzellen ist an die Verwendung sog. überzähliger Embryonen, deren kostenlose Überlassung sowie an eine Beschränkung der Einfuhr und Verwendung zu Forschungszwecken gebunden.[40] Die Verwendung importierter Stammzellen war nach dem StZG genehmigungspflichtig und setzte ein „hochrangiges" Forschungsprojekt voraus, wobei der Einsatz humaner Embryonaler Stammzellen alternativlos sein musste. Prüfungen von Forschungsvorhaben übernahm die Zentrale Ethikkommission für Stammzellforschung.

Nachdem das StZG am 1. Juli 2002 in Kraft getreten war bewilligte die DFG am Tag darauf den Projektantrag Brüstles. Die Stichtagsregelung sorgte bei Bio- und Medizinwissenschaftlern jedoch für herbe Kritik, die eine feste Stichtagsregelung für sinnlos hielten, da „alte" Stammzellen für die meisten Experimente unbrauchbar seien. Die Forderungen nach einer Lockerung der Stichtagsregelung mündeten 2008 schließlich in einer Novelle des StZGs und einer Verlegung des Stichtags auf den 1. Mai 2007.

7.3. DIE ERWEITERUNG DER BIOETHISCHEN DISKUSSION IM KONTEXT DER HUMANEN STAMMZELLFORSCHUNG

Wie bereits in der Vergangenheit nahmen auch zum Ende des 20. Jahrhunderts verschiedene Forschungen und Entwicklungen aus dem Bereich der Biomedizin und Reproduktionstechnologie Einfluss auf die Gentechnik-Diskussionen. Nach den starken Beeinflussungen durch die PID, dem HGP, ersten Gentherapiestudien und Dolly in den neunziger Jahren kam mit der humanen embryonalen Stammzellforschung im beginnenden Jahrtausend ein neues, emotional aufgeladenes Feld hinzu. Trotz des Fehlens einer unmittelbaren disziplinären Verbindung hatten die öffentlichen Diskussionen einen erheblichen Einfluss auf die Gentechnik-

39 Vgl. J. Reiter, Ende der Bescheidenheit, Deutsche Biopolitik nach dem 30. Januar 2002, in: Herder Korrespondenz, 2002/56, S. 119–124.

40 Vgl. F. Hucho, Probleme der Stammzellforschung, in: A. Bühl (Hg.), Auf dem Weg zur biomächtigen Gesellschaft?, Wiesbaden 2009, S. 259.

Diskussionen. Die ethisch stark umstrittene Stammzellforschung kumuliert die Diskussionen der vergangenen vier Jahrzehnte. Sie münden schließlich in einer großen Gen-Debatte, in der das menschliche Selbstverständnis in einer technisch dominierten Welt in Frage gestellt ist.

7.3.1. Humane embryonale Stammzellen – eine neue bioethische Herausforderung

Infolge der gedämpften Hoffnungen einer kurz- bis mittelfristigen Entwicklung von Gentherapien gegen die großen Volkskrankheiten vermochten die Meldungen über embryonale Stammzellforschungen die Diskussionen in der Öffentlichkeit erneut zu entfachen.[41] Eine mit den Anfängen der Gentherapie vergleichbar euphorische Stimmung entwickelte sich aber nicht, muteten die Heilsversprechen doch ähnlich utopisch an. Die Frage nach der Zulässigkeit der Forschung an menschlichen Embryonen wurde sowohl in den USA als auch in Deutschland als religiös-moralisches Problem konstatiert, wenngleich deutsche Forscher kaum an humanen Stammzellforschungen beteiligt waren.[42] Zwar erlangten religiöse Argumente innerhalb der deutschen Diskussionen keine besondere Bedeutung, innerhalb des Policy-Prozesses jedoch wesentlich größere Resonanz als es in den USA der Fall war.[43] Mit dem bedingt befürworteten Import humaner embryonaler Stammzellen kam es zwar zu einer Kompromissentscheidung des Deutschen Bundestages, dennoch vermochte es die Kirche zu einem erheblichen Einfluss auf die Politik, der nicht zuletzt dazu führte, dass die BRD bis heute zu den Ländern mit den strengsten Auflagen zur Embryonenforschung zählt.

Ende der neunziger Jahre belegten Studien lediglich für befruchtete Eizellen und die aus den ersten Teilungsstadien hervorgegangenen Tochterzellen eine volle Entwicklungsfähigkeit, also eine sogenannte Totipotenz (auch Omnipotenz genannt). D. h. diese Zellen verfügen über ein so breites entwicklungsbiologisches Potenzial, dass sich aus ihnen ein vollständiger Organismus entwickeln kann. Sie sind zu unterscheiden von den sog. pluripotenten Zellen, die sich zwar zu allen Zelltyp eines Organismus differenzieren können, jedoch keine extraembryonalen Gewebe und damit kein intaktes Individuum bilden können. Beide Zelltypen sind für die Forschungszwecke der regenerativen Medizin durchaus geeignet.

41 Vgl. J. Czichos, Stammzellen-Therapie mit geringem Risiko, in: Die Welt, 9. Juli 2002, S. 31 oder C. Ehrenstein, Neue Diabetes-Therapie mit Stammzellen, in: Die Welt, 18. Juli 2002, S. 31.

42 Zwischen 1998 und Mitte 2005 wurden nur zwei Arbeiten deutscher Autoren zu humanen embryonalen Stammzellen veröffentlicht, während in derselben Zeit international rd. 270 Arbeiten veröffentlicht wurden. Vgl. A. M. Wobus, Gegenwärtiger Stand und Probleme der Stammzellforschung in Deutschland, in: R. Wink (Hg.), Deutsche Stammzellpolitik im Zeitalter der Transnationalisierung, Baden-Baden 2006, S. 12.

43 H. Gottweis/B. Prainsack, Religion, Bio-Medizin und Politik, in: M. Minkenberg/U. Willems (Hg.), Politik und Religion, Wiesbaden 2003, S. 417.

Anders verhält es sich mit den gewebespezifischen, sog. adulten Stammzellen, die sich durch ihre Fähigkeit zur Selbsterneuerung und Entwicklung in spezialisierte Gewebetypen auszeichnen. Adulte Stammzellen finden sich in den meisten Organen und werden v. a. aus dem Knochenmark und Nabelschnurblut gewonnen. Für ihre Gewinnung ist also keine „Verwendung“ von Embryonen erforderlich, so dass es gegen ihren Einsatz kaum ethische Bedenken gibt. Jedoch verfügen adulte Stammzellen über ein eingeschränktes Entwicklungspotenzial, da ihre Reproduktion und Lebensdauer begrenzt sind. Theoretisch besteht durchaus die Möglichkeit zur Reprogrammierung von adulten in totipotente Zellen. Zu Beginn des Jahrtausends waren Wissenschaftler jedoch noch außer Stande, adulte Stammzellen gezielt und in ausreichender Menge in geeignete Zelltypen umzuwandeln.[44]

Die Forschungen an embryonalen Stammzellen verfolgen unterschiedliche Ziele, wobei im Vordergrund die Untersuchung der Entwicklung zu bestimmten Zelltypen steht. Aufgrund ihrer pluri- bzw. totipotenz und der Fähigkeit zur Entwicklung jedes Zelltyps, verspricht ihr Einsatz ideale Therapiemöglichkeiten beispielsweise für Patienten mit Multipler Sklerose oder Parkinson, deren Gewebe nur über ein eingeschränktes oder gar kein Regenerationsvermögen verfügen. Das Problem ist jedoch, dass der Patient nicht mehr über diese Zelltypen verfügt und die Verwendung fremder embryonaler Stammzellen zu Abstoßungsreaktionen führen kann. Vor dem Hintergrund der bei der Reprogrammierung adulter Stammzellen aufgetretenen Probleme suchten Wissenschaftler international nach Alternativen für eine Verwendung von körpereigenem Zellmaterial, wobei sich v. a. die Möglichkeit des sog. therapeutischen Klonens als aussichtsreich erwies. Hierbei werden somatische Zellkerne des Patienten in entkernte Eizellen transferiert. Die daraus entstandenen Embryonen werden zu Blastocysten herangezogen, deren embryonale Stammzellen mit dem Erbgut des Patienten identisch sind. Dieses als therapeutisches Klonen bezeichnete Verfahren ermöglicht die Herstellung körpereigener Zelltransplantate. Der hohe Bedarf an Eizellen und Embryonen macht es ethisch jedoch stark umstritten.

Nachdem Wissenschaftler während der achtziger Jahre erste Versuche mit Stammzellen aus Mäuseembryonen unternommen hatten, die sie in verschiedene Zelltypen zu differenzieren versuchten[45], setzten Forschungen mit humanen embryonalen Stammzellen erst Mitte der neunziger Jahre ein. Seit 1998 gab es Kulturen menschlicher embryonaler Stammzellen und 1999 gelang es US-Forschern erstmals diese im Labor zu vermehren. Trotz der mit den Forschungen verbundenen Hoffnungen für die regenerative Medizin bedeutete die Gewinnung embryonaler Stammzellen – aus überzähligen Embryonen einer künstlichen Befruchtung, aus abgetriebenen Föten oder durch therapeutisches Klonen – in jedem Falle die

44 Vgl. Deutsche Forschungsgemeinschaft, Forschung mit humanen embryonalen Stammzellen, Weinheim 2003, S. 15.

45 G. Badura-Lotter, Ethische Aspekte der Forschung an embryonalen Stammzellen, in: G. Bockenheimer-Lucius (Hg.), Forschung an embryonalen Stammzellen, Köln 2002, S. 11.

Tötung des Embryos. Vor diesem Hintergrund setzten mit den Forschungen zugleich intensive Diskussionen über die ethische Zulässigkeit dieser verbrauchenden Embryonenforschung ein. In Deutschland kam es erst Mitte des Jahres 2000 zum Ausbruch einer Stammzell-Diskussion. Im Sommer war bei der DFG der erste Antrag zur Durchführung eines Forschungsvorhabens unter Verwendung importierter embryonaler Stammzellen eingegangen. Laut dem deutschen ESchG sind totipotente Stammzellen dem Embryo gleichzusetzen, dessen Einfuhr und Verwendung zu einem nicht seiner Erhaltung dienenden Zweck verboten ist. Grundsätzlich zulässig ist dagegen die Einfuhr pluripotenter embryonaler Stammzellen, „weil als Embryonen nur der Embryo vom Zeitpunkt der Befruchtung der Eizelle und jede dem Embryo entnommene totipotente Zelle definiert sind“.[46]

In den USA existierte kein Verbot zur Entnahme humaner embryonaler Stammzellen, allerdings durften nach dem Public Health Service Act von 1996 keine Bundesmittel für solche Forschungen verwendet werden. Großbritannien hatte zwar das reproduktive Klonen mit dem Human Fertilisation and Embryology Act von 1990 verboten, Forschungen an bis zu 14 Tage alten Embryonen zur Erfüllung bestimmter Zwecke dagegen erlaubt. Ende 2000 zeichneten sich jedoch Legalisierungstendenzen für das therapeutische Klonen ab, die noch im Dezember desselben Jahres durch das britische Parlament beschlossen wurden.[47]

Die Entwicklungen in Großbritannien beeinflussten auch die im Sommer desselben Jahres angestoßenen Stammzell- Diskussionen in der BRD, die Mitte 2000 in einer bioethisch-moralphilosophischen Diskussion zum Forschungsobjekt Embryo mündeten. Neben der Frage nach den Grenzen der Forschungsfreiheit ging es insbesondere um die Klärung des moralischen Status des Embryos sowie dessen Recht auf Zuerkennung der Menschenwürde. Die Kardinalfrage lautete: Wann ist der Beginn des menschlichen Lebens? Und daran anschließend: Töten Wissenschaftler einen Menschen, wenn sie aus frühesten humanen Embryonen Stammzellen gewinnen? Innerhalb der Diskussionen wurden drei verschiedene Positionen vertreten: 1) Der Embryo besitzt vom Zeitpunkt der Befruchtung an den vollen moralischen Status und damit volle Schutzwürdigkeit. 2) Der Embryo besitzt vom Zeitpunkt der Befruchtung einen moralischen Status, der eine gewisse Schutzwürdigkeit rechtfertigt. 3) Der Embryo bzw. Fötus besitzt erst ab einem bestimmten Entwicklungsstadium einen moralischen Status.[48]

An den bioethisch-moralphilosophischen Diskussionen beteiligten sich in Deutschland neben den beiden großen Kirchen, also der evangelischen und die römisch-katholischen Kirche, auch Anthropologen, Bioethiker und Moralphilosophen, deren Positionierungen sich in weiten Teilen deckten. Öffentliche Stellungnahmen wie die des australischen Bioethikers Peter Singer, der nur der Person ein

46 Vgl. Deutsche Forschungsgemeinschaft, Forschung mit humanen embryonalen Stammzellen, Weinheim 2003, S. 28.

47 Vgl. z. B. Beiträge in Die Welt vom 17. August 2000, S. 1, S. 8 und S. 10.

48 Vgl. G. Badura-Lotter, Der Embryo in der Statusdebatte, in: Bora/M. Decker/A. Grunwald/O. Renn (Hg.), Tehnik in einer fragilen Welt, Berlin 2005, S. 144/145.

unverfügbares Lebensrecht zuerkannte und nicht bereits dem Embryo ab dem Zeitpunkt der Befruchtung, waren in der BRD nur selten zu vernehmen.[49] Im Kontext der Auseinandersetzungen um die IVF, PID, Organtransplantation oder Bioethik-Konvention hatten die Kirchen in den vergangenen Jahren mehrfach ihren Beitrag zu bio- und medizinpolitischen Diskussionen geleistet. Bei der humanen embryonalen Stammzellforschung ging es für die Kirchen jedoch um mehr. Es ging um die Grundfesten der christlichen und auch der evangelisch-theologischen Ethik, in der die Verschmelzung von Ei- und Samenzelle als Zeitpunkt des Lebensbeginns und damit des absoluten Lebensschutzes angesehen wird.[50] Sowohl der EKD Ratsvorsitzende, Präses Manfred Kock, als auch der Vorsitzende der katholischen Bischofskonferenz, Kardinal Karl Lehmann, erklärten für einen konsequenten Schutz des menschlichen Lebens einzutreten und jede Forschung an menschlichen embryonalen Stammzellen konsequent abzulehnen.

Die Diskussionen zogen eine Reihe weiterer öffentlicher Erklärungen nach sich. Nur wenige Tage nach einer Stellungnahme der Bischofskonferenz der Vereinigten evangelisch-Lutherischen Kirche Deutschland, die dem Embryo die volle Menschenwürde zuerkannte, bezog der Rat der EKD am 22. Mai 2001 mit der Erklärung *Der Schutz menschlicher Embryonen darf nicht eingeschränkt werden* Stellung zur aktuellen bioethischen Debatte.[51] Bereits im März 2001 meldete sich die DBK aus Anlass des deutschlandweit ausgerufenen Jahres der Lebenswissenschaften zu Wort. Neben einer grundsätzlichen Ablehnung des therapeutischen Klonens stand die Warnung, die aktuell diskutierten bioethischen Fragen über Mehrheitsentscheidungen klären zu wollen. Die Menschenwürde war für die DBK nicht verhandelbar, auch nicht durch die staatliche Gewalt.[52] Zwar nahmen religiöse Argumente keinen unmittelbaren Einfluss auf die deutsche Gesetzgebung, das Gewicht und die Beharrlichkeit der beiden großen Kirchen dagegen schon. In einem ersten Ergebnis führten die Diskussionen zu einer Kompromissentscheidung in Form der im StZG verabschiedeten Stichtagsregelung, die im Ländervergleich bis heute zu den strengsten Regelungen zählt.

Ausgesprochen intensiv beteiligten sich auch deutsche Mediziner an den Diskussionen um die Stammzellforschung. Die zeitgleich in der BRD diskutierte Legalisierung der PID hatte die Ärzteschaft bereits seit einiger Zeit mit der Frage, ob menschliche Embryonen unter bestimmten Voraussetzungen getötet werden dürfen konfrontiert. Die medizinethischen Parallelen der sich im Kontext beider Sachverhalte stellenden Fragen führten nicht selten zu deren gemeinsamer Diskussion. Die Bundesärztekammer setzte eigene wissenschaftliche Beiräte und

49 Vgl. P. Singer, Praktische Ethik, Stuttgart 1994.

50 J. Reiter, Biopolitik und Ethik, in: Herder Korrespondenz, 2001/55, S. 609.

51 Rat der Evangelischen Kirche in Deutschland, Der Schutz menschlicher Embryonen darf nicht eingeschränkt werden, Hannover 22. Mai 2001, in: Der Rat der EKD zur bioethischen Debatte, epd-Dokumentation, Frankfurt a. M. 2001, S. 1–2.

52 Vgl. Deutsche Bischofskonferenz: Der Mensch sein eigener Schöpfer?, Pressemeldung vom 8. März 2001

Ethik-Kommissionen ein, die Fragen der PID und der Stammzellforschung zumeist gemeinsam erörtern sollten. Darüber hinaus beteiligten sich die Mediziner auch in politischen Gremien an den Diskussionen. Allerdings waren ihre öffentlichen Stellungnahmen in keiner Weise so klar wie die der Kirchen, z. T. vielmehr ein Ausdruck von Resignation. So erklärte der Präsident der Bundesärztekammer, Jörg-Dietrich Hoppe, in der FAZ, „wir wissen nicht weiter". Die aufgeworfenen Fragen zur PID und embryonalen Stammzellforschung könnten nur von der Gesamtgesellschaft beantwortet werden, und es gehöre nicht „zu den vornehmsten ärztlichen Pflichten [...], zu den ethischen Herausforderungen medizinischer Praxis einen Standpunkt zu finden".[53] Nur wenige Wochen nach diesem Statement legten sich die Delegierten des 104. Deutschen Ärztetags auf eine Ablehnung der embryonalen Stammzellforschung fest, während zur PID keine eindeutige Position gefunden werden konnte.[54] Die augenscheinliche Positionierung zumindest zur Stammzellforschung hielt jedoch nur rd. vier Monate. Die von der Bundesärztekammer unabhängige, jedoch bei ihr angesiedelte Zentrale Ethikkommission empfahl am 23. November 2001, „dass menschliche Embryonen, die für Zwecke der assistierten Reproduktion erzeugt wurden, aber nicht implantiert werden können, für Forschungszwecke verwendet werden dürfen [...]".[55] Hatten die z. T. konfusen Stellungnahmen deutscher Mediziner zwar keinen unmittelbaren Einfluss auf die deutsche Gesetzgebung, so beteiligten sie sich doch bereitwillig und kontinuierlich an den Diskussionen.

Stammzellforscher waren dagegen, abgesehen von wenigen Ausnahmen, kaum an den innerdeutschen Diskussionen beteiligt. Zwar bezogen neben Philosophen auch bekannte Naturwissenschaftler der verschiedensten Profession immer wieder Stellung[56], abgesehen von Oliver Brüstle[57], der den ersten Antrag auf Stammzellforschung in Deutschland stellte, waren öffentliche Statements von den an den Stammzellforschungen beteiligten Wissenschaftlern jedoch die Seltenheit. Dagegen beteiligte sich die DFG wesentlich intensiver. Schon eineinhalb Jahre vor dem bei der DFG eingehenden Antrag von Oliver Brüstle gab sie am 19. März 1999 eine erste Stellungnahme zum Thema *Humane embryonale Stammzellen* ab. Hierin sprach sie sich noch gegen Experimente mit diesen Zellen und eine Änderung der deutschen Rechtslage aus, erkannte jedoch bereits die zukünftig ethisch

53 J.-D. Hoppe, Wir wissen nicht weiter – Ärzteschaft delegiert ihre Fragen, in: FAZ vom 19.02.2001, S. 52 und vgl. U. Wiesing, Was tun, wenn man sich nicht einigen kann?, in: Deutsches Ärzteblatt, 2001/98, S. 761–763.

54 Vgl. G. Klinkhammer, Die Unverfügbarkeit menschlichen Lebens, in: Deutsches Ärzteblatt, 2001/98, S. 1224–1226.

55 Stellungnahme der Zentralen Ethikkommission zur Stammzellforschung, in: Deutsches Ärzteblatt, 2001/98, S. 2745. Sehr ähnliche Empfehlungen gab nur 6 Tage später der Nationale Ethikrat.

56 Vgl. z. B. G. Rosenkrankz, ... oder Sündenfall?, in: Der Spiegel, 2002/5, S. 175.

57 Vgl. Die Mechanismen entschlüsseln und auf adulte Stammzellen anwenden – Interview mit dem Bonner Neuropathologen Prof. Dr. med. Oliver Brüstle, in: Deutsches Ärzteblatt, 2001/98, S. 1361–1364.

schwer zu rechtfertigende Schwierigkeit, wenn die im Ausland entwickelten therapeutischen Methoden übernommen werden sollten.[58]

Kurze Zeit nach dieser Erklärung richtete die DFG jedoch ein Schwerpunktprogramm zur Stammzellforschung ein und erklärte diesen Kurswechsel in einer zweiten Stellungnahme vom 3. Mai 2001 mit einem erheblichen Erkenntnisgewinn in den vergangenen zwei Jahren. So erklärte sie das reproduktive und therapeutische Klonen zwar für ethisch nicht verantwortbar, erkannte im Bereich der embryonalen und adulten Stammzellforschung jedoch große Möglichkeiten, die sie weder Patienten, noch Wissenschaftlern vorenthalten wollte. Vor dem Hintergrund der geltenden Rechtslage im ESchG sprach sich die DFG für die Beibehaltung der Zulässigkeit des Imports der aus überzähligen Embryonen gewonnenen pluripotenten Stammzellen aus. Für den Fall, dass sich die „zur Verfügung stehenden pluripotenten Zelllinien objektiv als nicht geeignet erweisen [...] schlägt die DFG als zweiten Schritt vor, in Überlegungen einzutreten, Wissenschaftlern in Deutschland die Möglichkeit zu eröffnen, aktiv an der Gewinnung von menschlichen embryonalen Stammzellen zu arbeiten“.[59]

Die deutsche Bundesregierung beteiligte sich nicht nur an den Diskussionen, sie beförderte sie in Gestalt des Bundeskanzlers sogar aktiv. So wandte sich Bundeskanzler Gerhard Schröder in einem *Beitrag zur Gentechnik* vom Dezember 2000 in Bezug auf die PID- und Stammzelldiskussion gegen „ideologische Scheuklappen“ und „Grundsätzliche Verbote“ und forderte zugleich eine breite gesellschaftliche Debatte.[60] Diese setzte der Beitrag unmittelbar in Gang. Mehrere große deutsche Zeitschriften, wie die Zeit, die FAZ, die Frankfurter Rundschau, die Süddeutsche Zeitung oder *Die Welt* initiierten infolge des Schröder-Beitrags Expertendebatten über die Schutzwürdigkeit menschlicher Embryonen, an denen neben bekannten Naturwissenschaftlern, Philosophen, Theologen und Juristen auch Politiker teilnahmen.[61] Zu ihnen gehörte auch Bundespräsident Johannes Rau, der am 18. Mai 2001 in seiner Berliner Rede *Wird alles gut? Für einen Fortschritt nach menschlichem Maß* erklärte, dass die Wissenschaft im Angesicht der Fortschritte der Gen- und Reproduktionstechnik dabei sei, ethische Grenzen zu überschreiten.[62] Zur Beförderung des Dialogs durch die Bundesregierung gehörte auch ihr Beschluss vom 8. Juni 2001 zur Einrichtung eines Nationalen Ethikrates als Forum des Dialogs über ethische Fragen in den Lebenswissenschaften.

58 Vgl. Deutsche Forschungsgemeinschaft, DFG-Stellungnahme zum Problemkreis „Humane embryonale Stammzellen“, in: Jahrbuch für Wissenschaft und Ethik, 1999/4, S. 393 f.

59 Vgl. Empfehlungen der Deutschen Forschungsgemeinschaft zur Forschung mit menschlichen Stammzellen, 3. Mai 2001.

60 G. Schröder, Beitrag zur Gentechnik, in: Die Woche, 20. Dezember 2000.

61 Vgl. S. Graumann, Vorwort – Die Genkontroverse, in: S. Graumann (Hg.), Die Genkontroverse, Freiburg im Breisgau 2001, S. 11.

62 J. Rau, Wird alles gut? – Für einen Fortschritt nach menschlichem Maß, Berliner Rede vom 18. Mai 2001.

Waren die Stimmen zur humanen Stammzellforschung aus der Politik eher verhalten bis ablehnend, waren es insbesondere Bundeskanzler Gerhard Schröder und Bundeswirtschafts- und Arbeitsminister Wolfgang Clement, die in den aufgekommenen Diskussionen für eine offene und vorurteilsfreie Diskussion und darüber für eine Förderung der Stammzellforschung in Deutschland eintraten.[63] Mit ihrer deutlichen Befürwortung der Forschungen nahmen sie innerhalb der politischen Landschaft zwar eine Außenseiterposition ein, sie provozierten darüber jedoch maßgeblich eine kontinuierlich geführte öffentliche Diskussion in Deutschland.

Mit dem Aufkommen der Auseinandersetzungen um die Zulässigkeit der Stammzellforschung war Dolly als Thema der Gentechnik-Diskussionen der BRD noch nicht überwunden. So hieß es noch 2001 in einem *Spiegel*-Gespräch zu den Gefahren des Menschen-Klonens, dass die Gentechniker überhaupt keine Grenzen mehr zu kennen scheinen.[64] Das neue Problemfeld konnte, begleitet von Fragen des therapeutischen Klonens, ideal an die mit Dolly aufgekommenen Diskussionen des reproduktiven Klonens anschließen.[65] Die Verbindung der embryonalen Stammzellforschung mit den Gentechnik-Diskussionen ergab sich jedoch nicht nur aufgrund der seit Dolly bereits vorhandenen partiellen Verknüpfung von Klonierungsversuchen mit der Gentechnik. Abgesehen von der beiden Problemfeldern zugrunde liegenden grundsätzlichen Frage der Zulässigkeit eines künstlichen Eingriffs in das Leben des Menschen, ergab sich auch über die bereits bestehende Verbindung zwischen den Gentechnik- und PID- Diskussionen die gleichgelagerte Frage nach dem moralischen Status des Embryos. Nach der Humangenomanalyse und verschiedensten Anwendung der Reproduktionstechnologie beeinflusste die embryonale Stammzellforschung seit Beginn des neuen Jahrtausends die öffentlichen Diskussionen um die Gentechnologie, ohne eine Anwendung dieser Technologie zu sein.

Anders als bei Dolly war die Verbindung der Stammzellforschung zur Gentechnik in öffentlichen Beiträgen und Auseinandersetzungen nicht omnipräsent. Eigenständige Debatten embryonaler Stammzellforschung gab es durchaus, handelte es sich aufgrund der dahinter stehenden politischen Maßnahmen hierbei doch um eine Entscheidungsfrage. Eine gemeinsame Erörterung beider Problemfelder erfolgte jedoch so regelmäßig, dass sie die Diskussionen zur Gentechnik in den ersten Jahren des neuen Jahrtausends dominierten. So stellte auch Gerhard Kruip, Professor für christliche Anthropologie und Sozialethik, 2003 in einem Aufsatz fest, dass sich „die öffentlichen Debatten zur Gentechnologie in Deutschland [...] hauptsächlich um die Frage der verbrauchenden Forschung an totipoten-

63 Vgl. z. B. Aus Brüssel kommen zu viele schädliche Gesetze. Interview mit Wolfgang Clement und dem niederländischen Wirtschaftsminister Laurens Jan Brinkhorst, in: Süddeutsche Zeitung vom 25./26. September 2004 oder vgl. acatech (Hg.), Jahresbericht 2005, München 2006, S. 54.

64 Vgl. „Wie gut, dass wir sterblich sind“, in: Der Spiegel, 2001/13, S. 232.

65 Vgl. G. Rosenkranz, Neue Farbenlehre, in: Der Spiegel, 2003/4, S. 34.

ten menschlichen Stammzellen [...] und des Stammzellenimports" drehen.[66] Diese Entwicklung beförderten Protagonisten der Gentechnik-Diskussionen wie Wolf-Michael Catenhusen, Eve-Marie Engels oder Albin Eser z. T. selbst, wenn sie während ihrer öffentlichen Auftritte Vergleiche herstellten, die zumindest dem Laien ein undifferenziertes Bild nahelegten.

7.3.2. Die große Gen-Debatte

Während die Protestaktionen gegen die Grüne Gentechnik auch Ende der neunziger Jahre weiter zunahmen zogen die medizinischen Anwendungen inzwischen keine bedeutenden Widerstände mehr nach sich. 1998 konnte Hoechst die Insulin-Anlage nach rd. 14 Jahren der Auseinandersetzung mit Gentechnik-Gegnern feierlich in Betrieb nehmen. Erste internationale Berichte über erfolgversprechend verlaufene Gentherapiestudien um die Jahrtausendwende sorgten nach den Enttäuschungen der neunziger Jahre und trotz zwei schwerer Rückschläge in der deutschen Öffentlichkeit für ein durchaus positives Image der medizinischen Gentechnik. Nachdem 1997 zwei maßgeblich an der Entwicklung der Gentherapie beteiligte deutsche Wissenschaftler, Professor Friedhelm Herrmann (Ulm) und Marion Brach (Lübeck), Datenmanipulation in ihren Veröffentlichungen nachgewiesen werden konnte folgte am 17. September 1999 in den USA der erste Todesfall infolge einer Gentherapie. Der 18-jährige Jesse Gelsinger litt an einer genetisch bedingten Störung der Harnstoffsynthese. Biowissenschaftler und Ärzte mussten nach dem Versuch einräumen, dass es sich bei Gelsinger nicht um eine akute, lebensbedrohliche Erkrankung gehandelt hatte. Deutsche Gentherapeuten versuchten die aufgeheizte Stimmung in der Öffentlichkeit zu beruhigen und eine erneute Sicherheitsdiskussion zu verhindern. Zugleich versicherten sie dem Fall in den USA genau nachzugehen, ehe eine Fortsetzung der laufenden Therapievorhaben unternommen werde.[67] Darüber hinaus erklärten sie, die somatische Gentherapie aufgrund dieses Rückschlags nicht grundsätzlich abzulehnen, und sie für lebensbedrohliche Erkrankungen ohne alternative Therapien durchaus zu befürworten.[68]

Die Rückschläge behielten ihre Aktualität in den Diskussionen jedoch nur kurz und sorgten nicht für ein nachhaltig negatives Image gentherapeutischer Studien oder der Gentechnik als solcher. Neben den zeitgleich aufkommenden Diskussionen um die humane embryonale Stammzellforschung waren es auch die

66 G. Kruip, Gibt es moralische Kriterien für einen gesellschaftlichen Kompromiss in ethischen Fragen?, in: B. Goebel/G. Kruip (Hg.), Gentechnologie und die Zukunft der Menschenwürde, Münster u. a. 2003, S. 133.

67 Vgl. V. Stollorz, Nach ersten Todesfall müssen „alle Fakten auf den Tisch", in: Deutsches Ärzteblatt, 1999/96, S. 2793.

68 Vgl. Interview zwischen Anja Haniel und dem Bayerischen Rundfunk, gesendet am 30. Januar 2002.

Ereignisse um das HGP die für eine gewisse Ablenkung der Öffentlichkeit sorgten. Am 26. Juni 2000 verkündeten Bill Clinton, Craig Venter und Francis Collins in einer weltweit abgestimmten Pressekonferenz die vollständige Entschlüsselung des menschlichen Genoms. Treffend erkannte der *Spiegel* in seiner Titelstory dazu: „Die Wissenschaftler sehen den genetischen Bauplan des Menschen, verstanden haben sie ihn jedoch nicht."[69] Aus wissenschaftlicher Sicht bedeutete das Vorliegen der Gen-Karte des Menschen lediglich eine forschungsstrategische Wende von der strukturalen zur funktionalen Genomik, hatten die reinen Sequenzierungsdaten allein keine Aussagekraft für die medizinische Praxis. Die internationale Öffentlichkeit feierte die Humangenomsequenzierung jedoch als eine Sensation der Menschheitsgeschichte, die infolge ihrer Veröffentlichung im Jahr 2001 über Monate für großes Interesse, auch in den Medien sorgte.[70] Protagonisten wie Craig Venter oder James D. Watson warben in Interviews weltweit für das HGP und heizten die Stimmung durch Vergleiche der Gen-Karte des Menschen mit der Erfindung der Druckerpresse weiter an.[71] Auch Bundesforschungsministerin Edelgard Bulmahn nutzte die euphorische Stimmung und stellte das mit 870 Mio. DM geförderte Nationale Genomforschungsnetz[72] zur interdisziplinären Vernetzung der Experten vor. Mit dieser Investition schloss Deutschland, zumindest finanziell gesehen, an die Spitze der europäischen Genomforschung an.[73]

Im Kontext dieser Entwicklungen im HGP und den aufkommenden intensiven Diskussionen zur Stammzellforschung rückte die Ursachenforschung des tödlich verlaufenen Gentherapieversuchs ab 2000 unter deutschen Biowissenschaftlern und Medizinern in den Hintergrund. Die Medien berichteten mehrfach über Studienergebnisse, die zwar kaum erfolgreich, aber durchaus vielversprechend waren. Zumindest wurde verhaltener Optimismus gezeigt, wenngleich die einstige Euphorie der frühen neunziger Jahre keine Wiederauferstehung erfuhr.[74] Gerade diese Zurückhaltung verhalf dem Image der Roten Gentechnik beinahe unbeschadet über einen weiteren Zwischenfall, bei dem im Jahr 2002 in Frankreich ein dreijähriger Junge nach der Behandlung mit retroviral veränderten Zellen unerwartet an Leukämie erkrankte.[75] Sofort verabschiedeten die Bundesärztekammer und das Paul-Ehrlich-Institut ein Moratorium für Gentherapiestudien unter Einsatz retroviraler Vektoren. Das Moratorium konnte zwar bereits zum Ende des Jahres aufgehoben werden, in der Öffentlichkeit vermochte es – gemeinsam mit dem seit März 2004 durch das BMBF geförderte Deutsche Register für somatische Gen-

69 Titelstory *Die Gen-Revolution*, in: Der Spiegel, 2000/26, S. 78 ff.

70 Vgl. Der Bauplan des Menschen ist entziffert, in: Die Welt, 13. Februar 2001, Titelseite-S. 3.

71 Vgl. Sollen wir den Piloten ins Gehirn blicken? Ein Gespräch mit James D. Watson, in: F. Schirrmacher (Hg.), Die Darwin AG, Köln 2001, S. 266.

72 Vgl. http://www.ngfn.de/index.php/geschichte_des_ngfn.html

73 Vgl. E. A. Richter, Finanzspritze, in: Deutsches Ärzteblatt, 2001/98, S. 297.

74 Vgl. U. Förstermann, Erste Erfolge – viele noch unerfüllte Hoffnungen, in: Deutsches Ärzteblatt, 2003/100, S. 280–283.

75 Vgl. K. Koch, Leukämie durch Manipulation, in: Deutsches Ärzteblatt, 2002/99, S. 933.

transferstudien, dass der interessierten Öffentlichkeit auch online einen Überblick über alle aktuell laufenden Studien gibt[76] – eine erneut aufgeheizte Stimmung zu verhindern. In diesem Sinne erklärte Christoph Klein von der Medizinischen Hochschule Hannover 2003 im Kontext von erfolgversprechenden Berichten über klinische Gentherapiestudien an Kindern mit angeborenen Immunstörungen in Frankreich, dass nun „nicht nur ein langjähriges, systematisches, diszipliniertes, wissenschaftliches Vorgehen mit Erfolg belohnt [werde, sondern] die gesamte Disziplin der Gentherapie" ihre Legitimation erhielte.[77]

Wie in ihrer Stellungnahme aus dem Jahr 1995[78] betonte die Senatskommission für Grundsatzfragen der Genforschung der DFG auch gute zehn Jahre später die Bedeutung der somatischen Gentherapie. Wenngleich sie 2007 nach wie vor einen erheblichen Forschungsbedarf erkannte und DFG-Präsident Ernst-Ludwig Winnacker infolge der „zum Teil fatalen Nebenwirkungen" in den vergangenen Jahren „vor einer breiten Anwendung zum jetzigen Zeitpunkt" warnte[79], so erkannte die DFG für zahlreiche monogenetisch bedingte Erbkrankheiten sowie erworbene Erkrankungen wie Krebs oder HIV-Infektionen zugleich „innovative und verfolgenswerte Therapieansätze".[80]

Zeigte die Öffentlichkeit zu Beginn des neuen Jahrtausends ein gewisses Interesse an gentherapeutischen Studien, so gingen ihre nach wie vor ausstehenden ethischen Fragen in der großen Gen-Debatte unter. Diese verlangte, anders als die Gentechnikdiskussionen, nach einer Ja oder Nein Entscheidung. Die wissenschaftlich-technologischen Fortschritte bedeuteten nicht zugleich einen Fortschritt für die inzwischen jahrzehntealten bioethischen Diskussionen. Weite Teile der daran beteiligten Akteure subsumierten die Fragen zur Gentechnologie in die um 2000/2001 in der BRD aufkommende große Gen-Debatte. Der Abschluss der Humangenomsequenzierung, die Legalisierungsversuche der PID und die ersten Absichten zur Durchführungen von Stammzellforschungen brachten in der deutschen Öffentlichkeit eine Vielzahl ähnlich gelagerter, bioethisch-moralphilosophischer Fragen zum Selbstverständnis des Menschen und der Zulässigkeit von Eingriffen in dessen Leben auf. In der Folge wurden insbesondere Anwendungsfragen der Gentechnik kaum noch eigenständig diskutiert, sondern vielmehr unter die große Gen-Debatte subsumiert, wobei ethische Fragen der humanen Stammzellforschung einen besonderen Stellenwert innerhalb dieser Debatte genossen. In diesem Kontext erfuhren die bereits während der neunziger Jahre

76 www.dereg.de

77 Vgl. C. Klein, Somatische Gentherapie – Chancen und Grenzen, in: Jahrbuch für Wissenschaft und Ethik, 2003/8, S. 192.

78 Vgl. Senatskommission für Grundsatzfragen der Genforschung (Hg.), Genforschung, Deutsche Forschungsgemeinschaft, Mitteilung 1, Weinheim 1997.

79 Vgl. Senatskommission für Grundsatzfragen der Genforschung (Hg.), Entwicklung der Gentherapie, Deutsche Forschungsgemeinschaft, Mitteilung 5, Weinheim 2007, S. IX und X.

80 Vgl. Entwicklung der Gentherapie, Stellungnahme der Senatskommission für Grundsatzfragen der Genforschung, Deutsche Forschungsgemeinschaft, Weinheim 2007, S. 1–10.

erprobten Dialogveranstaltungen wie Bürgerkonferenzen eine verstärkte Fortführung, die v. a. auf die Ermöglichung eines öffentlichen Meinungsbildungsprozesses sowie des Abbaus von Informationsdefiziten zielten.

Die Problematik einer ethischen Bewertung stellte sich mit Beginn des neuen Jahrtausends auch im Kontext der Forschungen zur Xenotransplantation, also der Übertragung von Tierorganen auf den Menschen bzw. der Verwendung von lebenden nicht-humanen tierischen Zellen, Geweben oder Organen für menschliche Patienten. Zur Vermeidung von Abstoßungsreaktionen sollten tierische Zellen und Gewebe mit Hilfe gentechnischer Veränderungen an den menschlichen Organismus angepasst werden. Während der neunziger Jahre wurde die Transplantation von Organen beim Menschen zu einer medizinischen Routineoperation. Der Bedarf dieser als Allotransplantationen bezeichneten Übertragung von Organen, Geweben oder Zellen von Mensch zu Mensch, stieg seither an, wobei das Angebot an Spenderorganen weit dahinter zurückblieb.[81] In der BRD arbeiteten während der neunziger Jahre bereits erste Arbeitsgruppen an der Entwicklung der Xenotransplantation, darunter zum Beispiel eine Gruppe am Leibniz-Institut für Biotechnologie und künstliche Organe.

Mit der Xenotransplantation verknüpften sich nicht nur spezielle, mit dem Stand der Technik einhergehende Fragen, sondern auch ganz fundamentale ethische Fragen nach der Zulässigkeit der Transplantationsmedizin. Ende der neunziger Jahre existierte in der BRD noch keine spezialgesetzliche Regelung dazu. Die Xenotransplantation brachte v. a. unter tierethischen Gesichtspunkten Schwierigkeiten, da die Tiere allein zum Zweck der Organspende gezüchtet, gentechnisch verändert und schließlich getötet werden sollten. Zudem gab es Befürchtungen eines Rückgangs der Spendenbereitschaft innerhalb der Bevölkerung. Um den ethischen und rechtlichen Fragen dieser neuen medizinischen Entwicklung zu begegnen, richteten um die Jahrtausendwende neben der Deutschen Transplantationsgesellschaft auch die Bundesärztekammer, das Kirchenamt der evangelischen Kirchen, die DBK und die Europäische Akademie Kommissionen und Arbeitsgruppen ein.[82] Die von der Bundesärztekammer angekündigte Erarbeitung von Richtlinien stand bis 2006 jedoch aus.

Während weit verbreitete Einigkeit unter den Medizinern herrschte, dass die Sicherheitsrisiken einer Gentherapie denen einer Organtransplantation bzw. einer Impfstoffanwendung gleichzusetzen sind, bestand für deren ethische Bewertung noch ein Dissens. Christoph Fuchs, Hauptgeschäftsführer der Bundesärztekammer und des Deutschen Ärztetages gestand in diesem Zusammenhang 1999 eine gewisse Überforderung der Mediziner in ihrem Alltag. Die „diagnostisch-therapeutische Schere“ gehe so schnell auseinander, dass die ethische Reflexion

81 J. Straßburger, Rechtliche Probleme der Xenotransplantation, Hamburg 2008, S. 8–9.

82 Vgl. C. Hammer, Stand der Xenotransplantation in Deutschland und Perspektiven aus ärztlicher Sicht, in: D. Arndt/G. Obe/U. Kleeberg (Hg.), Biotechnologische Verfahren und Möglichkeiten in der Medizin, München 2001, S. 137.

der Mediziner nicht Schritt halten könne.[83] Fuchs und auch sein Ärztekammer-Kollege Stefan Winter forderten eine ethische Grundsatzdiskussion, an der neben Medizinern auch Theologen, Juristen, Ethiker, die interessierte Fachöffentlichkeit und Journalisten beteiligt sein müssten. Allein die medizinische Fachkompetenz reichte aus ihrer Sicht nicht aus.[84]

Versuche einer Beantwortung der ethischen Fragen der medizinischen Gentechnik gab es durchaus. Für sie steht z. B. die EKD Studie *Einverständnis mit der Schöpfung* aus dem Jahr 1991. Sehr prominent in der Öffentlichkeit wahrgenommen wurde in diesem Zusammenhang der Vortrag *Regeln für den Menschenpark*[85] des Karlsruher Hochschulprofessors für Ästhetik und Philosophie, Peter Sloterdijk. Ihm ging es weniger um eine Auseinandersetzung mit neuen Technologien, sondern vielmehr um den Entwurf neuer Menschenbilder. Dennoch löste Sloterdijk mit seinem Vortrag 1999 nicht nur einen Philosophenstreit aus. Über Wochen avancierte er zum prominenten „Akteur" der Gentechnik-Diskussionen[86], wenngleich er keine expliziten Aussagen zum Verhältnis von Ethik und Gentechnik machte und somit keinen konkreten Beitrag zu den anstehenden Fragen der Gentechnik lieferte.

Gegenständliche Versuche einer ethisch-philosophischen und auch theologischen Bewertung hatte es vielfach gegeben. Ulrich Eibach tat sich bereits seit den achtziger Jahren als Professor für systematische Theologie und Ethik an der Universität Bonn in Fragen der Bio- und Medizinethik in den öffentlichen Diskussionen hervor. So stufte er den „Anspruch, das Leben als Ganzes durch gezielte Eingriffe ins Genom verbessern zu können" zwar „als gottlose Anmaßung" ein, lehnte gentechnische Eingriffe in das menschliche Erbgut jedoch nicht grundsätzlich ab, da die vorgefundene Natur nicht mit der „guten Schöpfung Gottes" identisch sei.[87] Wenngleich religiöse Normen zumeist in theologischen Bewertungsmodellen eine Rolle spielten, entsprach Eibachs Position in ihrer Grundhaltung einer Vielzahl der öffentlich geäußerten ethisch-philosophischen Positionen: Gentechnische Eingriffe in das menschliche Leben sind ethisch-moralisch fragwürdig, aufgrund ihres Anspruchs der Linderung von Leid u. U. jedoch tolerierbar. So klar die Aussage, so unklar jedoch ihre Handlungsempfehlung für die medizinische Praxis und den politischen Gesetzgebungsprozess. Erklärten diese Positionen gentechnische Eingriffe zwar als nicht grundsätzlich verboten, erklärten sie dagegen nicht den Krankheitsbegriff und darüber welche Eingriffe unter welchen Umständen vertretbar seien.

83 Begründungsbedürftige Menschenbilder – Der Zehnte Europäische Kongreß evangelischer Theologen, in: Herder Korrespondenz, 1999/53, S. 574.

84 S. Winter/C. Fuchs, Von Menschenbild und Menschenwürde, in: Deutsches Ärzteblatt, 2000/97, S. 261–264.

85 P. Sloterdijk, Regeln für den Menschenpark, Frankfurt a. M. 1999.

86 Vgl. Der Denker fällt vom Hochseil, in: Der Spiegel, 1999/38, S. 256–259 oder Titelstory *Gen-Projekt Übermensch*, Zucht und deutsche Ordnung, in: Der Spiegel, 1999/39, S. 300 ff.

87 U. Eibach, Gentechnik und Embryonenforschung, Wuppertal 2002, S. 198.

So sahen sich deutsche Mediziner bei der ethischen Bewertung von Gentherapiestudien trotz der Einrichtung ethischer Beratungskommissionen nach wie vor einer Handlungsunsicherheit gegenüber. Während die breite Öffentlichkeit augenscheinlich auf der Suche nach einer Antwort auf die große Frage nach dem menschlichen Selbstverständnis und dem Beginn des Lebens war, suchten die Mediziner, auch vor dem Hintergrund der inzwischen vorliegenden humanen Gensequenz, Antworten auf die Detailfragen einer konkreten Bestimmung des Krankheitsbegriffs für die Praxis. Welche Genomsequenz gilt als krankhaft und welche nicht? Bei welchen Krankheiten darf eine Gentherapie angewandt werden und bei welchen nicht? Fragen, deren Beantwortung bis heute noch aussteht.

7.4. BEDROHUNG GEN-FOOD?

Trotz der weltweit steigenden Anbauflächen transgener Pflanzen gestaltete sich ihre Etablierung in der BRD ausgesprochen schwierig. Nach wie vor herrschte eine skeptische bis ablehnende Haltung in der Öffentlichkeit und auch unter Verbrauchern vor. Gentechnisch veränderte Pflanzen wurden bis 2006 nur in geringen Mengen angebaut, während der Anteil der ökologisch bewirtschafteten Fläche in der BRD bis 2005 parallel auf 4,5%stieg.[88] Auch transgene Nahrungsmittel gab es in deutschen Supermärkten im Grunde nicht zu kaufen. Bundesweit befanden sich 2006 lediglich 23 Gen-Endprodukte in den Regalen, darunter v. a. Tofuprodukte.[89] Eine reale Präsenz der Gentechnik in deutschen Supermärkten gab es nur über tierische Produkte wie Fleisch, Milch oder Eier. Sie stammten während der frühen 2000er Jahre bereits zu über 50% von Tieren, die mit Futterbeimischungen versorgt wurden, allein aufgrund der transgenen Fütterung jedoch keiner Kennzeichnungspflicht unterlagen. Ende 2005 schienen Freisetzungsexperimente der BASF Plant-Science an gentechnisch veränderten Stärkekartoffeln zwar sehr aussichtsreich für eine Markteinführung, ein großflächiger oder gar kommerzieller Anbau der als nachwachsender Rohstoff angelegten Kartoffelpflanze zeichnete sich in der BRD bis 2006 aber nicht ab. Eine reale Bedrohung durch Gen-Food schien in der BRD latent vorhanden, jedoch bei weitem noch nicht gegeben.

7.4.1. Die Frage der Koexistenz

Vielfache Bevölkerungs- und Verbraucherumfragen offenbarten auch zu Beginn des neuen Jahrtausends eine gleichbleibend skeptische Haltung von rd. 70% der Deutschen gegenüber gentechnisch veränderten Lebensmitteln. Zudem hatten die

88 Bilanz und Positionen : Geschäftsbericht des Deutschen Bauernverbandes 2005/2006, Berlin 2006, S. 102.

89 Vgl. C. Buck, Zukunftsfrüchte, in: Die Welt, 17. Januar 2006, S. 2.

Eurobarometer-Studien[90] der späten neunziger und frühen 2000er Jahre gezeigt, dass die Einstellungen der Deutschen denen einer Mehrheit der EU-Bürger entsprach und somit keine Besonderheit im Sinne einer ausgesprochen kritischen Einstellung aufwiesen.

Nach wie vor standen sich innerhalb der Diskussionen um die landwirtschaftlichen Anwendungen der Gentechnik in der BRD die Argumente der achtziger und neunziger Jahre gegenüber (vgl. Kap. 6.5.1). Gleiches galt für die insbesondere von Umweltverbänden organisierten Protestaktionen, zu denen weiterhin juristische Einspruchsverfahren, Demonstrationen und Feldbesetzungen sowie Feldzerstörungen gehörten. Die Widerstände gegen Freisetzungsversuche waren vornehmlich regional beschränkt, während Markteinführungen transgener Lebensmittel bundesweite Proteste nach sich zogen. Besondere Intensität erhielten die Aktionen in der BRD durch verschiedenste Ereignisse im Jahr 2000 und ab 2004. Infolge des BSE-Skandals wurde die Kritik an der industrialisierten Landwirtschaft und ihrer fehlenden Transparenz für den Endverbraucher auch auf die landwirtschaftliche Nutzung der Gentechnik übertragen.[91] Weiteren Zündstoff für Gentech-Gegner bot die Veröffentlichung einer amerikanischen Studie zum Einfluss des Bt-Mais Pollens auf Monarchfalter-Raupen (Schmetterlings-Raupen) aus dem Jahr 1999. Durch eine gentechnische Veränderung enthält der Bt-Mais ein Endotoxin, welches ihn resistent gegenüber der Larve des Maiszünslers macht. Die Studie der Amerikaner erklärte für Monarchfalter, die Blätter der mit Bt-Mais Pollen bestäubten Seidenblume fraßen, eine erhöhte Mortalität nachgewiesen zu haben.[92] Gegner der Grünen Gentechnik sahen in der Studie den wissenschaftlichen Beweis für Wirkungen auf Nichtzielorganismen und darüber auch für unvorhersehbare Auswirkungen auf das Ökosystem erbracht. Forschungsvertreter und Wissenschaftler traten der Studie jedoch reserviert gegenüber und stellten die Aussagekraft der erzielten Ergebnisse[93] für die Wirkung von transgenen Pflanzen auf das Ökosystem in Frage.[94] Spätere und aus Sicht von Industrie und Wissenschaft aussagekräftigere internationale[95] und auch deutsche Untersuchungen[96]

90 Vgl. z.B. Eurobarometerstudien 46.1 (1996), 52.1 (1999), 55.2 (2001) oder 58.1 (2002).

91 J. Bölsche et al., Frankenfood aus dem Labor, in: Der Spiegel, 2000/49, Titelthema, S. 312.

92 Vgl. J. E. Losey/L. S. Rayor/M. E. Carter, Transgenic pollen harms monarch larvae, in: Nature, 1999/399 oder L. C. Hansen-Jesse/J. J. Obrycki, Field deposition of Bt transgenic cornpollen: lethal effects on the monarch butterfly, in: Oecologia, 2000/125.

93 Sie argumentierten, dass Maispollen nur während einer kurzen Vegetationsperiode gebildet werden, die sich mit dem empfindlichen Entwicklungsstadium der untersuchten Schmetterlinge nur geringfügig überlappt. Zudem sei unklar, ob der Monarchfalter die Seidenblumen überhaupt als Nahrung nutzt, wenn andere Pflanzen parallel als Nahrungsquelle zur Verfügung stehen.

94 Vgl. K. Menrad/S. Gaisser/B. Hüsing/M. Menrad, Gentechnik in der Landwirtschaft, Pflanzenzucht und Lebensmittelproduktion, Heidelberg 2003, S. 203.

95 Vgl. z. B. G. P. Dively et al., Effects on monarch butterfly larvae (Lepidoptera: Danaidae) After Continuous Exposure to Cry1Ab-Expressing Corn During Anthesis, in: Environ. Entomol, 2004/33.

kamen dagegen zu dem Ergebnis, dass der kommerzielle Anbau von Bt-Mais – abgesehen von Bt-Mais 176 – keine gravierenden Gefahren für den Monarchfalter berge.[97] Verbände und Printmedien blendeten diese Studienergebnisse in den Diskussionen jedoch kategorisch aus.

Nach kurzfristigen Beruhigungen nahm die Zahl der Aktionen gegen Freilandversuche und damit die Zahl der Feldzerstörungen ab 2004 wieder stark zu.[98] Inzwischen hatte sich die Frage der Umsetzbarkeit der Koexistenz der verschiedenen Anbauformen und v. a. eines Schutzes gentechnikfreier Regionen zu einem zentralen Diskussionsthema um die Grüne Gentechnik entwickelt. Ab 2000 wurden mehrfach Verunreinigungen vermeintlich gentechnikfreier Nahrungsmittel bekannt, die insbesondere von Umweltschützern sowie Öko-Bauern und Öko-Landwirten als Beweis für eine Gefährdung des Öko-Landbaus ins Feld geführt wurden.[99] In der Öffentlichkeit als Skandal gehandelt, wurden sie in den Auseinandersetzungen als Beleg für eine nicht kontrollierbare Koexistenz aufgeführt. So beispielsweise die versehentliche Lieferung von gentechnisch verändertem kanadischem Raps[100] in vier europäische Länder, darunter auch Deutschland, im Jahr 2000 oder die infolge mehrfach aufgetretener anaphylaktischer Schocks bei Mais-Allergikern in Tacos, Tortillias und anderen Maisprodukten nachgewiesene Verwendung der nicht für den menschlichen Verzehr zugelassenen StarLink Maissorte. Mitte 2000 entdeckte die Stiftung Warentest im Rahmen einer Untersuchung in deutschen Supermärkten 31 ungekennzeichnete Produkte, die gentechnisch veränderte Zutaten enthielten.[101] Zu einem der größten Skandale entwickelte sich im Jahr 2006 das Ergebnis einer Kontrolle des europäischen Verbands der Reismühlen, der in jeder fünften von 162 Proben den von Bayer entwickelten und in den USA in Feldversuchen ausgesäten, jedoch als Nahrungsmittel weltweit nicht zugelassenen gentechnisch veränderten Reis LL 601 fanden. Bei der Kontamination handelte es sich um einen gegenüber dem Unkrautvernichtungsmittel Liberty Link unempfindlichen, herbizidtoleranten Reis, der zwischen 1998 und

96 Vgl. z.B. das im Rahmen der Biologischen Sicherheitsforschung von der RWTH Aachen 2001–2004 durchgeführte Projekt *Effekte des Anbaus von Bt-Mais auf verschiedene in Maisfeldern vorkommende Arthropoden.* (online: http://www.biosicherheit.de/projekte/910.effekte-anbaus-mais-verschiedene-maisfeldern-vorkommende-arthropoden.html)

97 Vgl. F. Hucho et al., Gentechnologiebericht, München 2005, S. 328.

98 Vgl. Aufstellung in: T: Deichmann, Warum Angst vor Grüner Gentechnik? Halle 2009, S. 248 ff.

99 Vgl. Genreis: Bayer ist sich keiner Schuld bewusst, in: Unabhängige Bauerstimme, 2006/10, S. 16 oder vgl. Gentechnik-Debatte wird zur Grenzwert-Debatte, in: Unabhängige Bauernstimme, 2003/1, S. 12.

100 C: Ehrenstein, Gen-Pflanzen sind für Menschen ungefährlich, in: Die Welt, 20. Mai 2000, S. 37.

101 Vgl. Kennzeichnungspflicht bei Gen-Produkten wird missachtet, in: Die Welt, 28. Juli 2000, S. 2.

2001 in Feldversuchen getestet, jedoch nie kommerzialisiert wurde.[102] Es folgte eine große Rückrufaktion, und Einzelhandelsketten nahmen den Reis völlig aus dem Programm.

Überregional aktive Umwelt**verbände** stellten auch in den ersten Jahren des neuen Jahrtausends die schärfsten Gentechnik-Gegner in den öffentlichen Diskussionen der BRD, während Verbraucherverbände inzwischen mehrheitlich auf ausführliche Verbraucherinformationen und weniger auf aktive Beteiligungen an den Diskussionen setzten. Neben Feldbesetzungen bzw. -zerstörungen boten zunehmend kooperative Demonstrationen Foren der Kritik. Nachdem 2004 rd. 30 Verbände zur Münchener Demonstration *Bayern soll gentechnikfrei bleiben!* mehr als 5000 Menschen mobilisieren konnten, erreichte noch im selben Jahr eine zweite Großdemonstration in Stuttgart, organisiert von rd. 50 Verbänden, eine Beteiligung von ca. 10.000 Menschen.[103] Am 3. März 2006 beteiligten sich rd. 5000 Menschen an einem bundesweiten Aktionstag für eine gentechnikfreie Landwirtschaft.[104] Unter den federführenden Organisatoren fanden sich v. a. der BUND, Greenpeace, Bioland oder die AbL, deren Mitgliederzahlen im Kontext der Anti-Gentechnik-Demonstrationen erheblich gesteigert werden konnten. Zu den Demonstranten gehörten neben reinen Umweltaktivisten auch Bauern, Imker, Brauer, Bäcker und sonstige dem Nahrungsmittelgewerbe nahestehende Berufsgruppenvertreter.

Greenpeace Deutschland zählte nach wie vor zu den größten deutschen Aktivisten im Umfeld der Gentechnik-Diskussionen. Seit seinem Einstieg im Jahr 1996 hatte sich der Verband an die Spitze des deutschen Widerstands gegen den Einsatz von Gentechnik in der Landwirtschaft gesetzt. Zu den wesentlichen politischen Forderungen gehörte nach wie vor der Stopp von Freisetzungsversuchen mit transgenen Pflanzen, strengere Anbauregeln, Haftungsregelungen für Umweltschäden sowie EU-weite Regeln zum Schutz der gentechnikfreien Landwirtschaft.[105] Öffentlichen Druck übte der Umweltverband zunehmend auf die Industrie aus, der er die Ausnutzung einer Gesetzeslücke zur Kennzeichnungspflicht und darüber die Untermischungen transgener Pflanzen in Futtermittel vorwarf.[106] Neben der Listung von Unternehmens-Top´s und –Flop´s auf der eigenen Homepage, der Herausgabe des Einkaufsratgebers *Essen ohne Gentechnik* und dem Betreiben des online Verbraucherratgebers www.*EinkaufsNetz.org* trug Greenpeace mehrfach juristische Kämpfe mit Lebensmittelproduzenten wie Alois Müller oder Weihenstephan öffentlich aus. Auch den Fast-Food Konzern McDonald´s wollte der Verein 2004 mit der Kampagne „Burgerbewegung" zum Verkauf garantiert

102 Vgl. A. Bühl, Risikoanalyse Grüne Gentechnik, in: A. Bühl (Hg.), Auf dem Weg zur biomächtigen Gesellschaft?, Wiesbaden 2009, S. 423/424.

103 M. Amrhein, Protest gegen Gentechnik, in: Unabhängige Bauernstimme, 2004/5, S. 14.

104 Vgl. 5.000 Menschen gegen Gentechnik auf dem Acker, in: Unabhängige Bauernstimme, 2006/4, S. 17.

105 Vgl. Das neue Gentechnikgesetz, Greenpeace 2004.

106 Vgl. S. Knauer, Genfood vom Mississippi, in: Der Spiegel, 1999/50, S. 76.

gentechnikfreier Produkte bewegen.[107] Für besonderes Medieninteresse sorgte die Auseinandersetzung mit der Molkerei Alois Müller GmbH Co. KG. Greenpeace bezeichnete „Müller-Milch" im Rahmen seiner Anti-Gentechnik-Kampagne als „Gen-Milch" und riet den Konsumenten zum Boykott der Milch, worauf eine juristische Auseinandersetzung folgte. Im September 2004 untersagte das Kölner Landgericht Greenpeace per einstweiliger Verfügung die öffentliche Bezeichnung von Müller-Produkten als „Gen-Milch". Alois Müller-Vertreter forderten daraufhin sogar eine Aberkennung der Gemeinnützigkeit des Vereins und kündigten Schadensersatzklagen an.[108] Nur einen Monat nach der Entscheidung hob das Oberlandesgericht die Entscheidung des Kölner Landgerichts jedoch auf und gewährte die „Gen-Milch"-Bezeichnung. Greenpeace kündigte daraufhin die Fortsetzung der Kampagne an.[109]

Seit Ende der neunziger Jahre ließen sich unter den Umweltverbänden vermehrt Bemühungen einer „Verwissenschaftlichung" der eigenen Argumente feststellen. Wissenschaftliche Studienergebnisse, die augenscheinlich negative Folgen eines Gentechnikeinsatzes nachgewiesen hatten, boten eine gute Voraussetzung, um die eigenen Argumentationen auf „seriöse" Fundamente zu setzen. So verwies der BUND beispielsweise mehrfach auf eine Studie von Charles M. Benbrook[110], die infolge des Anbaubeginns transgener Pflanzen in den USA zwar einen Abfall des Pestizideinsatzes in den Jahren nach 1996 ausweist, ab 2001 dagegen einen deutlichen Anstieg nachweist, der auf das verstärkte Auftreten resistenter Unkräuter zurückzuführen sein sollte.[111] Mitglieder- und damit finanzstarke Umweltverbände machten sich sogar daran, eigene Studien in Auftrag zu geben. Um nicht ausschließlich mit ökologischen Argumenten gegen einen Einsatz der Gentechnik vorzugehen, gab der BUND eine Studie zur Untersuchung des Arbeitsmarktpotenzials der Gentechnik in Auftrag. Die 2006 von der Universität Oldenburg veröffentlichte Studie gelangte zu dem Ergebnis, dass im Bereich der Grünen Gentechnik in der BRD derzeit weniger als 500 Arbeitsplätze vorhanden seien und dieser Bereich demzufolge keine neuen Arbeitsplätze schaffe.[112] Vor dem Hintergrund des bis dahin gerade einmal auf rd. 950 Hektar angelaufenen Anbaus transgener Pflanzen in der BRD verwundert das Ergebnis nicht. Jedoch wiedersprach die Studie für die Zukunft nicht nur Prognosen der Bundesregierung, sondern auch der Deutschen Akademien der Wissenschaften und der Deutschen Industrievereinigung Biotechnologie.

107 Vgl. „Burgerbewegung" macht Druck auf McDonald's, in: Unabhängige Bauernstimme, 2004/7 + 8, S. 4.

108 T. Behrend/T. Deichmann, Die Akte Greenpeace, in: Focus, 2004/38, S. 44.

109 Greenpeace darf Müller-Milch als „Gen-Milch" bezeichnen. In: Die Welt vom 29. Oktober 2004.

110 C. M. Benbrook, Impacts of Genetically Engineered Crops on Pesticide Use in the United States, November 2003.

111 Bund für Umwelt und Naturschutz Deutschland e. V. (Hg.), Informationen für Bäuerinnen und Bauern zum Einsatz der Gentechnik in der Landwirtschaft, Berlin 2004, S. 22.

112 T. Helmerichs/D. Grundke, "Grüne Gentechnik" als Arbeitsplatzmotor?, Oldenburg 2006.

Die Bemühungen um mehr „Seriosität" waren jedoch nicht immer erfolgreich, nämlich gerade dann nicht, wenn voreilige Bewertungen wissenschaftlicher Untersuchungsergebnisse unternommen wurden. So bewertete Greenpeace z. B. 2005 eine neu entwickelte transgene Reissorte vor der Veröffentlichung wissenschaftlicher Untersuchungsergebnisse als unwirksam und überflüssig. Die vorschnelle Bewertung war auch für *Die Welt* zu offensichtlich und so warnte die Zeitung im Gegenzug vor den Warnungen des Umweltverbands: „Greenpeace bewertet hypothetische Restrisiken höher als konkrete Gefahren für Millionen."[113]

Die den Umweltverbänden mit ihrer absoluten Ablehnung gentechnischer Anwendungen in der Landwirtschaft häufig vorgeworfene Realitätsferne erfuhr ab 2000 zumindest vereinzelt eine gewisse Entkräftung. Trotz des in Europa anhaltenden De-facto-Moratoriums weiteten sich die Anbauflächen transgener Pflanzen international erheblich aus. Diese globalen Entwicklungen blieben auch den stärksten Gentechnikgegnern nicht verborgen und so gingen zunehmend auch Vertreter von Umweltverbänden, wie Gerhard Timm vom BUND, davon aus, dass „über kurz oder lang [...] gentechnische Anteile in allen Nahrungsmitteln drin sein [werden] – ob es draufsteht oder nicht".[114] Abgesehen von Greenpeace entwickelte sich bei einer Mehrheit der größeren Umweltverbände ein zunehmendes Bewusstsein dafür, dass sich die Grüne Gentechnik in der BRD nicht völlig aufhalten lassen werde. In der Folge veränderten sich die Argumentationen von einer absoluten Ablehnung der Technik in Richtung einer Forderung bestimmter Rahmenbedingungen. So erklärte beispielsweise Beatrix Tappeser vom Öko-Institut: „Man muss sich damit auseinandersetzen, dass zukünftig auch in Deutschland transgene Pflanzen angebaut werden", wobei sich daraus weder Einschränkungen der Wahlfreiheit bei Nahrungsmitteln, noch Nachteile für Ökobauern ergeben dürften.[115]

Deutsche Bauernverbände beteiligten sich auch im neuen Jahrtausend eher zurückhaltend an den öffentlichen Diskussionen um die Grüne Gentechnik. Dieses Verhalten wurde zunehmend auch von Seiten der Politik beklagt, wenn z. B. die Vorsitzende des zuständigen Bundestagsausschusses für Verbraucherschutz, Ernährung und Landwirtschaft, Herta Däubler-Gmelin, anmahnte, dass es zwar in einigen Regionen Stellungnahmen von Landwirten gegen die Gentechnik gebe, der mächtige DBV eindeutige Erklärungen zu gentechnisch veränderten Pflanzen bislang jedoch vermissen ließe.[116] Im Kontext der zunehmend diskutierten Fragen einer Koexistenz der verschiedenen Anbauarten seit Ende der neunziger Jahre offenbarte sich die große Schwierigkeit eindeutiger Positionierungen, vereinten die Verbände doch zumeist Vertreter des konventionellen und des ökologischen

113 Vgl. D. Maxeiner, Die Anti-Reis-Kampagne, in: Die Welt, 5. April 2005, S. 10.
114 Vgl. P. Bethge, Designerkost für alle, in: Der Spiegel, 2003/12, S. 154.
115 Vgl. S. Kastilan, Grüne Gentechnik drängt auf den Markt, in: Die Welt, 25. Juli 2002, S. 31.
116 Vgl. H. Däubler-Gmelin, Geleitwort: Fragen und Erwartungen der Politik, in: T. Potthast/C. Baumgartner/E.-M. Engels (Hg.), Die richtigen Maße für die Nahrung, Tübingen u. a. 2005, S.16.

Landbaus. Während die Nutzung der Gentechnik für ökologisch arbeitende Betriebe nicht in Frage kam, versprach sie für konventionell produzierende Betriebe durchaus Vorteile. In Fragen der Gentechnik hatte insbesondere der DBV, dem rund 90% aller deutschen Bauern angehörten, die Interessen von Vertretern beider Anbauarten zu vertreten. Diese Diskrepanz zeigte sich u. a. in den Diskussionen um die Kennzeichnungsregelungen von gentechnisch verändertem Saatgut. So forderte der DBV eine Verschärfung der Regelungen für den Erhalt des Biosiegels, während er den von der europäischen Kommission vorgeschlagenen Grenzwert von 0,3% im Saatgut zugleich als alltagstauglich deklarierte.[117]

Dem Problem einer friedlichen Koexistenz von konventionellem und ökologischem Landbau begegnete der DBV in seinen Situations-, Bilanz- und Positionsberichten mit zurückhaltenden Beiträgen, in denen die Grüne Gentechnik und ihre Akzeptanzprobleme in der Öffentlichkeit zwar thematisiert wurden, jedoch keine klare Positionierung für oder gegen eine Anwendung der Gentechnik vorgenommen wurde. Stattdessen verlor sich der Verband in Berichten zu den neuen technischen Möglichkeiten und der Entwicklung von Freisetzungszahlen, die jedoch keine grundsätzliche Ablehnung der Gentechnik nahelegten.[118] Jeder Versuch des DBV, öffentlich für eine bedingte Förderung der Gentechnik einzutreten zog heftige Kritik nach sich. So erklärte Verbandspräsident Gerd Sonnleitner im Rahmen des am 26./27. Februar 2002 veranstalteten Perspektiven-Forums *Einstieg oder Ausstieg* in Berlin, der Grünen Gentechnik weder euphorisch noch mit kategorischer Ablehnung gegenüber zu stehen. Der Verband wolle eine überzogene Risikodiskussion verhindern, die Chancen der Bio- und Gentechnik im Auge behalten und nur erzeugen, was auch Akzeptanz beim Kunden fände.[119] 2004 erklärte der DBV im Kontext der nicht zu Ernährungszwecken bestehenden Nutzungsmöglichkeiten transgener Pflanzen, dass häufig in den öffentlichen Debatten übersehen werde, „welche Optionen die Grüne Gentechnik enthalten kann."[120] Vor allem Umweltverbände sahen in solchen Äußerungen ein Einfallstor für die Gentechnik in der Landwirtschaft[121], während Vertreter des ökologischen Landbaus dem DBV vorwarfen, an der Basis Widerstand gegen die Grüne Gentechnik zu propagieren und gleichzeitig für großflächige Feldversuche zu werben.[122]

So sehr sich der DBV in der Deutlichkeit seiner Positionierungen zurückhielt, so klar bezogen Landwirte, Saatguthersteller und Lebensmittelunternehmen im

117 Vgl. E. A. Ginten, Bio-Bauern bangen um ihre Existenz, in: Die Welt, 24. Oktober 2003, S. 12.

118 Vgl. Deutscher Bauernverband (Hg.), Situationsbericht 2002 f., Bonn 2001 f. oder Bilanz und Positionen : Geschäftsbericht des Deutschen Bauernverbandes 2005/2006, Berlin 2006.

119 Vgl. Pressemitteilung des Deutschen Bauerverbands vom 26.02.2002, Die Zukunft der Grünen Gentechnik – Ein- oder Ausstieg? oder E. A. Richter, Chancen, aber keine Akzeptanz, in: Deutsches Ärzteblatt, 2002/99, S. 494–495.

120 Vgl. DBV konkret – Grüne Gentechnik, 2004.

121 Vgl. T. Nagy, Bauernverband will reden, in: GID, 2002/151, S. 14–15 oder Bauernverband weist Gen-Vorwürfe von Greenpeace zurück, in: Die Welt, 19. Januar 2002, S. 12.

122 Vgl. Für ein gentechnikfreies Bayern, in: Unabhängige Bauernstimme, 2004/3, S. 4.

Umfeld des Öko-Landbaus mehr und mehr Stellung gegen Gentechnik. Ende 2003 gründete die AbL in Zusammenarbeit mit dem Verein zur Förderung einer nachhaltigen Landwirtschaft e. V. das Netzwerk gentechnikfreie Landwirtschaft zur Unterstützung und Beratung von Bauern, Landwirten und anderen an der Gründung einer gentechnikfreien Region interessierten Personen.[123] Noch 2003 erfolgten in der BRD die ersten Gründungen gentechnikfreier Regionen. Ein Jahr später waren bereits 50[124] und 2006 sogar 66 gentechnikfreie Regionen mit mehr als 15.000 beteiligten Landwirten und einer 482.000 Hektar großen landwirtschaftlichen Nutzfläche gegründet.[125] Ihr stand zur selben Zeit ein Anbau transgener Pflanzen auf einer Fläche von kaum 950 Hektar in der BRD gegenüber. Die in den gentechnikfreien Regionen zusammengeschlossenen Bauern unterzeichneten eine Selbstverpflichtungserklärung, kein gentechnisch verändertes Saatgut anzubauen. 2006 erklärte die Upländer Bauernmolkerei ihre Milchproduktion zur ersten Milch „ohne Gentechnik" in der BRD. Der Werbeslogan „Garantiert ohne Gentechnik" erfasste eine weitaus größere Verbraucherzahl als der „Garantiert ökologische Landbau", womit die Diskussionen von gentechnikkritischen Bauern und Landwirten in einer Marketingstrategie ausgenutzt wurden.

Zeitgleich zur Gründung des deutschen Netzwerks gentechnikfreie Landwirtschaft gründete sich Ende 2003 das Netzwerk gentechnikfreier EU-Regionen, zu denen u. a. die Region Oberösterreich und Toskana gehörten. Bis Ende 2005 wuchs die Zahl der Regionen auf 30 an.[126] Die Vielzahl der nationalen und EU-weiten regionalen Gründungen wurde von Gentechnik-Gegnern zwar als Basisbewegung gefeiert, de facto gab es jedoch keine Kontrollen der Selbstverpflichtungserklärungen.

Die Entwicklungen der öffentlichen Diskussionen zur Grünen Gentechnik hatten insbesondere Pflanzenzüchter – unabhängig davon, ob sie sich für oder gegen die Gentechnik aussprachen – zu Beginn des neuen Jahrtausends dem Vorurteil der Anwendung von Gentechnik ausgesetzt. Wiederholte Hinweise von Forschungsvertretern, dass die Grüne Gentechnik im Grunde nur eine Fortführung der klassischen Züchtung sei, hatten deren Gleichsetzung offenbar suggeriert. Ähnlich wie die Klonforscher seit Dolly immer wieder der Anwendung der Gentechnologie bezichtigt wurden traf diese Fehlzuschreibung nun die Pflanzenzüchter. Der DBV und der Bundesverband Deutscher Pflanzenzüchter e. V. stellten in einer gemeinsamen Erklärung von 2006 fest: „In der öffentlichen Wahrnehmung wird Pflanzenzüchtung häufig nur noch mit Grüner Gentechnik gleichgesetzt." Diesem Vorurteil versuchten die im Bereich der Landwirtschaft angesiedelten

123 Vgl. www.abl-ev.de

124 Vgl. Knoten für Knoten ein Netzwerk, in: Unabhängige Bauernstimme, 2004/12, S. 11.

125 Vgl. Gentechnikfreie Regionen: Es geht voran!, in: Unabhängige Bauernstimme, 2005/6, S. 14.

126 Vgl. Der kritische Agrarbericht, Landwirtschaft 2006, Rheda-Wiedenbrück 2006, S. 223 und 228.

Verbände durch Erklärungen der Grünen Gentechnik als einer von vielen Methoden der Pflanzenzüchtung entgegenzuwirken.[127]

Während sich die Bauernverbände in größtmöglicher Zurückhaltung übten, schien die Geduld der **Industrie**vertreter vor dem Hintergrund international stark ausgeweiteter Anbauflächen seit 1997 ausgereizt. Die eigenen Bemühungen zur Steigerung der Akzeptanz für transgene Nahrungsmittel waren bislang nicht geglückt, so dass v. a. international ausgerichtete Unternehmen die Politik nun zur Schaffung von Tatsachen in der Pflicht sahen. Zu Beginn des neuen Jahrtausends gaben die Vertreter der BioRegionen eine gemeinsame Erklärung heraus, in der sie die Innovationsfähigkeit der Grünen Gentechnik im letzten Jahrzehnt unter Beweis gestellt sahen, während EU-weit bislang nur in Spanien ein signifikanter Anbau transgener Pflanzen erfolgte. Sie stellten fest, dass Deutschland kaum in die erste Generation transgener Pflanzen eingestiegen sei, während sich eine Vielzahl internationaler Projekte bereits mit der zweiten Generation solcher Pflanzen beschäftigte. In dieser Entwicklung sahen die BioRegio-Vertreter eine akute Gefährdung der Innovationsfähigkeit und des von der Bunderegierung im Rahmen des BioRegio Wettbewerbs mit rd. 90 Mio. Euro geförderten Biotechnologiestandorts Deutschland. Sie forderten eine Aufhebung gesetzlicher Blockaden, die die Unternehmen langfristig zum Import von Know-how zwingen würden.[128]

Nach Jahren des Abwartens hoffte die Biotech-Industrie, den Theoriediskurs endlich hinter sich lassen zu können. So erklärte Jens Katzek, Geschäftsführer der Deutschen Industrievereinigung für Biotechnologie: „[...] wir brauchen den kritischen Dialog. Nur verharren wir seit über zehn Jahren in der Theorie. Jetzt brauchen wir den von Debatten, Monitoring-Programmen und Kontrollen begleiteten großflächigen Anbau“.[129] Die Ungeduld konzentrierte sich aber nicht nur auf die Biotech-Industrie. Auch die in Deutschland ansässige Chemie- und Lebensmittelindustrie war nicht länger bereit abzuwarten. Hatte Nestlé-Chef Helmut Maucher Anfang 1997 erklärt, dass Nestlé weltweit und auch in Deutschland nicht auf Gentechnik verzichten könne[130], so brachte das Schweizer Unternehmen 1998 den amerikanischen Schokoriegel-Klassiker „Butterfinger“ in die deutschen Supermarktregale. Der „Butterfinger“ war das erste Produkt in Deutschland, das den Hinweis „aus gentechnisch verändertem Mais hergestellt“ trug. Die Verbraucher lehnten es jedoch ab und kaum ein Jahr nach der Einführung nahm Nestlé den „Butterfinger“ mangels Nachfrage wieder vom Markt.[131]

Während international ausgerichtete Industrieunternehmen der skeptischen deutschen Verbraucherfront versuchten zu trotzen, gaben nationale Nahrungsmit-

127 Vgl. Klassische Zuchtmethoden sind Schlüssel für den Erfolg der Land- und Ernährungswirtschaft, Gemeinsame Erklärung des Deutschen Bauernverbandes e. V. und des Bundesverbandes Deutscher Pflanzenzüchter e. V. vom 24. Oktober 2006.

128 Vgl. http://www.biosicherheit.de/pdf/aktuell/gentg_regionen_0804.pdf.

129 Vgl. „Wir müssen den Theoriediskurs hinter uns lassen“, in: Die Welt, 25. Juli 2002, S. 31.

130 Vgl. Industrienahrung und Gen-Food, in: Unabhängige Bauernstimme, 1997/2. S: 14–16.

131 Vgl. N. F. Pötzl, „Meilenstein für Verbraucher“, in: Der Spiegel, 2004/16, S. 95.

telproduzenten und auch der Lebensmitteleinzelhandel Versuche einer Einführung transgener Lebensmittel um die Jahrtausendwende weitgehend auf. Im Gegenteil, nun machten sie sich die Skepsis der Verbraucher zu eigen und versuchten sie mit der neuen Marketingstrategie garantiert gentechnikfreier Lebensmitteln zu locken. So erklärten Edeka, Aldi und Rewe 2004 zukünftig auf gentechnisch veränderte Zusatzstoffe in ihren Produkten zu verzichten.[132] Auch die Milcherzeuger Gemeinschaft Sauerland strebte 2003/2004 öffentlichkeitswirksam eine absolute Gentechnikfreiheit in der Lebensmittelproduktion aller Mitgliedsunternehmen an.[133] Die dafür erforderlichen Veränderungen bei den Zulieferern, die u. a. eine gentechnikfreie Futterproduktion sicherstellen mussten, waren kurzfristig jedoch nicht umsetzbar und zudem schwer finanzierbar, setzten sie eine z. T. vollständige Umstellung des gesamten Produktionsprozesses voraus.

Die in Teilen der Industrie zu vernehmende Ungeduld war unter **Wissenschafts- und Forschungsvertretern** erst gegen Ende des Betrachtungszeitraums, also um 2006, festzustellen. Zunächst zeigte sich vielmehr der Versuch, ihre Anfang und Mitte der neunziger Jahre vorherrschende Zurückhaltung in den öffentlichen Diskussionen abzubauen, wobei die Verbreitung von vornehmlich befürwortenden Positionen zur Grünen Gentechnik sowie die Rückführung der öffentlichen Widerstände auf eine fehlgeleitete Kommunikation nach wie vor beibehalten wurden. Seit Ende der neunziger Jahre begegneten deutsche Wissenschaftler und Forschungsförderungsorganisationen der anhaltenden Skepsis offensiv mit der Durchführung einer Vielzahl von wissenschaftlichen Sicherheitsuntersuchungen sowie der Veröffentlichung von Stellungnahmen oder Memoranden. Wissenschaftliche Fakten sollten den dogmatischen Argumenten der Umweltverbände entgegengesetzt werden. So erklärte es auch der Molekularbiologe Bernd Müller-Röber 2006 gegenüber der *Welt*: „Mit Greenpeace zu sprechen hat allerdings wenig Sinn. Die sind leider dogmatisch und völlig festgefahren. Sie nehmen wissenschaftliche Erkenntnisse und Daten einfach nicht wahr.“[134]

Im April 2001 legte die Senatskommission für Grundsatzfragen der Genforschung der DFG eine Überarbeitung ihrer fünf Jahre zuvor veröffentlichten Stellungnahme *Gentechnik und Lebensmittel* vor. Hierin knüpfte sie an die Aussagen der ersten Stellungnahme an und empfahl, „mit Nachdruck die verantwortungsvolle Entwicklung der Gentechnik in der Pflanzenzüchtung und der lebensmittelbezogenen Mikrobiologie zum Wohle von Mensch und Umwelt voranzutreiben“. Dies setzte für sie jedoch „die Zustimmung einer breiten Öffentlichkeit voraus“, der wiederum ein konstruktiver Dialog zwischen Wissenschaft und Öffentlichkeit

132 Vgl. Lebensmittelhandel boykottiert Gen-Nahrung, in: Die Welt, 15. Januar 2004, S. 12 und L. A. Reisch, „Grüne Gentechnik“, in: T. Potthast/C. Baumgartner/E.-M. Engels (Hg.), Die richtigen Maße für die Nahrung, Tübingen u. a. 2005, S. 146.

133 Vgl. z. B. Gentechnikfreie Milch, in: Unabhängige Bauernstimme, 2004/6, S. 4.

134 Vgl. „Es kommt weniger Gift auf den Teller“, in: Die Welt, 14. September 2006, S. 10.

vorausgehen müsse.[135] 2004 legte die Union der Deutschen Akademien der Wissenschaften ein Memorandum vor, in dem sie erklärte, dass es „äußert unwahrscheinlich" erscheine, dass „beim Verzehr der in der Europäischen Union zugelassenen GVO-Nahrungsmittel ein höheres Gesundheitsrisiko besteht als beim Verzehr herkömmlicher Nahrungsmittel. Im Gegenteil: die GVO-Produkte sind [...] als sicher eingestuft worden."[136] Nur zwei Jahre darauf erarbeiteten zwölf führende internationale Forscher der Grünen Gentechnik im Rahmen einer Tagung der Akademien der Wissenschaften ein Memorandum zum hohen Stellenwert der Gentechnologie. Im Kontext dieser internationalen Tagung wagten sich auch eine Reihe deutscher Wissenschaftler, wie Hans Walter Heldt, Vorsitzender der Kommission Grüne Gentechnik der Akademienunion, zu Wort, die eine weniger ideologische dafür jedoch sachlichere Diskussion forderten.[137]

Neben reinen Stellungnahmen versuchten v. a. die im Umfeld der Grünen Gentechnik forschenden deutschen Wissenschaftler klarzustellen, „Wir wissen, was wir tun"[138], und eine Antwort auf die in den Diskussionen aufgeworfenen Fragen zu geben. Eigens dieser Aufgabe nahm sich der 1998 gegründete Wissenschaftlerkreis Grüne Gentechnik e. V. an, unter dessen Gründungsmitgliedern sich u. a. der Genetiker Klaus-Dieter Jany oder der Botaniker Klaus Ammann befanden. Der Wissenschaftlerkreis erklärte es zu seiner Aufgabe, vorhandene Informationsdefizite durch die Zusammenstellung von neutralen und sachgerechten Informationen für die Öffentlichkeit abzubauen und stattdessen eine Transparenz zur Grünen Gentechnik schaffen zu wollen.[139] Auch die 2000 von der Berlin-Brandenburgischen Akademie eingerichtete interdisziplinäre Arbeitsgruppe Gentechnologiebericht war mit der Aufgabe angetreten, dem Mangel an sachgerechter Information mit wissenschaftlich fundierten Faktensammlungen für die Öffentlichkeit entgegenzuwirken. Die Arbeitsgruppe vereinigt bis heute mit Naturwissenschaftlern wie Ferdinand Hucho, Bernd Müller-Röber, Jens Reich, Hans-Jörg Rheinberger, Karl Sperling, Thomas A. Trautner, Lothar Willmitzer, Volker Büttcher, dem Soziologen Wolfgang van den Daele, der Politologin Annegret Falter und dem Philosophen Carl Friedrich Gethmann unter den Mitgliedern interdisziplinäre Kompetenz.[140] Zentrales Element des Akademievorhabens bildet ein regelmäßig in Deutschland erscheinender Monitoringbericht, der einen unvoreingenommenen und ergebnisoffenen Diskurs befördern soll. 2005 erschien der erste *Gentechnologiebericht*, der erstmals sämtliche Entwicklungen der Gentechnologie

135 Senatskommission für Grundsatzfragen der Genforschung (Hg.): Gentechnik und Lebensmittel, Deutsche Forschungsgemeinschaft, Mitteilung 3, Weinheim 2001, S. 4–5.

136 Union der Deutschen Akademien der Wissenschaften, Gibt es Risiken für den Verbraucher beim Verzehr von Nahrungsprodukten aus gentechnisch veränderten Pflanzen?, Berlin 2004.

137 Vgl. N. Lossau, Die Akademien der Wissenschaften setzen sich für „Gen-Food" ein, in: Die Welt, 29. Mai 2006, S. 27.

138 Vgl. S. Kastilan, Grüne Gentechnik drängt auf den Markt, in: Die Welt, 25. Juli 2002, S. 31.

139 Vgl. http://www.wgg-ev.de/

140 Vgl. F. Hucho, Arbeitskreis *Vorbereitung eines Gentechnologieberichtes*, in: Berlin-Brandenburgische Akademie der Wissenschaften, Jahrbuch 1999, Berlin 2000, S. 271–272.

in den Mittelpunkt stellte und „zu deren Implikationen in wissenschaftlicher, ökonomischer, ökologischer, ethischer, politischer und gesellschaftlicher Hinsicht Stellung" nahm.[141]

Einen Beitrag zur Versachlichung der Diskussionen wollte auch das Institut Technik-Theologie-Naturwissenschaften an der Ludwig-Maximilians-Universität München leisten und erarbeitete zwischen 1998 und 2001 im Rahmen eines Projekts ein ethisches Bewertungsmodell zur Grünen Gentechnik.[142] Zur Versachlichung der Diskussionen gehörte für einige Wissenschaftler ebenfalls die Veröffentlichung diskrepanter Untersuchungsergebnisse wie zum Beispiel die des Ernährungswissenschaftlers Gerhard Jahreis. Im Jahr 2000 hatte er im Rahmen einer Studie mit Bt-Mais gefütterten Tieren nachgewiesen, dass diese fremdes Erbmaterial in ihren Organismus aufnehmen. Jahreis erklärte jedoch gegenüber der Presse, dass es für die Verbraucher keinen Grund zur Beunruhigung gebe, da der Mensch täglich zwischen 100 und 1000 Mikrogramm fremder DNS über die Nahrung aufnehme und das Bt-Gen keinen Schaden hervorrufe.[143]

Die gewünschte Versachlichung der Diskussionen konnte jedoch insbesondere für Feldversuche kaum erreicht werden. Trotz umfangreicher Bemühungen wie denen des MPI für Molekulare Pflanzenphysiologie, bei dem Wissenschaftler 2004 im Vorfeld einer der Grundlagenforschung dienenden Ausbringung von transgenen Kartoffelpflanzen versuchten, über Informationsveranstaltungen und Feldführungen einen konstruktiven Dialog zu führen[144], standen Zerstörungen nach wie vor auf der Tagesordnung forschender Institutionen. 2007 initiierte der Wissenschaftlerkreis Grüne Gentechnik e. V. eine Aktion von rd. 400 Wissenschaftlern, die einen offenen Brief an die Mitglieder des Deutschen Bundestages richteten. Darin beklagten sie die systematische Zerstörung von Anbauprojekten und darüber die Ignoranz jahrelanger Sicherheitsforschung und forderten die Politiker zu politischen Konsequenzen und der Einräumung einer reellen Chance für die Grüne Gentechnik auf.[145]

Die **Politik** begegnete den Forderungen aus Industrie und Wissenschaft mit ausgedehnten Diskussionen über eine Neuregelung des Gentechnikrechts (vgl. Kap. 7.2). Im Zentrum der Auseinandersetzungen standen Fragen zu Änderungen der Kennzeichnungsverordnungen innerhalb der EU sowie Regelungen zur Sicherstellung der Koexistenz von konventionellem, ökologischem und gentechni-

141 F. Hucho et al., Gentechnologiebericht, München 2005, S. 17.
142 Vgl. R. J. Busch/A. Haniel/N. Knoepffler/G. Wenzel, Grüne Gentechnik – Ein Bewertungsmodell, München 2002.
143 S. Kastilan, Forscher weisen Mais-Gene im Hähnchenmuskel nach, in: Die Welt, 4. November 2000, S. 29.
144 F. Hucho et al., Gentechnologiebericht, München 2005, S. 341.
145 Vgl. Pressemitteilung Wissenschaftlerkreis Grüne Gentechnik e. V., Grüne Gentechnik am Innovationsstandort Deutschland, 21.09.2007 (http://idw-online.de/pages/de/news226603, Abruf 08.11.2007).

schem Anbau.[146] Nach wie vor galt die Gentechnologie als Schlüsseltechnologie des 21. Jahrhunderts, zumindest im Wirtschafts- und Forschungsministerium. Mit der Rot-Grünen Regierung seit 1998 waren Bündnis 90/Die Grünen erstmals an der Bundesregierung beteiligt und die von der vornehmlich umweltpolitisch geprägten Partei gestellte Bundesgesundheitsministerin Andrea Fischer verfolgte eine eher zurückhaltende Gentechnikpolitik. Die entstehenden Konflikte zeichneten sich schnell ab und offenbarten sich auch der Öffentlichkeit. So lehnte das Bundessortenamt Anfang 2000 die Zulassung und den Anbau des seit 1997 in der EU als Lebens- und Futtermittel zugelassenen Bt-Mais in der BRD ab. Die Entscheidung begründete Fischer mit vorbeugendem Gesundheitsschutz, da Auswirkungen auf die Wirksamkeit von Antibiotika beim Menschen auf der Basis eines Gutachtens des Freiburger Öko-Instituts bislang nicht hatten ausgeschlossen werden können.[147] Die von den Umweltverbänden begrüßte Entscheidung geriet bei der ZKBS jedoch unter starke Kritik, die die herangezogenen Untersuchungen „aus ökologischer Sicht unsinnig“ erklärte und im Anbauverbot des Bt-Mais eine rein „politische Entscheidung“ erkannte.[148]

Die Schwierigkeiten politischer Handlungsfähigkeit zu Beginn des neuen Jahrtausends in Sachen Grüner Gentechnik zeigten sich sehr eindrücklich an dem von Renate Künast, Bundesministerin für Landwirtschaft, Ernährung und Verbraucherschutz, im Dezember 2001 initiierten *Diskurs zur Grünen Gentechnik*. Zwar gehörte Künast ebenso wenig wie ihre Grünen-Kollegin Fischer zu den Beförderern der Gentechnologie, jedoch war ihr die wirtschaftspolitische Bedeutung der Erzielung eines gesellschaftlichen Konsenses durchaus bewusst. Künast erklärte gleich zu Beginn der Reihe, die die gesellschaftlichen Diskussionen strukturieren und Sachfragen im Umfeld der Grünen Gentechnik klären sollte, dass eine grundlegende Ablehnung der Grünen Gentechnik jenseits der politischen Realität liege.[149] Gerade diese Vorgabe machte einen gemeinsamen Konsens und darüber eine Einigung auf Handlungsempfehlungen für das weitere Vorgehen am Ende jedoch unmöglich.[150]

Die beiden großen **Kirchen** in Deutschland hielten sich zwar auch um die Jahrtausendwende mit Positionierungen zur Grünen Gentechnik weitgehend zurück, die ursprüngliche Offenheit wich jedoch zunehmend einer kritischen Bewertung der Anwendung von Gentechnik in der Landwirtschaft. Zeitlich fiel der Wandel der Beurteilung mit einem Statement des britischen Thronfolgers Prinz Charles im Daily Telegraph Mitte 1998 zusammen, der über die Landesgrenzen

146 Vgl. „Freie Wahl“, in: Der Spiegel, 2003/13, S. 179 oder P. Bethge, Sinnloses Label, in: Der Spiegel, 2003/28, S. 160–162.
147 Vgl. Anbau von Gen-Mais gestoppt, in: Die Welt, 17. Februar 2000, S. 13.
148 Vgl. A. Fuhrer, Bundesregierung blüht Ärger wegen Gen-Pflanzen, in: Die Welt, 24. Juli 2000, S. 2.
149 Vgl. S. Kastilan, Grüne Gentechnik drängt auf den Markt, in: Die Welt, 25. Juli 2002, S. 31.
150 Vgl. R. Hartmannsberger, Gentechnik in der Landwirtschaft, Baden-Baden 2007, S. 69/70 oder C. Potthof, Diskurs Grüne Gentechnik, in: GID, 2002/152, S. 20–21.

hinweg für Diskussionen sorgte. Prinz Charles erklärte: „I happen to believe that this kind of genetic modification takes mankind into realms that belong to God, and to God alone."[151] Zwar standen der Vatikan und die DBK der Grünen Gentechnik weiterhin grundsätzlich offen gegenüber, das Zentralkomitee der deutschen Katholiken (ZdK), die EKD und erste deutsche Bistümer meldeten dagegen ihre Bedenken an. So forderte das ZdK die Bundesregierung im Kontext ihres Einsatzes für eine nachhaltige Landwirtschaft auf, sich bei der Freigabe von GVOs möglichst in Zurückhaltung zu üben. Vor dem Hintergrund der vielen ungeklärten Fragen bezüglich der Koexistenz empfahl die Vollversammlung des ZdK den Eigentümern kirchlicher landwirtschaftlicher Nutzflächen Ende 2003, den Anbau von gentechnisch manipuliertem Saatgut zu untersagen.[152] Auch die deutschen Bistümer sprachen sich mehrfach öffentlich gegen einen Anbau gentechnisch veränderter Pflanzen auf kirchlichen Flächen aus.[153] 2003 mündete die veränderte Beurteilung der Grünen Gentechnik in einem gemeinsamen Positionspapier *Ungelöste Fragen – Ungelöste Versprechen* der Arbeitsgemeinschaft der Umweltbeauftragten der evangelischen Kirchen, der deutschen Diözesen, des Ausschusses für den Dienst auf dem Lande in der EKD in Deutschland sowie der katholischen Landvolkbewegung. In dem Papier sprachen sich die Beteiligten klar gegen die Grüne Gentechnik aus.[154] Ähnliche Bewertungen kamen auch von den kirchlichen Hilfswerken *Misereor* und *Brot für die Welt*, die in der Grünen Gentechnik v. a. keine Lösung des Welthungerproblems erkannten.[155]

7.4.2. Strategien zur Akzeptanzsteigerung

Bisherige Versuche zur Steigerung der Akzeptanz gegenüber transgenen Lebensmitteln, bis Ende der neunziger Jahre v. a. unternommen von Seiten der Industrie, waren in Deutschland erfolglos geblieben. Die internationale Wirtschaftsprüfungs- und Beratungsgesellschaft Ernst & Young versuchte in jährlichen *Deutschen Biotechnologie-Reports* – unterstützt durch Statements der Bundesministerin für Bildung und Forschung, Edelgard Buhlmann, großer Unternehmen und Industrieverbände – v. a. unter Biotech-Unternehmen immer wieder für Zuversicht und „Aufbruchstimmung“[156] zu sorgen. Der erste und einzige Versuch des

151 Prince of Wales, Seeds of Disaster, in: The Daily Telegraph, 08. June 1998, p. 16.

152 http://www.zdk.de/veroeffentlichungen/pressemeldungen/detail/Freigabe-transgener-Pflanzen-moeglichst-zurueckhaltend-handhaben-204N/(Abruf 02.02.2012).

153 Vgl. online: http://www.zdk.de/veroeffentlichungen/reden-und-beitraege/detail/Agrarpolitik-muss-wieder-Teil-der-Gesellschaftspolitik-werden-Statement-Heinrich-Kruse-MdL-90F/und http://www.gentechnikfreie-regionen.de/hintergruende/position-der-kirchen-zur-agro-gentechnik/katholische-kirche.html (Abruf 02.02.2012).

154 Ungelöste Fragen – Ungelöste Versprechen, Güstrow 2003.

155 Vgl. J. Reiter, Es braucht klare Grenzen, Aktuelle Wertkonflikte in der Bioethik, in: Herder Korrespondenz, 2004/58, S. 353.

156 Vgl. Aufbruchstimmung 1998, Stuttgart 1998.

Schweizer Lebensmittelunternehmens Nestlé, mit dem „Butterfinger“ einen international beliebten und mit transgenem Mais hergestellten Schokoriegel auch in deutschen Supermärkten zu platzieren, scheiterte 1999 bereits wenige Monate nach seiner Einführung. Der BSE-Skandal zu Beginn des neuen Jahrtausends schürte die Skepsis deutscher Verbraucher zusätzlich und machte es schwer, das Vertrauen für neuartige Lebensmittel zu gewinnen.

Ein zentrales Argument in den Diskussionen um die Freisetzung von GVOs war und blieb die Feststellung, dass langfristige, unerwartete negative Auswirkungen von GVOs auf Mensch und Umwelt nicht ausgeschlossen werden konnten. Sowohl die Industrie als auch die Bundesregierung waren bereits seit den neunziger Jahren um die Etablierung „freisetzungsbegleitender Sicherheitsforschung“ und deren Vermarktung in der Öffentlichkeit bemüht. Dazu gehörte auch die Unterzeichnung des *Cartagena Protocol on Biosafety* im Jahr 2000, das den Umgang mit GVOs auf internationaler Ebene regelt und alle Unterzeichnerländer zur Weitergabe sämtlicher sicherheitsrelevanter Informationen an eine internationale Clearingstelle verpflichtete.

Eine Vielzahl von Sicherheitsuntersuchungen war zu dem Ergebnis gelangt, dass die bei transgenen Pflanzen bestehenden Risiken lediglich denen konventionell gezüchteter neuer Pflanzen entsprechen[157], und damit kein besonderes, sondern vielmehr ein „normales“ Risiko tragen. Insbesondere Unternehmen wie die BASF versuchten die Untersuchungsergebnisse in Werbebroschüren[158] zur Steigerung der Akzeptanz für den Einsatz der Gentechnologie im Lebensmittelbereich zu nutzen. Von den Untersuchungsergebnissen nahm neben der forschungsnahmen Community selbst jedoch nur ein kleiner Teil der Öffentlichkeit Kenntnis. Vertreter der Umweltverbände kritisierten im Hinblick auf unvorhersehbare ökologische Folgen das Fehlen langfristiger Untersuchungen. Um auch solchen mehrheitlich auf hypothetischen Befürchtungen beruhenden Argumenten mit wissenschaftlichen Erkenntnissen begegnen zu können, sollten bisherige Sicherheitsbewertungen von GVOs durch die Aufnahme von Langzeitmonitorings ab Ende der neunziger Jahre eine wesentliche Erweiterung erfahren.

Das Umweltbundesamt leitete Mitte der neunziger Jahre einen Diskussionsprozess um ökologische Langzeitbeobachtungen ein, in dessen Rahmen Vertreter der Umweltbehörden mit Wissenschaftlern in mehrfachen Arbeitstagungen diskutierten. Fortgesetzt wurde der eingeleitete Diskussionsprozess in einer gemeinsamen Bund-Länder-Arbeitsgruppe Monitoring der Umweltwirkungen von GVP und einer Arbeitsgruppe Anbaubegleitendes Monitoring gentechnisch veränderter Pflanzen im Agrarökosystem der Biologischen Bundesanstalt für Land- und Forstwirtschaft, beide 1999 eingesetzt. Auch der Bundesverband Deutscher Pflan-

157 Vgl. F. Hucho et al., Gentechnologiebericht, München 2005, S. 309/310 und A. Sauter/B. Meyer, Risikoabschätzung und Nachzulassungs-Monitoring transgener Pflanzen, Berlin 2000, S. 29.

158 Vgl. BASF Plant Science (Hg.), Kompendium Gentechnologie und Lebensmittel, Bd. 4, 5. Auflage, Darmstadt 2003.

zenzüchter, die Deutsche Industrievereinigung Biotechnologie und der Industrieverband Agrar erarbeiteten Vorschläge und Diskussionsbeiträge zur Entwicklung eines Monitoringkonzepts.[159]

Ein wesentlicher Grund für die anhaltende Skepsis deutscher Verbraucher war jedoch das Fehlen eines offensichtlichen Nutzens transgener Produkte, deren Veränderungen sich in den neunziger Jahren zumeist auf sog. Input-Traits, also agronomische Eigenschaften wie Herbizid- und Insektenresistenzen beschränkten. Preissenkungen und Veränderungen der Output-Traits, also qualitativer Nahrungsmitteleigenschaften, schienen deshalb eine geeignete Möglichkeit, die Akzeptanz für transgene Nahrungsmittel in der Öffentlichkeit zu steigern. Während Preissenkungen auch bis 2006 nicht für den Verbraucher sichtbar geworden waren, konnten erste Forschungsprojekte zur Entwicklung von Functional Food gestartet werden. Im Gegensatz zum Novel Food, bei dem Nahrungsmittel Prozesse durchlaufen, die zuvor nicht auf sie angewendet wurden, jedoch signifikante Veränderungen in den Nahrungsmitteln verursachen, handelt es sich beim Functional Food um aus natürlich vorkommenden Produkten gewonnene Nahrungsmittel, die „nach dem Verzehr besondere positive physiologische Funktionen bzw. gesundheitsfördernde Wirkungen auf den Organismus ausüben".[160] Zu Beginn des neuen Jahrtausends starteten in Deutschland verschiedenste Projekte zur Entwicklung akzeptanzsteigernder transgener Lebensmittel, die die Verbraucher v. a. unter ernährungspsychologischen Gesichtspunkten ansprechen sollten. Zu ihnen gehörte u. a. das vom BMBF geförderte Projekt zur Entwicklung von transgenem Raps mit Omega-3-Fettsäuren, welcher Herz-Kreislauf-Erkrankungen prophylaktisch entgegenwirken sollte oder die ebenfalls vom BMBF geförderte Entwicklung einer carotinoidreichen transgenen Kartoffelsorte zur Krebsprophylaxe. Beide Projekte gehörten zur 1998 vom BMBF ins Leben gerufenen Initiative *Ernährung – Moderne Verfahren zur Lebensmittelerzeugung.*[161]

Während die Forschungen zur Verbesserung der quantitativen Eigenschaften an Genpflanzen, wie pilzresistenten Weinstöcken[162], parallel weiterliefen, gelangte in der BRD bis zum Jahr 2006 kein transgenes Functional Food auf den Markt. Zudem sorgten Negativschlagzeilen der ersten GVO-Pflanzengeneration nach wie vor für Schwierigkeiten bei den Akzeptanzbemühungen. Neben den angeblich vom Biochemiker Arpad Pusztai vom Rowett Research Institute nachgewiesenen Negativwirkungen auf Ratten, infolge der Verfütterung von transgenen Kartof-

159 Vgl. K. Menrad/S. Gaisser/B. Hüsing/M. Menrad, Gentechnik in der Landwirtschaft, Pflanzenzucht und Lebensmittelproduktion, Heidelberg 2003, S. 216/217.

160 Gründerzeit, Ernst & Youngs zweiter Deutscher Biotechnologie-Report 2000, Stuttgart 2000, S. 55.

161 Vgl. BMBF Leitprojektinitiative „Ernährung – Moderne Verfahren zur Lebensmittelerzeugung", http://vvgvg.org/pdf/allgemein-dlg.pdf

162 Die Gentechnik erreicht den Wein, in: Die Welt, 20. Juli 1999, S. 20.

feln[163], trafen Meldungen einer von Monsanto vom Markt genommenen GVO-Kartoffelsorte, die unter den großen Abnehmern wie McDonald´s, Burger King und McCain keine Kaufbereitschaft hatte erreichen können. Trotz der angelaufenen Bemühungen zu Akzeptanzsteigerungen sorgten internationale Nachrichten für eine anhaltend große Skepsis unter deutschen Verbrauchern und auch in der Öffentlichkeit.

Darüber hinaus gestaltete sich die Werbung für GVO-Nahrungsmittel auch vor dem Hintergrund einer stärker werdenden Anti-GVO-Konkurrenz zunehmend schwieriger. Mit Beginn des neuen Jahrtausends starteten eine Reihe von Kampagnen für gentechnikfreie Produkte, v. a. getrieben von Interessenverbänden sowie Öko-Bauern und -Landwirten. Sie wollten die anhaltenden öffentlichen Diskussionen für eine eigene Marketingstrategie nutzen und versuchten sich in der Vermarktung garantiert gentechnikfreier Produkte.[164] Neben der Gründung zahlreicher gentechnikfreier Regionen[165] erklärten ebenfalls Lebensmittelproduzenten und Handelsketten, bei der Produktherstellung völlig auf den Einsatz von Gentechnik verzichten zu wollen. Zwischen Absicht und Realität zeigte sich allerdings eine Diskrepanz, wie eine Aufstellung der wenigen, gentechnikfreie Produkte anbietenden Händler und Betriebe in der *Unabhängige Bauernstimme* von Mitte 2004 zeigte.[166]

7.5. ZUSAMMENFASSUNG

Mit dem ausgehenden Jahrhundert bestimmten nach wie vor internationale und europäische Ereignisse die deutschen Gentechnik-Diskussionen. Neben der vollständigen Sequenzierung des Humangenoms, dem Beginn humaner Stammzellforschungen und dem ersten Todesfall infolge einer Gentherapie sorgten v. a. europäische Richtlinien zum Anbau und zur Kennzeichnung transgener Nahrungsmittel und Pflanzen für Auseinandersetzungen. Während die Intensität der Diskussionen zur Grünen Gentechnik – trotz ihrer fehlenden Präsenz in der BRD – beinahe ungebrochen fortgesetzt wurde, wurden ethische Anwendungsfragen in der Medizin immer seltener durch Sachfragen der Gentechnik selbst bestimmt. Einen Absatz von Gentech-Produkten gab es zum Zeitpunkt des in Berlin stattfindenden Weltkongress „Biotechnology 2000“ im September 2000 im Grunde nur für gentechnisch produzierte Medikamente, deren Marktanteil sich im ein-

163 Vgl. K. Menrad/S. Gaisser/B. Hüsing/M. Menrad, Gentechnik in der Landwirtschaft, Pflanzenzucht und Lebensmittelproduktion, Heidelberg 2003, S. 211.

164 Vgl. Marktchancen durch Gentechnikfreiheit, in: Unabhängige Bauernstimme, 2004/11, S. 14.

165 Vgl. Gentechnikfreie Regionen: Es geht voran!, in: Unabhängige Bauernstimme, 2005/6, S. 14.

166 Vgl. Es gibt sie: Futtermittel ohne Gentechnik!, in: Unabhängige Bauernstimme, 2004/7 + 8, S. 3.

stelligen Prozentbereich bewegte und eine steigende Tendenz erkennen ließ.[167] Die einstigen Marktprognosen für gentechnisch veränderte Pflanzen blieben aufgrund der anhaltenden Akzeptanzprobleme dagegen weit hinter den Erwartungen zurück.[168] Um 2000 herum kamen ökonomische Analysen zu dem Ergebnis, „Ohne Akzeptanz kann das wirtschaftliche Potential der Gentechnik in Deutschland [...] überhaupt nicht realisiert werden“[169], und korrigierten einstige Prognosen.

Industrie und weite Teile der Bundesregierung bestärkten ihre Einschätzung der Gentechnik als Schlüsseltechnologie im Bereich der Pflanzenzüchtung und Lebensmittelproduktion dennoch. Kritiker der Grünen Gentechnik bezweifelten nach wie vor ihren ökonomischen Nutzen. Neben den Umweltverbänden beteiligten sich inzwischen auch vermehrt Vertreter des Öko-Landbaus an den Diskussionen und leisteten in Vereinigungen wie den gentechnikfreien Regionen aktiven Widerstand. Anders als in den neunziger Jahren gründete die Argumentation nicht vornehmlich auf das potenzielle Gefahrenrisiko, sondern verlor sich im Kontext EU-rechtlicher Vorgaben zumeist in Grundsatzdiskussionen um zukünftige Anbauarten und deren Koexistenz in der Landwirtschaft. Nur der zeitgleich weltweit expandierende kommerzielle Anbau transgener Pflanzen und deren Vermarktung lieferte, wie im Falle des Bt-Mais[170], konkrete Gegenstände für die Diskussionen. In dieser Situation und einem mehrfach von Verunreinigungsskandalen erschütterten Sicherheitssystem, vermochten auch die Versuche einer Akzeptanzsteigerung mittels Functional Food deutsche und europäische Verbraucher nicht zu überzeugen. Aussichten auf mittelfristige Veränderungen der Einstellungen gab es keine und so erkannten v. a. deutsche Produktionsgenossenschaften und Einzelhandelsunternehmen ab den frühen 2000er Jahren eine alternative Chance in der Vermarktung von garantiert gentechnikfreien Produkten. Diese Strategie suggerierte zugleich eine Konkurrenz zu transgenen Produkten wo faktisch keine Konkurrenz vorhanden war.

Trotz der starken Beeinflussung medizinischer Anwendungsfragen der Gentechnik durch die Stammzellforschung, wurden Fragen der Grünen Gentechnik zwischen 1998 und 2006 – sowohl im Vergleich zu den neunziger Jahren als auch im Vergleich zur Roten Gentechnik – wesentlich intensiver in der Öffentlichkeit diskutiert. Dies belegt auch die Zeitschriftenanalyse. So widmete sich *Die Welt* nach der Herbstserie *Gentechnik* aus dem Jahr 1999 von Februar bis März 2005 in einer weiteren Serie allein dem Thema *Grüne Gentechnik*. Ereignisse wie die EU-Zulassung des MON 810 Mais (1998), der Erlass der europaweiten Kennzeichnungspflicht für GVO-Lebensmittel (2004), die Genehmigung der Einfuhr des Bt-Mais (2004) oder die Novellierungen bzw. Neuordnung des GenTGs (2002, 2004

167 Vgl. Deutschland strebt bei Biotech an die Spitze, in: Die Welt, 25. August 2000, S. 17.
168 Ernst & Young (Hg.), Per aspera ad astra, Deutscher Biotechnologie-Report 2004, Mannheim 2004.
169 Vgl. H. Niebaum, Akzeptanzprobleme der Gentechnik, Wiesbaden 2000, S. 1.
170 Vgl. z. B. Genmais: Das Risiko tragen die Bauern, in: Unabhängige Bauernstimme, 1999/4, S. 5.

und 2006) sorgten kaum für eine Beruhigung der Diskussionen. Lediglich die im Kontext der Debatte um die humane Stammzellforschung verstärkt aufkommenden ethischen Fragen der medizinischen Gentechnik ließen landwirtschaftliche Anwendungsfragen insbesondere im Jahr 2001 in den Hintergrund treten.

Tabelle 8: Anzahl der Gentechnik-Beiträge in *Der Spiegel* und *Die Welt* in den Jahren 1998–2006[171]

		1998	1999	2000	2001	2002	2003	2004	2005	2006	Ges.
Der Spiegel	Rote GT	3	5	4	5	3	1	1	–	1	23
	Grüne GT	2	5	5	3	1	3	6	7	2	34
Die Welt	Rote GT	7	20 (9)*	21	21	10	6	2	3	7	97 (86)*
	Grüne GT	17	7 (3)*	20	8	14	13	12	17 (8)**	15	123 (114)**
Ges. Rote GT		10	25	25	26	13	7	3	3	8	
Ges. Grüne GT		19	12	25	11	15	16	18	24	17	
Gesamtzahl aller Artikel		29	37	50	37	28	23	21	27	25	277

* Abzüglich 11 (Rote Gentechnik) bzw. 4 (Grüne Gentechnik) Artikeln aus *Die Welt*-Serie *Gentechnik*.

** Abzüglich 9 Artikeln aus *Die Welt*-Serie *Grüne Gentechnik*.

Dafür spricht ebenfalls die Tatsache, dass die Diskussionen um die Rote sowie Grüne Gentechnik sowohl in den Printmedien als auch in den übrigen Foren öffentlicher Diskussionen, abgesehen von wenigen Ausnahmen, getrennt geführt wurden. Ebenso wie Veranstaltungsprogramme oder Publikationen, thematisierten auch die Printmedien in ihren Ausgaben entweder die medizinischen oder die landwirtschaftlichen Anwendungsbereiche. Die im September 1999 gestartete *Gentechnik*-Serie[172] der *Welt* thematisierte zwar Anwendungsfragen beider Felder, jedoch niemals innerhalb eines Beitrags. Vor dem Hintergrund dieser Trennung lässt sich durchaus feststellen, dass gerade der bis 2001 aufgebaute juristische Druck um die Stammzellforschung in der BRD zu einer vorübergehenden Konzentration auf die Rote Gentechnik führte, die für Themen der Grünen Gentechnik kaum mehr Platz ließ.

171 In der Übersicht sind keine Artikel aufgenommen, in denen das Wort „Gentechnologie" bzw. „Gentechnik" aufgrund anderer Definitionen bzw. falscher Begriffszuschreibungen fällt.

172 Die 21 Beiträge der *Welt*-Serie „Gentechnik" erschienen zwischen dem 7. September und 13. November 1999.

Anders als noch in den neunziger Jahren ist die Zahl der lediglich über die Rote Gentechnik berichtenden Beiträge in den beiden untersuchten Printmedienorganen deutlich zurückgegangen, während Diskussionsbeiträge zunahmen. Ab dem Jahr 1999 kommt mit der Stammzellforschung eine politische und mediale Diskussion auf, die die an Intensität und Anzahl zunehmenden Diskussionen und Beiträge zur Roten Gentechnik maßgeblich beherrschte. Um 2000/2001 mündeten die ethischen Diskussionen um die Gendiagnostik, Stammzellforschung, PID und die Rote Gentechnik nach z. T. jahrzehntelangen Auseinandersetzungen schließlich in einer großen Gen-Debatte, in deren Mittelpunkt die Frage des menschlichen Selbstverständnisses in einer technisch dominierten Welt stand.[173] Gerade im Kontext der Frage der Zulässigkeit humaner Stammzellforschung verlangte diese vor allem unter ethischen Gesichtspunkten geführte Gen-Debatte, anders als die Gentechnikdiskussionen, nach einer Ja oder Nein Entscheidung, zu deren Gewinnung nicht nur betroffene Mediziner und Wissenschaftler, sondern auch Politiker dogmatisch nach einer umfassenden Beteiligung der breiten Öffentlichkeit verlangten. Vor diesem Hintergrund erlebten die während der neunziger Jahre erprobten Dialogformate mit dem neuen Jahrtausend eine Konjunktur. Das Spektrum partizipativer Verfahren der Technikfolgenabschätzung reichte von Bürgerdialogen oder -konferenzen über Konsensuskonferenzen, Szenarioworkshops, Zukunftsworkshops bis hin zu Voting-Konferenzen, die unterschiedliche Formen der Bürgerbeteiligung darstellen.[174] Sie alle sollten einen strukturierten Dialog zwischen Wissenschaft und Öffentlichkeit ermöglichen und nicht zuletzt eine sachgerechte Informierung sicherstellen, denn auch zu Beginn des neuen Jahrtausends herrschte vielfach die Meinung vor, Kontroversen in Wissenschaft und Technik gingen insbesondere auf Unsicherheiten und Unwissenheit der Laienöffentlichkeit zurück. Die Erkenntnis, dass auch die Vermittlung von Expertenwissen Dauerkontroversen nur eingeschränkt entgegengesetzt werden können, setzte sich bis 2006 aber nur begrenzt durch.

Die Parallelführung der Diskussionen verschiedener medizintechnologischer Anwendungsbereiche war gerade in den Diskussionen zur Gentechnik ein altbekanntes Phänomen, das vielfach zu technologischen Fehlzuschreibungen in der Öffentlichkeit geführt hatte. Im Kontext der Stammzelldiskussionen erreichte dieses Phänomen, unterstützt durch Wissenschaftler, Politiker, Essayisten und die Printmedien, seinen Höhepunkt.[175] Bezeichnend ist in diesem Zusammenhang der im Jahr 1999 vom *Spiegel* gestartete Rückblick auf die großen Errungenschaften

173 Diese Frage wurde nach dem Science-fiction-Film „Gattaca" von 1997 auch mit „Blueprint" im Jahr 2004 in Form von Kinofilmen in der Öffentlichkeit diskutiert.

174 S. Joss, Zwischen Politikberatung und Öffentlichkeitsdiskurs, in: S. Schicktanz/J. Naumann (Hg.), Bürgerkonferenz: Streitfall Gendiagnostik, Opladen 2003, S. 15 f. Vgl. auch online: www.bioethik-diskurs.de

175 Vgl. z. B. M. Lau, Gentechnik und Emanzipation, in: Die Welt, 22. April 2000, S. 9 oder vgl. E. Binder, Transgene Klon-Kühe sollen bessere Milch liefern, in: die Welt, 28. Januar 2003, S. 31.

und Entdeckungen des 20. Jahrhunderts, darunter auch der 15-seitige Beitrag *Die gentechnische Revolution*, der sich insbesondere auf Ereignisse wie das HGP, das Klonschaf Dolly und die humane Stammzellforschung stützte, gentechnische Anwendungen und Forschungen jedoch nur randständig thematisierte.[176]

Nach der Einigung auf eine Kompromisslösung in Form des StZGs im Jahr 2002 nimmt das öffentliche Interesse an der Gen-Debatte spürbar ab und lässt damit neben Themen der Grünen Gentechnik (vgl. Tabelle 8) auch Berichten zur Gentherapie wieder mehr Raum in den öffentlichen Diskussionen. Die ernüchternde Bilanz der neunziger Jahre konnte auch zu Beginn des neuen Jahrtausends kaum durch Erfolgsmeldungen der Gentherapie verbessert werden. Trotz der bis dato mehr als eintausend durchgeführten Gentherapiestudien konnten kaum mehr als vielversprechende Ergebnisse erzielt werden. Nur in wenigen Fällen konnte eine verbesserte Lebensqualität oder ein geringeres Wachstum von Tumoren und Metastasen eindeutig nachgewiesen werden, da nach wie vor parallel zur Gentherapie auch konventionelle Therapieverfahren angewandt werden mussten. Der Weg zu einer klinischen Anwendung schien somit noch sehr weit.[177] Die Erwartungen waren nach den ersten Enttäuschungen der neunziger Jahre jedoch nicht mehr all zu groß, so dass die ausbleibenden Erfolge nur noch wenige kritische Stimmen nach sich zogen.

Die während der vergangenen Jahrzehnte vereinzelt assoziierten Parallelen zwischen den medizinischen Anwendungsmöglichkeiten der Gentechnik und den Praktiken der nationalsozialistischen Rassenhygiene erlangten auch im neuen Jahrtausend keine besondere Bedeutung. Schwangen Vergleiche in einigen Argumentationen zur Einschränkung der Menschenwürde im Kontext der Diskussionen um die Stammzellforschung auch mit, so wurde ihnen zumindest keine folgenreiche Bedeutung beigemessen. Die Berechtigung solcher Parallelführungen wurde augenscheinlich in Frage gestellt. In einem der wenigen Kommentare dazu heißt es bei Wolfgang van den Daele im Rahmen der 9. Werner-Reihlen-Vorlesung der Theologischen Fakultät der Humboldt Universität zu Berlin, dass die im Vergleich zu den Nachbarländern sehr restriktive Moralpolitik Deutschlands, die angesichts „der Gräuel des Naziregimes“ zwar angemessen, wahrgenommen als „Moralwächter Europas“ jedoch keineswegs sinnvoll sei.[178]

176 Das Jahrhundert der Entdeckungen: Die gentechnische Revolution, in: Der Spiegel, 1999/2, S. 103 ff.

177 Vgl. G. Klinkhammer, Diagnostik an medizinische Zwecke binden, in: Deutsches Ärzteblatt, 1998/95, S. 2975; S. Mertens, Steiniger Weg bis zur klinischen Anwendung, in: Deutsches Ärzteblatt, 1998/95, S. 3073 oder F. Weber et al., Somatische Gentherapie bei Glioblastomen, in: Deutsches Ärzteblatt, 2000/97, S. 1051–1055.

178 Vgl. W. v. d. Daele, Urteile über die Gentechnik im Lichte von Ergebnissen der Technologiefolgenabschätzung, in: C. Gestrich (Hg.), Die biologische Machbarkeit des Menschen, Berlin 2001, S. 69.

8. DIMENSIONEN DER ÖFFENTLICHKEIT UND IHRE WAHRNEHMUNG DER GENTECHNIK

8.1. PHASEN DER GENTECHNIK-DISKUSSIONEN

8.1.1. Rote Gentechnik

Ein erster öffentlicher Austausch über die Nutzung einer „Gen-Chirurgie" fand 1962 im Rahmen des Londoner Ciba-Symposiums statt. Die Beiträge zur potenziellen Nutzung einer solchen Technik hatten vor dem thematischen Hintergrund einer drohenden Bevölkerungsexplosion zwar nur nachrangige Bedeutung für die Veranstaltung, jedoch sollten die weltweiten Diskussionen zur Gentechnik dort ihren Ausgang nehmen. Frühe Befürworter und Gegner dieser visionären Technik erkannten nicht nur für den Fall einer missbräuchlichen Anwendung durch den Menschen Widersprüche gegenüber ethisch-moralischen Grundsätzen, traten doch bereits im Zusammenhang mit den reproduktionstechnischen Forschungen der frühen sechziger Jahre Schlagworte einer „Manipulation des Lebens" oder des „Homunkulus" auf, die erste ethische Fragestellungen zum Forschungsobjekt „Mensch" und einer Zulässigkeit des Eingriffs in die Natur aufgeworfen hatten.

Anders als in den USA, waren in der BRD nicht Molekularbiologen, Biochemiker oder Genetiker an den frühen Diskursen einer zukünftigen Gentechnik beteiligt, sondern vielmehr Humangenetiker, die unter Verweis auf die Erfahrungen der deutschen NS-Vergangenheit, zumeist als Kritiker auf den Plan traten. Die frühen Ideen gentechnischer Methoden waren in London als eugenische Maßnahmen präsentierten worden, so dass die kritischen Reaktionen in der BRD, wo eine gedankliche Verknüpfung der Eugenik mit den nationalsozialistischen Verbrechen stattgefunden hatte, verständlich waren. Während über die kurz- bis mittelfristigen Entwicklungschancen einer Gentechnik durchaus Uneinigkeit unter deutschen Humangenetikern herrschte, waren sie sich jedoch einig, dass die Gesellschaft durch eine öffentliche Diskussion gezwungen werden müsse, sich mit diesen Dingen zu befassen. Bis Anfang der siebziger Jahre war ihnen der Anstoß für eine solche Diskussion jedoch nicht gelungen. Überholt von der technologischen Wirklichkeit reduzierte sich die öffentliche Kommunikation über die Möglichkeiten der Gentechnik vor dem Hintergrund des ersten gelungenen gentechnischen Experiments im Jahr 1972 auf den Austausch molekularbiologischer Grundlagen sowie auf Berichte über neueste Erkenntnisse und Entwicklungen der Molekularbiologie, Genetik oder Reproduktionstechnologie. In diesem Kontext erfolgte u. a. eine Erweiterung der Zweckbestimmung für die Gentechnik. Während ihre Anwendung in den sechziger Jahren gedanklich auf die Verbesserung des genetischen Erbmaterials der Menschheit fokussiert war, erlangte der Aspekt eines medizinischen Nutzens und darüber einer Heilung schwerster Krankheiten erst zu Beginn der siebziger Jahre an Bedeutung.

Diese gedankliche Anpassung der Zweckbestimmung für die Gentechnologie konnte dennoch kein breites Interesse an ihr wecken. Die nur mäßige öffentliche Wahrnehmung wurde im Kontext der Konferenz von Asilomar, der Verabschiedung der *Richtlinien zum Schutz vor Gefahren durch in-vitro neukombinierte Nukleinsäuren* im Februar 1978 und ersten Überlegungen für ein Gentechnikgesetz zwar kurzfristig verstärkt, das Interesse an diesen vornehmlich erörterten Sicherheitsfragen hielt jedoch nur kurz und vermochte es nicht eine öffentliche Diskussion zur Gentechnik auszulösen. Ein wesentlicher Grund für diese kurzlebige öffentliche Beachtung ist in der zu Beginn der siebziger Jahre in der BRD aufkommenden Anti-Kernkraftbewegung zu sehen. Zwar spielten Sicherheitsfragen gerade hier eine entscheidende Rolle, die Analogien beider „Problemfelder" wurden jedoch lange Zeit nicht erkannt und vor diesem Hintergrund gingen die ersten Gentechnikdiskurse inmitten der auf einem Höhepunkt befindlichen Kontroversen um die Kernenergie augenscheinlich unter.

Diese Situation änderte sich bis Anfang der achtziger Jahre kaum. Nur wenige Akteure blieben über die Sicherheitsdiskurse der siebziger Jahre hinaus am Thema dran und zeigten ein nachhaltiges Interesse an der Gentechnologie. Forschungen und Entwicklungen, die zu dieser Zeit im Wesentlichen in den USA vorangetrieben wurden, boten in der BRD nur selten Anlass zur Verbreitung oder gar Diskussion. Diese Situation änderte sich um 1984/85 durch verschiedenste Entwicklungen. Einer der wesentlichen Impulse für das Aufkommen einer insbesondere im Rahmen von Veranstaltungen und Diskussionsbänden geführten öffentlichen Diskussion zur Gentechnik kam aus den zur selben Zeit wesentlich fortgeschritteneren Diskussionen um die neuen Reproduktionstechniken und der seit Beginn der siebziger Jahre in diesem Problemfeld besonders aktiven, bundesweit agierenden sozialen Frauenbewegung. Ab Mitte der achtziger Jahre thematisierte sie die Gen- und Reproduktionstechnologie, verstanden als Mittel sozialer Kontrolle über Frauen, regelmäßig. So stand der Kongress *Frauen gegen Gentechnik und Reproduktionstechnik* im April 1985 für den Beginn einer feministisch geprägten Bündnis 90/Die Grünen-Bewegung gegen die Gentechnologie. Zugleich leitete die Initiative Bundesarbeitsgemeinschaft Gen- und Reproduktionstechnologie von Bündnis 90/Die Grünen-Mitgliedern 1986 die Vereinsgründung des GeNs ein, der in den Gentechnik-Diskussionen der BRD in den folgenden Jahren zu einem der großen Akteure unter den Interessensverbänden heranwuchs, während die Beteiligung der aus der Frauenbewegung hervorgetretenen Gruppierungen zeitgleich zurück ging.

Sowohl die Reproduktions- als auch die Gentechnik warfen in weiten Teilen dieselben humanethischen Probleme eines künstlichen Eingriffs in das Leben auf. Stellten sich im Zusammenhang mit der IVF Fragen nach dem Schutz des Lebens, der Zulässigkeit eines künstlichen Eingriffs in das Leben des Menschen und dem Menschenbild im Allgemeinen, ergaben sich diese Fragen in Bezug auf die Gentherapie genauso. Dies erkannten auch Theologen und Philosophen, die vor dem Hintergrund neuer Pränataldiagnostiken und einer raschen Ausdehnung der IVF nach dem Verfügungsrecht über werdendes menschliches Leben fragten. Die Fortschritte gentechnologischer Entwicklungen dehnten die ethisch-moralischen

Diskussionen auf alle künstlichen Eingriffe in das Leben aus, womit die konsequente inhaltliche und argumentative Verknüpfung beider Technologiebereiche eine eigenständige Diskussion der Gentechnik im Grunde nicht zuließ. Im Ergebnis wurde sie von der Öffentlichkeit mehr und mehr zum Oberbegriff für sämtliche reproduktions- und gentechnologischen und zugleich humanethisch bedenklichen Eingriffe am Menschen stilisiert.

Neben dieser aufkommenden ethisch-moralischen Diskussion um die Gentechnik erfuhren auch die Kontroversen um Sicherheitsfragen während der zweiten Hälfte der Achtziger eine Wiederbelebung. Waren die Lockerungen der Sicherheitsrichtlinien ohne nennenswerte Beachtung in der deutschen Öffentlichkeit erfolgt, so lenkten die gezielte Anregung einer Diskussion von Seiten der Politik sowie erste Institutionalisierungen der Gentechnologie die Aufmerksamkeit mehr und mehr auf Sicherheitsfragen. Die Erkenntnis, im Bereich der Biotechnologie den Anschluss an die internationale Spitze zu verlieren, veranlasste Bundesforschungsminister Heinz Riesenhuber, eine intensive Diskussion über die Anwendung neuer, in die natürlichen Prozesse des Lebens eingreifenden Technologien zu initiieren. Die Auswirkungen öffentlicher Proteste waren nur zu gut von der Kernenergiediskussion bekannt und sollten bei der Gentechnologie keine Wiederholung finden. Der Einstieg in den neuen Technologiebereich sollte demzufolge von Beginn an kontrollierter erfolgen. Die erneut aufgekommenen Sicherheitsfragen der Gentechnik trafen in der BRD in eine Zeit, in der der einstige Technikoptimismus – nicht zuletzt vor dem Hintergrund der Entwicklungen in der Kernenergieforschung – einer wachsenden Technikskepsis gewichen war.

Ab 1983/84 beförderte das BMFT durch die Veranstaltung von Fachgesprächen und Kolloquien sowie die Einrichtung von Kommissionen und Arbeitsgruppen eine öffentliche Diskussion zwischen Wissenschaft und Politik, die sich jedoch ausschließlich auf Sicherheitsfragen konzentrierte, während ethisch-philosophische Fragen aufgrund der Angst vor dem Ausbruch einer Grundsatzdiskussion ausgespart blieben. Sowohl die von Riesenhuber eingesetzte Benda-Kommission als auch die Einsetzung der Enquete-Kommission Chancen und Risiken der Gentechnologie befürworteten gentechnologische Forschungen grundsätzlich. Der 1987 erschienene Abschlussbericht der Enquete-Kommission empfahl u. a. eine gesetzliche Verankerung der Sicherheitsrichtlinien sowie ein fünfjähriges Moratorium für die Freisetzung transgener Mikroorganismen, womit er in den folgenden Monaten und Jahren zu einer bedeutenden Diskussionsgrundlage avancierte. Die durch den Enquete-Bericht erneut aufgekommene Forderung nach einer Gesetzesgrundlage erhielt zum Ende der achtziger Jahre eine Beschleunigung. Seit 1988 machte eine Erweiterung des Bundesimmissionsschutzgesetzes eine öffentliche Anhörung für die Genehmigung gentechnischer Produktionsanlagen erforderlich, die mehrfach zu Widerständen gegen den Bau solcher Anlagen und im Falle der Hoechster Produktionsanlage für Humaninsulin sogar zu einem vorübergehenden Baustopp führte. Diese Situation beschleunigte den Gesetzgebungsprozess in der Folge erheblich.

Bereits im Mai 1990 erfolgte die endgültige Verabschiedung eines Gesetzesentwurfs. Stand dieser für die Bundesregierung für den Abschluss einer leidigen Sicherheitsdiskussion, vermochte es das deutsche GenTG jedoch nicht für eine Beruhigung der Diskussionen in der Öffentlichkeit zu sorgen. In der Kritik standen v. a. die mit dem Gesetz geregelten bürokratischen Vorschriften, Sicherheitsbestimmungen, Anhörungsoptionen sowie fehlende Regelungen zur Gentherapie. Vor dem Hintergrund des im September 1990 weltweit ersten Gentherapieversuchs in den USA gewann gerade diese Regelungslücke für gentherapeutische Studien schnell an Bedeutung in den Diskussionen. 1994 begannen auch deutsche Wissenschaftler mit Gentherapiestudien, womit insbesondere die in den achtziger Jahren bereits diskutierten Fragen der ethischen Zulässigkeit eine Wiederbelebung erfuhren. Im Vordergrund standen Fragen einer ärztlichen Verpflichtung zur Hilfeleistung, einer Verletzung der Menschenwürde, einer Definition des Krankheitsbegriffes und daran anknüpfend eines slippery slope. Sicherheitsfragen sollten erst im Kontext des 1999 weltweit ersten Todesfalls eine Rolle für somatische Gentherapieversuche spielen, während sie für die Bewertung der Keimbahntherapie von Beginn an von Bedeutung waren. Bei der Keimbahntherapie zeichnete sich jedoch zu keinem Zeitpunkt eine ernsthafte Diskussion ab. Vielmehr herrschte in weiten Teilen der Öffentlichkeit grundsätzliche Einigkeit über ein kategorisches Nein zu gentherapeutischen Eingriffen in die menschliche Keimbahn. Eine so eindeutige Positionierung der Öffentlichkeit hatte es für keinen anderen Anwendungsbereich der Gentechnik je gegeben.

Die deutschen Medien sorgten infolge der Nachricht erster Gentherapiestudien für eine euphorische Stimmung in der Öffentlichkeit. Der vielprophezeite Beginn einer neuen Therapiemethode war nur wenigen spezifischen, sondern insbesondere grundsätzlichen Bedenken gegenüber der Gentechnik ausgesetzt. Während die Medien eine kurz- bis mittelfristige Entwicklung erfolgreicher Therapien zur Behandlung der großen Volkskrankheiten ankündigten, gingen die wenigsten der an den Forschungen beteiligten Mediziner und Biowissenschaftler in den frühen neunziger Jahren tatsächlich von einer solchen Entwicklung aus. Ihre zurückhaltenden Einschätzungen diskutierten die Vertreter erster deutscher Gentherapie-Arbeitsgruppen weitestgehend fachintern und engagierten sich kaum, die ausgebrochene Euphorie in der Öffentlichkeit zu dämpfen. Trotz des qualitativen Nachweises erfolgreich verlaufener Gentransfers fehlten bis Mitte der neunziger Jahre quantitative Nachweise eines therapeutischen Effekts. So erklärte der im Dezember 1995 vom Panel to Assess the NIH Investment in Research on Gene Therapy veröffentlichte Bericht, dass bislang kein einziger klinischer Gentherapieversuch erfolgreich war. Diese aus Sicht der Öffentlichkeit ernüchternde Bilanz sorgte für den Vorwurf überzogener Versprechungen und führte zu einem Vertrauensverlust gegenüber den Forschern.

Im diese angespannte Stimmung trafen 1995 neben der Mitteilung einer deutschen Beteiligung am HGP 1997 auch die Nachricht vom Klonschaf Dolly, das weltweit eine neue Phase der bioethischen Diskussionen einleitete, die zumindest in der BRD auch einen wesentlichen Einfluss auf die Diskussionen um die Gentechnik nahmen. Vom wissenschaftlichen Erkenntnisgewinn zeigte sich die deutsche Öffentlichkeit weitgehend unbeeindruckt. Stattdessen entbrannte eine ethische Grundsatzdiskussion zur Zulässigkeit einer Klonierung ausgewachsener

Säugetiere, mit einem besonderen Fokus auf den Menschen. Auch hier ging es um Fragen einer Verletzung der Menschenwürde und der Zulässigkeit eines künstlichen Eingriffs in das Leben, mit denen es dieser reproduktionstechnologische Meilenstein vermochte, die Auseinandersetzungen um gentechnologische Anwendungen in der Medizin erneut zu beflügeln. Während „Dolly" für eine methodische Innovation steht, wurde sie in der Wahrnehmung der Öffentlichkeit zu einem Instrument der Genommanipulation. Diese Verschränkung beider Technologiefelder wurde vornehmlich durch die Medien befördert, wenngleich auch Einzelakteure in den Diskussionen für Verwechslungen sorgten. So waren die Chiffren von „Dolly" oder „Hugo" paradigmatisch für die Kontroversen der Neunziger.

Nach den starken Beeinflussungen durch die PID, dem HGP, ersten Gentherapiestudien und Dolly kam Ende der neunziger Jahre mit der humanen embryonalen Stammzellforschung ein neues, emotional aufgeladenes Feld dazu. Trotz des Fehlens einer unmittelbaren disziplinären Verbindung hatten die öffentlichen Diskussionen zur humanen Stammzellforschung einen erheblichen Einfluss auf die Gentechnik-Diskussionen. Die Auseinandersetzungen um die Stammzellforschung konnten, begleitet von Fragen des therapeutischen Klonens, ideal an die mit Dolly aufgekommenen Diskussionen des reproduktiven Klonens anschließen. Auch über die bereits bestehende Verbindung zwischen den Gentechnik- und PID-Diskussionen war die gleichgelagerte Frage nach dem moralischen Status des Embryos bereits in früheren Auseinandersetzungen aufgekommen. So kumulierte die ethisch stark umstrittene Stammzellforschung die bioethischen Diskussionen der vergangenen vier Jahrzehnte, die um 2000/2001 schließlich in einer großen Gen-Debatte zur Frage des menschlichen Selbstverständnisses in einer technisch dominierten Welt mündeten.

Die Gen-Debatte wurde wesentlich intensiver in der Öffentlichkeit diskutiert als dies jemals bei der Roten Gentechnik der Fall war. Vor dem Hintergrund des ausstehenden DFG-Antrags von Oliver Brüstle und den damit unaufschiebbaren Entscheidungen zur Stammzellforschung, musste auf die lange Zeit mehr oder weniger intensiv diskutierten Fragen dringend eine Antwort gegeben werden. In einer bioethisch-moralphilosophischen Diskussion ging es neben der Bestimmung von Grenzen der Forschungsfreiheit insbesondere um die Klärung des moralischen Status des Embryos sowie dessen Recht auf Zuerkennung der Menschenwürde. Die Frage nach der Zulässigkeit der Forschung an menschlichen Embryonen wurde v. a. als religiös-moralisches Problem konstatiert. Zwar erlangten religiöse Argumente innerhalb der deutschen Diskussionen keine besondere Bedeutung, mit dem im StZG von 2002 bedingt befürworteten Import humaner embryonaler Stammzellen kam es jedoch zu einer durch die Kirche erheblich beeinflussten Kompromissentscheidung des Deutschen Bundestages, mit der die BRD bis heute zu den Ländern mit den strengsten Auflagen zur Embryonenforschung zählt. Die Gen-Debatte war damit jedoch keineswegs abgeschlossen. Ähnlich dem GenTG zog auch das StZG heftige Kritik nach sich, die hier insbesondere von deutschen Forschern gegenüber der Stichtagsregelung geäußert wurde.

Die mit der Gen-Debatte beschleunigten Diskussionen um den moralischen Status des Embryos hatten eine eigenständige Diskussion bioethischer Anwendungsfragen der Roten Gentechnik weitestgehend verhindert. Während die Öffentlichkeit augenscheinlich mit anderen Fragen beschäftigt war, suchten die Mediziner vor dem Hintergrund der inzwischen vorliegenden humanen Gensequenz und den damit bevorstehenden Weiterentwicklungsmöglichkeiten der humanen Gentherapie nach Antworten einer konkreten Bestimmung des Krankheitsbegriffs für die Praxis. Trotz der Einrichtung ethischer Beratungskommissionen sahen sich die Mediziner nach wie vor einer Handlungsunsicherheit bei der Bewertung von Gentherapiestudien gegenüber. Antworten hatten sie bis zum Ende des Betrachtungszeitraums der Arbeit nicht gefunden. Mehr als 40 Jahre nach dem Beginn der Debatten um die Gentechnik waren damit nur auf wenige der bereits im Rahmen des Ciba-Symposiums aufgeworfenen, insbesondere bioethischen Fragen eindeutige Antworten in der Öffentlichkeit gefunden worden. Der Weg eines zukünftigen Umgangs mit der Gentechnik war jedoch in groben Zügen gezeichnet.

8.1.2. Grüne Gentechnik

Mit dem Beginn der Diskussionen um die Rote Gentechnik steckte die Grüne Gentechnik weltweit noch in den Kinderschuhen. 1985 erteilte die amerikanische EPA die weltweit erste Genehmigung für einen Freilassungsversuch mit gentechnisch veränderten Lebewesen, sog. Eis-minus-Bakterien. Diese und eine Reihe von Folgegenehmigungen sorgten noch Mitte der achtziger Jahre für weltweites öffentliches Interesse. Während in der BRD die erste Genehmigung für Versuche mit trangenen Frostschutzbakterien 1985 nur für kurze Aufmerksamkeit sorgte, entwickelten sich ein v. a. durch Umweltverbände angestoßenes Bewusstsein und auch Diskussionen über die Anwendungsmöglichkeiten der Gentechnik im Bereich der Nutzpflanzen erst Ende der achtziger Jahre. In den Diskussionen trafen Gegner und Befürworter der Grünen Gentechnik nur selten direkt aufeinander. Es gab nur wenige Veranstaltungen oder Diskussionsbände, in denen sie gemeinsam auftraten. Vielmehr äußerten sich die Auseinandersetzungen in Einzelbeiträgen und -aktionen, die jeweils auf die Handlungen und Äußerungen der Gegenseite Bezug nahmen.

Die während der achtziger Jahre noch vornehmlich von amerikanischen Forschungs- und Industrievertretern in Aussicht gestellten Vorteile einer gentechnisch unterstützten Landwirtschaft – wie eine „Entchemisierung" der Landwirtschaft, Bekämpfung von Umwelt- und Welternährungsproblemen, ernährungspsychologische Anpassung der Lebensmittel auf den Bedarf sowie Ertragssteigerungen, und darüber verminderte Kosten für Landwirte und Verbraucher – sorgten weder bei internationalen, noch bei deutschen Umweltverbänden für Zutrauen. Sie traten den Versprechungen mit großen Vorbehalten gegenüber und befürchteten v. a. toxikologische und ökologische Folgewirkungen, die Übertragung neuer Gene auf Wildpflanzen, Bodenbakterien und/oder den Menschen, die Auswilderung transgener Pflanzen, unvorhergesehene Wirkungen auf Nicht-

Zielorganismen oder Resistenzbildungen bei Schadinsekten. Außerhalb der Umweltverbände sorgten die ersten Freisetzungen von GVOs in der BRD kaum für Aufmerksamkeit. Während das GeN, das Öko-Institut und Die Grünen rd. zwei Jahre im Alleingang versuchten auch in der Bundesrepublik eine breite Öffentlichkeit für die international propagierten ökologischen und ökonomischen Gefahren gentechnischer Anwendungen im landwirtschaftlichen Bereich zu mobilisieren, entdeckten die deutschen Printmedien, und zeitgleich auch eine breite Öffentlichkeit, das Thema erst gegen Ende der achtziger Jahre.

Das in den frühen siebziger Jahren in der BRD entwickelte ökologische Bewusstsein hatte innerhalb der Bevölkerung zu einer großen Bereitschaft zur Mitwirkung in Bürger- und Umweltinitiativen geführt, die mit dem Beginn der Auseinandersetzungen um die Kernenergie um das Jahr 1973 verstärkt mit öffentlichkeitswirksamen und teilweise radikalen Aktion auftraten. Die sich Mitte der achtziger Jahre auch dem Problemgegenstand Grüne Gentechnik annehmenden Umweltverbände waren entweder aus dieser Bewegung hervorgegangen oder hatten sich dem neuen Problemfeld aus allgemein umweltpolitischen Gründen angenommen. Vor diesem Hintergrund übertrugen die Umweltverbände häufig die Risiken der einen Technologie auch auf die Andere, was zugleich für beide Technologiebereiche eine undifferenzierte und zumeist bedingungslose Ablehnung bedeutete.

Neben einer Anwendung auf Nutzpflanzen zielten gentechnische Entwicklungen der achtziger Jahre auch auf einen Einsatz in der Nutztierhaltung. Besondere Aufmerksamkeit erlangte das rekombinante Rinderwachstumshormons rBST, das spätestens nach dem Enthüllungsbericht von Sabine Rosenbladt und ihren Kollegen für eine Erweiterung der an den Diskussionen um die Grüne Gentechnik beteiligten Akteure sorgte. Auch die in der BRD breit diskutierte Entscheidung des U.S. Patent and Trademark Office vom 7. April 1987, mit der es auch höhere Lebewesen als patentierbar erklärte, sorgte für eine Ausweitung des Interesses. So gehörten Ende der achtziger Jahre neben der großen Gruppe der Umweltverbände auch erste Bauern- und Verbraucherverbände sowie die Arbeitsgemeinschaft Kritische Tiermedizin zu den Kritikern bzw. Gegnern. Anders als bei der Roten kam es bei der Grünen Gentechnik erst infolge ihrer technologischen Realisierung zu einem öffentlichen Diskurs in der BRD. Von der ersten ernsthaften Debatte im Jahr 1985 bis zum Ausbruch einer öffentlichen Diskussion brauchte es gerade einmal vier Jahre.

Mit dem Beginn eines kommerziellen Anbaus transgener Kulturpflanzen und dem Start von Freisetzungsversuchen in der BRD, schärften Anfang der neunziger Jahre v. a. Umweltverbände ihre Positionierungen und bestimmten die öffentlichen Diskussionen zur Grünen Gentechnik schließlich maßgeblich in ihrem Inhalt und Verlauf. Ein Großteil der Argumente gegen eine landwirtschaftliche Nutzung der Gentechnik wurde aus den Diskussionen der achtziger Jahre übernommen, während lediglich die Zunahme von Gesundheitsrisiken (wie Allergien) sowie die Begünstigung einer Konzentration in der Landwirtschaft neu hinzukamen. Die Argumente setzten jedoch zu einem Großteil hypothetische Risiken voraus, die von Vertretern der Forschung, Industrie und Teilen der Regierung als irrationale und auf Glaubensansichten beruhende Ängste abgetan wurden.

Schon die erste Genehmigung für eine Ausbringung gentechnisch veränderter Pflanzen auf deutschem Boden sorgte in Teilen der Bevölkerung für erhebliches Missfallen, wenngleich es sich hierbei „nur" um die von der Fachwelt als völlig harmlos bewertete Ausbringung einer transgenen Zierpflanze handelte. Als das MPI in Köln 1990 den Petunienversuch startete waren in den USA bereits 141 Freisetzungsvorhaben mit GVOs durchgeführt worden. Gerade dieser als harmlos eingestufte Versuch nahm jedoch einen unerwarteten Verlauf, mit dem sich die Kritiker in ihrer Annahme von hypothetischen Risiken bestätigt sahen. Nachdem sich die Protestwelle gelegt hatte startete im April 1993 ein erster Feldversuch mit einer transgenen Nutzpflanze. Ähnlich wie der Petunienversuch sorgten auch die Folgegenehmigungen für Freilandversuche mit transgenen Nutzpflanzen in der BRD für Widerstände, die sich vor allem auf lokale Bürgergruppen bzw. Gemeindegruppierungen konzentrierten. Der Protest äußerte sich zumeist in schriftlichen Einwendungen, Unterschriftenaktionen, Feldblockaden, Beschimpfungen auf Erörterungs- und Diskussionsveranstaltungen bis hin zu gerichtlichen Klagen, Feldbesetzungen und Feldzerstörungen.

Neben einer wachsenden Zahl an Umweltverbänden und lokalen Gruppierungen nahmen sich auch Verbraucherverbände in der zweiten Hälfte der neunziger Jahre vermehrt der Thematik an. Zu einem ihrer zentralen Handlungsfelder gehörten die Regelungen um die europäische Novel Food Verordnung vom Mai 1997, die wesentlichen Einfluss auf die rechtlichen Rahmenbedingungen des Anbaus und die Vermarktung transgener Nahrungsmittel in Deutschland nahm. Demzufolge reduzierten sich die Protestformen der Verbraucherverbände v. a. um die radikalen Aktionen.

Die zu Beginn der neunziger Jahre kleineren und regional zumeist begrenzten Wiederstände erwuchsen durch drei entscheidende Ereignisse innerhalb weniger Jahre zu einer großen Protestwelle gegen die Grüne Gentechnik. Auf die amerikanische Marktzulassung des ersten gentechnisch veränderten Lebensmittels, der Flavr Savr Tomate, im Mai 1994 folgte im April 1996 die Genehmigung zur Anlieferung und Weiterverarbeitung genmanipulierter Sojabohnen aus den USA durch die Europäische Kommission. Ausgelöst durch dieses Ereignis trat noch im Juni 1996 mit Greenpeace Deutschland der größte Umweltverband Deutschlands umweltpolitisch in das Themenfeld Gentechnik ein und starte mit einer großangelegten Anti-Gentechnik-Kampagne, die für eine nie zuvor in der BRD erreichte öffentliche Aufmerksamkeit und Intensität der Diskussionen sorgte.

Noch bevor erste transgene Lebensmittel auf dem deutschen Markt erhältlich waren sahen sich insbesondere die in Deutschland ansässige Chemie- und Lebensmittelindustrie den Vorwürfen eines heimlichen Einstiegs in das Gen-Geschäft ausgesetzt. Sowohl die Industrie, einzelne Vertreter der im Bereich der Grünen Gentechnik tätigen Wissenschaftler als auch Teile der Bundesregierung werteten die Diskussionen um die Einführung der Gentechnik als Problem mangelnder Akzeptanz, die vordergründig auf defizitäre Wissensgrundlagen und ausgeprägte Vorurteile zurückzuführen seien. So verfolgten sie kurzfristig gemeinsam die Strategie der Gegensteuerung mit Aufklärungskampagnen. Hierin sollten den Verbrauchern die Ängste genommen werden, indem die Gentechnik als Fortsetzung der klassischen Züchtung dargestellt wurde. Zugleich sollten die Informationen über die großen Vorteile einer Entchemisierung der Landwirtschaft und Sicherung der Welternährung zur Einsicht unter Gegnern und Verbrauchern beitragen. Die Bereitstellung von Informationen reichte für einen Einstellungswandel jedoch bei weitem nicht aus. So folgte auf die Aufklärungskampagne eine Produktkampagne, die mit sog. Functional Food und dessen vornehmlich gesundheitsfördernden Eigenschaften um die Gunst der Verbraucher warb. Bis zum Ende der neunziger Jahre konnten Industrie- und Forschungsvertreter sowie die Bundesregierung jedoch kaum zu einem Abbau der bestehenden Vorbehalte gegenüber transgenen Lebensmitteln beitragen.

Die Intensität der Diskussionen um die Grüne Gentechnik setzte sich auch im neuen Jahrtausend fort. Die starke Beeinflussung der Gentechnik-Diskussionen durch den um 2001 aufgebauten juristischen Druck zur humanen Stammzellforschung sorgte zwar für eine mehrmonatige Konzentration der Diskussionen auf biomedizinische Anwendungsfragen, da spezifische Fragen der Roten Gentechnik aber zu einem Großteil in der Gen-Debatte untergegangen waren, wurden landwirtschaftliche Anwendungen der Gentechnik im beginnenden neuen Jahrtausend insgesamt betrachtet wesentlich intensiver in der Öffentlichkeit diskutiert. Die Argumentation, sowohl der Gegner als auch der Befürworter, hatten sich kaum verändert, ebenso wie die Formen des Protests. Trotz der weltweit steigenden Anbauflächen transgener Pflanzen gestaltete sich ihre Etablierung in der BRD ausgesprochen schwierig. Nach wie vor herrschte eine skeptische Haltung in der Öffentlichkeit und auch unter Verbrauchern vor, die eine potenzielle Bedrohung im Gen-Food erkannten. Gentechnisch veränderte Pflanzen wurden in der BRD bis 2006 nur in geringen Mengen angebaut, während der Anteil der ökologisch bewirtschafteten Fläche zeitgleich gestiegen war.

Die Veröffentlichung einer amerikanischen Studie zum Einfluss des Bt-Mais Pollens auf Monarchfalter-Raupen von 1999 verlieh den innerdeutschen Diskussionen im neuen Jahrtausend einen ersten Höhepunkt. Die Studie der Amerikaner hatte eine erhöhte Mortalität für Monarchfalter nachgewiesen und Gentechnik-Gegnern weltweit damit den augenscheinlich wissenschaftlichen Beweis für ihre Vermutungen unvorhersehbarer Auswirkungen auf das Ökosystem geliefert. Internationale Vertreter aus Industrie und Forschung stellten die Aussagekraft der Ergebnisse jedoch in Frage und gaben eigene Untersuchungen in Auftrag, die keine gravierenden Gefahren für den Monarchfalter infolge des kommerziellen Anbaus von Bt-Mais feststellen konnten. Auch deutsche Befürworter der Grünen Gentechnik erkannten hierin eine Chance zur wissenschaftlichen Auseinandersetzung mit den Gegnern und setzten eigene Studien auf. Allerdings wurden die für den Monarchfalter keine Gefahr feststellenden Ergebnisse sowohl von den Printmedien als auch in den Diskussionen kategorisch ausgeblendet und hatten somit außerhalb der molekularbiologischen und agrarwissenschaftlichen Community keinerlei Einfluss auf die in der Öffentlichkeit vorherrschende Skepsis gegenüber transgenen Pflanzen.

Ein wesentlicher Grund für die anhaltende Skepsis deutscher Verbraucher war jedoch das Fehlen eines offensichtlichen Nutzens transgener Produkte, deren Veränderungen sich in den neunziger Jahren zumeist auf sog. Input-Traits, also agronomische Eigenschaften wie Herbizid- und Insektenresistenzen beschränkten. Preissenkungen und Veränderungen der Output-Traits, also qualitativer Nahrungsmitteleigenschaften, schienen eine geeignete Möglichkeit, die Akzeptanz für transgene Nahrungsmittel in der Öffentlichkeit zu steigern. Zwar starteten in den frühen 2000er Jahren verschiedenste Projekte zur Entwicklung akzeptanzsteigernder transgener Lebensmittel, jedoch gelangte in der BRD bis 2006 kein transgenes Functional Food auf den Markt und auch Preissenkungen waren für den Verbraucher nicht sichtbar geworden.

Stattdessen sorgte im Mai 2004 die Aufhebung des seit 1999 EU-weit bestehenden De-facto-Moratoriums für eine erneute Zuspitzung der Auseinandersetzungen, an die sich v. a. die bereits seit Beginn des neuen Jahrtausends in der BRD an Bedeutung gewinnenden Fragen nach Möglichkeiten einer Koexistenz anschlossen. Ab 2000 wurden mehrfach Verunreinigungen vermeintlich gentechnikfreier Nahrungsmittel bekannt, die von Umweltschützern sowie Öko-Bauern und –Landwirten als Beweis für eine Gefährdung des Öko-Landbaus ins Feld geführt wurden. Die Argumentation gründete nun nicht mehr vorrangig auf dem potenziellen Gefahrenrisiko transgener Pflanzen, sondern verlor sich in Grundsatzdiskussionen um zukünftige Anbauarten und deren Koexistenz in der Landwirtschaft. Vor diesem Hintergrund beteiligten sich vermehrt Vertreter des Öko-Landbaus in Vereinigungen wie den gentechnikfreien Regionen an den Diskussionen, die sie für eine eigene Marketingstrategie nutzen und mit garantiert gentechnikfreien Produkten warben. Nach der fehlgeleiteten Kommunikation um die Monarchfalter-Studien hatten auch Teile der nationalen Nahrungsmittelproduzenten sowie der Lebensmitteleinzelhandel Versuche einer Einführung transgener Lebensmittel um die Jahrtausendwende weitgehend aufgegeben. Sie machten sich die Skepsis der Verbraucher ebenso zu eigen, und versuchten sie stattdessen mit Kampagnen für garantiert gentechnikfreie Lebensmittel zu locken.

Die Ende der achtziger Jahre aufkommenden Diskussionen um die Grüne Gentechnik wurden bis 2006 im Wesentlichen von Vertretern der Politik und Industrie, den an den Forschungen beteiligten Wissenschaftlern, lokalen Bürgerinitiativen sowie Umweltverbänden bestimmt. Die von Gegnern wie Befürwortern vorgebrachten Argumente zu den Möglichkeiten, Grenzen und Gefahren hatten sich im Laufe der Zeit kaum verändert, ebenso wie die Beurteilung von transgenen Nahrungsmitteln. Während sich Gentransferstudien an Nutztieren noch in einem experimentellen Stadium bewegten, sorgten die mehrheitlich skeptische bis ablehnende Einstellung von Verbraucher und der Öffentlichkeit in der BRD dafür, dass rekombinante Nutzpflanzen keinerlei wirtschaftliche Bedeutung erlangten. Die vielfach von den Gegnern wahrgenommene Bedrohung durch Gen-Food schien in der BRD also latent vorhanden, jedoch bei weitem nicht real gegeben.

8.2. DIE GENTECHNIK IN DER WAHRNEHMUNG ZENTRALER AKTEURSGRUPPEN

8.2.1. Biowissenschaftler

Die hier unter dem Ober-Begriff „Biowissenschaftler" zusammengefasste Akteursgruppe erstreckt sich auf ein breites Feld dahinterstehender Disziplinen. Neben Bio- und Gentechnologen seien an dieser Stelle auch alle übrigen, praktisch an gentechnologischen Forschungen und Entwicklungen beteiligten Molekularbiologen, Biologen, Chemiker, Physiker, Genetiker, Reproduktionstechniker und Agrarwissenschaftler unter dem Begriff der Biowissenschaftler subsummiert.

Zur Rechtfertigung ihrer Forschungen steht Wissenschaft in allen Bereichen in einem permanenten Legitimationsdiskurs mit der massendemokratischen Öffentlichkeit, die einen Anspruch auf Mitsprache, Kontrolle und Bewertung erhebt. Diesem Anspruch versuchten internationale Biowissenschaftler im Kontext erster gelungener gentechnischer Versuche mit einem beispiellosen Vorgehen noch im Experimentierstadium der neuen Technologie gerecht zu werden. Die seinerzeit führenden Biowissenschaftler beschlossen, mit ihren Sicherheitsbedenken gegenüber gentechnologischen Arbeiten an die Öffentlichkeit zu gehen. Auf einen offenen Brief an den Präsidenten der National Academy of Sciences im Juli 1973 folgte im Februar 1975 die Asilomar-Konferenz, in deren Rahmen sich die rd. 150 Teilnehmer auf eine gemeinsame Erklärung zu den potenziellen Gefahren der rekombinanten DNA-Forschung verständigten. Diese Erklärung bedeutete nicht nur einen großen Schritt in Richtung einer Selbstbestimmung der Wissenschaft, sondern ermöglichte zugleich eine Überführung der bis dahin informell geführten Gespräche zu den Risiken der neuen Technik in formelle Regierungsdiskussionen.

Nachdem sich internationale Biowissenschaftler rd. ein Jahrzehnt mit Sicherheitsfragen der Gentechnologie auseinandergesetzt hatten wurde das Interesse deutscher Wissenschaftler augenscheinlich erst infolge von Anzeichen einer gesetzlichen Reglementierung gentechnischer Forschungen in der BRD geweckt. Der Abschlussbericht der Enquete-Kommission Chancen und Risiken der Gentechnologie von 1987 empfahl eine gesetzliche Verankerung der bis dahin lediglich über eine Richtlinie geregelten gentechnischen Experimente. Während sich nur wenige Biowissenschaftler universitärer Forschungsinstitute zu Wort meldeten, äußerten MPG und DFG ihre Kritik am Abschlussbericht sehr deutlich. Beide erkannten kein grundsätzliches Risiko in der Gentechnologie und hielten ein Gesetz, ebenso wie die Fraunhofer Gesellschaft für eine unangemessene Maßnahme, die die Fortführung gentechnologischer Forschung behindern würde. Neben den großen deutschen Forschungsförderungsorganisationen beteiligten sich während der achtziger Jahre nur wenige Einzelakteure, wie die Gentechnik-kritischen BioloTinnen Beatrix Tappeser oder Regine Kollek, an den aufkommenden Sicherheitsdiskussionen und einer Einschätzung des Risikopotenzials der Gentechnik. Diese Situation änderte sich erst im Kontext eines konkreten Gesetzesvorhabens der Bundesregierung zu Beginn der neunziger Jahre.

Im Januar 1990 beteiligten sich ungefähr 2000 Ärzte und Wissenschaftler an einer gemeinsamen Erklärung *Sechs Punkte zur Gentechnik*. Darin erging sowohl an die Bundesregierung als auch an die Öffentlichkeit der Appell, die Entwicklung der Bio- und Gentechnologie nicht zu behindern. Die Unterzeichner erklärten die ihnen gewährte Forschungsfreiheit zu ihrer Verpflichtung, die Grundrechte in Bezug auf sämtliche Methoden und Forschungsziele zu respektieren und zugleich Kriterien für zuverlässige Sicherheitsstandards zu entwickeln. Erst infolge der Verabschiedung des GenTGs meldeten sich Forschungs- und Industrievertreter vermehrt eigenständig öffentlich zu Wort und verlangten nach Lockerungen der Sicherheitsregelungen. Zwar erkannten sie für die Grüne Gentechnik durchaus ein gewisses Ungewissheitspotenzial, anders als die Vertreter der Umweltverbände gingen sie aber nicht von einem „besonderen Risiko" aus, sondern lediglich von einem den natürlichen Ereignissen zugrundeliegenden gleichwertigen Risikopotenzial.

Während sich die Biowissenschaftler durchaus öffentlich zu den gesetzlichen Reglementierungen in der BRD äußerten, verfielen sie im Kontext erster Gentherapiestudien dagegen in eine Sprachlosigkeit. Die wenigsten Vertreter erster deutscher Gentherapie-Arbeitsgruppen gingen zu Beginn der neunziger Jahre von einer kurzfristigen bzw. mittelfristigen Entwicklung erfolgreicher Gentherapien zur Behandlung großer Volkskrankheiten aus. Unbeeindruckt von der insbesondere durch die Medien geschürten Euphorie in der Öffentlichkeit kommunizierten Sie diese Einschätzung jedoch vornehmlich in medizinischen Fachzeitschriften wie dem *Deutschen Ärzteblatt* und im Rahmen fachinterner Veranstaltungen. So konnte der im Dezember 1995 vom Panel to Assess the NIH Investment in Research on Gene Therapy veröffentlichte Bericht, der feststellte, dass bislang kein einziger klinischer Gentherapieversuch erfolgreich war, in den Augen der Erfolge erwartenden Öffentlichkeit nur eine ernüchternde Bilanz darstellen. Die durchaus vorhandenen Anzeichen für die Wirksamkeit einzelner Therapien bedeuteten dagegen lediglich für die biowissenschaftliche Community einen Erfolg, die sich in der BRD nun jedoch dem Vorwurf ausgesetzt sah, übereifrige Darstellungen und irreführende Informationen verbreitet und Tatsachen verschleiert zu haben.

Trotz verhaltener bis vernichtender Bilanz galt die Gentherapie unter Biowissenschaftlern nach wie vor als aussichtsreiches Konzept, deren Förderung es fortzusetzen galt. Mit einer offensiven Kommunikationsstrategie wandten sie sich an die Politik und verlangten vor dem Hintergrund des nach wie vor vorhandenen pharmazeutischen, medizinischen und auch industriellen Potenzials nach einer ungebrochenen Fortsetzung der Forschungsförderung für Gentherapie-Studien.

Innerhalb der öffentlichen Diskussionen um die Grüne Gentechnik verhielten sich die Biowissenschaftler in der Mehrzahl ausgesprochen zurückhaltend. Unter denjenigen, die sich äußerten überwogen befürwortende Positionierungen, während die starken öffentlichen Widerstände gegen die landwirtschaftlichen Anwendungen auf eine von Seiten der Industrie fehlgeleitete Kommunikation zurückgeführt wurden, die es verpasste habe, die Verbrauchervorteile geeignet zu kommunizieren. Allerdings litten auch gemeinschaftliche Kommunikationsversuche der Biowissenschaftler, wie in der Initiative Pro Gentechnik, zumeist unter

Pauschalisierungen und einer fehlenden Objektivität. Versuche eines Abbaus der auch zu Beginn des neuen Jahrtausends vorherrschenden Sprachlosigkeit in den öffentlichen Diskussionen zeigten sich bei Biowissenschaftlern wie den Forschungsförderungsorganisationen in Form vermehrter wissenschaftlicher Sicherheitsuntersuchungen sowie der Veröffentlichung von Stellungnahmen oder Memoranden. Während diese Versuche für die öffentlichen Diskussionen um die Grüne Gentechnik weitgehend ohne Wirkung blieben, drängte sie die Novelle des GenTGs von 2005 von der Rolle des Werbers wieder in die Rolle des Mahners. Biowissenschaftler und Industrievertreter kritisierten den innovationsfeindlichen Charakter der neuen Regelungen, mit denen ihnen die Forschung und Entwicklung auf dem Gebiet der Grünen Gentechnik weitgehend verwehrt bliebe.

Insgesamt lässt sich für die deutschen Biowissenschaftler sowohl im Bereich der Roten als auch der Grünen Gentechnik zum Ende des Betrachtungszeitraums weitgehende Zurückhaltung bzgl. einer eigenständigen Beteiligung an den öffentlichen Diskussionen feststellen. Der öffentliche Dialog wurde nur selten gesucht, während fachinterne Foren zum Austausch wissenschaftlicher Erkenntnisse regelmäßig genutzt wurden. Zudem war eine über die Sicherheitsfragen der Technologie hinausgehende Beteiligung an ethischen Fragestellungen nur selten festzustellen. Lediglich die großen deutschen Forschungsförderungsorganisationen boten v. a. im Zusammenhang mit Fragen der gesetzlichen Reglementierung ein kontinuierliches Sprachrohr in die Öffentlichkeit, während auch sie sich nur vereinzelt an der Beantwortung bioethischer Fragen beteiligten.

8.2.2. Politiker

Zu einem der frühesten Akteure deutscher Gentechnik-Diskussionen gehörten Politiker aller Parteien, die sich schon bald mit der Frage einer gesetzlichen Reglementierung auseinandersetzen mussten. Infolge der Asilomar-Konferenz war die Bundesregierung zu der Entscheidung gelangt, die amerikanischen Sicherheitsrichtlinien auch auf die BRD zu übertragen und hatte dem Aufkommen öffentlicher Sicherheitsdiskussionen damit augenscheinlich vorgebeugt. Allerdings wurden bereits kurz nach dem Inkrafttreten der deutschen Richtlinien von 1978 erste Stimmen laut, dic vor dem Hintergrund der voranschreitenden technischen Entwicklung eine verbindliche Rechtsgrundlage forderten. Das Interesse der Öffentlichkeit an Sicherheitsfragen hielt jedoch nur kurz und so ließ die Bunderegierung erste Bemühungen für ein Gesetzesvorhaben gleich zu Beginn der achtziger Jahre wieder fallen.

Die Absage für eine gesetzliche Reglementierung der Gentechnik bezog sich aber keineswegs auf die Technik selbst. Von Seiten des BMFT und dessen Minister Heinz Riesenhuber bestand durchaus ein Interesse an einer Nutzung der Bio- und Gentechnologie, wobei das Aufkommen einer öffentlichen Diskussion, wie in den USA oder wie im Falle der Kernenergie, und verstanden als eine Verhinderung des technologischen Fortschritts unbedingt verhindert werden sollte. Die Erkenntnis, im Bereich der Biotechnologie zunehmend den Anschluss an die internationale Spitze zu verlieren veranlasste das BMFT zunächst zu einer direkten Förderung gentechnologischer Forschungsvorhaben im Rahmen des Biotechnologieprogramms und daran anschließend zur verstärkten Förderung der Gründung von Genzentren. Zur Vorbeugung von Diskussionen leitete das Bundesforschungsministerium ab 1983/84 durch die Veranstaltung von Fachgesprächen und Kolloquien sowie mit der Einrichtung von Kommissionen und Arbeitsgruppen gezielt eine Diskussion zwischen Wissenschaft und Politik, v. a. zu medizinischen Anwendungen und den damit in Verbindung stehenden ethischen Fragen der Gentechnologie ein. Zugleich sollte über die Verbreitung von Informationsbroschüren, einem Ausbruch plötzlicher Grundsatzdiskussionen von Seiten der Laienöffentlichkeit vorgebeugt werden. Angestrebt wurde eine kontrollierte Diskussion unter Experten ohne Beteiligung einer breiten Öffentlichkeit.

Schon mit der Arbeitsgruppe In-vitro-Fertilisation, Genomanalyse und Gentherapie, auch Benda-Kommission genannt, die 1984 ihre Arbeit aufnahm, beförderten Bundesjustiz- und Bundesforschungsministerium die bereits aufgekommene Verbindung der Diskussionen um die Reproduktions- und Gentechnologie. Durch die noch im selben Jahr mit den Stimmen von CDU/CSU, SPD und FDP erfolgte Einsetzung der Enquete-Kommission Chancen und Risiken der Gentechnologie erhielt der eingeschlagene Weg einer gezielten Beförderung von Diskussionen eine unmittelbare Fortführung. Neben der Benda- und der Enquete-Kommission wurden während der späten achtziger Jahre eine Reihe weiterer, interministerieller (Bioethik-) Kommissionen mit einer Bewertung der Möglichkeiten und Gefahren der Gentechnik beauftragt, die die gentechnische Forschung weitgehend übereinstimmend als unverzichtbaren Bestandteil der modernen, biologisch-medizinischen Grundlagenforschung bewerteten.

Eine bedeutende Rolle unter den Parteien nahmen Mitte der neunziger Jahre Bündnis 90/Die Grünen für die Entwicklung der Gentechnik-Diskussionen ein. Waren Parteivertreter bereits seit den frühen achtziger Jahren mit verstärkter Kritik an gentechnischen Forschungen und der Forderung nach einer gesetzlichen Reglementierung in der Öffentlichkeit aufgetreten, organisierte der Arbeitskreis Frauenpolitik & Sozialwissenschaftliche Forschung und Praxis für Frauen e. V. im April 1985 in Bonn den Kongress *Frauen gegen Gentechnik und Reproduktionstechnik*, der den Beginn einer feministisch geprägten Grünen-Bewegung gegen die Gen- und Reproduktionstechnologie einleitete. Darüber hinaus leitete die Grünen-Initiative Bundesarbeitsgemeinschaft Gen- und Reproduktionstechnologie 1986 die Gründung des für die Gentechnik-Diskussionen der BRD durchaus bedeutenden GeNs ein.

Der Wiederstand der Grünen gegen jede Anwendung der Gentechnologie reichte jedoch nicht aus, um 1990 die Verabschiedung des GenTGs zu verhindern. Die gesetzliche Grundlage für eine Anwendung der Gentechnik in Forschung und Industrie konnte allein mit den Stimmen von CDU/CSU und FDP beschlossen werden und sollte die in den vergangenen Jahren aufgekommenen juristischen Zweifel, wie 1989 im Falle der Hoechster Insulin-Produktionsanlage, beseitigen. Nach wie vor war die Bundesregierung an der Beförderung gentechnologischer Innovationen interessiert und erhöhte ihre Fördergelder in den verschiedenen Ressorts erheblich. 1995 startete Bundesforschungsminister Jürgen Rüttgers zudem den BioRegio-Wettbewerb, der auf einen erheblichen Aus- und Aufbau des Innovationsstandorts Deutschland im Bereich der Bio- und Gentechnologie zielte. Die von CDU/CSU und FDP begonnene Förderstrategie wurde auch mit der neuen Bundesregierung aus SPD und Bündnis 90/Die Grünen ab 1998 systematisch fortgeführt.

In den öffentlichen Diskussionen um die Anwendung der Roten Gentechnik standen Sicherheitsfragen nur selten im Vordergrund. Gerade bei der somatischen Gentherapie ging es vornehmlich um ethisch-moralische Fragen, denen von Seiten der Bundesregierung mit der Einrichtung von Ethikkommissionen zur Bewertung der Forschungen begegnet wurde. Die Einrichtung eines solchen Gremiums auf Bundesebene gelang jedoch erst 2001 in Form des Nationalen Ethikrates. Insgesamt standen gentechnisch produzierten Arzneimitteln und Gentherapiestudien jedoch kaum größere Widerstände in der deutschen Öffentlichkeit gegenüber.

Der forschungspolitischen Förderung der Grünen Gentechnologie standen dagegen Feldzerstörungen und Protestaktionen, und damit erhebliche öffentliche Widerstände gegenüber. Die Politik sah sich einer zunehmenden „Experto- und Technokratie“ gegenüber, die sich neben einem mangelnden Vertrauen in wissenschaftliche Expertise auch in Form „deutlich werdende[r] Grenzen wissenschaftlichen Wissens in Fragen der Risikobewertung“ ausdrückte.[1] Ihre Reaktionen waren äußerst vielfältig und reichten von der Beauftragung wissenschaftlicher Politikberatung in Form von Technikfolgenabschätzung, bis hin zur gezielten Wissenschaftskommunikation in Form einer Beteiligung von Laien bzw. einer breiten Öffentlichkeit in verschiedensten Dialogformaten. Anders als noch während der achtziger Jahre wurden nun nicht mehr Experten-, sondern breite öffentliche Diskussionen befördert, wenngleich die Entscheidung zur nationalen Forschungsförderung zu diesem Zeitpunkt bereits gefallen war und sich in industriefreundlichen Novellierungen des GenTGs manifestierte. Die Zahl der Einwendungen und Feldbesetzungen konnte trotz der neuen Kommunikationsstrategie jedoch kaum eingedämmt werden.

Wenngleich sich SPD und Bündnis 90/Die Grünen in ihren Koalitionsvereinbarungen von 1998 auf eine systematische Fortführung und Weiterentwicklung der verantwortbaren Innovationspotenziale der Bio- und Gentechnologie verständigt hatten, sorgten die ideologischen Differenzen im Bereich der Umweltpolitik der beiden Regierungsparteien gerade im neuen Jahrtausend für eine teilweise gegensätzliche Förderpolitik. Während das BMBF die Pflanzen-Genomforschung neben GABI auch durch spezifische Förderprogramme wie BioFuture, BioChance oder BioProfile förderte und die Biotechnologie erneut zur Leitwissenschaft des neuen Jahrtausends erklärte, stellte das BMVEL den ökologischen Landbau mit Programmen wie dem Bundesprogramm ökologischer Landbau in den Vorder-

1 L. Hennen, Experten und Laien , in: S. Schicktanz/J. Naumann (Hg.), Bürgerkonferenz: Streitfall Gendiagnostik, Opladen 2003, S. 38/39.

grund seiner Bemühungen. Der Kompromiss lag offenbar in einer forschungspolitischen Förderung beider Bereiche, wobei die wirtschaftspolitische Bedeutung der Grünen Gentechnik nicht in Frage gestellt wurde und ihre grundsätzliche Ablehnung, wie es ebenfalls Renate Künast (Bündnis 90/Die Grünen) im Rahmen des von ihr initiierten *Diskurses zur Grünen Gentechnik* erkannte, jenseits der politischen Realität lag.

8.2.3. Mediziner

Vor dem Hintergrund der mit Hilfe der Gentechnologie entwickelten Arzneimittelprodukte und gentherapeutischen Studien lag eine Beteiligung der Mediziner an den öffentlichen Diskussionen auf der Hand. Allerdings verhielten sie sich bis in die achtziger Jahre hinein auffallend unauffällig. Auseinandersetzungen mit Fragen der Gentechnologie wurden weder intern noch öffentlich geführt. Einen Austausch zu ethischen Fragen des Umgangs mit den neuen technologischen Möglichkeiten gab es offenbar nur innerhalb der *Zentralen Kommission der Bundesärztekammer zur Wahrung ethischer Grundsätze in der Reproduktionsmedizin, Forschung an menschlichen Embryonen und Gentherapie*, die im Auftrag der Bundesärztekammer 1989 Richtlinien zur Gentherapie erarbeitete.

Eine erste öffentliche Positionierung erfolgte erst im Januar 1990 in der von rund 2000 Ärzten und Wissenschaftlern veröffentlichten Erklärung *Sechs Punkte zur Gentechnik*, in der ein Appell an Bundesregierung und Öffentlichkeit erging, die Entwicklung der Bio- und Gentechnologie nicht zu behindern. Im Kontext erster internationaler und auch nationaler Gentherapiestudien zu Beginn der neunziger Jahre suchten Mediziner jedoch nicht offensiv das Gespräch mit der Öffentlichkeit, sondern ließen der aufkommenden Euphorie – ähnlich den Biowissenschaftlern – ihren freien Lauf. Ihre Einschätzung einer lediglich langfristigen Entwicklung erfolgreicher Gentherapien zur Behandlung der großen Volkskrankheiten diskutierten sie vornehmlich in medizinischen Fachkreisen, ebenso wie die mit der neuen Methode aufkommenden Fragen nach dem moralisch richtigen Handeln des Arztes. Fragen dieser Art waren bereits im Kontext transplantations- und reproduktionsmedizinischer Fortschritte aufgekommen, jedoch unbeantwortet geblieben. So bestand zwar Einigkeit darüber, mit gentherapeutischen Studien ausschließlich „schwerwiegende“ Krankheiten behandeln zu wollen, die Gefahr eines slippery slope zur genetischen Korrektur beliebiger Dispositionen schien aber durchaus gegeben. Schon für die Philosophie war die Frage einer Grenzziehung zwischen Gesundheit und Krankheit eine alte und zugleich ungeklärte Debatte, die v. a. für Mediziner, überholt von der technologischen Wirklichkeit, eine neuerliche Aktualität erfuhr.

Zu Beginn der neunziger Jahre existierte in der BRD keine gesetzliche Grundlage für die Frage, unter welchen Voraussetzungen sich ein Arzt zur Anwendung eines Heilversuchs entschließen darf. Infolge des innerhalb der Ärzteschaft angestoßenen Diskussionsprozesses erfolgte am 13. März 1994 die Einrichtung der Zentralen Ethikkommission bei der Bundesärztekammer als erste dauerhafte

Ethikkommission auf nationaler Ebene. Zudem verabschiedete der Vorstand der Bundesärztekammer 1995 *Richtlinien zum Gentransfer in menschliche Körperzellen der zentralen Kommission der Bundesärztekammer zur Wahrung ethischer Grundsätze in der Reproduktionsmedizin, Forschung an menschlichen Embryonen und Gentherapie*, denen 1997 auch der Deutsche Ärztetag zustimmte. Mit der Installation eines zentralen Beratungsgremiums und der Formulierung von Handlungsanweisungen war die ethische Verortung biomedizinischer Eingriffe für die deutschen Mediziner jedoch keineswegs abgeschlossen. Überholt vom technologischen Fortschritt, mit dem die eigene ethische Reflexion nicht schritthalten konnte, sahen sich deutsche Mediziner noch bis zum Ende des Betrachtungszeitraums dieser Arbeit einer Handlungsunsicherheit gegenüber. Zu ihrer Überwindung suchten sie regelmäßig nach Unterstützung in der Theologie und forderten auf dem 100. Deutschen Ärztetag 1997 zudem eine Einbindung der Bevölkerung in biomedizinische Forschungs- und Entwicklungsergebnisse und deren Anwendung am Menschen. Einen tatsächlichen Austausch mit oder eine Diskussionsbeteiligung in der Öffentlichkeit von Seiten der Mediziner gab es bis Ende der neunziger Jahre jedoch nicht.

Eine solche Beteiligung lässt sich erst zu Beginn des neuen Jahrtausends vor dem Hintergrund der Diskussionen um die Stammzellforschung feststellen. Die zeitgleich in der BRD diskutierte Legalisierung der PID hatte die Ärzteschaft bereits zuvor mit der Frage der Zulässigkeit einer Tötung menschlicher Embryonen unter bestimmten Voraussetzungen konfrontiert. D. h. im Kontext der Stammzell-Diskussionen war die für die Gentechnik vermisste Beteiligung an den über die medizinische Fachkompetenz hinausgehenden Grundsatzdiskussionen durchaus festzustellen.

An Fragen zur Grünen Gentechnik beteiligten sich deutsche Mediziner im Grunde nicht. Hätte eine Auseinandersetzung mit ernährungspsychologischen Fragen durchaus nahe gelegen, ging das Interesse über vereinzelte Berichte zu aktuellen, z. T. rechtspolitischen Entwicklungen nicht hinaus. So lässt sich weder eine Beteiligung an den Diskussionen noch eine Positionierung in diesem Kontext feststellen.

8.2.4. Kirchenvertreter und Theologen

Die hier unter Kirchenvertretern und Theologen zusammengefasste Akteursgruppe beschränkt sich im Rahmen dieser Arbeit auf das in der BRD weit verbreitete Christentum und die katholische und evangelische Glaubensrichtung, während die ebenso bedeutsamen Weltreligionen wie die Jüdische Religion, der Buddhismus oder der Islam in den Analysen ausgespart wurden.

Die Fragen, denen sich die christliche Ethik im Kontext der Gentechnik gegenüber sah lauteten: Darf der Mensch so tiefgehend in die Natur eingreifen? Darf er Handlungen vornehmen, deren Folgen er nicht prinzipiell überblicken oder aufheben kann? Kann es oberstes Ziel der Forschung sein, das Leid und die Krankheit der Menschheit zu beseitigen? Diesen bereits im Kontext des Ciba-

Symposiums im Zusammenhang mi der Gentechnologie aufgeworfenen Fragen widmete sich die Theologie, zumindest vereinzelt, erstmals in den siebziger Jahren. Eine intensive Auseinandersetzung schien für die beiden großen Kirchen in Deutschland vor dem Hintergrund ihrer zeitgleich starken Einbindung in die Diskussionen um den § 218 jedoch kaum möglich. Mit Beginn der achtziger Jahre waren neben dem Schwangerschaftsabbruch auch die neuen Pränataldiagnostiken und die IVF als weitere Problemfelder in der Frage nach dem Verfügungsrecht über werdendes menschliches Leben hinzugekommen. Als die Fortschritte gentechnologischer Entwicklungen einen kurzfristigen Übergang auf den Menschen vermuten ließen, dehnten sich die ethisch-moralischen Diskussionen der Kirchen und Theologen, aber auch Philosophen, sehr schnell auf alle künstlichen Eingriffe in das Leben aus. So erfuhren die Forderungen nach einer generellen Einschränkung der Fortpflanzungsmedizin noch in der ersten Hälfte der achtziger Jahre eine Erweiterung auf die Gentechnologie bzw. konkret auf eine Verhinderung von Eingriffen an der menschlichen Keimbahn. In der fortan gemeinschaftlich geführten Diskussion behielt die Reproduktionstechnologie jedoch den thematischen Schwerpunkt, während gentechnologische Anwendungen, v. a. die Gentherapie, zweitrangig in die Diskussionen aufgenommen wurden.

Eindeutige Stellungnahmen zum Problemgegenstand „Gentechnik“ fanden sich von Seiten der katholischen Kirche vor 1985 nur vereinzelt. Eine Ansprache von Papst Johannes Paul II. im Oktober 1983 vor den Mitgliedern der Generalversammlung des Weltärztebundes, in der er sich gegen jede genetische Manipulation zum Zwecke einer Herabminderung des Lebens zum Objekt aussprach, zugleich aber das Potenzial der Gentechnik anerkennend hervorhob, ließ immerhin eine Richtung vermuten. Ab 1985 wurden Fragen einer gezielten Veränderung humaner DNA kategorisch in die Diskussionen katholischer Moraltheologen eingebunden. Während die somatische Gentherapie – unter Verweis auf die Analogie zur Organtransplantation – moralisch weitgehend unproblematisch bewertet wurde, jedoch nur selten zum Thema von Stellungnahmen gelangte, bot die Keimbahntherapie wesentlich größere Angriffsfläche und erfuhr grundsätzliche Ablehnung. Therapeutische Eingriffe an Somazellen des Menschen waren aus moraltheologischer Sicht durchaus legitim, galt die Fortsetzung der Schöpfung Gottes schöpfungstheologisch durchaus zur Aufgabe des Menschen, um darüber die Schöpfung selbst zu vollenden. Dies galt jedoch nur, solange eine Orientierung am individuellen Wohl und der Autonomie der Betroffen festzustellen und eugenische Tendenzen auszuschließen seien. Im Februar 1987 veröffentlichte die Kongregation für die Glaubenslehre bis heute gültige und verbindliche Positionen der katholischen Kirche in Form einer *Instruktion über die Achtung vor dem beginnenden menschlichen Leben und die Würde der Fortpflanzung*. Eine eindeutige Ablehnung erfährt hierin lediglich die Keimbahntherapie, die eine verbrauchende Embryonenforschung voraussetzen, und damit dem Verständnis von der Zygote als Person mit einem Recht auf Leben zuwiderlaufen würde.

Mit ihrer Handreichung *Von der Würde werdenden Lebens* von 1985 schob auch die EKD jeder Forschung an menschlichen Embryonen, und damit zugleich gentherapeutischen Eingriffen an Keimbahnzellen einen Riegel vor. Damit schloss die EKD, die das Thema „Biotechnologie“ seit Beginn der achtziger Jahre im Rahmen des alljährlichen Kirchentags aufgriff, langjährige Positionierungsversuche ab. Die in der öffentlichen Wahrnehmung bis Mitte der achtziger Jahre vorherrschende Sprachlosigkeit der Theologie wurde mit diesen Schriften der beiden Kirchen in Deutschland erstmals durchbrochen. Beide erklärten die Weltgestaltung, und damit die Entwicklung neuer medizinscher Verfahren mit Hilfe der Gentechnik zwar zum Wesen und Auftrag des Menschen, jedoch bedeutete dies nicht zugleich, dass in Forschung, Technik und Medizin alles Machbare auch getan werden dürfe. Diese Position bestärkten im November 1989 der Rat der EKD und die Deutsche Bischofskonferenz in der gemeinsamen Erklärung *Gott ist ein Freund des Lebens*, auf die nur zwei Jahre darauf die ähnlich gelagerte Studie des Rats der EKD zum *Einverständnis mit der Schöpfung* folgte.

Die mit dem Aufkommen erster medizinisch-ethischer Debatten in der BRD einhergehende Frage nach der Notwendigkeit einer neuen „Gen-Ethik“ verneinten Vertreter der Ethiklehre wie die Theologen Johannes Reiter oder Ulrich Eibach nachdrücklich. Statt einer von der allgemeinen Ethik abgelösten Sonderethik erkannten sie die Aufgabe der Theologie vielmehr darin, die Prinzipien der philosophischen und theologischen Ethik auch auf die sich im Kontext der Gentechnologie ergebenden Probleme anwendbar zu machen. Die in den achtziger Jahren in der BRD begonnene Institutionalisierung der Bioethik als akademischer Disziplin erfolgte jedoch zumeist in Anbindung an theologische Fakultäten, was zu einer zunehmende Vermischung von Bioethik und Religion führte, die auch auf der Ebene national operierender Bioethik-Kommissionen ihren Ausdruck fand.

Bis zum Beginn des neuen Jahrtausends hatten die beiden großen Kirchen in Deutschland und auch die Theologie vor dem Hintergrund der Auseinandersetzungen um die IVF, PID, Organtransplantation oder Bioethik-Konvention wesentliche Beiträge zu bio- und medizinpolitischen Diskussionen geleistet. Diese hatten schon seit den siebziger Jahren zu einer Unschärfe in den Debatten und Diskussionen um die verschiedenen Technologiebereiche beigetragen, da die verschiedenen Problemgegenstände nur selten differenziert thematisiert wurden. Mit den aufkommenden Diskussionen um die humane embryonale Stammzellforschung und damit einer Diskussion um die Grundfesten der christlichen und auch evangelisch-theologischen Ethik, leisteten beide Kirchen in den Auseinandersetzungen erneut einen wesentlichen Beitrag zur Verwischung der Grenzen zwischen den verschiedenen Anwendungsfragen und deren Vereinheitlichung in einer großen Gen-Debatte.

Mit Positionierungen zur Grünen Gentechnik hielten sich sowohl Theologen als auch die Kirchen bis in die neunziger Jahre in der BRD weitgehend zurück. Erst gegen Ende des Jahrtausends wich die Sprachlosigkeit einer zunehmend kritischen Bewertung. Zwar standen der Vatikan und die DBK der Grünen Gentechnik grundsätzlich offen gegenüber, das ZdK, die EKD und erste deutsche Bistümer meldeten dagegen zunehmend ihre Bedenken an. Das ZdK ging sogar soweit, die Bundesregierung aufzufordern, sich bei der Freigabe von GVOs möglichst in Zurückhaltung zu üben. Zudem empfahl dessen Vollversammlung den Eigentümern kirchlicher landwirtschaftlicher Nutzflächen Ende 2003, den Anbau von gentechnisch manipuliertem Saatgut zu untersagen.

Die von Lukas Ohly in *Der gentechnische Mensch von morgen und die Skrupel von heute* und einer Vielzahl anderer Populisten vorgebrachte These, dass v. a. unter deutschsprachigen Theologen, Religionsphilosophen und Moraltheoretikern „vehemente Einsprüche gegen die Versuche technischer Manipulation des menschlichen Erbguts“[2] vorgebracht wurden, konnte nicht bestätigt werden. Absolute Widerstände sind nur gegen Eingriffe in die menschliche Reproduktion und bzgl. der Versuche an humanen Embryonen vorgebracht worden. Gentechnische Eingriffe in das menschliche Erbgut wurden dagegen nur selten grundsätzlich abgelehnt. Vielmehr sprachen sich sowohl Vertreter der katholischen und evangelischen Glaubensrichtung des Christentums für ein bedingtes Ja zur Gentechnik aus. Zwar waren von der „biblischen Ethik keine konkreten Handlungsanweisungen für gentechnische Probleme [...] zu erwarten, wohl aber ethische Grundorientierungen“.[3]

8.2.5. Baucrn und Landwirte

Bauern und Landwirte verhielten sich im Kontext der Diskussionen um die Grüne Gentechnik während des gesamten Betrachtungszeitraums sehr zurückhaltend. Zwar hatte sich in der BRD schon seit Anfang der siebziger Jahre ein ökologisches Bewusstsein entwickelt, das zum Thema öffentlich-politischer Diskussionen gelangte, an den ersten ökologischen Auseinandersetzungen der frühen achtziger Jahre zur Gentechnik beteiligten sich über die kritische AbL hinaus jedoch keine weiteren großen Landwirtschaftsverbände. Selbst die von der AbL seit 1976 herausgegebene, überregionale *Unabhängige Bauernstimme* ließ gegen Ende der achtziger, Anfang der neunziger Jahre nur eine ausgesprochen randständige, wenngleich kritische Beschäftigung mit dem Thema feststellen. Erst ab Mitte der neunziger Jahre kam es vor dem Hintergrund der Zulassung des transgenen Rinderwachstumshormons von Seiten der AbL zu einer Intensivierung des bis dahin eher stillen Protests und dem Versuch zur Mobilisierung einer breiten Bauern- und Landwirte-Widerstandsfront.

Auslöser für eine breitere öffentliche Beteiligung an den aufgekommenen Diskussionen um die Grüne Gentechnik boten gegen Ende der achtziger Jahre v. a. Patentierungsfragen, die vor dem Hintergrund potenzieller Verteuerungen von Saatgut und Zuchttieren diskutiert wurden. Diese wachsende Beteiligung war jedoch bei weitem nicht vergleichbar mit der zur gleichen Zeit wesentlich stärkeren Aufmerksamkeit für das Thema von Seiten der Interessen- bzw. Umweltverbände. Mit der Gründung kleinerer lokaler Widerstands- bzw. Aktionsbündnisse

2 L. Ohly, Der gentechnische Mensch von morgen und die Skrupel von heute, Stuttgart 2008, S. 15/16.

3 J. Reiter, Ein bedingtes Ja ist geboten, in: Herder Korrespondenz, 1993/47, S. 302.

äußerte sich der bäuerliche Widerstand ab 1993 zunehmend auch in Protestaktionen, Einwendungen oder Feldbesetzungen, wenngleich diese Aktionen nur selten auf eigene Initiativen zurückgingen, sondern zumeist eine Gemeinschaftsaktion unter der Federführung der Umweltverbände darstellte.

Auch im neuen Jahrtausend hielten sich Bauern- und Landwirtschaftsverbände aber eher bedeckt in den öffentlichen Diskussionen. Im Kontext der zunehmend diskutierten Fragen einer Koexistenz der verschiedenen Anbauarten seit Ende der neunziger Jahre offenbarte sich die große Schwierigkeit eindeutiger Positionierungen, vereinten die Verbände Vertreter des konventionellen und des ökologischen Landbaus zugleich. Während die Nutzung der Gentechnik für ökologisch arbeitende Betriebe nicht in Frage kam, versprach sie für konventionell produzierende Betriebe durchaus Vorteile. Dieses Problem manifestierte sich vor allem beim bundesweit größten Bauernverband, dem DBV. Auch er beteiligte sich während der neunziger Jahre nur ausgesprochen zurückhaltend an den Gentechnik-Diskussionen. Vor dem Hintergrund der in dieser Vereinigung zusammengeschlossenen Vertreter verschiedenster Anbauarten verwundert die Zurückhaltung jedoch kaum, ging es doch darum, die Interessen aller Anbauarten zu vertreten, ohne eine zu verteufeln oder hervorzuheben. So räumte der DBV der Gentechnik erst ab dem Jahr 1997 einen thematischen Stellenwert ein, während er der Technik kritisch und, im Kontext des mit ihr in Aussicht gestellten gesteigerten Wettbewerbspotenzials, zugleich offen gegenüber stand. Öffentliche Diskussionen, über die Grenzen des Verbands hinaus, wurden aber weitgehend gemieden. Bis 2006 meldete sich der Verband nur vereinzelt in den öffentlichen Diskussionen zu Wort, bestand die grundsätzliche Diskrepanz der Mitgliederinteressen doch nach wie vor.

So sehr sich der DBV in der Deutlichkeit seiner Positionierungen zurückhielt, so klar bezogen Landwirte, Saatguthersteller und Lebensmittelunternehmen im Umfeld des Öko-Landbaus zu Beginn des neuen Jahrtausends mehr und mehr Stellung gegen Gentechnik und gründeten vermehrt sog. gentechnikfreie Regionen. Bis 2006 waren deutschlandweit 66 gentechnikfreie Regionen mit mehr als 15.000 beteiligten Landwirten gegründet.

Insgesamt ist bei allen Aktionen und Protestformen von Seiten der Bauern und Landwirte festzustellen, dass diese zumeist auf einen konkreten Anlass, wie Freisetzungsgenehmigungen oder die Zulassung des rBST, zurückgingen. Eine Teilnahme an den grundsätzlichen Diskussionen zur Gentechnik war im Grunde nicht festzustellen. Die Möglichkeiten zur Artikulation waren gerade für die Akteursgruppe der Bauern und Landwirte vornehmlich über die Verbände gegeben, die argumentativ durchaus die Möglichkeit gehabt hätten, mit Politikern, Umweltverbänden und Wissenschaftlern in die Diskussion zu treten. Jedoch sahen sich gerade die Bauerverbände im Falle der Gentechnik weitgehend außer Stande, die Interessen aller Anbauarten gleichermaßen zu vertreten und verharrten in weitgehender Sprachlosigkeit. Diese führte dazu, dass die gegenüber der Gentechnik aufgeschlossenen Bauern, die es durchaus gab, kaum Möglichkeiten zur öffentlichen Kommunikation ihrer Position erhielten, während Vertreter des ökologischen Landbaus mit Hilfe der Umweltverbände durchaus Gelegenheit zum Protest erhielten.

8.2.6. Interessenverbände

Für den Verlauf der Diskussionen zur Grünen Gentechnik in der BRD war die Beteiligung von deutschlandweit agierenden Interessensverbänden entscheidend. Unter ihnen taten sich im Kontext erster amerikanischer und europäischer Freisetzungsversuche insbesondere Umweltverbände mit ihrer ökologisch, gesundheitlich und sozio-ökonomisch gelagerten Kritik hervor. Ökologische Gefahren, verursacht durch den Eingriff des Menschen in die Natur, wurden nicht erst mit Beginn der Diskussionen um die Anwendung der Gentechnik in der Landwirtschaft gesehen. Ein ökologisches Bewusstsein hatte sich in der BRD schon wesentlich früher entwickelt und war seit Anfang der siebziger Jahre und der Perzeption einer globalen Umweltkrise Thema öffentlich-politischer Diskussionen. Spätestens mit dem Freisetzungsversuch einer mit gentechnisch manipulierten Bodenbakterien geimpften Erbsensaat im Jahr 1987 entwickelte sich in Deutschland auch ein ökologisches Bewusstsein in Bezug auf und eine Diskussion über die Anwendungsmöglichkeiten der Gentechnik im Bereich der Nutzpflanzen.

Neben der noch jungen Partei Bündnis 90/Die Grünen, die sich gegen jede Anwendung der Gentechnologie und auch gegen jede staatliche Förderung gentechnologischer Forschungsprojekte wandte, machte sich auch das 1986 zur Auseinandersetzung mit kritischen Themen der Bio-, Gen- und Reproduktionstechnologie gegründete GeN für ein wachsendes Bewusstsein der ökologischen und ökonomischen Folgen der Gentechnik sowie für eine Verbreitung der bislang weitgehend unbemerkten amerikanischen Diskussionen in der deutschen Öffentlichkeit stark. Das GeN, das Ende der achtziger Jahre bereits über 850 Mitglieder zählte, vereinte ausschließlich Kritiker der Grünen Gentechnik, die sich v. a. in der alle zwei Monate erscheinenden Vereinszeitschrift, dem GID, manifestierte. Zu den Redakteuren gehörten u. a. der insbesondere durch gentechnikkritische Beiträge bekannte Wissenschaftsredakteur Wolfgang Löhr, der Politologe Bernhard Gill oder die Biologinnen Sigrid Graumann und Regine Kollek.

Fast zeitgleich nahm sich auch der 1975 gegründete BUND dem Thema Gentechnik an, der 1986 den Arbeitskreis Bio- und Gentechnologie einrichtete. Auch der 1899 gegründete NABU griff die Gentechnologie 1988 erstmals als Titelthema des Mitgliedermagazins *Naturschutz heute* auf. Bei beiden Verbänden war das geweckte Interesse jedoch nicht von langer Dauer, verorteten sie ihre Schwerpunkte vielmehr in „klassischen" Umweltthemen. Nachhaltiges Interesse zeigte dagegen das Öko-Institut. Ab 1986 trat das nur neun Jahre zuvor im Umfeld des Widerstands gegen das Kernkraftwerk Wyhl gegründete Institut in die Diskussionen zur Grünen Gentechnologie ein. Gemeinsam mit dem GeN und den Grünen mobilisierten sie während der achtziger Jahre erfolgreich eine breite Öffentlichkeit für die von ihnen propagierten ökologischen und ökonomischen Gefahren gentechnischer Anwendungen im landwirtschaftlichen Bereich. Die sich während der achtziger Jahre zunächst auf Sicherheitsfragen konzentrierende öffentliche Diskussion wurde von den Umweltverbänden insbesondere in Form von Veranstaltungs- und Sammelbandbeiträgen sowie über Vereinszeitschriften und erste kleinere Protestaktionen bedient.

Zu Beginn der neunziger Jahre gehörten neben einer wachsenden Zahl an Umweltverbänden auch bundesweit agierende Verbraucherverbände zu den sich in der Öffentlichkeit verstärkt positionierenden Interessenverbänden (vgl. Auflistung Kap. 6.5.1.). Anlass zum Einstieg in die Diskussionen um die Grüne Gentechnik waren meist Regelungsvorhaben für die Freisetzung oder Vermarktung transgener Lebensmittel wie die Bewilligung und Ausführung des Petunienversuchs des Kölner MPIs 1989/90 oder die Marktzulassung der Flavr Savr Tomate um 1993/94. Zudem führten personelle Überschneidungen bzw. Vernetzungen zu zeitlich enggelagerten Einstiegen in die Diskussionen. Während eine bedingungslose Ablehnung der Gentechnik für die gesamte Landwirtschaft zumindest für die neunziger Jahre augenscheinlich kennzeichnend für die Positionierung der Umweltverbände war, wandten sich Verbraucherverbände nicht flächendeckend gegen gentechnische Verfahren in der Landwirtschaft und Lebensmittelverarbeitung. Zu einem ihrer zentralen Handlungsfelder machten sie die Regelungen um die europäische Novel Food Verordnung vom Mai 1997, die wesentlichen Einfluss auf die rechtlichen Rahmenbedingungen des Anbaus und der Vermarktung transgener Nahrungsmittel in Deutschland nahm.

Vor dem Hintergrund des starken Anstiegs der an den Diskussionen um die Grüne Gentechnik beteiligten Interessenverbände kam es bis Mitte der neunziger Jahre zu einer erheblichen Ausweitung der Protestaktionen, die sich neben Unterschriftensammlungen auch in Demonstrationen, Feldblockaden, gerichtlichen Klagen sowie Feldbesetzungen und -zerstörungen äußerten. Eine Verschärfung erhielten diese Widerstandsaktionen in der BRD im Kontext der Genehmigung zur Anlieferung und Weiterverarbeitung genmanipulierter Sojabohnen aus den USA durch die Europäische Kommission im April 1996. Neben einer Erhöhung der Anzahl solcher Aktionen stand zugleich eine größere Teilnehmerzahl, die v. a. auf Gemeinschaftsveranstaltungen mehrerer Organisationen zurückging. Der wachsende Protest, v. a. gegen transgene Nahrungsmittel, übte auch starken Druck auf die in der BRD ansässigen Einzelhandelsunternehmen und Nahrungsmittelproduzenten aus. In der Konsequenz erklärte eine Reihe von ihnen öffentlich, fortan auf gentechnische Produkte verzichten zu wollen.

Für eine entscheidende Zuspitzung der deutschen Diskussionen sorgte jedoch der durch die EU-Zulassung transgener Sojabohnen angestoßene umweltpolitische Einstieg von Greenpeace Deutschland als größtem Umweltverband der BRD in die Diskussionen. Der 1980 erstmals auf deutschem Boden in Aktion getretene Verein startete noch 1996 mit einer großangelegte Kampagnenpolitik gegen die Grüne Gentechnik und avancierte mit seiner Erklärung, jede Freisetzung gentechnisch veränderter Organismen abzulehnen, bis Ende der neunziger Jahre zu einem der schärfsten Gentechnikgegner in der BRD. Hatte sich Greenpeace Deutschland in seinen Anfangsjahren zunächst nur Themen der Atomkraft, des Giftmülls und des Ozonlochs gewidmet, bestimmte der Verein infolge der ersten Aktionen von

1996 die Inhalte und den Verlauf der Gentechnik-Diskussionen zu landwirtschaftlichen Anwendungen fortan maßgeblich. Anders als andere Umwelt- und Verbraucherverbände, die sich verstärkt zu Gemeinschaftsaktionen zusammenschlossen, besaß Greenpeace sowohl die finanziellen Mittel als auch eine ausreichend große Mitgliederbasis, um großangelegte Protestaktionen mit einem erheblichen Einfluss auf Medien und auch die Öffentlichkeit zu organisieren.

Während sich Verbraucherverbände zunehmend auf eine Bereitstellung von Verbraucherinformationen beschränkten und aktive Beteiligungen an den Diskussionen und eindeutig ablehnende Positionierungen für sie deutlich an Gewicht verloren, stellten überregional aktive Umweltverbände auch in den ersten Jahren des neuen Jahrtausends die schärfsten Gentechnik-Gegner in den öffentlichen Diskussionen der BRD. Zu den wesentlichen politischen Forderungen gehörte nach wie vor der Stopp von Freisetzungsversuchen mit transgenen Pflanzen, strengere Anbauregeln, Haftungsregelungen für Umweltschäden sowie EU-weite Regeln zum Schutz der gentechnikfreien Landwirtschaft. Auch der starke öffentliche Druck auf Lebensmittelindustrie und Einzelhandelsunternehmen gehörte nach wie vor zu einem ihrer Handlungsfelder im Bereich der Grünen Gentechnik.

Seit Ende der neunziger Jahre ließen sich unter den Umweltverbänden zudem vermehrt Bemühungen einer „Verwissenschaftlichung" der eigenen Argumente feststellen. Wissenschaftliche Studienergebnisse, die augenscheinlich negative Folgen eines Gentechnikeinsatzes nachgewiesen hatten, boten eine gute Voraussetzung, um die eigenen Argumentationen auf „seriöse" Fundamente zu setzen. Schon mit Hilfe der zahlreichen in Auftrag gegebenen Bevölkerungsumfragen waren die Umweltverbände als Non-Governmental Organizations (NGOs) in den neunziger Jahren immer wieder als selbsternannte Experten aufgetreten – eine Rolle, die sich im Kontext der Beauftragung von und Argumentation mit wissenschaftlichen Studien weiter verschärfen sollte.

Ab Ende der neunziger Jahre war jedoch eine Mehrheit der Umweltverbände von ihrer absoluten Ablehnung gentechnischer Anwendungen in der Landwirtschaft zurückgewichen. Vor dem Hintergrund der sich weltweit ausbreitenden Anbauflächen transgener Pflanzen entwickelte sich ein zunehmendes Bewusstsein dafür, dass sich die Grüne Gentechnik in der BRD nicht völlig aufhalten lassen werde. In der Folge veränderten sich die Argumentationen von einer absoluten Ablehnung in Richtung der Forderung bestimmter Rahmenbedingungen für diese Technik. Greenpeace gehörte jedoch nicht zu dieser Mehrheit und hielt nach wie vor an einer grundsätzlichen Ablehnung der Grünen Gentechnik fest.

9. ERGEBNISSE

Die Gentechnik bedeutete durch ihre Überwindung natürlicher Artgrenzen eine neue Form der Biologie, die einen Schritt über die Genetik hinausging, nämlich einen Schritt in die „vorsynthetische“ Phase. Als Hybrid technikwissenschaftlicher und naturwissenschaftlicher Forschung zeigt sie im Vergleich zu anderen Technologien spezifische Ausprägungen des Experimentierens und auch ihrer Artefakte, die vor dem Hintergrund ihres Wachstumspotenzials als zentraler Lebenseigenschaft eine neue Kategorie der Biofakte als natürlich-künstliche Mischwesen notwendig macht. Mit ihren Möglichkeiten stellt die Gentechnik immer wieder die Fundamente des Lebens und des Menschseins selbst zur Disposition. Diese Besonderheit zeigt sich in dem für die Wissenschafts- und Technikgeschichte einmaligen Prozess, in dem die Gentechnik in die Gesellschaft, v. a. in der BRD eingeführt worden ist. „Es wurde über keine Technik so viel diskutiert, für keine anderen so viele Regelungen verworfen und nacheinander realisiert wie für die Gentechnik.“[1]

Diese Besonderheit der Diskursintensität um die Gentechnik wurde vielfach zu der Behauptung einer besonderen Akzeptanzproblematik in Gestalt einer ausgeprägten Gentechnikfeindlichkeit in der BRD ausgeweitet. Zurückgehend auf die sich seit dem Ende der sechziger Jahre entwickelnde Technikskepsis und den daraus abgeleiteten generellen Technolgienkonflikt im gesellschaftlichen Umgang mit Wissenschaft und Technik, wirkte die infolge der Kernenergiediskussionen der siebziger Jahre angeheizte technologische Orientierungskrise durchaus auch auf die Einstellungen zur Gentechnik. Daraus die Behauptung abzuleiten, dass die Gentechnik selbst nicht ursächlich für den um sie entbrannten Konflikt war, wäre jedoch zu weit gegriffen. Die Untersuchungen zeigten, dass es nur selten der mit der Gentechnologie beschrittene wissenschaftlich-technische Fortschritt war, der in Frage gestellt wurde, sondern vielmehr die Art ihres Einsatzes und ihrer Nutzung. So wurden die Diskussionen ganz wesentlich durch Fragen nach der Verantwortung von Wissenschaft und Technik beeinflusst. Nur selten handelte es sich um einen Vertrauensverlust in die Technik, sondern vielmehr um Zweifel in die steuernden sozialen Mechanismen.[2] Lediglich die im Kontext der Grünen Gentechnik aufgekommenen Sicherheitsfragen zu Freisetzungen von GVOs ließen Ansätze eines tatsächlich auf die Technik bezogenen Vertrauensverlusts erkennen.

1 Vgl. Gentechnik als eine Herausforderung in Deutschland, Leopoldina-Diskussionskreis, Halle 1993, S. 42.

2 Vgl. M. Dierkes/L. Marz, Technikakzeptanz, Technikfolgen und Technikgenese, in: M. Dierkes, Die Technisierung und ihre Folgen, Berlin 1993, S. 18 f.

Darüber hinaus wurden die Chancen der Gentechnik in der öffentlichen Wahrnehmung in der BRD nicht grundsätzlich in Frage gestellt. Der Vergleich der Diskussionen um die Rote und die Grüne Gentechnik offenbart eine mit den Jahren zunehmend differenzierte Bewertung beider Anwendungsbereiche. Gegen Ende des Betrachtungszeitraums erfahren die medizinischen Anwendungen der Gentechnologie in weiten Teilen der Öffentlichkeit durchaus Zustimmung, während landwirtschaftliche Anwendungen mehrheitlich skeptisch bewertet werden. In diesem Einstellungsmuster offenbart sich eine Diskrepanz zwischen technologischer Wirklichkeit und öffentlicher Diskussion, stand die Entwicklung der befürworteten Gentherapie als Standardinstrument im medizinischen Alltag noch aus und waren die mehrheitlich in Frage gestellten transgenen Nahrungsmittel bereits Realität geworden. Hinter dieser Diskrepanz verbargen sich jedoch zu keinem Zeitpunkt der Auseinandersetzungen unterschiedliche Bewertungsmuster oder Bewertungskriterien. Im Gegenteil, an beide Anwendungsbereiche wurde gleichermaßen die Frage nach dem Nutzen und den Vorteilen für die Gesellschaft und das Individuum gestellt. Gab es für beide Bereiche Makroheilsversprechen in Form einer Bekämpfung der großen Volkskrankheiten oder des Welthungers, so überzeugten die Vorteile gegenüber den zugleich vorhandenen Makrorisiken lediglich für die medizinische Anwendung der Gentechnik. Trotz der mehrheitlich – auch nach mehr als 40 Jahren des Diskurses – unbeantworteten bioethischen Fragen, gelangten die Diskussionen um die Rote Gentechnik zu einem Ja innerhalb bestimmter Grenzen, während die ökologisch gelagerten Diskussionen um die Grüne Gentechnik in weiten Teilen der Öffentlichkeit ein vorübergehendes Nein ergaben.

Neben den landwirtschaftlichen Anwendungsbereichen der Gentechnik begegnete die deutsche Öffentlichkeit auch der medizinischen Gentechnik in Gestalt der Keimbahntherapie mit einem mehrheitlichen Nein. D. h. es gab durchaus Einzelakteure, die deren Anwendungen unter bestimmten Voraussetzungen für tolerierbar hielten. Diesen stand jedoch eine deutliche Mehrheit von Gegnern gegenüber, die anderen Stimmen innerhalb der Diskussionen kaum Gewicht einräumte. Die Folge war eine undifferenzierte, z. T. emotionale und kompromisslos erscheinende Diskussion um die Grüne Gentechnik, während sich dieses Phänomen im Bereich der Roten Gentechnik nur auf die Keimbahntherapie erstreckte. Zudem beteiligten sich an solch polarisierenden Diskussionsführungen vor allem Umweltverbände sowie Kirchenvertreter, die jede Gelegenheit nutzten, um ihrer kompromisslosen Ablehnung von transgenen Nahrungsmitteln bzw. Keimbahnversuchen Ausdruck zu verleihen. Eine Verschärfung erhielten die Einstellungsmuster durch die in den Printmedien veröffentlichte Meinung, die vielfach den Charakters einer Sensationsberichterstattung hatte und wenig mit der öffentlichen Meinung gemein hatte.

Die dominierende Kompromisslosigkeit im Zusammenhang mit den Diskussionen um die Grüne Gentechnik wurde v. a. von Seiten der Industrie und der Politik vielfach als Problem mangelnder Akzeptanz, im Sinne einer „empirisch gemessene[n] Bereitschaft der Menschen, eine Technik in ihrem Umfeld zu tolerieren“[3] gewertet. Der Versuch, dieser Situation mit breiten Informationsangeboten zu begegnen, vermochte die Akzeptanzwürdigkeit der Grünen Gentechnologie und damit deren Akzeptabilität jedoch nicht zu steigern.

Wenngleich die Diskussionen um die Rote Gentechnik nur im Falle der Keimbahntherapie auf eine tatsächliche Kompromisslosigkeit traf, legten v. a. Printmedienberichte diese Bewertung für weite Teile medizinischer Gentechnikanwendungen nahe. Dieser Eindruck geht insbesondere auf terminologische Unschärfen zurück, die dazu führten, dass die teilweise stark umstrittenen und mehrheitlich abgelehnten reproduktionstechnologischen Anwendungen, wie die PID oder das Klonen, unter dem Begriff „Gentechnik“ subsummiert wurden, wenngleich es sich hierbei nicht um Anwendungen der Gentechnologie handelte.

Schon seit Beginn der Auseinandersetzungen mit der medizinischen Gentechnologie in der BRD nahmen die zeitgleich aufkommenden Reproduktionstechnologien einen besonderen Einfluss auf die weiteren Entwicklungen, handelte es sich doch bei beiden um gezielte Eingriffe in das Leben des Menschen. Nachdem bereits das Ciba-Symposium für frühe Verschränkungen der beiden Technologien gesorgt hatte, waren es die ersten gelungenen Klonversuche an Pflanzen und Amphibien sowie Erfolge der in-vitro Befruchtung, die während der siebziger Jahre für eine nachhaltige Verschränkung und auch Verwechslung beider Diskurse sorgte. So waren die Mitte der achtziger Jahre einsetzenden Gentechnik-Diskussionen ständig von Entwicklungen wie der PID, dem ersten gelungenen Klonversuch eines Säugetiers oder der humanen Stammzellforschung begleitet und z. T. auch dominiert. Der Einfluss offenbart sich am eindrücklichsten am Klonschaf Dolly, das Ende der neunziger Jahre als Produkt der Reproduktionstechnologie zum Symbol der Gentechnik-Diskussionen erwuchs.

Am Ende dieser Arbeit soll auch eine Antwort auf die Frage einer Beeinflussung der Bewertungen medizinischer Gentechniken durch die Erfahrungen der nationalsozialistischen Verbrechen gegeben werden. Nicht nur die gegen Ende des Betrachtungszeitraums zu vernehmende Bewertung eines grundsätzlichen Ja innerhalb bestimmter Grenzen zur Roten Gentechnik, sondern auch die diskursanalytischen Ergebnisse bestätigen diese These nicht. Verweise auf die Erfahrungen des Nationalsozialismus, die in Form eines Totschlagarguments eine Ablehnung der Anwendung der Gentechnologie nach sich zogen, fanden sich innerhalb der öffentlichen Diskussionen nur selten und wurden darüber hinaus ausschließlich von Einzelakteuren ins Feld geführt. Vor Ausbruch der Diskussionen waren es vor allem Humangenetiker, die – unter Verweis auf die Erfahrungen der deutschen NS-Vergangenheit – infolge des Ciba-Symposiums zumeist als Kritiker eugenischer Maßnahmen auf den Plan traten. Nach Ausbruch der Diskussionen Mitte der achtziger Jahre lieferten, wenn überhaupt, lediglich die Diskurse um das HGP

3 acatech (Hg.), Akzeptanz von Technik und Infrastrukturen, Heidelberg u. a. 2011, S. 7.

oder die PID Anknüpfungspunkte für Erinnerungen an die Nationalsozialistische Rassenhygiene, die zumindest kurzfristig Warnungen vor einer neuen Eugenik laut werden ließen. Während diese Vergleiche nicht auf die Gentechnik, sondern v. a. auf die Reproduktionstechnologie bezogen waren, gab es darüber hinaus vereinzelte Stimmen, die im Kontext der Diskussionen um die Keimbahntherapie auf die Erfahrungen mit der positiven Eugenik im Dritten Reich verwiesen und Befürchtungen einer Menschenzüchtung äußerten. Diese Hinweise erlangten aufgrund der, vor dem Hintergrund bioethischer Argumente, bestehenden Einigkeit zur Ablehnung der Keimbahntherapie in den öffentlichen Diskussionen jedoch keinerlei Bedeutung. Die im *Zweiten Deutschen Biotechnologie-Report 2000* aufgestellte Behauptung, dass der verbrecherische Missbrauch der Genetik während des Nationalsozialismus zu einer grundsätzlichen Ablehnung der Biotechnologie und Gentechnik geführt habe[4], konnte auch für die Zeit des beginnenden Jahrtausends nicht bestätigt werden.

4 Gründerzeit, Ernst & Youngs zweiter Deutscher Biotechnologie-Report 2000, Stuttgart 2000, S. 31.

ABKÜRZUNGSVERZEICHNIS

AbL	Arbeitsgemeinschaft Bäuerliche Landwirtschaft e. V.
ADA	Adenosin-Desaminase
BMBF	Bundesministerium für Bildung und Forschung
BMFT	Bundesministerium für Forschung und Technologie
BMVEL	Bundesministerium für Ernährung, Landwirtschaft und Verbraucherschutz
BRD	Bundesrepublik Deutschland
BUKO	Bundeskonferenz entwicklungspolitischer Aktionsgruppen
BUND	Bund für Umwelt und Naturschutz Deutschland e. V.
DBK	Deutsche Bischofskonferenz
DBV	Deutscher Bauernverband
DECHEMA	Deutschen Gesellschaft für chemisches Apparatewesen
DFG	Deutsche Forschungsgemeinschaft
DHGP	Deutsche Humangenomprojekt
DNA	Desoxyribonucleic acid, im Deutschen auch Desoxyribonukleinsäure (DNS)
EG	Europäische Gemeinschaft
EPA	Environmental Protection Agency
EPO	Erythropoietin
ESchG	Embryonenschutzgesetz
GeN	Gen-ethisches Netzwerk e. V.
GenTG	Gentechnikgesetz
GID	Gen-ethischer Informationsdienst
GT	Gentechnik
GVO	Gentechnisch veränderter Organismus
HGP	Human Genome Project
HUGO	Human Genome Organization
IVF	In-vitro-Fertilisation
MPG	Max-Planck-Gesellschaft
NABU	Naturschutzbund Deutschland e. V.
NIH	National Institutes of Health
OTA	Office of Technology Assessment
PID	Präimplantationsdiagnostik
RAC	Recombinant DNA Advisory Committee
rBST	rekombinantes Bovine Somatotropin
StZG	Stammzellgesetz
TA	Technikfolgenabschätzung
TAB	Büro für Technikfolgenabschätzung beim Deutschen Bundestag
VCI	Verband der Chemischen Industrie e. V.
VGH	Verwaltungsgerichtshof
ZDK	Zentralkomitee der deutschen Katholiken
ZKBS	Zentralen Kommission für die Biologische Sicherheit

LITERATURVERZEICHNIS

Abels, Gabriele: Das globale Genom. In: Barben, Daniel/Abels, Gabriele (Hg.): Biotechnologie – Globalisierung – Demokratie. Berlin 2000, S. 85–108.

Abschlußbericht der Expertengruppe der Bayerischen Staatsregierung „Forschungsbedarf Sicherheit in der Gentechnologie“. Mai 1991.

acatech (Hg.): Jahresbericht 2005. München 2006.

acatech (Hg.): Akzeptanz von Technik und Infrastrukturen. Anmerkungen zu einem aktuellen gesellschaftlichen Problem. Heidelberg u. a. 2011.

Ach, Johann S.: Hello Dolly? In: Ach, Johann S./Brudermüller, Gerd/Runtenberg, Christa (Hg.): Hello Dolly? Über das Klonen. Frankfurt a. M. 1998, S. 123–154.

Ach, Johann S./Brudermüller, Gerd/Runtenberg, Christa (Hg.):Hello Dolly? Über das Klonen. Frankfurt a. M. 1998.

Ach, Johann S./Runtenberg, Christa: Bioethik: Disziplin und Diskurs. Zur Selbstaufklärung angewandter Ethik. Frankfurt a. M. 2002.

AgrarBündnis e. V. (Hg.): Der kritische Agrarbericht. Daten, Berichte, Hintergründe. Positionen zur Agrardebatte. Hamm 1993 ff.

Ahmann, Martina: Was bleibt vom menschlichen Leben unantastbar? Kritische Analyse der Rezeption des praktisch-ethischen Entwurfs von Peter Singer aus praktisch-theologischer Perspektive. Münster 2001.

Akademie für Technikfolgenabschätzung in Baden-Württemberg (Hg.): Bürgergutachten: Biotechnologie/Gentechnik – eine Chance für die Zukunft? Stuttgart 1995.

AL-Fraktion im Abgeordnetenhaus (Hg.): Genforschung in Berlin. Der Alltag hat schon begonnen, Nach einer Studie von Bernhard Gill. Berlin 1989.

Altner, Günter: Christus vertrauen angesichts der Bedrohung des Menschen durch sich selbst. In: Luhmann, Hans-Jochen (Hg.): Dokumente. Deutscher Evangelischer Kirchentag, Hannover 1983, Stuttgart 1984, S. 164.

Altner, Günter: Einführung in das öffentliche Fachsymposion: „Die ungeklärten Gefahrenpotentiale der Gentechnologie“. In: Kollek, Regine/Altner, Günter/Tappeser, Beatrix (Hg.): Die ungeklärten Gefahrenpotentiale der Gentechnologie. München 1986, S. 1–6.

Altner, Günter: Der Mensch als Geschöpf. Theologische Überlegungen und ethische Bewertungen zur Entwicklung der Gentechnologie. In: Gentechnologie. Stuttgart 1986, S. 32–44.

Altner, Günter: Leben in der Hand des Menschen. Die Brisanz des biotechnischen Fortschritts. Darmstadt 1998.

Am Beginn des zweiten Jahrhunderts Hoechst Pharma: internationales Symposium, 29./30. 5.1984, Frankfurt a. M. 1984.

Anderson, W. French: Editorial – Uses and Abuses of Human Gene Transfer. In: Human Gene Therapy, 3, 1992, p. 1–2.

Anselm, Reiner/Körtner, Ulrich H. J. (Hg.): Streitfall Biomedizin. Urteilsfindung in christlicher Verantwortung. Göttingen 2003.

Anselm, Reiner: Die Kunst des Unterscheidens. In: Anselm, Reiner/Körtner, Ulrich H. J. (Hg.): Streitfall Biomedizin. Göttingen 2003, S. 47–69.

Aretz, Hans-Jürgen: Kommunikation ohne Verständigung. Das Scheitern des öffentlichen Diskurses über die Gentechnik und die Krise des Technokorporatismus in der Bundesrepublik Deutschland. Frankfurt a. M. 1999.

Aretz, Hans-Jürgen: Institutionelle Kontexte technologischer Innovationen: Die Gentechnikdebatte in Deutschland und den USA. In: Soziale Welt, 51, 2000, S. 401–416.

Aretz, Hans-Jürgen: Institutionelle Kontexte technologischer Innovationen: Die Gentechnikdebatte in Deutschland und den USA. In: Minkenberg, Michael/Willems, Ulrich (Hg.): Politik und Religion. Wiesbaden 2003, S. 401–416.

Arndt, Dietrich/Obe, Günter/Kleeberg, Ullrich (Hg.): Biotechnologische Verfahren und Möglichkeiten in der Medizin. München 2001.

Aufbruchstimmung 1998. Der erste Report der Schitag Ernst & Young Unternehmensberatung über die Biotechnologie-Industrie in Deutschland. Stuttgart 1998.

Augenstein, Leroy: Komm, wir spielen Gott. Konstanz 1971.

Aus Brüssel kommen zu viele schädliche Gesetze. Interview mit Wolfgang Clement und dem niederländischen Wirtschaftsminister Laurens Jan Brinkhorst. In: Süddeutsche Zeitung vom 25./26. September 2004.

Badura-Lotter, Gisela: Ethische Aspekte der Forschung an embryonalen Stammzellen. In: Bockenheimer-Lucius, Gisela (Hg.): Forschung an embryonalen Stammzellen. Köln 2002, S. 9–26.

Badura-Lotter, Gisela: Der Embryo in der Statusdebatte als ein Symbol für die Angst vor der ökonomisch-technischen Verfügbarkeit des Menschen. In: Bora, Alfons/Decker, Michael/Grunwald, Armin/Renn, Ortwin (Hg.): Technik in einer fragilen Welt. Berlin 2005, S. 143–152.

Baitsch, Helmut: Über die biologische Zukunft des Menschen. In: Richard Schwarz: Menschliche Existenz und moderne Welt : ein internationales Symposion zum Selbstverständnis des heutigen Menschen. Berlin 1967, S. 656–669.

Baitsch, Helmut: Das eugenische Konzept – einst und jetzt. In: Wendt, Gerhard (Hg.): Genetik und Gesellschaft. Marburger Forum Philippinum. Stuttgart 1970, S. 59–67.

Banse, Gerhard/Kiepas, Andrzej (Hg.): Rationalität heute. Vorstellungen, Wandlungen, Herausforderungen. Technikphilosophie Bd. 8, Münster 2002.

Barben, Daniel/Abels, Gabriele (Hg.): Biotechnologie – Globalisierung – Demokratie. Politische Gestaltung transnationaler Technologieentwicklung. Berlin 2000.

Barben, Daniel: Politische Ökonomie der Biotechnologie. Innovation und gesellschaftlicher Wandel im internationalen Vergleich. Frankfurt a. M. 2007.

Barner, Andreas: Zum Stand der Entwicklung und Produktion gentechnisch hergestellter Arzneimittel. In: Arndt, Dietrich/Obe, Günter/Kleeberg, Ullrich (Hg.): Biotechnologische Verfahren und Möglichkeiten in der Medizin. München 2001, S. 48–60.

Bartens, Werner: Die Tyrannei der Gene. Wie die Gentechnik unser Denken verändert. München 1999.

Barth, Norbert: Der Fall Hoechst. In: Thurau, Martin (Hg.): Gentechnik – Wer kontrolliert die Industrie? Frankfurt a. M. 1989, S. 245–259.

BASF Plant Science (Hg.): Kompendium Gentechnologie und Lebensmittel, Bd. 2: Zahlen, Fakten, Beispiele, 5. Auflage. Darmstadt 2003.

BASF Plant Science (Hg.): Kompendium Gentechnologie und Lebensmittel, Bd. 4: Nachhaltigkeit, Biosicherheit, Ethik, 5. Auflage. Darmstadt 2003.

BASF Plant Science (Hg.): Kompendium Gentechnologie und Lebensmittel, Bd. 5: Meinungen und Stellungnahmen, 5. Auflage. Darmstadt 2003.

Baumann-Hölzle, Ruth: Die Human-Gentechnologie im Rahmen einer funktionsorientierten Gesellschaft, beispielhaft behandelt an der amerikanischen Praxis. Zürich 1990.

Bautz, Ekkehard K. F.: Überraschungen in der Molekularbiologie. In: Jahrbuch der Heidelberger Akademie der Wissenschaften für das Jahr 1979. Heidelberg 1980, S. 25–33.

Bayer AG (Hg.): Gentechnik bei Bayer. Presse-Fourm am 27. Und 28. September 1989 in Wuppertal-Elberfeld. Leverkusen 1989.

Bayer AG (1990): Molekularbiologie und Gentechnik – Fortschritt und Verantwortung. Ziele, Chancen, Grenzen. Leverkusen 1990.

Bayertz, Kurt: Gentransfer in menschliche Körperzellen – Stand der Technik, medizinische Risiken, soziale und ethische Probleme. Bad Oeynhausen 1994.

Bayertz, Kurt: Somatische Gentherapie: ein Fazit in fünf Thesen. In: Bayertz, Kurt/Schmidtke, Jörg/Schreiber, Hans-Ludwig (Hg.): Somatische Gentherapie. Stuttgart u. a. 1995, S. 287–295.

Bayertz, Kurt/Schmidtke, Jörg/Schreiber, Hans-Ludwig (Hg.): Somatische Gentherapie – Medizinische, ethische und juristische Aspekte des Gentransfers in menschliche Körperzellen. Stuttgart u. a. 1995.

Bayrhuber, Horst/Kull, Ulrich: Lindner Biologie, Lehrbuch für die Oberstufe. 20. Aufl., Hannover 1989.

Beck, Ulrich: Risikogesellschaft – auf dem Weg in eine andere Moderne. Frankfurt a. M. 1988.

Beck, Ulrich: Die Politik der Technik – Weltrisikogesellschaft und ökologische Krise. In: Rammert, Werner (Hg.): Technik und Sozialtheorie. Frankfurt/New York 1998, S. 261–292.

Beckmann, Jan P. et al.: Xenotransplantation von Zellen, Geweben oder Organen. Wissenschaftliche Entwicklungen und ethisch-rechtliche Implikationen. Berlin/Heidelberg 2000.

Becktepe, Christa/Jacob, Simone (Hg.): Genüsse aus dem Gen-Labor? Neue Techniken – neue Lebensmittel. Bonn 1991.

Behinderte gegen Philosophen. Bericht über die Singer-Affäre. In: Information Philosophie, 18, 1990, S. 18–30.

Behrend, Till/Deichmann, Thomas: Die Akte Greenpeace. In: Focus, 38, 2004, S. 44.

Behrens, Maria/Meyer-Stumborg, Sylvia/Simonis, Georg: Gen Food. Einführung und Verbreitung, Konflikte und Gestaltungsmöglichkeiten. Wuppertal 1997.

Behrens, Maria: Nationale Innovationssysteme im Gentechnikkonflikt. In: Barben, Daniel/Abels, Gabriele (Hg.): Biotechnologie – Globalisierung – Demokratie. Berlin 2000, S. 205–227.

Benbrook, Charles M.: Impacts of Genetically Engineered Crops on Pesticide Use in the United States: The First Eight Years. BioTech InfoNet, Technical Paper Number 6, November 2003. (online: http://www.nlpwessex.org/docs/Benbrook2003.pdf)

Bender, Wolfgang/Gassen, Hans Günter/Platzer, Katrin/Sinemus, Kristina (Hg.): Gentechnik in der Lebensmittelproduktion – Wege zum interaktiven Dialog. Darmstadt 1997.

Bender, Wolfgang/Gassen, Hans Günter/Platzer, Katrin/Seehaus, Bernhard (Hg.): Eingriffe in die menschliche Keimbahn. Naturwissenschaftliche und medizinische Aspekte – Rechtliche und ethische Implikationen. Münster 2000.

Bentele, Günter/Rühl, Manfred (Hg.): Theorien öffentliche Kommunikation. Problemfelder, Positionen, Perspektiven. München 1993.

Berg, Paul/Baltimore, David/Brenner, Sydney/Roblin III, Richard O./Singer, Maxine F.: Asilomar Conference on Recombinant DNA Molecules. In: Science, 188, 1975, p. 991–994.

Bericht der Bundesregierung über Erfahrungen mit dem Gentechnikgesetz, Drucksache 13/6538 vom 11. Dezember 1996.

Bilanz und Positionen : Geschäftsbericht des Deutschen Bauernverbandes 2005/2006, Berlin 2006.

Biller-Andorno, Nikola: Das ELSI-Programm des U.S.-amerikanischen Humangenomprojekts – neue Perspektiven für die Medizinethik? In: Ethik in der Medizin, 13, 2001, S. 243–252.

Biotechnologie – ein neuer Weg in die Zukunft. BMFT-Report Fortschritt durch Forschung. Bonn 1984.

Biotechnologie und Agrarwirtschaft. Stand und Perspektiven biotechnologischer Forschung und Entwicklung. Bundesministerium für Ernährung, Landwirtschaft und Forsten. Münster-Hiltrup 1985.

Birnbacher, Dieter: Genomanalyse und Gentherapie. In: Sass, Hans-Martin (Hg.): Medizin und Ethik. Stuttgart 1989, S. 212–231.

Birnbacher, Dieter: Welche Ethik ist als Bioethik tauglich? In: Information Philosophie, 21, 1993, S. 4–18.

Birnbacher, Dieter: Bioethik zwischen Natur und Interesse. Frankfurt a. M. 2006.

Blumer, Karin R.: Xenotransplantation unter tierethischen Gesichtspunkten. In: Grimm, Helmut (Hg.): Xenotransplantation. Stuttgart 2003, S. 296–307.

Böckle, Franz: Gentechnologie und Verantwortung. Ethische Verantwortung und Notwendigkeit einer Selbstbeschränkung. In: Flöhl, Rainer (Hg.): Genforschung – Fluch oder Segen? Interdisziplinäre Stellungnahmen. München 1985, S. 86–96.
Bockenheimer-Lucius, Gisela (Hg.): Forschung an embryonalen Stammzellen. Ethische und rechtliche Aspekte. Köln 2002.
Bongert, Elisabeth: Demokratie und Technologieentwicklung. Die EG-Kommission in der europäischen Biotechnologiepolitik 1975–1995. Opladen 2000.
Bonß, Wolfgang/Hohlfeld, Rainer/Kollek, Regine: Risiko und Kontext. Zum Umgang mit den Risiken der Gentechnologie. Hamburg 1990.
Bora, Alfons/Decker, Michael/Grunwald, Armin/Renn, Ortwin (Hg.): Technik in einer fragilen Welt – Die Rolle der Technikfolgenabschätzung. Berlin 2005.
Brand, Karl: Taschenlexikon der Biochemie und Molekularbiologie. Heidelberg/Wiesbaden 1992.
Brandt, Peter (Hg.): Zukunft der Gentechnik. Basel 1997.
Breuer, Georg: Menschen aus dem Katalog? Die Erbforschung auf dem Weg in die Zukunft. Düsseldorf 1969.
Breyer, Hiltrud: Heilen mit Genen? Gentherapie – eine kritische Bestandsaufnahme. In: Emmrich, Michael (Hg.): Im Zeitalter der Bio-Macht. Frankfurt a. M. 1999, S. 147–190.
Brockhaus Enzyklopädie. Bd. 8, 19. Aufl., Mannheim 1989.
Brockhaus Enzyklopädie. Bd. 16, 19. Aufl., Mannheim 1991.
Brocks, Dietrich/Pohlmann, Andreas/Senft, Mario: Das neue Gentechnikgesetz. Entstehungsgeschichte, internationale Entwicklung, naturwissenschaftliche Grundlagen, gentechnische Arbeiten in gentechnischen Anlagen, Freisetzung von Organismen, Inverkehrbringen von Produkten, Genehmigungsverfahren. München 1991.
Brodde, Kirsten: Wer hat Angst vor DNS? Die Karriere des Themas Gentechnik in der deutschen Tagespresse von 1973–1989. Frankfurt a. M. 1992.
Broer, Inge/Schmidt, Kerstin (Hg.): Technologie in Mecklenburg-Vorpommern: Tage der Innovation und Nachhaltigen Landwirtschaft in Mecklenburg-Vorpommern. Tagungsband zum Symposium am 31.03.–01.04.2000, Rostock-Warnemünde. Rostock 2000.
Brüggemann, Anne: Im Prinzip dagegen, im Einzelfall dafür? Die Bedeutung der Darstellungsweise für die Beurteilung von Biotechnologie. Bad Iburg 1999.
Büchel, Karl Heinz: Gentechnik bei Bayer für Medizin und Landwirtschaft. In: Bayer AG (Hg.): Gentechnik bei Bayer. Leverkusen 1989, S. 12–29.
Bühl, Achim (Hg.): Auf dem Weg zur biomächtigen Gesellschaft? Chancen und Risiken der Gentechnik. Wiesbaden 2009.
Bühl, Achim: Risikoanalyse Grüne Gentechnik. In: Bühl, Achim (Hg.): Auf dem Weg zur biomächtigen Gesellschaft? Wiesbaden 2009, S. 371–443.
Bund demokratischer Wissenschaftler e. V. (Hg.): Gentechnologie. Reihe Forum Wissenschaft Studien Band 1. Marburg 1986.
Bund für Umwelt und Naturschutz Deutschland e. V. (BUND) (Hg.): Informationen für Bäuerinnen und Bauern zum Einsatz der Gentechnik in der Landwirtschaft. Berlin 2004. (online: http://www.keine-gentechnik.de/bibliothek/anbau/infomaterial/bund_einsatz_gentechnik_landwirtschaft_041123.pdf)
Bund für Umwelt und Naturschutz Deutschland e. V. (BUND) (Hg.): Der wissenschaftliche Beirat des BUND 1975–2006. Berlin 2007.
Bundesamt für Verbraucherschutz und Lebensmittelsicherheit, Die Grüne Gentechnik – Ein Überblick. Berlin 2008.
Bundesminister für Forschung und Technologie: Richtlinien zum Schutz vor Gefahren durch in-vitro neukombinierte Nukleinsäuren. Bonn 1978.
Bundesminister für Forschung und Technologie: Richtlinien zum Schutz vor Gefahren durch in-vitro neukombinierte Nukleinsäuren. Köln 1986, 5. überarb. Aufl.

Bundesministerium für Bildung, Wissenschaft, Forschung und Technologie (Hg.): Biotechnologie, Gentechnik und wirtschaftliche Innovation. Chancen nutzen und verantwortlich gestalten – Feststellungen und Empfehlungen. Bonn 1997.

Bundesministerium für Forschung und Technologie (Hg.): Bundesbericht Forschung 1984, Bd, VII. Bundestags-Drucksach 10/1543. Bonn 1984.

Bundesministerium für Bildung und Forschung (Hg.): Bundesbericht Forschung 2000. Bonn 2000.

Bundesministerium für Bildung und Forschung (Hg.): Humane Stammzellen. Perspektiven und Grenzen in der regenerativen Medizin. Bonn 2001.

Bundesministerium für Bildung und Forschung (Hg.): Rahmenprogramm Biotechnologie – Chancen nutzen und gestalten. Bonn 2001.

Bundesministerium für Bildung und Forschung (Hg.): BioRegionen in Deutschland. Starke Impulse für die nationale Technologieentwicklung. Berlin 2004.

Bundeministerium der Justiz (Hg.): Abschlußbericht der Bund-Länder-Arbeitsgruppe „Somatische Gentherapie“. Bonn 1997.

Bundesministerium für Ernährung, Landwirtschaft und Forsten (Hg.): Gentechnik – für einen umweltverträglichen Ackerbau – Sicherheit an erster Stelle. Der Bundesminister für Ernährung, Landwirtschaft und Forsten informiert. Bonn 1993.

Bundesministerium für Verbraucherschutz, Ernährung und Landwirtschaft (Hg.): Das neue Gentechnikgesetz. Berlin 2004.

Bundesministerium für Wirtschaft: Standort Deutschland. Die Herausforderung annehmen. Bonn 1996.

Burchardie, Jan-Erik: Die Vereinbarkeit der europäischen Vorschriften zur Kennzeichnung gentechnisch veränderter Lebensmittel mit dem Welthandelsrecht. Berlin 2007.

Busch, Roder J./Haniel, Anja/Knoepffler, Nikolaus/Wenzel, Gerhard: Grüne Gentechnik – Ein Bewertungsmodell. München 2002.

Caesar, Peter (Hg.): Gentechnologie – Herausforderung für Ethik und Recht. Heidelberg 1990.

Cantley, Mark F.: The Regulation of Modern Biotechnology: A Historical and European Perspective. In: Rehm, H.-J./Reed, G.: Biotechnology, vol. 12. Weinheim 1995, S. 505–681.

Catenhusen, Wolf-Michael: Ansätze für eine umwelt- und sozialverträgliche Steuerung der Gentechnologie. In: Steger, Ulrich (Hg.): Die Herstellung der Natur. Chancen und Risiken der Gentechnologie. Bonn 1985, S. 29–47.

Catenhusen, Wolf-Michael: Kodifizierung der Ethik am Beispiel der Gentechnologie. In: Gesellschaft Gesundheit und Forschung e. V. (Hg.): Ethik und Gentechnologie. Frankfurt a. M. 1988, S. 37–42.

Catenhusen, Wolf-Michael: Genomanalyse und Gentherapie: Gesellschaftspolitische Herausforderung und politischer Handlungsbedarf. In: Rittner, Christian/Schneider, Peter M./Schölmerich, Paul (Hg.): Genomanalyse und Gentherapie. Stuttgart 1997, S. 131–141.

Catenhusen, Wolf-Michael: Das Stammzellgesetz: Entstehung und Bedeutung. In: Jahrbuch für Wissenschaft und Ethik, 8, 2003, S. 275–287.

Chancen und Risiken der Gentechnologie: Der Bericht der Bericht der Enquete-Kommission „Chancen und Risiken der Gentechnologie“ des 10. Deutschen Bundestages. Bonn 1987.

Chargaff, Erwin: Das Feuer des Heraklit. Skizzen aus einem Leben vor der Natur. Stuttgart 1979.

Chargaff, Erwin: Naturwissenschaft als Angriff auf die Natur. In: Naturwissenschaft – Angriff auf die Natur? Frankfurt a. M. 1987, S. 1–7.

Chargaff, Erwin: Naturwissenschaft als Angriff auf die Natur. In: Ästhetik und Kommunikation, 18, 1988, S. 14–22.

Chargaff, Erwin: Ein zweites Leben. Autobiographische und andere Texte. Stuttgart 1995.

Cohen, Stanley: Genmanipulation, in: Erbsubstanz DNA – Vom genetischen Code zur Gentechnologie. Heidelberg 1985, S. 108–118.

Convention on Biological Diversity. Rio de Janeiro 1992.

Daele, Wolfgang van den: Stellungnahme – Das falsche Signal zur falschen Zeit. In: Politische Ökologie, 35, 1996, S. 65.

Daele, Wolfgang van den et al.: Grüne Gentechnik im Widerstreit. Modell einer partizipativen Technikfolgenabschätzung zum Einsatz transgener herbizidresistenter Pflanzen. Weinheim u. a. 1996.

Daele, Wolfang van den: Der lange Abschied von den „besonderen Risiken" der Gentechnik. In: Stadler, Peter/Kreysa, Gerhard (Hg.): Potentiale und Grenzen der Konsensfindung zu Bio- und Gentechnik. Frankfurt a. M. 1997, S. 7–14.

Daele, Wolfgang van den: Urteile über die Gentechnik im Lichte von Ergebnissen der Technologiefolgenabschätzung. In: Gestrich, Christof (Hg.): Die biologische Machbarkeit des Menschen. Berlin 2001, S. 62–78.

Dally, Andreas (Hg.): Wie weit reicht die Macht der Gene? Natur- und Geisteswissenschaften im Dialog. Rehburg-Loccum 1998.

Dally, Andreas/Wewetzer, christa (Hg.): Die Logik der Genforschung. Wohin entwickeln sich die molekulare Biologie und Medizin? Rehburg-Loccum 2002.

Das neue Gentechnikgesetz, Greenpeace 2004.

Das Übereinkommen zum Schutz der Menschenrechte und der Menschenwürde im Hinblick auf die Anwendung von Biologie und Medizin: Übereinkommen über Menschenrechte und Biomedizin des Europarats vom 4. April 1997. Informationen zu Entstehungsgeschichte, Zielsetzung und Inhalt. Köln 1998.

Däubler-Gmelin, Herta: Geleitwort: Fragen und Erwartungen der Politik. In: Potthast, Thomas/Baumgartner, Christoph/Engels, Eve-Marie (Hg.): Die richtigen Maße für die Nahrung.
Tübingen 2005, S. 13–17.

DECHEMA: Biotechnologie- eine Studie über Forschung und Entwicklung. Möglichkeiten, Aufgaben und Schwerpunkte der Förderung. Frankfurt a. M. 1974.

Dederer, Hans-Georg: Gentechnikrecht im Wettbewerb der Systeme. Freisetzung im deutschen und US-amerikanischen Recht. Berlin/Heidelberg 1998.

Deichmann, Thomas: Warum Angst vor Grüner Gentechnik? Wie Fortschritt in den Biowissenschaften verhindert wird. Halle 2009.

Dellweg, Hanswerner: Biotechnologie verständlich. Berlin/Heidelberg 1994.

Der Bundesminister für Forschung und Technologie (Hg.): Ethische und rechtliche Probleme der Anwendung zellbiologischer und gentechnischer Methoden am Menschen. Dokumentation eines Fachgesprächs im Bundesministerium für Forschung und Technologie. Bonn 1984.

Der Bundesminister für Forschung und Technologie (Hg.): Angewandte Biologie und Biotechnologie. Programm der Bundesregierung 1985–1988. Bonn 1985.

Der Bundesminister für Forschung und Technologie (Hg.): Genforschung – Gentechnik. Was ist das? Welche Chancen, welche Gefahren sind mit ihnen verbunden? Eine kurze Information. Bonn 1989.

Der kritische Agrarbericht, Landwirtschaft 2006. Hintergrundberichte und Positionen zur Agrardebatte. Rheda-Wiedenbrück 2006.

Der „optimierte Mensch". Über Gentechnik, Forschungsfreiheit, Menschenbild und die Zukunft der Wissenschaft. Interview mit Wolfgang Frühwald. In: Forschung und Lehre, 8, 2001, S. 402–405.

Der »optimierte Mensch«. Gespräch mit Wolfgang Frühwald. In: Geyer, Christian (Hg.): Biopolitik. Frankfurt a. M. 2001, S. 275–285.

Der Rat der EKD zur bioethischen Debatte. epd-Dokumentation, Bioethik und Gentechnik. Frankfurt a. M. 2001.

Der Spiegel, Hamburg, Jg. 1962–2008.

Deutsch, Erwin: Zur Arbeit der Enquete-Kommission „Chancen und Risiken der Gentechnologie". In: Lukes, Rudolf/Scholz, Rupert (Hg.): Rechtsfragen der Gentechnologie. Köln u. a. 1986, S. 76–85.

Deutsche Bischofskonferenz (Hg.): Der Mensch sein eigener Schöpfer? Wort der Deutschen Bischofskonferenz zu Fragen von Gentechnik und Biomedizin. Bonn 2001.

Deutsche Bischofskonferenz, Ausgangspunkt einer Wertedebatte. Pressemeldung vom 13. Juni 2002. (online: http://www.dbk.de/presse/details/?presseid=330&cHash=dd474ae30ad516548bb7d6de65e40066)
Deutscher Bundestag (Hg.): Schlussbericht der Enquete-Kommission Recht und Ethik der modernen Medizin. Opladen 2002.
Deutsche Forschungsgemeinschaft: Stellungnahme zum Bericht der Enquete-Kommission „Chancen und Risiken der Gentechnologie" des 10. Deutschen Bundestages. Bonn 1987.
Deutsche Forschungsgemeinschaft: Perspektiven der Forschung und ihrer Förderung. Aufgaben und Finanzierung VIII 1987 bis 1990, Weinheim 1987.
Deutsche Forschungsgemeinschaft: Forschungsfreiheit – ein Plädoyer für bessere Rahmenbedingungen der Forschung in Deutschland. Weinheim 1996.
Deutsche Forschungsgemeinschaft: Gentechnik und Lebensmittel. Herausgegeben von der Senatskommission für Grundsatzfragen der Genforschung, Mitteilung 3. Weinheim 1996.
Deutsche Forschungsgemeinschaft: DFG Stellungnahme zum Problemkreis „Humane embryonale Stammzellen". In: Jahrbuch für Wissenschaft und Ethik, 4, 1999, S. 393–399.
Deutsche Forschungsgemeinschaft: Humangenomforschung – Perspektiven und Konsequenzen. Herausgegeben von der Senatskommission für Grundsatzfragen der Genforschung. Weinheim 2000.
Deutsche Forschungsgemeinschaft: Forschung mit humanen embryonalen Stammzellen, Standpunkte. Weinheim 2003.
Deutsche Forschungsgemeinschaft: Prädiktive genetische Diagnostik. Herausgegeben von der Senatskommission für Grundsatzfragen der Genforschung, Mitteilung 4. Weinheim 1996.
Deutsche Forschungsgemeinschaft: Forschung mit humanen embryonalen Stammzellen, Standpunkte. Rechtsgutachten zu den strafrechtlichen Grundlagen und Grenzen der Gewinnung, Verwendung und des Imports sowie der Beteiligung daran durch Veranlassung, Förderung und Beratung. Weinheim 2003.
Deutscher Bauernverband (Hg.): Deutscher Bauernverband 1997. Bonn 1998.
Deutscher Bauernverband (Hg.), Situationsbericht 2002 f., Bonn 2001 f.
Deutscher Bundestag: Antwort der Bundesregierung auf die kleine Anfrage der Abgeordneten Dr. Riesenhuber et al., Drucksache 9/682 vom 21. Juli 1981.
Deutscher Bundestag: Antwort der Bundesregierung auf eine kleine Anfrage der Abgeordneten Angela Marquardt und Dr. Ruth Fuchs sowie der Fraktion der PDS, Drucksache 14/3038 vom 22.03.2000.
Deutscher Bundestag: Drucksache 10/6775 vom 6.1.1987, 10. Wahlperiode.
Deutscher Bundestag: Schlussbericht der Enquete-Kommission „Recht und Ethik der modernen Medizin". Drucksache 14/9020 vom 14. Mai 2002.
Deutscher Evangelischer Kirchentag (Hg.): Dokumente. Deutscher Evangelischer Kirchentag, Düsseldorf 1985. Stuttgart 1985.
Deutscher Evangelischer Kirchentag (Hg.): Dokumente. Deutscher Evangelischer Kirchentag, Frankfurt 1987. Stuttgart 1987.
Deutsches Ärzteblatt, Köln, Jg. 1962–2008.
Der Bayerische Ministerpräsident: Antrag des Freistaates Bayern: Entschließung des Bundesrates zur Anwendung gentechnischer Methoden am Menschen. Drucksache 424/92 vom 12. Juni 1992, Bonn 1992.
Deutscher Bundestag: Zweiter Zwischenbericht der Enquete-Kommission „Recht und Ethik der modernen Medizin", Teilbericht Stammzellforschung 14/7546. Berlin 2001.
Deutscher Gewerkschaftsbund: Memorandum des DGB zur Bio- und Gentechnologie – Entwurf. Düsseldorf 1990.
DFG-Kommission: Gentechnik nicht grundsätzlich gefährlich. In: Naturwissenschaften, 74, 1987, S. 303–304.
Die Deutsche Chemische Industrie: Chemie im Dialog: Chancen der Gentechnik. In: Die Welt, 10. Juni 1992, S. 6.

Die Grünen (Hg.): Bundestagswahlprogramm 1987. Farbe bekennen. Bonn 1986.
Die Grünen im Bundestag (Hg.): Frauen gegen Gentechnik und Reproduktionstechnik. Dokumentation zum Kongreß vom 19.–21.4.1985 in Bonn. Köln 1986.
Die Grünen im Bundestag (Hg.): Frauen & Ökologie. Gegen den Machbarkeitswahn. Dokumentation zum Kongreß vom 3.–5.10.1986 in Köln. Köln 1987.
Die Grünen: Erklärung zur Gentechnologie und zur Fortpflanzungs- und Gentechnik am Menschen, Hagen 1986.
„Die Notwendigkeit der Abwägung stellt sich immer wieder". Gespräch mit Gerhard Schröder. In: Geyer, Christian (Hg.): Biopolitik. Frankfurt a. M. 2001, S. 88–101.
Dierkes, Meinolf: Die Technisierung und ihre Folgen. Zur Biographie eines Forschungsfeldes. Berlin 1993.
Die Welt, unabhängige Tageszeitung für Deutschland. Hamburg, Jg. 1962–2008.
Dingermann, Theodor: Gentechnik – Biotechnik, Lehrbuch und Kompendium für Studium und Praxis. Stuttgart 1999.
Ditfurth, Hoimar von: Wir haben gar keine andere Wahl. In: Fischer, Ernst Peter/Schleuning, Wolf-Dieter (Hg.): Vom richtigen Umgang mit Genen. München 1991, S. 26–34.
Dively, Galen P. et al.: Effects on monarch butterfly larvae (Lepidoptera: Danaidae) After Continuous Exposure to Cry1Ab-Expressing Corn During Anthesis. In: Environ. Entomol, 33, 2004, p. 1116–1125.
Dolata, Ulrich: Bio- und Gentechnik in der Bundesrepublik. Konzernstrategien, Forschungsstrukturen, Steuerungsmechanismen. Hamburg 1991.
Dolata, Ulrich: Internationales Innovationsmanagement. Die deutsche Pharmaindustrie und die Gentechnik. Hamburg 1994.
Dolata, Ulrich: Politische Ökonomie der Gentechnik. Konzernstrategien, Forschungsprogramme, Technologiewettläufe. Berlin 1996.
Domasch, Silke: Biomedizin als sprachliche Kontroverse. Die Thematisierung von Sprache im öffentlichen Diskurs zur Gendiagnostik. Berlin 2007.
Donn, Günter: Gentechnologie und Ernährung. In: Hoechst AG (Hg.): Gentechnologie – mehr als eine Methode. Frankfurt a. M. 1986, S. 108–125.
Doppelfeld, Elmar: Beratung und Begleitung biomedizinischer Forschung durch Ethik-Kommissionen. In: Jahrbuch für Wissenschaft und Ethik, 2, 1997, S. 121–135.
Dreier, Horst/Huber, Wolfgang: Bioethik und Menschenwürde. Hamburg/London 2002.
Düwell, Marcus: Die Menschenwürde in der gegenwärtigen bioethischen Debatte. In: Graumann, Sigrid (Hg.): Die Genkontroverse – Grundpositionen. Freiburg im Breisgau 2001, S. 80–87.
Düwell, Marcus/Steigleder, Klaus (Hg.): Bioethik – Eine Einführung. Frankfurt a. M. 2003.
Eibach, Ulrich: Grenzen und Ziele der Gen-Technologie aus theologisch-ethischer Sicht. In: Klingmüller, Walter (Hg.): Genforschung im Widerstreit. Stuttgart 1980, S. 117–143.
Eibach, Ulrich: Experimentierfeld: Werdendes Leben. Eine ethische Orientierung. Göttingen 1983.
Eibach, Ulrich: Gentechnik – der Griff nach dem Leben. Eine ethische und theologische Beurteilung. Wuppertal 1986.
Eibach, Ulrich: Gentechnik und Embryonenforschung. Leben als Schöpfung aus Menschenhand? Eine ethische Orientierung aus christlicher Sicht. Wuppertal 2002.
Einverständnis mit der Schöpfung: ein Beitrag zur ethischen Urteilsbildung im Blick auf die Gentechnik und ihre Anwendung bei Mikroorganismen, Pflanzen und Tieren. Evangelische Kirche in Deutschland. Gütersloh 1991 (2. Aufl. 1997, vgl. http://www.ekd.de/EKD-Texte/44607.html).
Elstner, Marcus (Hg.): Gentechnik, Ethik und Gesellschaft. Berlin u. a. 1997.
Emmrich, Michael: Der vermessene Mensch. Aufbruch ins Gen-Zeitalter. Berlin 1997.
Emmrich, Michael (Hg.): Im Zeitalter der Bio-Macht. 25 Jahre Gentechnik – eine kritische Bilanz. Frankfurt a. M. 1999.
Emnid-Institut: Akzeptanz von Novel Food in Deutschland. Bielefeld 1998.

Empfehlung 934 der Parlamentarischen Versammlung des Europarats vom 26. Januar 1982, Punkt 4i. In: Bundestagsdrucksache 9/1373, S. 11 f.

Empfehlungen der Deutschen Forschungsgemeinschaft zur Forschung mit menschlichen Stammzellen, 3. Mai 2001. (online: http://www.dfg.de/download/pdf/dfg_im_profil/reden_stellungnahmen/download/empfehlungen_stammzellen_03_05_01.pdf)

Engels, Eve-Marie (Hg.): Biologie und Ethik. Stuttgart 1999.

Engels, Eve-Marie: Ethische Problemstellungen der Biowissenschaften und der Medizin am Beispiel Xenotransplantation. In: Engels, Eve-Marie (Hg.): Biologie und Ethik. Stuttgart 1999, S. 283–328.

Engels, Eve-Marie: Ethische Aspekte der zellulären Xenotransplantation. In: Zentrum für Technologiefolgen-Abschätzung (Hg.): Zelluläre Xenotransplantation. Bern 2001, 153–244.

Engels, Eve-Marie: Gentechnik in der Landwirtschaft – Fragen und Reflexionen aus ethischer Perspektive. In: Potthast, Thomas/Baumgartner, Christoph/Engels, Eve-Marie (Hg.): Die richtigen Maße für die Nahrung. Tübingen 2005, S. 19–39.

Entwicklung der Gentherapie. Stellungnahme der Senatskommission für Grundsatzfragen der Genforschung, Deutsche Forschungsgemeinschaft. Weinheim 2007.

Erklärung der Umweltgruppen zum Austritt aus dem TA-Verfahren vom 9. Juni 1993. In: Ökologische Briefe, 26, 1993, S. 12.

Ernst & Young (Hg.): Neue Chancen. Deutscher Biotechnologie-Report 2002. Mannheim 2002.

Ernst & Young: Zeit der Bewährung – Deutscher Biotechnologiereport 2003. Stuttgart 2003.

Ernst & Young (Hg.): Per aspera ad astra. Deutscher Biotechnologie-Report 2004. Mannheim 2004.

Ethikrat veröffentlicht Stellungnahme zum Klonen von Menschen. In: Infobrief Nationaler Ethikrat, 4, 2004, S. 1–5.

Europäische Föderation Biotechnologie: Umweltbiotechnologie. Arbeitsgruppe für die öffentliche Akzeptanz der Biotechnologie. Informationsschrift 4, 1999.

European Medical Research Councils: Gene therapy in man. In: Lancet, 1, 1988, S. 1271–1272.

Evangelische Akademie Hofgeismar (Hg.): Humangenetik : medizinische, ethische, rechtliche Aspekte. München 1986.

Evangelische Kirche in Deutschland (Hg.): Von der Würde werdenden Lebens: extrakorporale Befruchtung, Fremdschwangerschaft und genetische Beratung, eine Handreichung der Evangelischen Kirche in Deutschland zur ethischen Urteilsbildung. Hannover 1985.

Evangelische Kirche in Deutschland (Hg.): Zur Achtung vor dem Leben. Maßstäbe für Gentechnik und Fortpflanzungsmedizin. Kundgebung der Synode der Evangelischen Kirche in Deutschland. Hannover 1987.

Fischer, Ernst Peter/Schleuning, Wolf-Dieter (Hg.): Vom richtigen Umgang mit Genen: die Debatte um die Gentechnik. München 1991.

Fischer, Ernst Peter/Geißler, Erhard (Hg.): Wieviel Genetik braucht der Mensch? Die alten Träume der Genetiker und ihre heutigen Methoden. Konstanz 1994.

Flämig, Christian: Die genetische Manipulation des Menschen. Baden-Baden 1985.

Flöhl, Rainer (Hg.): Genforschung – Fluch oder Segen? Interdisziplinäre Stellungnahmen. München 1985.

Flöttmann, Susanne: Untersuchungen der Berichterstattung über Genmanipulation in den Presseorganen 'Das Beste', 'Quick', 'die Tageszeitung' und 'Die Zeit'. Berlin 1982.

Foucault, Michel: Die Ordnung des Diskurses. Frankfurt a. M. 1991.

Foucault, Michel: Archäologie des Wissens. Frankfurt a. M. 1997, 8. Aufl.

Fredrickson, D. S.: A history of the recombinant DNA Guidelines in the United States. In: Morgan, Joan/Whelan, W. J.: Recombinant DNA and genetic experimentation. Oxford 1979, S. 151–156.

Freiwillige Selbstverpflichtungserklärung der Mitgliedsunternehmen des Gesamtverbandes der Deutschen Versicherungswirtschaft e. V. (GDV), Berlin 2001.

Friedrich-Ebert-Stiftung (Hg.): Gentechnik und Lebensmittel. Bonn 1992.

Fuchs, Christoph (Hg.): Möglichkeiten und Grenzen der Forschung an Embryonen. Symposium der Akademie für Ethik in der Medizin, Göttingen in Verbindung mit der Akademie der Wissenschaften und der Literatur, Mainz. Stuttgart 1990.

Fuchs, Michael: Nationale Ethikräte. Hintergründe, Funktionen und Arbeitsweisen im Vergleich. Berlin 2005.

Fuchs, Ursel: Bürger gegen Bio-Ethik. Internationale Initiative gegen die geplante Bio-Ethik-Konvention. In: Neuer-Miebach, Therese/Wunder, Michael (Hg.): Bio-Ethik und die Zukunft der Medizin. Bonn 1998, S. 165-166.

Fuchs, Ursel: Die Ethik der Bio-Macht. Bioethik oder: Tabubrüche hinter verschlossenen Türen. In: Emmrich, Michael (Hg.): Im Zeitalter der Bio-Macht. Frankfurt a. M. 1999, S. 261–273.

Fuchs, Ursel: Die Genomfalle. Die Versprechungen der Gentechnik, ihre Nebenwirkungen und Folgen. Düsseldorf 2000.

Fülgraff, Georges/Falter, Annegret (Hg.): Wissenschaft in der Verantwortung. Möglichkeiten der institutionellen Steuerung. Frankfurt a. M./New York 1990.

Gaskell, George (Ed.): Biotechnology 1996–2000 – the Years of controversy. London 2003.

Gassen, Hans Günter/Kemme, Michael: Gentechnik – Die Wachstumsbranche der Zukunft. Frankfurt a. M. 1996.

Gassen, Hans Günter/König, Bernd/Bangsow, Thorsten: Biotechnik, wirtschaftliche Potentiale und öffentliche Akzeptanz. In: Wobus, Anna M./Wobus, Ulrich/Parthier, Benno (Hg.): Setellenwert von Wissenschaft und Forschung in der modernen. Halle 1996, S. 83–110.

Gath, Melanie: Der Einfluß der Kennzeichnung auf die Verbraucherakzeptanz gentechnisch veränderter Lebensmittel. Kiel 1998.

Gefahr Gentechnik. Wie die Industrie Nahrung und Natur ohne Rücksicht auf die Folgen manipuliert und einen Großversuch an Mensch und Umwelt startet. Greenpeace, Hamburg 2001.

Gehrmann, Wolfgang: Gen-Technik – Das Geschäft des Lebens: verschlafen die Deutschen eine Zukunftsindustrie? München 1984.

Gene und Klone. Möglichkeiten sowie ethische Grenzen der Bio- und Gentechnologie bei Tieren. 15. bis 17. Mai 1998, Evangelische Akademie Bad Boll. Bad Boll 1998.

Genial – Biotechnologie im Alltag. Halle 2008.

Geissler, Erhard: Der Mann aus Milchglas steht draußen vor der Tür. In: Fischer, Ernst Peter/Schleuning, Wolf-Dieter (Hg.): Vom richtigen Umgang mit Genen. München 1991, S. 101–141.

Gemeinsame Erklärung der Vertreter von BioRegionen zur Novellierung des Gentechnikgesetzes (GenTG) und zur Nutzung der Pflanzenbiotechnologie in Deutschland, 31. August 2004. (online: http://www.biosicherheit.de/pdf/aktuell/gentg_regionen_0804.pdf)

Gen-ethisches Netzwerk e. V. (Hg.): Gen-ethischer Informationsdienst (GID), Berlin 1985–2006.

Gen-ethisches Netzwerk e. V. 1986–2006, Festschrift. Berlin 2006.

GENiale Zeiten – Essen aus der Genküche. Politische Ökologie, 35, 1994, Special.

Gentechnik als eine Herausforderung in Deutschland. Leopoldina-Diskussionskreis. Halle 1993.

Gentechnik – quo vadis? Was die Landwirtschaft von der Pflanzenzüchtung erwarten kann. Frankfurt a. M. 1993.

Gentechnologie. Referate und Materialien über eine Anhörung der Fraktion der Grünen im Landtag von Baden-Württemberg am 6. Mai 1985. Stuttgart 1986.

Gentherapie – Medizin der Zukunft?, Zeitschrift für Allgemeinmedizin, 69, 1993, S. 957–960.

Gen-Welten – Leben aus dem Labor? Eine Ausstellung des Landesmuseums für Technik und Arbeit in Mannheim, 26. März 1998 – 10. Januar 1999. Mannheim 1998.

Gerhards, Jürgen/Neidhardt, Friedhelm: Strukturen und Funktionen moderner Öffentlichkeit: Fragestellungen und Ansätze. In: Müller-Dohm, Stefan/Neumann-Braun, Klaus (Hg.): Öffentlichkeit, Kultur, Massenkommunikation. Oldenburg 1991, S. 35–89.

Gerhards, Jürgen: Politische Öffentlichkeit. Ein system- und akteurstheoretischer Bestimmungsversuch. In: Neidhardt, Friedrich (Hg.): Öffentlichkeit, öffentliche Meinung, soziale Bewegungen. Opladen 1994, S. 77–105.

Gesellschaft Gesundheit und Forschung e. V. (Hg.): Ethik und Gentechnologie. Beiträge zu einer aktuellen Diskussion. Frankfurt a. M. 1988.

Gestrich, Christof (Hg.): Die biologische Machbarkeit des Menschen. Berlin 2001.

Geyer, Christian (Hg.): Biopolitik – Die Positionen. Frankfurt a. M. 2001.

Gill, Bernhard: Gentechnik ohne Politik. Wie die Brisanz der synthetischen Biologie von wissenschaftlichen Institutionen, Ethik- und anderen Kommissionen systematisch verdrängt wird. Frankfurt a. M. 1991.

Gill, Bernhard/Bizer, Johann/Roller, Gerhard: Riskante Forschung. Zum Umgang mit Ungewißheit am Beispiel der Genforschung in Deutschland. Eine sozial- und rechtswissenschaftliche Untersuchung. Berlin 1998.

Globokar, Roman: Verantwortung für alles, was lebt. Von Albert Schweitzer und Hans Jonas zu einer theologischen Ethik des Lebens. Rom 2002.

Gloede, F.: Zwischenbericht Projekt „Biologische Sicherheit bei der Nutzung der Gentechnik“. Bonn 1992.

Gloede, F./Bechmann, G./Hennen, L./Schmitt, J. J.: Biologische Sicherheit bei der Nutzung der Gentechnik: Endbericht. Büro für Technikfolgen-Abschätzung beim Deutschen Bundestag, Bonn 1993.

Glossar der Homepage des BMBF, http://www.bmbf.de/glossar/glossary_item.php?GID=74&N=G&R=8 (Aufgerufen am 12.05.2009)

Goebel, Bernd/Kruip, Gerhard (Hg.): Gentechnologie und die Zukunft der Menschenwürde. Münster u. a. 2003.

Göpfert, Ingrid (Hg.): Logistik der Zukunft – Logistics for the future. Wiesbaden 2009, 5. Aufl.

Gottweis, Herbert: Governing Molecules. The discursive politics of genetic engineering in Europe and the United Staates. Cambridge 1998.

Gottweis, Herbert: Gentechnik, wissenschaftlich-industrielle Revolution und demokratische Fantasie. In: Ars Electronica, Festival für Kunst, Technologie und Gesellschaft. Wien 1999.

Gottweis, Herbert/Prainsack, Barbara: Religion, Bio-Medizin und Politik. In: Minkenberg, Michael/Willems, Ulrich (Hg.): Politik und Religion. Wiesbaden 2003, S. 412–432.

Graumann, Sigrid: Die somatische Gentherapie. Entwicklung und Anwendung aus ethischer Sicht. Tübingen 2000.

Graumann, Sigrid (Hg.): Die Genkontroverse – Grundpositionen. Freiburg im Breisgau 2001.

Graw, Jochen: Genetik. Berlin 2005.

Greenpeace (Hg.): Greenpeace Jahresrückblick 2000. Hamburg 2001.

Greffrath, Matthias: Debatten in Gang setzen. Über das Gen-Ethische Netzwerk in Berlin. In: Klingholz, Reiner (Hg.): Die Welt nach Maß. Gentechnik – Geschichte, Chancen, Risiken. Reinbek 1988, S. 189–191.

Grimm, Helmut (Hg.): Xenotransplantation. Grundlagen – Chancen – Risiken. Stuttgart 2003.

Grobstein, Clifford: Die Debatte um DNA-Rekombinationstechniken. In: Erbsubstanz DNA – Vom genetischen Code zur Gentechnologie. Heidelberg 1985, S. 132–145.

Grosch, Klaus/Hampe, Peter/Schmidt, Joachim (Hg.): Herstellung der Natur? Stellungnahmen zum Bericht der Enquete-Kommission „Chancen und Risiken der Gentechnologie“. Frankfurt a. M./New York 1990.

Gründerzeit. Ernst & Youngs zweiter Deutscher Biotechnologie-Report 2000. Stuttgart 2000.

Grünwaldt, Klaus/Hahn, Udo (Hg.): Was darf der Mensch? Neue Herausforderungen durch Gentechnik und Biomedizin. Hannover 2001.

Grunwald, Armin: Technikfolgenabschätzung – eine Einführung. Berlin 2002.

Habermas, Jürgen: Strukturwandel der Öffentlichkeit: Untersuchungen zu einer Kategorie der bürgerlichen Gesellschaft. Neuwied 1962.

Habermas, Jürgen: Die Zukunft der menschlichen Natur. Auf dem Weg zu einer liberalen Eugenik? Frankfurt a. M. 2001.

Häfele, Wolf: Hypotheticality and the new challenges: the pathfinder role of nuclear energy. Laxenburg 1973.

Hampel, Jürgen/Renn, Ortwin (Hg.): Kurzfassung der Ergebnisse der Verbundprojekts „Chancen und Risiken der Gentechnik aus Sicht der Öffentlichkeit“. Stuttgart 1998.

Hampel, Jürgen/Renn, Ortwin (Hg.): Gentechnik in der Öffentlichkeit. Wahrnehmung und Bewertung einer umstrittenen Technologie. Frankfurt a. M./New York 1999.

Haniel, Anja/Schleissing, Stephan/Anselm, Reiner (Hg.): Novel Food. Dokumentation eines Bürgerforums zu Gentechnik und Lebensmitteln. München 1998.

Haniel, Anja: Gene und Genome: Wie weit reichen unsere Möglichkeiten, deren Funktionen zu verstehen und zu beeinflussen? In: Dally, Andreas/Wewetzer, Christa (Hg.): Die Logik der Genforschung. Rehburg-Loccum 2002, S. 37–40.

Hankeln, Thomas/Zischler, Hans/Schmidt, Erwin R.: Technologierevolution in der Genomforschung. In: Natur und Geist, 25, 2009, S. 33–37.

Hans-Böckler-Stiftung (Hg.): Biotechnologie. Herrschaft oder Beherrschbarkeit einer Schlüsseltechnologie? Dokumentation einer Fachkonferenz vom 23./24.11.1984.

Hans-Böckler-Stiftung (Hg.): Für eine sozialverträgliche Bio- und Gentechnologie. Ein Hans-Böckler-Gespräch am 7. und 8. April 1987. Frankfurt a. M./München 1988.

Hansen, Friedrich/Kollek, Regine (Hg.): Gen-Technologie: Die neue soziale Waffe. Hamburg 1985.

Hansen-Jesse, Laura C./Obrycki, John J.: Field deposition of Bt transgenic cornpollen: lethal effects on the monarch butterfly. In: Oecologia, 125, 2000, p. 241–248.

Harreus, Dirk (Hg.): Gentechnologie. Fakten und Meinungen zum Kernthema des 21. Jahrhunderts. Berlin 1999.

Hartmannsberger, Roland: Gentechnik in der Landwirtschaft: Die Entwicklung der Haftung für den Einsatz gentechnisch veränderter Pflanzen. Ein kritischer Vergleich der Rechtslage vor und nach der Novelle des Gentechnikgesetzes. Baden-Baden 2007.

Hauff, Volker: Damit der Fortschritt nicht zum Risiko wird. Forschungspolitik als Zukunftsgestaltung. Bonn 1978.

Hauska, Günter (Hg.): Von Gregor Mendel bis zur Gentechnik. Regensburg 1984.

Heerkloß, Kilian: Ethische Probleme der Gentechnik aus philosophischer Sicht. In: Reiprich, Kurt/Tesch, Joachim (Hg.): Effiziente Pflanzenproduktion mit Hilfe der Gentechnik? Leipzig 2000, S. 53–64.

Hellmann, Alfred/Oxmann, M. N./Pollack, Robert: Biohazards in biological research : proceedings of a conference held at the Asilomar Conference Center, Pacific Grove, California, January 22–24, 1973. New York 1973.

Helmerichs, Thorsten/Grundke, Daniel: „Grüne Gentechnik“ als Arbeitsplatzmotor? – Genaues Hinsehen lohnt sich. Oldenburg 2006.

Henn, Wolfram: Der Diskussionsentwurf des Gendiagnostikgesetzes. In: Ethik in der Medizin, 17, 2005, S. 34–38.

Hennen, Leonhard/Stöckle, Thomas: Gentechnologie und Genomanalyse aus der Sicht der Bevölkerung. Ergebnisse einer Bevölkerungsumfrage des TAB. TAB-Diskussionspapier Nr. 3, Bonn 1992.

Hennen, Leonhard: Ist die (deutsche) Öffentlichkeit „technikfeindlich“? Ergebnisse der Meinungs- und Medienforschung TAB-Arbeitsbericht Nr. 24, Bonn 1994.

Hennen, Leonhard/Petermann, Thomas/Schmitt, Joachim J.: Genetische Diagnostik – Chancen und Risiken. Der Bericht des Büros für Technikfolgen-Abschätzung zur Genomanalyse. Berlin 1996.

Hennen, Leonhard/Katz, Christine/Paschen, Herbert/Sauter, Arnold: Präsentation von Wissenschaft im gesellschaftlichen Kontext. Zur Konzeption eines „Forums für Wissenschaft und Technik“. Berlin, 1997.

Hennen, Leonhard/Petermann, Thomas/Sauter, Arnold: Das genetische Orakel. Prognosen und Diagnosen durch Gentests – eine aktuelle Bilanz. Berlin 2001.

Hennen, Leonhard: Experten und Laien – Bürgerbeteiligung und Technikfolgenabschätzung in Deutschland. In: Schicktanz, Silke/Naumann, Jörg (Hg.): Bürgerkonferenz: Streitfall Gendiagnostik. Opladen 2003, S. 37–49.

Hennen, Leonhard: Wissenschaft, Politik und Öffentlichkeit in Technikkontroversen – Die Rolle des Parlaments. In: Petermann, Thomas/Grunwald, Armin (Hg.): Technikfolgen-Abschätzung für den Deutschen Bundestag. Berlin 2005, S. 240–270.

Herausforderung Gentechnologie. Kothes & Klewes. Düsseldorf 2000.

Herder Korrespondenz, Freiburg, Jg. 1962–2008.

Herwig, Eckart (Hg.): Chancen und Gefahren der Genforschung. Protokolle und Materialien zur Anhörung des Bundesministers für Forschung und Technologie in Bonn, 19. bis 21. September 1979. München 1980.

Hesse, Joachim Jens/Kreibich, Rolf/Zöpel, Christoph (Hg.): Zukunftsoptionen – Technikentwicklung in der Wissenschafts- und Risikogesellschaft. Baden-Baden 1989.

Heßler, Martina: Die kreative Stadt. Zur Neuerfindung eines Topos. Bielefeld 2007.

Hickel, Erika: Gefahren der Genmanipulation. Schlussfolgerungen aus der Arbeit in der Enquete-Kommission des Bundestages. In: Blätter für deutsche und internationale Politik, 30, 1985, S. 340–351.

Hobom, Barbara: Möglichkeiten, Perspektiven und Grenzen der Gentechnologie. In: Reiter, Johannes/Thiele, Ursel (Hg.): Genetik und Moral. Mainz 1985, S. 28–45.

Hobom, Gerd: Gentechnologie – Herausforderung und Verantwortung. In: Umschau, 86, 1986, S. 466–471.

Hochschulrektorenkonferenz (Hg.): Standortfaktor Hochschulforschung. Jahresversammlung 1993 der Hochschulrektorenkonferenz – Ansprachen und Diskussionen, Erlangen-Nürnberg, 9.–11. Mai 1993. Bonn 1993.

Hoechst AG (Hg.): Gentechnologie – mehr als eine Methode. Frankfurt a. M. 1986.

Hoechst High Chem, Frankfurt a. M. 1990.

Hoelzer, Dieter: Heutige und zukünftige Perspektiven der Gentherapie – Wollen wir alles machen was wir können? In: Medizin im Wandel der Zeit. Gentechnik – Chancen für den Menschen. Bad Nauheimer Gespräch vom 25. Oktober 1995. Frankfurt a. M. 1998, S. 37–50.

Höffe, Otfried: Klonen beim Menschen? Zur rechtsethischen Debatte eine Zwischenbilanz. In: Jahrbuch für Wissenschaft und Ethik, 8, 2003, S. 21–33.

Hoffmann, Dagmar: Barrieren für eine Anti-Gen-Bewegung. Entwicklung und Struktur des kollektiven Widerstands gegen Forschungs- und Anwendungsbereiche der Gentechnologie in der Bundesrepublik Deutschland. In: Martinsen, Renate (Hg.): Politik und Biotechnologie. Die Zumutung der Zukunft. Baden-Baden 1997, S. 235–255.

Hofmann, Andrea: Die Anwendung des Gentechnikgesetzes auf den Menschen. Hamburg 2003.

Hofmann, Heidi: Die feministischen Diskurse über Reproduktionstechnologien. Positionen und Kontroversen in der BRD und den USA. Frankfurt a. M. 1999.

Hogrebe, Wolfram (Hg.): Grenzen und Grenzüberschreitungen. XIX. Deutscher Kongress für Philosophie, 23.–27. September 2002 in Bonn. Bonn 2002.

Hohlfeld, Rainer: Die Enquete-Kommission „Chancen und Risiken der Gentechnologie" im Spannungsfeld von Wissenschaft und Politik. In: Fülgraff, Georges/Falter, Annegret (Hg.): Wissenschaft in der Verantwortung. Möglichkeiten der institutionellen Steuerung. Frankfurt a. M./New York 1990, S. 205–217.

Hohlfeld, Rainer: Vom Gebrauch zum Mißbrauch. In: Wess, Ludger (Hg.): Schöpfung nach Maß: perfekt oder pervers? Oberursel 1995, S. 43–45.

Honnefelder, Ludger: Das Rohe und das Gekochte. Anthropologische und ethische Überlegungen zur genetischen Veränderung von Nahrungsmitteln. In: Jahrbuch für Wissenschaft und Ethik, 4, 1999, S. 13–27.

Honnefelder, Ludger: Novel Food – Zu den ethischen Aspekten der gentechnischen Veränderung von Lebensmitteln, Nordrhein-Westfälische Akademie der Wissenschaften, Vorträge N 446. Wiesbaden 2000.

Höpken, Heike: Untersuchung der Berichterstattung über Genmanipulation in den Presseorganen „Bild der Wissenschaft“, „Stern“ und „Spiegel“. Berlin, 1982.

Hoppe, Jörg-Dietrich: Wir wissen nicht weiter – Ärzteschaft delegiert ihre Fragen. In: FAZ vom 19.02.2001, S. 52.

Hornschuh, Tillmann/Meyer, Kirsten/Rüve, Gerlind/Voß, Miriam (Hg.): Schöne – gesunde – neue Welt? Das humangenetische Wissen und seine Anwendung aus philosophischer, soziologischer und historischer Perspektive. Bielefeld 2002.

Hucho, Ferdinand et al.: Gentechnologiebericht. Analyse einer Hochtechnologie in Deutschland. München 2005.

Hucho, Ferdinand: Probleme der Stammzellforschung. In: Bühl, Achim (Hg.): Auf dem Weg zur biomächtigen Gesellschaft? Wiesbaden 2009, S. 241–272.

Hug, Detlef Matthias: Konflikte und Öffentlichkeit. Zur Rolle des Journalismus in sozialen Konflikten. Opladen 1997.

Hünemörder, Kai F.: Die Frühgeschichte der globalen Umweltkrise und die Formierung der deutschen Umweltpolitik (1950–1973). Stuttgart 2004.

Hunold, Gerfried W./Kappes, Clemens (Hg.): Aufbrüche in eine neue Verantwortung. Freiburg i. B. u. a. 1991.

Huxley, Aldous: Brave New World: a novel. London 1932.

Idel, Anita: Gentechnik in der Landwirtschaft – Forschung und Anwendung. In: Die Grünen im Bundestag (Hg.): Frauen & Ökologie. Gegen den Machbarkeitswahn. Köln 1987, S. 156–162.

Idel, Anita: Gedopte Kühe – Nein danke! In: Keller, Christoph/Koechlin, Florianne (Hg.): Basler Appell gegen Gentechnologie. Materialienband. Zürich 1989, S. 131–141.

Illmensee, Karl: Ist „Klonen” beim Menschen prinzipiell möglich? In: Umschau, 78, 1978, S. 523–529.

Im Geist der Liebe mit dem Leben umgehen. Argumentationshilfe für aktuelle medizin- und bioethische Fragen. EKD-Texte 71. Hannover 2002.

Instruktion über die Achtung vor dem beginnenden menschlichen Leben und die Würde der Fortpflanzung, Erklärung der Kongregation für die Glaubenslehre unter Vorsitz von Kardinal Ratzinger vom 22.2.1987. Kongregation für die Glaubenslehre. Stein am Rhein 1987.

Insulin – ein hoechst geniales Geschäft. Gesundheitsakademie, Themenband 5. Bremen 1994.

Interview zwischen Anja Haniel und dem Bayerischen Rundfunk, gesendet am 30. Januar 2002. (online Resource: www.br-online.de/download/pdf/alpha/h/haniel.pdf)

In-vitro-Fertilisation, Genomanalyse und Gentherapie. Bericht der gemeinsamen Arbeitsgruppe des Bundesministers für Forschung und Technologie und des Bundesministers der Justiz. München 1985.

Irrgang, Bernhard: Bewertung der Gentechnologie aus ethische-theologischer Perspektive. In: BioEngineering, 5, 1989, Teil I und II, S. 36–40 und 68–76.

Irrgang, Bernhard: Leitlinien einer Ethik der Gentechnik. Vorüberlegungen zu einer Ethik der Biotechnologie. In: Naturwissenschaft, 77, 1990, S. 569–577.

Irrgang, Bernhard et al.: Gentechnik in der Pflanzenzucht. Eine interdisziplinäre Studie. Dettelbach 2000.

Irrgang, Bernhard: Humangenetik auf dem Weg in eine neue Eugenik von unten? Bad Neuenahr-Ahrweiler 2002.

Irrgang, Bernhard: Einführung in die Bioethik. München 2005.

ISAAA: Global Review of Commercialized Transgenic Crops: 1999, ISAAA-Report No. 12–1999.

ISAAA: Global Status of Commercialized Biotech/GM Crops: 2006, ISAAA-Report No. 35–2006.

Jahrbuch der Akademie der Wissenschaften in Göttingen für das Jahr 1992–2006, Göttingen.

Jahrbuch der Deutschen Akademie der Wissenschaften zu Berlin 1962–1990, Berlin.

Jahrbuch der Heidelberger Akademie der Wissenschaften für das Jahr 1962–2006, Heidelberg.

Jahrbuch 1962–2006, Akademie der Wissenschaften und der Literatur Mainz, Stuttgart.

Jahrbuch 1962–2006, Bayerische Akademie der Wissenschaften, München.
Jahrbuch 1962–2006, Deutsche Akademie der Naturforscher Leopoldina, Stuttgart.
Jahrbuch 1992–2006, Berlin-Brandenburgische Akademie der Wissenschaften, Berlin.
Jahrbuch 1971–2006, Nordrhein-Westfälische Akademie der Wissenschaften (bis 1992 Rheinisch-Westfälische Akademie der Wissenschaften), Paderborn u. a.
Jahrbuch für Wissenschaft und Ethik. Berlin, Bd. 1, 1996 f.
Jaenisch, Rudolf: Chancen und Gefahren der Gentechnologie. In: Lenk, Hans (Hg.): Humane Experimente? Genbiologie und Psychologie. Ethik der Wissenschaften, Band III. München 1985, S. 24–39.
Jaufmann, Dieter/Kistler, Ernst (Hg.): Einstellungen zum technischen Fortschritt. Technikakzeptanz im nationalen und internationalen Vergleich. Frankfurt/New York 1991.
Jonas, Hans: Das Prinzip Verantwortung. Versuch einer Ethik für die technologische Zivilisation. Frankfurt a. M. 1979.
Jonas, Hans: Technik, Ethik und Biogenetische Kunst. Betrachtungen zur neuen Schöpferrolle des Menschen. In: Internationale katholische Zeitschrift „Communio“, 13, 1984, S. 501–517.
Jonas, Hans: Technik, Medizin und Ethik. Frankfurt a. M. 1990, 3. Auflage.
Jonas, Hans: Technik, Ethik und Biogenetische Kunst. Betrachtungen zur neuen Schöpferrolle des Menschen. In: Flöhl, Rainer (Hg.): Genforschung – Fluch oder Segen? Interdisziplinäre Stellungnahmen. München 1985, S. 1–15.
Joss, Simon: Zwischen Politikberatung und Öffentlichkeitsdiskurs – Erfahrungen mit Bürgerkonferenzen in Europa. In: Schicktanz, Silke/Naumann, Jörg (Hg.): Bürgerkonferenz: Streitfall Gendiagnostik. Opladen 2003, S. 15–35.
Jungk, Robert/Mundt, Hans Josef: Das umstrittene Experiment: Der Mensch. Siebenundzwanzig Wissenschaftler diskutieren die Elemente einer biologischen Revolution. Sonderausgabe aus der Sammlung Modelle für eine neue Welt. München 1966.
Jungk, Robert/Mundt, Hans Josef: Das umstrittene Experiment: Der Mensch. Siebenundzwanzig Wissenschaftler diskutieren die Elemente einer biologischen Revolution. Sonderausgabe aus der Sammlung Modelle für eine neue Welt. 2. Aufl., Frankfurt a. M./München 1988.
Junker, Thomas/Paul, Sabine: Das Eugenik-Argument in der Diskussion um die Humangenetik: eine kritische Analyse. In: Engels, Eve-Marie (Hg.) Biologie und Ethik. Stuttgart 1999, S. 161–193.
Kaiser, Walter/König, Wolfgang (Hg.): Geschichte des Ingenieurs. Ein Beruf in sechs Jahrtausenden. München/Wien 2006.
Karafyllis, Nicole C.: Biologisch, natürlich, nachhaltig. Philosophische Aspekte des Naturzugangs im 21. Jahrhundert. Tübingen/Basel 2001.
Karafyllis, Nicole C.: Zur Phänomenologie des Wachstums und seiner Grenzen in der Biologie. In: Hogrebe, Wolfram (Hg.): Grenzen und Grenzüberschreitungen. Bonn 2002, S. 579–590.
Karafyllis, Nicole C. (Hg.): Biofakte. Versuch über den Menschen zwischen Artefakt und Lebewesen. Paderborn 2003.
Karafyllis, Nicole C.: Biofakte – Die technikphilosophischen Probleme der lebenden Artefakte für die fragile Anthropologie des Menschen. In: Bora, Alfons/Decker, Michael/Grunwald, Armin/Renn, Ortwin (Hg.): Technik in einer fragilen Welt. Berlin 2005, S. 111–119.
Kaufmann, Richard: Die Menschenmacher. Frankfurt a. M. 1964.
Keller, Christoph/Koechlin, Florianne (Hg.): Basler Appell gegen Gentechnologie. Materialienband. Zürich 1989.
Keller, Evelyn Fox: Das Leben neu denken. Metaphern der Biologie im 20. Jahrhundert. München 1998.
Kemme, Michael: Risiko Gentechnik? In: Gassen, Hans Günter/Kemme, Michael: Gentechnik – Die Wachstumsbranche der Zukunft. Frankfurt a. M. 1996, S. 319–344.
Kepplinger, Hans Mathias/Ehmig, Simone Christine/Ahlheim, Christine: Gentechnik im Widerstreit : zum Verhältnis von Wissenschaft und Journalismus. Frankfurt a. M. 1991.

Kirchenamt der Evangelischen Kirche in Deutschland/Sekretariat der Deutschen Bischofskonferenz (Hg.): Gott ist ein Freund des Lebens. Herausforderungen und Aufgaben beim Schutz des Lebens, gemeinsame Erklärung des Rates der Evangelischen Kirche in Deutschland und der Deutschen Bischofskonferenz in Verbindung mit den übrigen Mitglieds- und Gastkirchen der Arbeitsgemeinschaft Christlicher Kirchen in der Bundesrepublik Deutschland. Gütersloh 1989.

Kitschelt, Herbert: Kernenergiepolitik. Arena eines gesellschaftlichen Konflikts. Frankfurt a. M./New York 1980.

Klassische Zuchtmethoden sind Schlüssel für den Erfolg der Land- und Ernährungswirtschaft. Gemeinsame Erklärung des Deutschen Bauernverbandes e. V. und des Bundesverbandes Deutscher Pflanzenzüchter e. V. vom 24. Oktober 2006.

Klees, Bernd: Gentechnik – Fortschritt in die Barbarei. In: Keller, Christoph/Koechlin, Florianne (Hg.): Basler Appell gegen Gentechnologie. Materialienband. Zürich 1989, S. 41–88.

Klein, Christoph: Somatische Gentherapie – Chancen und Grenzen. In: Jahrbuch für Wissenschaft und Ethik, 8, 2003, S. 185–200.

Klems, Wolfgang: Die überwältigte Moderne. Geschichte und Kontinuität der Technikkritik. Frankfurt a. M. 1988.

Klingholz, Reiner (Hg.): Die Welt nach Maß. Gentechnik – Geschichte, Chancen, Risiken. Reinbek 1988.

Klingholz, Reiner, Die große Hoffnung. Der Siegeszug der neuen Biologie. In: Ders. (Hg.): Die Welt nach Maß. Gentechnik – Geschichte, Chancen, Risiken. Reinbek 1988, S. 29–43.

Klingmüller, Walter: Möglichkeiten und Grenzen genetischer Manipulatin, in: Universitas, 34, 1979, S. 617–624.

Klingmüller, Walter (Hg.): Genforschung im Widerstreit. Fachgespräch für Mediziner, Biochemiker und Theologen vom 23. Bis 26. Oktober 1978 in der Evangelischen Akademie Tutzing. Stuttgart 1980.

Knoepffler, Nikolaus/Schipanski, Dagmar/Sorgner, Stefan Lorenz (Hg.): Humanbiotechnologie als gesellschaftliche Herausforderung. München 2005.

Koch, Egmont R./Keßler, Wolfgang: Am Ende ein neuer Mensch? Medizinische Forschung im Zwielicht. Stuttgart 1974.

Kochte-Clemens, Barabara/von Schell, Thomas (Hg.): Werkstattgespräch Nachwachsende Rohstoffe und moderne Biotechnologie. Diskursbericht der Akademie für Technikfolgenabschätzung. Stuttgart 1995.

Kock, Manfred: Eröffnung des Kongresses „Bioethik in evangelischer Perspektive“. Evangelische Kirche in Deutschland, Evangelische Friedrichstadtkirche Berlin, 28. Januar 2002.

Koexistenz – das Miteinander verschiedener Anbauformen in der landwirtschaftlichen Praxis. Deutsche Industrievereinigung Biotechnologie. Frankfurt 2003.

Köhler, Oliver: Blockade gegen Petunien. In: die tageszeitung, 8. Mai 1990, S. 7.

Kohring, Matthias: Die Funktion des Wissenschaftsjournalismus. Ein systemtheoretischer Entwurf. Opladen 1997.

Kollek, Regine/Krolzik, Udo: Gentechnik und christliche Ethik. Hrsg. von Evang. Zentralstelle für Weltanschauungsfragen, Information Nr. 95 VIII. Stuttgart 1985.

Kollek, Regine/Altner, Günter/Tappeser, Beatrix (Hg.): Die ungeklärten Gefahrenpotentiale der Gentechnologie. Dokumentation eines öffentlichen Fachsymposions vom 7.–9. März 1986 in Heidelberg. München 1986.

Kollek, Regine: Natur im Griff? Umwelt- und Sicherheitsaspekte der Gentechnik. In: Gentechnologie. Referate und Materialien über eine Anhörung der Fraktion der Grünen im Landtag von Baden-Württemberg am 6. Mai 1985. Stuttgart 1986, S. 7–16.

Kollek, Regine: Gentechnologie und biologische Risiken – Stand der Diskussionen nach dem Bericht der Enquete-Kommission „Chancen und Risiken der Gentechnologie“. In: WSI Mitteilungen, 41, 1988, S. 105–116.

Kollek, Regine: „Ver-rückte“ Gene: Die inhärenten Risiken der Gentechnologie und die Defizite der Risikodebatte. In: Ästhetik und Kommunikation, 61, 1988, S. 29–38.

Kollek, Regine: Biologisches Risikopotential gentechnisch veränderter Zellkulturen : Beispiel: Herstellung von Erythropoietin mit Hilfe einer gentechnisch veränderten Zelllinie der Maus. Freiburg 1989. (Im Auftrag des Kreisverbandes DIE GRÜNEN Marburg-Biedenkopf)

König, Wolfgang: Technikgeschichte. In: Ropohl, Günter (Hg.): Erträge der Interdisziplinären Technikforschung. Berlin 2001, S. 231–243.

König, Wolfgang/Schneider, Helmuth (Hg.): Die technikhistorische Forschung in Deutschland von 1800 bis zur Gegenwart. Kassel 2007.

König, Wolfgang (Hg.): Technikgeschichte. Stuttgart 2010.

Konvergierende Technologien und Wissenschaften. Der Stand der Debatte und politischen Aktivitäten zu »Converging Technologies«. TAB Hintergrundpapier Nr. 16, Berlin 2008.

Kordecki, Gudrun: Grüne Gentechnik – Ein Überblick über die aktuelle Situation. In: Grünwaldt, Klaus/Hahn, Udo (Hg.): Was darf der Mensch? Hannover 2001, S. 30–46.

Koschatzky, Knut/Maßfeller, Sabine: Gentechnik für Lebensmittel? Möglichkeiten, Risiken und Akzeptanz gentechnischer Entwicklungen. Fraunhofer-Institut für Systemtechnik und Innovationsforschung (ISI), Karlsruhe. Köln 1994.

Kräfte der Evolution. Deutscher Biotechnologie-Report, Ernst & Young. Mannheim 2005.

Krauß, Paul: Medizinischer Fortschritt und ärztliche Ethik. München 1974.

Krebs, Rolf: Wie geht die Industrie mit den gesellschaftspolitischen Aspekten der Gentechnik um? In: Rittner, Christian/Schneider, Peter M./Schölmerich, Paul (Hg.): Genomanalyse und Gentherapie. Stuttgart 1997, S. 99–112.

Krefft, Alexander Richard: Patente auf human-genomische Erfindungen. Köln 2003.

Kreibich, Rolf: Zukunftsforschung. Institut für Zukunftsstudien und Technologiebewertung, Arbeitsbericht Nr. 23/2006, Berlin 2006.

Krimsky, Sheldon: Genetic alchemy. The social history of the recombinant DNA controversy. Cambridge 1982.

Kröger, Fabian: Diskurs Guerilla oder Politikberatung? Für eine re-politisierte Publizistik. In: Gen-ethisches Netzwerk e. V. 1986–2006. Berlin 2006, S. 22–25.

Kruip, Gerhard: Gibt es moralische Kriterien für einen gesellschaftlichen Kompromiss in ethischen Fragen? In: Goebel, Bernd/Kruip, Gerhard (Hg.): Gentechnologie und die Zukunft der Menschenwürde. Münster u. a. 2003, S. 133–148.

Künstliche Veränderung des menschlichen Erbguts?, in: Umschau, 68, 1968, S. 52–53.

Kunst- und Ausstellungshalle der Bundesrepublik Deutschland GmbH (Hg.): Gen-Welten – Prometheus im Labor? Bonn 1998.

Kurath, Monika: Wissenschaft in der Krise? Risikodiskurse über Gentechnik im transatlantischen Vergleich. Zürich 2005.

Lackner, Helmut: Die deutschsprachige Diskussion zur Technikgeschichte nach dem Zweiten Weltkrieg. In: Blätter für Technikgeschichte, 51/52, 1989/90, S. 83–94.

Landesbauernverband in Baden-Württemberg e. V.: Biotechnologie (Gentechnik) in der Landwirtschaft. In: Kochte-Clemens, Barbara/von Schell, Thomas (Hg.): Werkstattgespräch Nachwachsende Rohstoffe und moderne Biotechnologie. Stuttgart 1995, S. 70–76.

Lanzerath, Dirk: Der geklonte Mensch: Eine neue Form des Verfügens? In: Düwell, Marcus/Steigleder, Klaus (Hg.): Bioethik. Frankfurt a. M. 2003, S. 258–266.

Landwehr, Achim: Historische Diskursanalyse. Frankfurt/New York 2008.

Lear, John: Recombinant DNA – The untold story. New York 1978.

Lee, Kenneth B./Burrill, G. Steven/Ernst & Young Life Sciences Practice: Biotech 97: Alignment. Palo Alto 1996.

Lenk, Hans/Ropohl, Günter (Hg.): Technik und Ethik. Stuttgart 1987.

Lenk, Hans/Ropohl, Günter: Technik zwischen Können und Sollen. In: Lenk, Hans/Ropohl, Günter (Hg.): Technik und Ethik. Stuttgart 1987, S. 5–21.

Leineweber, Michael: Interferone zwischen Wunsch und Wirklichkeit. In: Hoechst AG (Hg.): Gentechnologie – mehr als eine Methode. Frankfurt a. M. 1986, S. 69–80.

Lell, Otmar: Umweltbezogene Produktkennzeichnungen im deutschen, europäischen und internationalen Recht. Berlin 2003.

Lemke, Thomas: Die Polizei der Gene – Formen und Felder genetischer Diskriminierung. Frankfurt a. M. 2006.

Lenk, Hans (Hg.): Humane Experimente? Genbiologie und Psychologie. Ethik der Wissenschaften, Band III. München 1985.

Lenz, Ilse (Hg.): Die neue Frauenbewegung in Deutschland. Abschied vom kleinen Unterschied. Eine Quellensammlung. Wiesbaden 2010.

Lexikon der Biochemie und Molekularbiologie. Zweiter Band, Freiburg i. B. 1991.

Löhr, Wolfgang: Versuchskaninchen der Industrie? In: GENiale Zeiten – Essen aus der Genküche. Politische Ökologie, 35, 1994, Special, S. 6–9.

Lösch, Andreas: Genomprojekt und Moderne. Soziologische Analysen des bioethischen Diskurses. Frankfurt a. M. 2001.

Losey, John E./Rayor, Linda S./Carter, Maureen E.: Transgenic pollen harms monarch larvae. In: Nature, 399, 1999, p. 214.

Löw, Reinhard: Stichwort Gentechnik – Der ethische Aspekt. In: Fischer, Ernst Peter/Schleuning, Wolf-Dieter (Hg.): Vom richtigen Umgang mit Genen. München 1991, S. 20–25.

Lüdemann, Gabi: Chemiegigant will Vorreiterrolle spielen. Hoechst AG investiert 2,2 Milliarden Mark in den Umweltschutz. In: Frankfurter Neue Presse, 2. Dezember 1987.

Luhmann, Hans-Jochen (Hg.): Dokumente. Deutscher Evangelischer Kirchentag, Hannover 1983, Stuttgart 1984.

Luhmann, Niklas: Öffentliche Meinung. In: Politische Vierteljahresschrift, 11, 1970, S. 2–28.

Luhmann, Niklas: Gesellschaftliche Komplexität und öffentliche Meinung. In: Ders.: Soziologische Aufklärung 5: Konstruktivistische Perspektiven. Opladen 1990, S. 170–182.

Luhmann, Niklas: Soziologische Aufklärung 5: Konstruktivistische Perspektiven. Opladen 1990.

Luhmann, Niklas: Die Beobachtung der Beobachter im politischen System: Zur Theorie der öffentlichen Meinung. In: Wilke, Jürgen (Hg.): Öffentliche Meinung. Theorie, Methoden, Befunde. Freiburg/München 1992, S. 77–86.

Luhmann, Niklas: Die Gesellschaft der Gesellschaft. 2 Bände. Frankfurt a. M. 1997.

Luik, Arno: „Die wollen ewiges Leben, die wollen den Tod besiegen – das ist teuflisch“. In: Stern, 47, 2001, S. 244–252.

Lukes, Rudolf/Scholz, Rupert (Hg.): Rechtsfragen der Gentechnologie. Vorträge anläßlich des Kolloquiums Recht und Technik – Rechtsfragen der Gentechnologie in der Tagungsstätte der Max-Planck-Gesellschaft „Schloß Ringberg“ am 18./19./20. November 1985. Köln u. a. 1986.

Machleidt, Hans: Kurzkommentare und Wertungen von Institutionen und Verbänden zum Bericht der Enquete-Kommission, Abschnitt h. Verband der chemischen Industrie. In: Grosch, Klaus/Hampe, Peter/Schmidt, Joachim (Hg.): Herstellung der Natur? Frankfurt a. M./New York 1990, S. 37–40.

Magiera, Alexandra: Bei Grüner Gentechnik sehen sie Rot. Marburg 2008.

Maio, Giovanni/Just, Hansjörg (Hg.): Die Forschung an embryonalen Stammzellen in ethischer und rechtlicher Perspektive. Baden-Baden 2003.

Mann, Antje: Position der Verbraucherzentrale Bayern e. V. zu gentechnisch hergestellten Lebensmitteln. In: Haniel, Anja/Schleissing, Stephan/Anselm, Reiner (Hg.): Novel Food. München 1998, S. 45–48.

Markl, Hubert: Freiheit, Verantwortung, Menschenwürde. Warum Lebenswissenschaften mehr sind als Biologie. Ansprache des Präsidenten anlässlich der 52. Ordentlichen Hauptversammlung der Max-Planck-Gesellschaft zur Förderung der Wissenschaften e. V. am 22. Juni 2001 in Berlin 2001, Erstabdr. in: Die Welt, 23. Juni 2001, S. 33.

Markl, Peter (Hg.): Neue Gentechnologie und Zellbiologie. Chancen, Risiken, Probleme. Wien 1988.

Martinsen, Renate (Hg.): Politik und Biotechnologie. Die Zumutung der Zukunft. Baden-Baden 1997.

Max-Planck-Gesellschaft (Hg.): Gentechnologie und Verantwortung. München 1985.

Max-Planck-Gesellschaft (Hg.): Verantwortung und Ethik in der Wissenschaft. Symposium der Max-Planck-Gesellschaft Schloß Ringberg, Tegernsee, Mai 1984. Stuttgart 1984.

Meadows, Donella H./Meadows, Dennis L./Randers, Jorgen: Die neuen Grenzen des Wachstums. Die Lage der Menschheit: Bedrohung und Zukunftschancen. Stuttgart 1992, 2. Auflage.

Medizin im Wandel der Zeit. Gentechnik – Chancen für den Menschen. Bad Nauheimer Gespräch vom 25. Oktober 1995. Frankfurt a. M. 1998.

Mendel, Gregor: Versuche über Pflanzen-Hybriden. Brünn 1866.

Menrad, Klaus/Gaisser, Sibylle/Hüsing, Bärbel/Menrad, Martina: Gentechnik in der Landwirtschaft, Pflanzenzucht und Lebensmittelproduktion. Stand und Perspektiven. Heidelberg 2003.

Menschenwerk Gentechnologie. Interview mit Professor Dr. Hans Machleidt. In: BioEngineering, 5, 1989, S. 6–7.

Mertelsmann, Roland: Praxis der Gentherapie in Deutschland. In: Rittner, Christian/Schneider, Peter M./Schölmerich, Paul (Hg.): Genomanalyse und Gentherapie. Stuttgart 1997, S. 57–64.

Merten, Klaus: Einführung in die Kommunikationswissenschaft. Münster 1999.

Meyer, Alfred Hagen (Hg.): Gen Food – Novel Food, München 2002.

Meyer, Rolf/Revermann, Christoph/Sauter, Arnold: TA-Projekt "Gentechnik, Züchtung und Biodiversität". Endbericht. Arbeitsbericht Nr. 55. Bonn 1998.

Micheler, Astrid: Genetische Manipulation. In: Biologie in unserer Zeit, 8, 1978, S. 105–111.

Mieth, Dietmar: Gentechnik im öffentlichen Diskurs: Die Rolle der Ethikzentren und Beratergruppen. In: Elstner, Marcus (Hg.): Gentechnik, Ethik und Gesellschaft. Berlin u. a. 1997, S. 211–219.

Mieth, Dietmar: Was wollen wir können? Ethik im Zeitalter der Biotechnik. Freiburg im Breisgau u. a. 2002.

Minkenberg, Michael/Willems, Ulrich (Hg.): Politik und Religion. Wiesbaden 2003.

Mitscherlich, Alexander (Hg.): Das beschädigte Leben. Diagnose und Therapie in einer Welt unabsehbarer Veränderungen. München 1969.

Mittelstraß, Jürgen: Auf dem Wege zu einer Reparaturethik? In: Wils, Jean-Pierre/Mieth, Dietmar (Hg.): Ethik ohne Chance? Tübingen 1991, S. 89–108.

Mohr, Hans: Die Reichweite der Verantwortung und die Grenzen der Verantwortbarkeit. In: Bender, Wolfgang/Gassen, Hans Günter/Platzer, Katrin/Seehaus, Bernhard (Hg.): Eingriffe in die menschliche Keimbahn. Münster 2000, S. 13–18.

Mohr, Hans: Reproduktives und therapeutisches Klonen aus der Sicht des Biologen. In: Rehn, Rudolf/Schües, Christina/Weinreich, Frank (Hg.): Der Traum vom besseren Menschen. Zum Verhältnis von praktischer Philosophie und Biotechnologie. Frankfrut a. M. 2003, S. 167–178.

Moldenhauer, Heike: Bund Mitteilung: Drittes Gesetz zur Änderung des Gentechnikgesetzes. Berlin, Januar 2006.

Monitoring von Umweltwirkungen gentechnisch veränderter Pflanzen (GVP). Dokumentation eines Fachgespräches des Umweltbundesamtes am 4. und 5. Juni 1998. Berlin 1998.

Monsanto gegen Bauern. Bericht des Zentrums für Nahrungsmittelsicherheit, Washington D. C. Übersetzung im Auftrag der Arbeitsgemeinschaft bäuerliche Landwirtschaft, Hamburg 2005. (Englischsprachige Originalfassung: *Monsanto vs. U.S. Farmers*)

Muller, Hermann J.: Out of the Night – A Biologist View of the Future. New York 1935.

Müller-Dohm, Stefan/Neumann-Braun, Klaus (Hg.): Öffentlichkeit, Kultur, Massenkommunikation. Beiträge zur Medien- und Kommunikationssoziologie. Oldenburg 1991.

Müller-Röber, Bernd et al.: Grüne Gentechnologie – Aktuelle Entwicklungen in Wissenschaft und Wirtschaft. München 2012.

NABU und BUND begrüßen Gentechnikgesetz, Gemeinsame Pressemitteilung vom 18. Juni 2004. (online Abruf 10.01.2012: http://www.bund.net/nc/presse/pressemitteilungen/detail/artikel/nabu-und-bund-begruessen-gentechnikgesetz-gentechnikfreie-landwirtschaft-besser-geschuetzt-1/)

Nachtsheim, Hans: Der Mensch der Zukunft ein „Prothesenmensch"?, in: Die Welt, 16. Mai 1964, S. 18.

Nationaler Ethikrat: Klonen zu Fortpflanzungszwecken und Klonen zu biomedizinischen Forschungszwecken – Stellungnahme. Berlin 2004.

Naturschutz heute. Naturschutzbund Deutschland e. V., 20, 1988, H. 4, Titelthema: Gentechnik.

Naturwissenschaft – Angriff auf die Natur? Chargaff und Gassen im Forum "Gentechnik". Frankfurt a. M. 1987.

Neidhardt, Friedhelm (Hg.): Öffentlichkeit, öffentliche Meinung, soziale Bewegungen. Sonderheft 34 der Kölner Zeitschrift für Soziologie und Sozialpsychologie. Opladen 1994.

Neidhardt, Friedhelm: Prominenz und Prestige. Steuerungsprobleme massenmedialer Öffentlichkeit. In: Berlin-Brandenburgische Akademie der Wissenschaften: Jahrbuch 1994. Berlin 1995, S. 233–245.

Neuer-Miebach, Therese/Wunder, Michael (Hg.): Bio-Ethik und die Zukunft der Medizin. Bonn 1998.

Neue Wege der Stammzellforschung. Reprogrammierung von differenzierten Körperzellen. Berlin 2009.

Nickel, Uwe: Möglichkeiten sowie ethische Grenzen der Bio- und Gentechnik bei Tieren – Bewertung aus tierschützerischer Sicht. In: Gene und Klone. Bad Boll 1998, S. 141–145.

Nicklisch, Fritz: Das Recht im Umgang mit dem Ungewissen in Wissenschaft und Technik. In: Neue juristische Wochenschrift, 39, 1986, S. 2287–2291.

Niebaum, Hendrik: Akzeptanzprobleme der Gentechnik. Eine Analyse aus Sicht der Neuen Institutionenökonomik. Wiesbaden 2000.

Niemann, Heiner: Bio- und Gentechnologie bei Tieren: Herausforderungen für Wissenschaft und Praxis. In: Gene und Klone. Bad Boll 1998, S. 6–12.

Nirenberg, Marshall W.: Will Society Be Prepared? In: Science, 157, 1967, p. 633.

Ohly, Lukas: Der gentechnische Mensch von morgen und die Skrupel von heute. Stuttgart 2008.

Öko-Institut e. V. (Hg.): Bedeutung der Gentechnik bei der Herstellung und Verarbeitung von Nahrungsmitteln. Freiburg 1991.

Öko-Institut e. V. (Hg.): Industrielle Nahrungsmittelproduktion oder Lebensmittel als Naturprodukt. Ist die Gentechnik in der Nahrungsmittelproduktion und -verarbeitung unverzichtbar? Werkstattreihe Nr. 78, Freiburg 1991.

Orland, Barbara/Satzinger, Helga: Die Zukunft des Mannschen. Immer noch aktuell: Das Ciba Symposium von 1962. In: Wechselwirkung, Nr. 35, 1987, S. 31–35.

Orth, Gottfried (Hg.): Forschen und tun, was möglich ist? Humangenomprojekt und Ethik. Münster 2002.

Panesar, Arne Raj/Knorr, Christa: Ökologische Gefahren der Freisetzung. In: Thurau, Martin (Hg.): Gentechnik – Wer kontrolliert die Industrie? Frankfurt a. M. 1989, S. 207–221.

Papst Johannes Paul II.: Genetische Manipulation macht das menschliche Leben zum Objekt. Ansprache an die Mitglieder der Generalversammlung des Weltärztebundes am 29. Oktober. In: Der Apostolische Stuhl 1983. Ansprachen, Predigten und Botschaften des Papstes, Città del Vaticano 1985, S. 1153–1158.

Paslack, Rainer/Stolte, Hilmar (Hg.): Gene, Klone und Organe. Neue Perspektiven der Biomedizin. Frankfurt a. M. 1999.

Paslack, Rainer: Die somatische Gentherapie: technische Optionen zwischen Skepsis und Zuversicht. In: Paslack, Rainer/Stolte, Hilmar (Hg.): Gene, Klone und Organe. Frankfurt a. M. 1999, S. 9–40.

Paslack, Rainer: Somatische Gentherapie – Eine historische Fallstudie (1965–2000). Von der Forschung zur klinischen Anwendung: Geschichte, Regulation und Bewertung. Frankfurt a. M. 2009.

Perspektiven der Grünen Gentechnik in Europa. Chancen im Spannungsfeld zwischen Akzeptanz und Ängsten. Mainz 2000.

Petermann, Thomas/Grunwald, Armin (Hg.): Technikfolgen-Abschätzung für den Deutschen Bundestag. Berlin 2005.

Petermann, Thomas/Revermann, Christoph/Sauter, Arnold: Biomedizin und Gentechnik – zur Koppelung von Wissenschaft und gesellschaftlichem Diskurs. In: Petermann, Thomas/Grunwald, Armin (Hg.): Technikfolgen-Abschätzung für den Deutschen Bundestag. Berlin 2005, S. 63–115.

Peters, Hans Peter: Rezeption und Wirkung der Gentechnikberichterstattung. Kognitive Reaktionen und Einstellungsänderungen. Arbeiten zur Risiko-Kommunikation, H. 71, Jülich 1999.

Peters, Bernhard: Der Sinn von Öffentlichkeit. Frankfurt a. M. 2007.

Peuker, Birgit: Der Streit um die Agrar-Gentechnik. Perspektiven der Akteur-Netzwerk-Theorie. Bielefeld 2010.

Pohlmann, Andreas: Gentechnische Industrieanlagen und rechtliche Regelungen. In: Betriebs-Berater, 44, 1989, S.1205–1223.

Pohlmann, Andreas: Neuere Entwicklungen im Gentechnikrecht. Rechtliche Grundlagen und aktuelle Gesetzgebung für gentechnische Industrievorhaben. Berlin 1990.

Positionspapier der Gesellschaft für Humangenetik e. V. In: Medizinische Genetik, 8, 1996, S. 125–131.

Positionspapier des Verbandes der Chemischen Industrie e. V. (VCI) zur Gentherapie vom 18. März 1994.

Potential Biohazards of Recombinant DNA Molecules. In: Science, 185, 1974, p. 303.

Potthast, Thomas/Baumgartner, Christoph/Engels, Eve-Marie (Hg.): Die richtigen Maße für die Nahrung. Tübingen 2005.

Pressemitteilung des Deutschen Bauerverbands vom 26.02.2002: Die Zukunft der Grünen Gentechnik – Ein- oder Ausstieg?

Pressemitteilung des Gen-ethischen Netzwerk e. V. vom 8. Oktober 1991, Auftakt zur Kampagne „Essen aus dem Genlabor – Natürlich nicht!“

Pressemitteilung Wissenschaftlerkreis Grüne Gentechnik e. V.: Grüne Gentechnik am Innovationsstandort Deutschland. 21.09.2007 (http://idw-online.de/pages/de/news226603 Abruf 08.11.2007).

Prowald, Katja: Gentechnik. Reihe Bibliothek neues Universum. München 1994.

Pühler, Alfred: Freilandexperimente – Technikfolgenabschätzung und Risikobewertung mit transgenen Pflanzen und gentechnisch veränderten Mikroorganismen. In: Wobus, Anna M./Wobus, Ulrich/Parthier, Benno (Hg.): Stellenwert von Wissenschaft und Forschung in der modernen Gesellschaft. Halle 1996, S. 143–151.

Quante, Michael/Vieth, Andreas (Hg.): Xenotransplantation – Ethische und rechtliche Probleme. Paderborn 2001.

Radkau, Joachim: Hiroshima und Asilomar. Die Inszenierung des Diskurses über die Gentechnik vor dem Hintergrund der Kernenergie-Kontroverse. In: Geschichte und Gesellschaft, 14, 1988, S. 329–363.

Rahner, Karl: Zum Problem der genetischen Manipulation. In: Flöhl, Rainer (Hg.): Genforschung – Fluch oder Segen? Interdisziplinäre Stellungnahmen. München 1985, S. 173–197.

Rammert, Werner (Hg.): Technik und Sozialtheorie. Frankfurt/New York 1998.

Rat der Evangelischen Kirche in Deutschland: Der Schutz menschlicher Embryonen darf nicht eingeschränkt werden, Hannover 22. Mai 2001. In: Der Rat der EKD zur bioethischen Debatte. epd-Dokumentation. Frankfurt a. M. 2001, S. 1–2.

Rau, Johannes: Wird alles gut? – Für einen Fortschritt nach menschlichem Maß. Berliner Rede vom 18. Mai 2001.

Raubuch, Markus/Baufeld, Ralf: Die Gentechnologie ist eine Risikotechnologie – Stellungnahme zum Positionspapier von Dr. Manuel Kiper „Die grüne Kritik der Gentechnologie entideologisieren!“. In: GID, 112/113, 1996, S. 33 f.

Rehder, Stefan: Gott spielen. Im Supermarkt der Gentechnik. München 2007.

Rehmann-Sutter, Christoph/Müller, Hansjakob (Hg.): Ethik und Gentherapie. Zum praktischen Diskurs um die molekulare Medizin. Tübingen 1995.

Rehn, Rudolf/Schües, Christina/Weinreich, Frank (Hg.): Der Traum vom besseren Menschen. Zum Verhältnis von praktischer Philosophie und Biotechnologie. Frankfrut a. M. 2003.

Reich, Jens: Die Utopie von der Verbesserung der genetischen Konstitution des Menschen. in: Jahrbuch für Wissenschaft und Ethik, 4, 1999, S. 5–12.

Reich, Jens: Das Humangenom-Projekt – Büchsenöffnung der Pandora? In: Orth, Gottfried (Hg.): Forschen und tun, was möglich ist? Münster 2002, S. 9–11.

Reiprich, Kurt/Tesch, Joachim (Hg.): Effiziente Pflanzenproduktion mit Hilfe der Gentechnik? – Pro & Kontra. Leipzig 2000.

Reisch, Lucia A.: „Grüne Gentechnik“: Politik für die Konsumenten oder Politik für den Konsum? In: Potthast, Thomas/Baumgartner, Christoph/Engels, Eve-Marie (Hg.): Die richtigen Maße für die Nahrung. Tübingen 2005, S. 133–150.

Reiter, Johannes: Gen-Technologie und Moral. Brauchen wir eine Gen-Ethik? In: Stimmen der Zeit, 200, 1982, S. 570 f.

Reiter, Johannes/Theile, Ursel (Hg.): Genetik und Moral. Beiträge zu einer Ethik des Ungeborenen. Mainz 1985.

Reiter, Johannes: Theologisch-ethische Überlegungen. In: Reiter, Johannes/Theile, Ursel (Hg.): Genetik und Moral. Beiträge zu einer Ethik des Ungeborenen. Mainz 1985, S. 146–161.

Reiter, Johannes: Ethik und Gentechnologie. In: Flöhl, Rainer (Hg.): Genforschung – Fluch oder Segen? Interdisziplinäre Stellungnahmen. München 1985, S. 198–204.

Reiter, Johannes: Gentechnologie und Reproduktionstechnologie : Herausforderung für die christliche Ethik. Eltville 1986.

Rendtorff, Trutz: Evangelische Ethik im Disput um die Biomedizin. In: Anselm, Reiner/Körtner, Ulrich H. J. (Hg.): Streitfall Biomedizin. Göttingen 2003, S. 11–24.

Renn, Ortwin/Zwick, Michael M.: Risiko- und Technikakzeptanz. Berlin u. a. 1997.

Research with Recombinant DNA. An Academy forum. March 7–9, 1977. Washington 1977.

Rheinberger, Hans-Jörg: Konjunkturen: Transfer-RNA, Messenger-RNA, genetischer Code. In: Hagner, Michael/Rheinberger, Hans-Jörg/Wahrig-Schmidt, Bettina: Objekte, Differenzen und Konjunkturen. Berlin 1994, S. 201–232.

Rheinberger, Hans-Jörg: Experimentalsysteme und epistemische Dinge. Eine Geschichte der Proteinsynthese im Reagenzglas. Göttingen 2001.

Rheinberger, Hans-Jörg/Müller-Wille, Staffan: Vererbung. Geschichte und Kultur eines biologischen Konzepts. Frankfurt a. M. 2009.

Richards, John: Recombinant DNA. Science, Ethics, and Politics. New York u. a. 1978.

Richtlinie 98/44/EG des Europäischen Parlaments und des Rates vom 6. Juli 1998 über den rechtlichen Schutz biotechnologischer Erfindungen. In: Amtsblatt der Europäischen Gemeinschaften, 30.7.1998, L 213, S. 13–21.

Richtlinien zum Gentransfer in menschliche Körperzellen. In: Deutsches Ärzteblatt, 92, 1995, S. 789–794.

Rifkin, Jeremy: Das biotechnische Zeitalter. Die Geschäfte mit der Genetik. München 1998.

Rittner, Christian/Schneider, Peter M./Schölmerich, Paul (Hg.): Genomanalyse und Gentherapie: Medizinische, gesellschaftspolitische, rechtliche und ethische Aspekte. Symposium der Akademie der Wissenschaften und der Literatur Mainz am 18./19. Oktober 1996. Stuttgart 1997.

Rogers, Michael: The Pandora´s Box Congress. In: Rolling Stone, 5, 1975, p. 36 f.

Rogers, Michael: Biohazard. New York 1977.

Rogers, Michael: Genmanipulation. Das größte Risiko seit der Atombombe. Bern/Stuttgart 1978.

Römpp Lexikon Biotechnologie und Gentechnik. 2. Aufl., Stuttgart 1999.

Ronneberger, Franz/Rühl, Manfred: Theorie der Public Relations : ein Entwurf. Opladen 1992.
Ropohl, Günter (Hg.): Erträge der Interdisziplinären Technikforschung. Berlin 2001.
Rosenbladt, Sabine: Biotopia. Berlin 1988.
Roslansky, John: Genetics and the future of man : a discussion at the 1. Nobel Conference. Amsterdam 1966.
Rössler, Dietrich: Zur Diskussion über die Bioethik-Konvention. In: Ethik in der Medizin, 8, 1996, S. 167–172.
Ruhrmann, Georg: Risikokommunikation und die Unsicherheiten der Gentechnologie. Entwicklung , Struktur und Folgeprobleme. In: Müller-Doohm, Stefan/Neumann-Braun, Klaus (Hg.): Öffentlichkeit, Kultur, Massenkommunikation. Oldenburg 1991, S. 131–164.
Ruhrmann, Georg: Besonderheiten und Trends in der öffentlichen Debatte über Gentechnologie. In: Bentele, Günter/Rühl, Manfred (Hg.): Theorien öffentliche Kommunikation. München 1993, S. 381–392.
Ruhrmann, Georg: Risikokommunikation. Analyse und Wahrnehmung der Diskurse über neuartige Risiken am Beispiel der Gentechnologie. Münster 1993.
Rürup, Reinhard: Die Geschichtswissenschaft und die moderne Technik. In: König, Wolfgang (Hg.): Technikgeschichte. Stuttgart 2010, S. 79–102.
Ryser, Stefan (Hg.): Gentechnologie – Roche-Mitarbeiter nehmen Stellung. Basel 1989.
Ryser, Stefan/Weber, Marcel: Gentechnologie – eine Chronologie. Basel 1990.
Sachse, Gabriele E.: Gentechnik in der Lebensmittelindustrie. In: Gassen, Hans Günter/Kemme, Michael: Gentechnik – Die Wachstumsbranche der Zukunft. Frankfurt a. M. 1996, S. 144–195.
Sächsische Akademie der Wissenschaften zu Leipzig, Jahrbuch 1962–2006, Berlin.
Sass, Hans-Martin: Extrakorporale Fertilisation und Embryotransfer. In: Flöhl, Rainer (Hg.): Genforschung – Fluch oder Segen? München 1985, S. 30–58.
Sass, Hans-Martin (Hg.): Bioethik in den USA. Methoden – Themen – Positionen. Mit besonderer Berücksichtigung der Problemstellungen in der BRD. Berlin u. a. 1988.
Sass, Hans-Martin (Hg.): Medizin und Ethik. Stuttgart 1989.
Sauter, Arnold/Meyer, Rolf: Risikoabschätzung und Nachzulassungs-Monitoring transgener Pflanzen : Sachstandsbericht. Berlin 2000.
Sauter, Arnold: Grüne Gentechnik? – Folgenabschätzung Agrobiotechnologie. In: Petermann, Thomas/Grunwald, Armin (Hg.): Technikfolgen-Abschätzung für den Deutschen Bundestag. Berlin 2005, S. 116–146.
Sauter, Arnold: TA-Projekt Grüne Gentechnik – Transgene Pflanzen der 2. und 3. Generation. TAB Arbeitsbericht Nr. 104. Berlin 2005.
Schaefer, Gerhard: „Wie weit reicht die Macht der Gene?“ – kritischer Rückblick und Fazit zur Tagung. In: Dally, Andreas (Hg.): Wie weit reicht die Macht der Gene? Rehburg-Loccum 1998, S. 125–131.
Schallenberger, Wolfgang: Zur wirtschaftlichen Bedeutung der Biotechnologie. In: Markl, Peter (Hg.): Neue Gentechnologie und Zellbiologie. Chancen, Risiken, Probleme. Wien 1988, S. 155–165.
Scheller, Ruben: Das Gen-Geschäft. Folgen der Biotechnologie. Heidelberg 1984.
Scheller, Ruben: Das Gen-Geschäft. Chancen und Gefahren der Bio-Technologie. Dortmund 1985.
Schenek, Matthias: Das Gentechnikrecht der Europäischen Gemeinschaft. Gemeinschaftliche Biotechnologiepolitik und Gentechnikregulierung. Berlin 1995.
Schicktanz, Silke/Naumann, Jörg (Hg.): Bürgerkonferenz: Streitfall Gendiagnostik : ein Modellprojekt der Bürgerbeteiligung am bioethischen Diskurs. Opladen 2003.
Schiemann, Joachim: Gentechnikgesetz – Erfahrungen aus der Umsetzung. In: Gentechnik – quo vadis? Was die Landwirtschaft von der Pflanzenzüchtung erwarten kann. Frankfurt a. M. 1993, S. 53–66.
Schirrmacher, Frank (Hg.): Die Darwin AG. Wie Nanotechnologie, Biotechnologie und Computer den neuen Menschen träumen. Köln 2001.

Schlechta, Karl (Hg.): Der Mensch und seine Zukunft. Darmstadt 1967.
Schlitt, Michael: Bewertung der Bio- und Gentechnologie bei Tieren aus christlicher Verantwortung. In: Gene und Klone. Bad Boll 1998, S. 110–121.
Schlüter, Ulrich: Schwerpunkte der Biotechnologieförderung des BMBF – Stand und Ausblick. In: Broer, Inge/Schmidt, Kerstin (Hg.): Technologie in Mecklenburg-Vorpommern. Rostock 2000, S. 15–19.
Schmidt, Kirsten: Tierethische Probleme der Gentechnik. Zur moralischen Bewertung der Reduktion wesentlicher tierlicher Eigenschaften. Paderborn 2008.
Schmitt, Joachim J./Hennen, Leonhard/Petermann, Thomas: Stand und Perspektiven naturwissenschaftlicher und medizinischer Problemlösungen bei der Entwicklung gentherapeutischer Heilmethoden. TAB-Arbeitsbericht Nr. 25. Bonn 1994.
Schöffski, Oliver: Gendiagnostik: Versicherung und Gesundheitswesen. Eine Analyse aus ökonomischer Sicht. Göttingen 2000.
Schöne, Hans-Hermann: Gentechnologie, mehr als eine Methode. In: Hoechst AG (Hg.): Gentechnologie – mehr als eine Methode. Frankfurt a. M. 1986, S. 5–25.
Schramm, Gerhard: Baupläne des Lebens. Probleme und Ergebnisse der Biochemie. München 1971.
Schröder, Gerhard: Beitrag zur Gentechnik. In: Die Woche, 20.12.2000.
Schubert, Hartwig von: Das Dilemma der „angewandten Ethik" zwischen Prinzip, Ermessen und Konsens am Beispiel von „Bioethik-Konvention" und kirchlichen Stellungnahmen. In: Ethik in der Medizin, 12, 2000, S. 46–50.
Schütte, Gesine/Stirn, Susanne/Beusmann, Volker (Hg.): Transgene Nutzpflanzen. Sicherheitsforschung, Risikoabschätzung und Nachgenehmigungs-Monitoring. Basel u. a. 2001.
Schwarke, Christian: Die Kultur der Gene. Eine theologische Hermeneutik der Gentechnik. Stuttgart 2000.
Schwarz, Hans: Zur ethischen Problematik künstlich hervorgerufener genetischer Veränderungen. In: Hauska, Günter (Hg.): Von Gregor Mendel bis zur Gentechnik. Regensburg 1984, S. 129–142.
Schwarz, Richard: Menschliche Existenz und moderne Welt: ein internationales Symposion zum Selbstverständnis des heutigen Menschen. Berlin 1967.
Sechs Punkte zur Gentechnik. In: ZMBH Report 1988/1989, Zentrum für Molekulare biologie der Universität Heidelberg. Heidelberg 1990, Anhang, S. 143–145.
Seifert, Franz: Gentechnik – Öffentlichkeit – Demokratie. Der österreichische Gentechnik-Konflikt im internationalen Kontext. München/Wien 2002.
Senatskommission für Grundsatzfragen der Genforschung (Hg.): Genforschung – Therapie, Technik, Patentierung. Deutsche Forschungsgemeinschaft, Mitteilung 1. Weinheim 1997.
Senatskommission für Grundsatzfragen der Genforschung (Hg.): Gentechnik und Lebensmittel. Deutsche Forschungsgemeinschaft, Mitteilung 3. Weinheim 2001.
Senatskommission für Grundsatzfragen der Genforschung (Hg.): Entwicklung der Gentherapie. Deutsche Forschungsgemeinschaft, Mitteilung 5. Weinheim 2007.
Siegmund, Georg: Umkonstruktion des Menschen? In: Hochland, 5, 1965, S. 476–482.
Singer, Maxine/Söll, Dieter: Guidelines for DNA Hybrid Molecules. In: Science, 181, 1973, p. 1114.
Singer, Peter: Praktische Ethik. Stuttgart 1994.
Sloterdijk, Peter: Regeln für den Menschenpark. Ein Antwortschreiben zu Heideggers Brief über den Humanismus. Frankfurt a. M. 1999.
Sollen wir den Piloten ins Gehirn blicken? Ein Gespräch mit James D. Watson. In: Schirrmacher, Frank (Hg.): Die Darwin AG. Köln 2001, S. 265–270.
Sonneborn, Tracy: The Control of Human Herdeity and Evolution. New York 1965.
Spaemann, Robert: Gezeugt, nicht gemacht. Die verbrauchende Embyronenforschung ist ein Anschlag auf die Menschenwürde. In: Geyer, Christian (Hg.): Biopolitik – Die Positionen. Frankfurt a. M. 2001, S. 41–50.

Spangenberg, Joachim: Freibrief – Das neue Gentechnikgesetz. In: Blätter für deutsche und internationale Politik, 7, 1990, S. 838 f.

Stadler, Peter: Gentechnik made in Germany – Wissenschaft und Industrie ohne Chance? Leverkusen 1993. Bayer AG.

Stadler, Peter/Kreysa, Gerhard (Hg.): Potentiale und Grenzen der Konsensfindung zu Bio- und Gentechnik. Vorträge vom 34. Tutzing-Symposion vom 11.–14. März 1996 in der Evangelischen Akademie Schloß Tutzing am Starnberger See. Frankfurt a. M. 1997.

Stammzellforschung – und die flexible Nützlichkeits-Ethik, Gen-ethisches Netzwerk e. V. (Flyer) Berlin 2006.

Starlinger, Peter: Medizinische Gentechnologie: Möglichkeiten und Grenzen. In: Deutsches Ärzteblatt, 81, 1984, S. 2091–2098.

Starlinger, Peter: Gefahren der Genmanipulation? Erwiderung auf einen Artikel von Erika Hickel. In: Blätter für deutsche und internationale Politik, 30, 1985, S. 883–892.

Starlinger, Peter: Molekulargenetische Grundlagenforschung. In: Rheinisch-Westfälische Akademie der Technikwissenschaften (Hg.): Parlamentarisches Kolloquium Wissenschaft und Politik – Molekulargenetik und Gentechnik in Grundlagenforschung, Medizin und Industrie. Opladen 1990, S. 18–24.

Starlinger, Peter: Kurzkommentare und Wertungen von Institutionen und Verbänden zum Bericht der Enquete-Kommission, Abschnitt c. Deutsche Forschungsgemeinschaft. In: Grosch, Klaus/Hampe, Peter/Schmidt, Joachim (Hg.): Herstellung der Natur? Frankfurt a. M./New York 1990, S. 21–23.

Steger, Ulrich (Hg.): Die Herstellung der Natur. Chancen und Risiken der Gentechnologie. Bonn 1985.

Steindor, Marina: Kritik als Programm. 15 Jahre grüne Gentechnologiepolitik im Deutschen Bundestag. In: Emmrich, Michael (Hg.): Im Zeitalter der Bio-Macht. Frankfurt a. M. 1999, S. 367–440.

Stellungnahme der CDU/CSU-Fraktion zu den Anträgen der SPD und der Grünen zur Einsetzung einer Enquete-Kommission „Gentechnologie“. In: Steger, Ulrich (Hg.): Die Herstellung der Natur. Chancen und Risiken der Gentechnologie. Bonn 1985, S. 205–208.

Stellungnahme der Deutschen Forschungsgemeinschaft zum Entwurf eines Gesetzes zur Neuordnung des Gentechnikrechts. Juni 2004. (online: http://www.dfg.de/download/pdf/dfg_im_profil/reden_stellungnahmen/2004/gentechnikrecht_0604.pdf)

Stellungnahme der Senatskommission für Grundsatzfragen der Genforschung der DFG: Perspektiven der Genomforschung, Stellungnahme vom 26. Mai 1999.

Stellungnahme der Senatskommission für Grundsatzfragen der Genforschung der DFG: Humangenomforschung und prädiktive genetische Diagnostik: Möglichkeiten – Grenzen – Konsequenzen, Stellungnahme vom 20. Juni 1999.

Stellungnahme der Bischofskonferenz der Vereinigten evangelisch-Lutherischen Kirche Deutschlands zu Fragen der Bioethik. Rothenburg 13. Mai 2001.

Stellungnahme der Zentralen Ethikkommission bei der Bundesärztekammer zur Stammzellforschung vom 19.6.2002.

Stellungnahme des Präsidiums der Leopoldina zur Novellierung des Gentechnikgesetzes vom 8. März 2004. (online: http://www.leopoldina.org/de/presse/pressemitteilungen/einzelansicht-pressemitteilung/article//stellungnahm-1.html)

Stellungnahme der ZKBS zur Biologischen Sicherheit von Antibiotika-Resistenzgenen im Genom gentechnisch veränderter Pflanzen, 1999.

Stenographischer Bericht der 16. Sitzung zur Beratung des Berichts der Enquete-Kommission „Chancen und Risiken der Gentechnologie“, Drucksache 10/6775. Bonn 1987.

STOA (Ed.): Sequencing the Human Genome. Scientific Progress, Economic, Ethical and Social Aspects. Final Study. Luxemburg 1998.

Straßburger, Jana: Rechtliche Probleme der Xenotransplantation. Internationale Regelungen und nationaler Regelungsbedarf unter besonderer Berücksichtigung des Infektionsrisikos. Hamburg 2008.

Strauss, Michael: Perspektiven der Gentherapie. In: Wobus, Anna M./Wobus, Ulrich/Parthier, Benno (Hg.): Stellenwert von Wissenschaft und Forschung in der modernen Gesellschaft. Halle 1996, S. 169–181.

Strenger, Hermann J.: Gentechnik bei Bayer. In: Bayer AG (Hg.): Gentechnik bei Bayer. Leverkusen 1989, S. 4–11.

Strohm, Holger: Genmanipulation und Drogenmißbrauch. Hamburg 1977.

Sukopp, Herbert: Ökologische Begleitforschung und Dauerbeobachtung von gentechnisch veränderten Kulturpflanzen – Vorschläge des Rats von Sachverständigen für Umweltfragen (SRU) im Gutachten 1998. In: Monitoring von Umweltwirkungen gentechnisch veränderter Pflanzen (GVP). Berlin 1998, S. 5–17.

Stumm, Isolde: Gefahren der Gentechnik. Freiburg i. Br. 1986.

Stumm, Isolde: Das Produkt Humaninsulin. In: Thurau, Martin (Hg.): Gentechnik – Wer kontrolliert die Industrie? Frankfurt a. M. 1989, S. 159–164.

Swetly, Peter: Industrielle Aspekte des Einsatzes der Gentechnologie. In: Markl, Peter (Hg.): Neue Gentechnologie und Zellbiologie. Chancen, Risiken, Probleme. Wien 1988, S. 147–154.

Tappeser, Beatrix: Gentechnik: Diskussionsbeiträge aus dem Öko-Institut. Freiburg i. Br. 1988.

Tappeser, Beatrix: Was bringen uns gentechnisch hergestellte Medikamente? In: Keller, Christoph/Koechlin, Florianne (Hg.): Basler Appell gegen Gentechnologie. Materialienband. Zürich 1989, S. 13–27.

Taylor, Gordon Rattray: Die biologische Zeitbombe. Revolution der modernen Biologie. Augsburg 1969.

Technikfolgen-Abschätzung zu neuen Biotechnologien: Auswertung ausgewählter Studien ausländischer parlamentarischer TA-Einrichtungen. Büro für Technikfolgen-Abschätzung beim Deutschen Bundestag. Bonn 1993.

Teuber, Michael: Gentechnik für Lebensmittel und Zusatzstoffe – Leben mit der Gentechnik. Nordrhein-Westfälische Akademie der Wissenschaften, Vorträge N 446. Wiesbaden 2000.

The Journal of Medicine & Philosophy, 16, 1991.

Theisen, Heinz: Bio- und Gentechnologie – Eine politische Herausforderung. Stuttgart/Berlin/Köln 1991.

Then, Christoph: Dolly ist tot – Biotechnologie am Wendepunkt. Zürich 2008.

Thurau, Martin (Hg.): Gentechnik – Wer kontrolliert die Industrie? Ein Diskussionsbeitrag aus dem Öko-Institut. Frankfurt a. M. 1989.

Thompson, Larry: Der Fall Ashanti. Die Geschichte der ersten Gentherapie. Basel 1995.

Todt, Arno: Gentechnik im Supermarkt. Lebensmittel aus der Retorte – Ein kritischer Ratgeber für Verbraucher. Katalyse-Institut. Hamburg 1993.

Tooze, John: Recombinant DNA guidelines and legislation. In: Morgan, Joan/Whelan, W. J.: Recombinant DNA and genetic experimentation. Oxford 1979, S. 171–174.

Tucker, Anthony: Sir Gordon Wolstenholme – A man who dedicated his life to ensuring dialogue in the world healthcare community. In: The Guardian, 7 July 2004.

Tünnesen-Harmes, Christian: Risikobewertung im Gentechnikrecht. Berlin 2000.

Umweltinstitut München (Hg.): Essen aus dem Genlabor und andere GENiale Geschäfte. München 1992.

Unabhängige Bauernstimme. Hamm, Jg. 1987–2006.

Ungelöste Fragen – Ungelöste Versprechen. 10 Argumente gegen die Nutzung von gentechnisch veränderten Pflanzen in Landwirtschaft und Ernährung. Güstrow 07.10.2003.

Union der Deutschen Akademien der Wissenschaften, Offener Brief und Memorandum zur Grünen Gentechnik in Deutschland, 25.8.2004. (online: http://www.akademienunion.de/_files/memorandum_gentechnik/memorandum_gruene_gentechnik_offener_brief.pdf)

Union der Deutschen Akademien der Wissenschaften: Gibt es Risiken für den Verbraucher beim Verzehr von Nahrungsprodukten aus gentechnisch veränderten Pflanzen? Berlin 2004.

Union der Deutschen Akademien der Wissenschaften, „Kampagnen gegen die Grüne Gentechnik entbehren jeder wissenschaftlichen Grundlage", Pressemitteilung vom 29.05.2006, Berlin 2006. (online: http://www.akademienunion.de/pressemitteilungen/2006-06/index.html)

van Aken, Jan: Kritik. In: Harreus, Dirk (Hg.): Gentechnologie. Berlin 1999, S. 98–110.

VDI-Richtlinie 3780, Technikbewertung – Begriffe und Grundlagen. Düsseldorf 1991.

Venter, J. Craig: Der Mensch in der Genfalle. In: Schirrmacher, Frank (Hg.): Die Darwin AG. Köln 2001, S. 233–240.

Verband Private Brauereien Deutschland e. V.: Manifest zur Grünen Gentechnik und zur anstehenden Novellierung des Gentechnikgesetzes. Limburg 2007.

Vereinigung Deutscher Wissenschaftler e. V:, Antwort auf den offenen Brief und das Memorandum der Union der Deutschen Akademien der Wissenschaften zur Grünen Gentechnik in Deutschland, Presseerklärung 10.09.2004. (online: http://vdw-ev.de/publikationen/VDW-zu-Akademien.pdf)

Verhaltene Zuversicht, Deutscher Biotechnologie-Report 2007, Ernst & Young. Mannheim 2007.

Verordnung (EG) Nr. 1829/2003 des Europäischen Parlaments und des Rates vom 22. September 2003 über genetisch veränderte Lebensmittel und Futtermittel. In: Amtsblatt der Europäischen Union vom 18.10.2003, L 268/1–L 268/23.

Verschuer, Otmar von: Eugenik: Kommende Generationen in der Sicht der Genetik. Witten 1966.

Verwaltungsgericht II/2 H 3022/88 vom 3.2.1989.

Vettel, Eric J.: Biotec – The Countercultural Origins of an Industry. Philadelphia 2006.

VGH Kassel, Beschluss vom 6.11.1989. In: Neue juristische Wochenschrift, 1990, H. 5, S. 336–339.

Vogel, Friedrich: Ist mit einer Manipulierbarkeit auf dem Gebiet der Humangenetik zu rechnen? – Können und dürfen wir Menschen züchten? In: Hippokrates, 1967, S. 640–650.

Vogel, Friedrich: Humangenetik in der Welt von heute. Berlin/Heidelberg 1989.

Vogel, Friedrich: Man and His Future – 30 Jahre danach. Die differenzierte Betrachtung von heute. In: Fischer, Ernst Peter/Geißler, Erhard (Hg.): Wieviel Genetik braucht der Mensch?, Konstanz 1994, S. 33–42.

Vogel, Friedrich/Grunwald, Reinhard: Patenting of Human Genes and Living Organisms. Veröffentlichungen aus der Heidelberger Akademie der Wissenschaften. Heidelberg 1994.

Vogel, Friedrich: Humangenetik und Genomanalyse in Deutschland. Einst und jetzt. In: Rittner, Christian/Schneider, Peter M./Schölmerich, Paul (Hg.): Genomanalyse und Gentherapie. Stuttgart 1997, S. 17–28.

von Schell, Thomas/Hampel, Jürgen: „Grüne Gentechnik" im öffentlichen Diskurs. In: Potthast, T./Baumgartner, C./Engels, E.-M. (Hg.): Die richtigen Maße für die Nahrung, Tübingen 2005, S. 99–114.

Vorstand der Bundesärztekammer (Hg.): Weissbuch Anfang und Ende menschlichen Lebens: medizinischer Fortschritt und ärztliche Ethik. Köln 1988.

Wagner, Dietrich: Der gentechnische Eingriff in die menschliche Keimbahn. Rechtlich-ethische Bewertung – Nationale und internationale Regelungen im Vergleich. Frankfurt a. M. 2007.

Wagner, Friedrich: Die Wissenschaft und die gefährdete Welt : eine Wissenschaftssoziologie der Atomphysik. München 1964.

Wagner, Friedrich: Manipulation des menschlichen Keimplasmas als Ausweg aus Zivilisationsproblemen? In: Universitas, Zeitschrift für Wissenschaft, Kunst und Literatur, 1964, S. 1065–1076.

Wagner, Friedrich (Hg.): Menschenzüchtung. Das Problem der genetischen Manipulierung des Menschen. 2. Aufl., München 1970.

Waitz, Gerhard/Cantstetter, Jürgen: Diskurs im Unternehmen – Dialog in der Öffentlichkeit. In: Bender, Wolfgang/Gassen, Hans Günter/Platzer, Katrin/Sinemus, Kristina (Hg.): Gentechnik in der Lebensmittelproduktion – Wege zum interaktiven Dialog. Darmstadt 1997, S. 43–53.

Watson, James/Tooze, John: The DNA Story. A documentary history of gene cloning. San Francisco 1981.

Watson, James: Die Ethik des Genoms. Warum wir Gott nicht mehr die Zukunft des Menschen überlassen dürfen. In: Frankfurter Allgemeine Zeitung, 26. September 2001.

Wehowsky, Stephan (Hg.): Schöpfer Mensch? Gen-Technik, Verantwortung und unsere Zukunft. Gütersloh 1985.

Wehowsky, Stephan: Gott und Gene – Von der gegenwärtigen Sprachlosigkeit der Theologie. In: Ders. (Hg.): Schöpfer Mensch? Gen-Technik, Verantwortung und unsere Zukunft. Gütersloh 1985, S. 94–120.

Weidenbach, Thomas/Tappeser, Beatrix: Der achte Tag der Schöpfung: die Gentechnik manipuliert unsere Zukunft. Frankfurt a. M. 1989.

Weingart, Peter/Kroll, Jürgen/Bayertz, Kurt: Rasse, Blut und Gene. Geschichte der Eugenik und Rassenhygiene in Deutschland. Frankfurt a. M. 1992.

Weingart, Peter: Die Wissenschaft der Öffentlichkeit : Essays zum Verhältnis von Wissenschaft, Medien und Öffentlichkeit. Weilerswist 2005.

Weinzierl, Hubert: Kurzkommentare und Wertungen von Institutionen und Verbänden zum Bericht der Enquete-Kommission, Abschnitt b. Bund für Umwelt und Naturschutz Deutschland e. V. (BUND). In: Grosch, Klaus/Hampe, Peter/Schmidt, Joachim (Hg.): Herstellung der Natur? Frankfurt a. M./New York 1990, S. 17–21.

Wendt, Gerhard (Hg.): Genetik und Gesellschaft. Marburger Forum Philippinum. Stuttgart 1970.

Wengenmayer, Friedrich: Gentechnische Gewinnung von Arzneimitteln. In: Hoechst AG (Hg.): Gentechnologie – mehr als eine Methode. Frankfurt a. M. 1986, S. 43–49.

Wess, Ludger (Hg.): Schöpfung nach Maß: perfekt oder pervers? Oberursel 1995.

Wider den Genrausch. Eine Jahrhundertbegegnung – Doris Weber im Gespräch mit Erwin Chargaff. Oberursel 1999.

Wiedemann, Peter/Niewöhner, Jörg/Simon, Judith/Tannert, Christof: Delphi-Studie. Die Zukunft der Stammzellforschung in Deutschland. Berlin 2004.

Wieser, Wolfgang: Die genetische Utopie. In: Merkur, Deutsche Zeitschrift für europäisches Denken, 19, 1963, S. 321–337.

Wie viel Moral braucht die Medizin? In: GEO Wissen, 30, 2000, S. 24–30.

Wieland, Thomas: Neue Technik auf alten Pfaden? Forschungs- und Technologiepolitik in der Bonner Republik. Eine Studie zur Pfadabhängigkeit des technischen Fortschritts. Bielefeld 2009.

Wilke, Jürgen (Hg.): Öffentliche Meinung. Theorie, Methoden, Befunde. Freiburg/München 1992.

Wilmut, Ian/Campbell, Keith/Tudge, Colin: Dolly – Der Aufbruch ins biotechnische Zeitalter. München/Wien 2000.

Wils, Jean-Pierre/Mieth, Dietmar (Hg.): Ethik ohne Chance? Erkundungen im technologischen Zeitalter. Tübingen 1991.

Wink, Rüdiger (Hg.): Deutsche Stammzellpolitik im Zeitalter der Transnationalisierung. Baden-Baden 2006.

Winnacker, Ernst-Ludwig: Am Faden des Lebens. Warum wir die Gentechnik brauchen. München 1993.

Winnacker, Ernst-Ludwig: Das Genom. Möglichkeiten und Grenzen der Genforschung. Frankfurt a. M. 1996.

Winnacker, Ernst-Ludwig/Rendtorff , Trutz/Hepp, Hermann/Hofschneider, Peter Hans/Korff, Wilhelm: Gentechnik: Eingriffe am Menschen. Ein Eskalationsmodell zur ethischen Bewertung. München 1997.

Winnacker, Ernst-Ludwig: Wieviel Gentechnik brauchen wir? In: Elstner, Marcus (Hg.): Gentechnik, Ethik und Gesellschaft. Berlin u. a. 1997, S.43–55.

Winnacker, Ernst-Ludwig: Gentechnik: Ethische Bewertung von Eingriffen am Menschen. In: Jahrbuch für Wissenschaft und Ethik, 2, 1997, S. 89–103.

Winnacker, Ernst-Ludwig: Die gesellschaftliche Verantwortung angesichts neuer humanbiologischer Möglichkeiten. In: Knoepffler, Nikolaus/Schipanski, Dagmar/Sorgner, Stefan Lorenz (Hg.): Humanbiotechnologie als gesellschaftliche Herausforderung. München 2005, S. 207–214.

Winter, Gerd: Entfesselungskunst. Eine Kritik des Gentechnik-Gesetzes. In: Kritische Justiz, 24, 1991, S. 18–30.

Wintersberger, Erhard: Genanalyse und Gentherapie in der Medizin. In: Markl, Peter (Hg.): Neue Gentechnologie und Zellbiologie. Wien 1988, S.112–134.

Wirtschafts- und Sozialausschuss der europäischen Gemeinschaften: Gentechnologie. Sicherheitsaspekte beim Umgang mit neukombinierter DNS. Kolloquium vom 14./15. Mai 1981 veranstaltet vom Wirtschafts- und Sozialausschuss. Brüssel 1981.

Wobus, Anna M./Wobus, Ulrich/Parthier, Benno (Hg.): Stellenwert von Wissenschaft und Forschung in der modernen Gesellschaft – Handeln im Spannungsfeld von Chancen und Risiken. Gaterslebener Begegnung 1995. Halle 1996.

Wobus, Anna M.: Gegenwärtiger Stand und Probleme der Stammzellforschung in Deutschland. In: Wink, Rüdiger (Hg.): Deutsche Stammzellpolitik im Zeitalter der Transnationalisierung. Baden-Baden 2006, S. 9–19.

Wöhlert, Katrin/Weihermann, Astrid E.: Gentechnikakzeptanz und Kommunikationsmaßnahmen in der Lebensmittelindustrie – eine Bestandsaufnahme, Arbeitsbericht Nr. 6. Institut für Produktion und industrielles Informationsmanagement. Essen 1999.

Wolf, Ernst: Kurzkommentare und Wertungen von Institutionen und Verbänden zum Bericht der Enquete-Kommission, Abschnitt g. Industriegewerkschaft Chemie-Papier-Keramik. In: Grosch, Klaus/Hampe, Peter/Schmidt, Joachim (Hg.): Herstellung der Natur? Frankfurt a. M./New York 1990, S. 33–36.

Wolstenholme, Gordon (Ed.): Man and his Future. A Ciba Foundation Volume. London 1963.

Zankl, Heinrich: Genetik. Von der Vererbungslehre zur Genmedizin. München 1998.

Zeit der Bewährung, Deutscher Biotechnologie-Report, Ernst & Young. Stuttgart 2003.

Zentrum für Technologiefolgen-Abschätzung (Hg.): Zelluläre Xenotransplantation. Bern 2001.

Ziff, Edward: Benefits and hazards of manipulating DNA. In: New Scientist, 60, 1973, p. 274.

Zimmerli, Walther Ch.: Dürfen wir, was wir können? Zum Verhältnis von Recht und Moral in der Gentechnologie. In: Flöhl, Rainer (Hg.): Genforschung – Fluch oder Segen? Interdisziplinäre Stellungnahmen. München 1985, S. 59–85.

Zinder, Norton D.: Zukunft der Gen-Manipulationen. In: Umschau, 76, 1976, S. 425–428.

Zootiere, Rennpferde und Menschen. Greenpeace 2001. (online: http://www.greenpeace.at/uploads/media/zootiere_01.pdf)

Zur Achtung vor dem Leben – Maßstäbe für Gentechnik und Fortpflanzungsmedizin. Kundgebung der Synode der Evangelischen Kirche in Deutschland (Berlin 1987). In: Gesellschaft Gesundheit und Forschung e. V. (Hg.): Ethik und Gentechnologie. Frankfurt a. M. 1988, S. 43–49.

Zurück in die Zukunft. Deutscher Biotechnologie-Report. Mannheim 2006.

QUELLEN

www.1000fragen.de
www.abl-ev.de
www.bioethik-diskurs.de
www.bmelv.de
http://www.biosicherheit.de/pdf/aktuell/gentg_regionen_0804.pdf
http://www.biosicherheit.de/projekte/910.effekte-anbaus-mais-verschiedene-maisfeldern-vorkommende-arthropoden.html
www.dg-gt.de
www.dereg.de
www.drze.de
http://www.gentechnikfreie-regionen.de/hintergruende/position-der-kirchen-zur-agro-gentechnik/katholische-kirche.html
http://www.gmcontaminationregister.org
http://www.greenpeace.de/themen/gentechnik/
http://www.greenpeace.de/themen/gentechnik/nachrichten/artikel/bayer_sperrt_website_des_greenpeace_einkaufsnetzes/
http://www.greenpeace.at/uploads/media/zootiere_01.pdf
http://www.idverlag.com/BuchTexte/Zorn/Zorn51.html
http://www.ngfn.de/index.php/geschichte_des_ngfn.html
http://www.tab-beim-bundestag.de/de/ueber-uns/themenfindung.html
http://www.transgen.de/home/impressum/792.doku.html
http://www.vfa.de/de/forschung/am-entwicklung/amzulassungen-gentec.html
http://vvgvg.org/pdf/allgemein-dlg.pdf
http://www.wgg-ev.de/
http://www.zdk.de/veroeffentlichungen/pressemeldungen/detail/Freigabe-transgener-Pflanzen-moeglichst-zurueckhaltend-handhaben-204N/
http://www.zdk.de/veroeffentlichungen/reden-und-beitraege/detail/Agrarpolitik-muss-wieder-Teil-der-Gesellschaftspolitik-werden-Statement-Heinrich-Kruse-MdL-90F/

PALLAS ATHENE
Beiträge zur Universitäts- und Wissenschaftsgeschichte

Herausgegeben von Rüdiger vom Bruch und Lorenz Friedrich Beck.

Franz Steiner Verlag ISSN 1439–9857

1. Anne Christine Nagel (Hg.)
Die Philipps-Universität Marburg im Nationalsozialismus
Dokumente zu ihrer Geschichte. Bearb. von Anne Christine Nagel und Ulrich Sieg
2000. X, 563 S. und 24 Abb. auf 12 Taf., geb.
ISBN 978-3-515-07653-1
2. Gerhard Müller / Klaus Ries / Paul Ziche (Hg.)
Die Universität Jena. Tradition und Innovation um 1800
Tagung des Sonderforschungsbereichs 482: „Ereignis Weimar-Jena. Kultur um 1800“ vom Juni 2000
2001. 237 S., geb.
ISBN 978-3-515-07844-3
3. Ulrich Sucker
Das „Kaiser-Wilhelm-Institut für Biologie“
Seine Gründungsgeschichte, seine problemgeschichtlichen und wissenschaftstheoretischen Voraussetzungen (1911–1916)
2002. 228 S., geb.
ISBN 978-3-515-07912-9
4. Silke Möller
Zwischen Wissenschaft und „Burschenherrlichkeit“
Studentische Sozialisation im Deutschen Kaiserreich, 1871–1914
2001. 269 S., geb.
ISBN 978-3-515-07842-9
5. Ulrike Kohl
Die Präsidenten der Kaiser-Wilhelm-Gesellschaft im Nationalsozialismus
Max Planck, Carl Bosch und Albert Vögler zwischen Wissenschaft und Macht
2002. 281 S., geb.
ISBN 978-3-515-08049-1
6. Klaus-Peter Horn / Heidemarie Kemnitz (Hg.)
Pädagogik Unter den Linden
Von der Gründung der Berliner Universität im Jahre 1810 bis zum Ende des 20. Jahrhunderts
2002. 314 S., geb.
ISBN 978-3-515-08088-6
7. Annekatrin Schaller
Michael Tangl (1861–1921) und seine Schule
Forschung und Lehre in den Historischen Hilfswissenschaften
2002. 386 S., geb.
ISBN 978-3-515-08214-3
8. Dietmar Schenk
Die Hochschule für Musik zu Berlin
Preußens Konservatorium zwischen romantischem Klassizismus und Neuer Musik, 1869–1932/33
2004. 368 S., geb.
ISBN 978-3-515-08328-7
9. Silviana Galassi
Kriminologie im Deutschen Kaiserreich
Geschichte einer gebrochenen Verwissenschaftlichung
2004. 452 S., geb.
ISBN 978-3-515-08352-2
10. Werner Buchholz (Hg.)
Die Universität Greifswald und die deutsche Hochschullandschaft im 19. und 20. Jahrhundert
Kolloquium des Lehrstuhls für Pommersche Geschichte der Universität Greifswald in Verbindung mit der Gesellschaft für Universitäts- und Wissenschaftsgeschichte
2004. X, 446 S., geb.
ISBN 978-3-515-08475-8
11. Sabine Mangold
Eine „weltbürgerliche Wissenschaft“
Die deutsche Orientalistik im 19. Jahrhundert
2004. 330 S., geb.
ISBN 978-3-515-08515-1
12. Elke Schulze
Nulla dies sine linea
Universitärer Zeichenunterricht – eine problemgeschichtliche Studie
2004. 282 S., geb.
ISBN 978-3-515-08416-1
13. Christian Saehrendt

„Die Brücke“ zwischen Staatskunst und Verfemung
Expressionistische Kunst als Politikum in der Weimarer Republik, im „Dritten Reich“ und im Kalten Krieg
2005. 124 S. mit 12 Abb., geb.
ISBN 978-3-515-08614-1

14. Julia Laura Rischbieter
Henriette Hertz
Mäzenin und Gründerin der Bibliotheca Hertziana in Rom
2004. 184 S. mit 16 Abb., geb.
ISBN 978-3-515-08581-6

15. Katrin Böhme
Gemeinschaftsunternehmen Naturforschung
Modifikation und Tradition in der Gesellschaft Naturforschender Freunde zu Berlin 1773–1906
2005. 218 S., 9 Taf., geb.
ISBN 978-3-515-08722-3

16. Katharina Zeitz
Max von Laue (1879–1960)
Seine Bedeutung für den Wiederaufbau der deutschen Wissenschaft nach dem Zweiten Weltkrieg
2006. 299 S. mit 37 Abb., geb.
ISBN 978-3-515-08814-5

17. Annette Vogt
Vom Hintereingang zum Hauptportal?
Lise Meitner und ihre Kolleginnen an der Berliner Universität und in der Kaiser-Wilhelm-Gesellschaft
2007. 550 S. und 64 Abb. auf 16 Taf., geb.
ISBN 978-3-515-08881-7

18. Trude Maurer (Hg.)
Kollegen – Kommilitonen – Kämpfer
Europäische Universitäten im Ersten Weltkrieg
2006. 376 S., geb.
ISBN 978-3-515-08925-9

19. Gisela Bock / Daniel Schönpflug (Hg.)
Friedrich Meinecke in seiner Zeit
Studien zu Leben und Werk
2006. 294 S., geb.
ISBN 978-3-515-08962-3

20. Klaus Ries
Wort und Tat
Das politische Professorentum der Universität Jena im frühen 19. Jahrhundert
2007. 531 S. mit 23 Abb., geb.
ISBN 978-3-515-08993-7

21. Roger Chickering
Krieg, Frieden und Geschichte
Gesammelte Aufsätze über patriotischen Aktionismus, Geschichtskultur und totalen Krieg
2007. 358 S., geb.
ISBN 978-3-515-08937-1

22. Sigrid Oehler-Klein / Volker Roelcke (Hg.)
Vergangenheitspolitik in der universitären Medizin nach 1945
Institutionelle und individuelle Strategien im Umgang mit dem Nationalsozialismus
2007. 419 S. mit 13 Abb., geb.
ISBN 978-3-515-09015-5

23. Tobias Kaiser
Karl Griewank (1900–1953)
Ein deutscher Historiker im „Zeitalter der Extreme“
2007. 528 S. mit 8 Abb. und 3 Tab., geb.
ISBN 978-3-515-08653-0

24. Rainer A. Müller (Hg.)
Bilder – Daten – Promotionen
Studien zum Promotionswesen an deutschen Universitäten der frühen Neuzeit. Bearb. von Hans-Christoph Liess und Rüdiger vom Bruch
2007. 390 S. mit 56 Abb., geb.
ISBN 978-3-515-09039-1

25. Holger Stoecker
Afrikawissenschaften in Berlin von 1919 bis 1945
Zur Geschichte und Topographie eines wissenschaftlichen Netzwerkes
2008. 359 S. mit 28 Abb., geb.
ISBN 978-3-515-09161-9

26. Thomas Bach / Jonas Maatsch / Ulrich Rasche (Hg.)
‚Gelehrte‘ Wissenschaft
Das Vorlesungsprogramm der Universität Jena um 1800
2008. 325 S. mit 27 Abb., geb.
ISBN 978-3-515-08994-4

27. Christian Saehrendt
Kunst als Botschafter einer künstlichen Nation
Studien zur Rolle der bildenden Kunst in der Auswärtigen Kulturpolitik der DDR
2008. 197 S. mit 14 Abb., geb.
ISBN 978-3-515-09227-2

28. Thomas Adam
Stipendienstiftungen und der Zugang zu höherer Bildung in Deutschland von 1800 bis 1960
2008. 263 S. mit 4 Abb., geb.
ISBN 978-3-515-09187-9

29. Ulrich Päßler
Ein „Diplomat aus den Wäldern

des Orinoko“
Alexander von Humboldt als Mittler zwischen Preußen und Frankreich
2009. 244 S., geb.
ISBN 978-3-515-09344-6

30. Manuel Schramm
Digitale Landschaften
2009. 212 S. mit 9 Abb., geb.
ISBN 978-3-515-09346-0

31. Wolfram C. Kändler
Anpassung und Abgrenzung
Zur Sozialgeschichte der Lehrstuhlinhaber der Technischen Hochschule Berlin-Charlottenburg und ihrer Vorgängerakademien, 1851 bis 1945
2009. 318 S. mit 16 Abb., geb.
ISBN 978-3-515-09361-3

32. Thomas Bryant
Friedrich Burgdörfer (1890–1967)
Eine diskursbiographische Studie zur deutschen Demographie im 20. Jahrhundert
2010. 430 S. mit 4 Abb., geb.
ISBN 978-3-515-09653-9

33. Felix Brahm
Wissenschaft und Dekolonisation
Paradigmenwechsel und institutioneller Wandel in der akademischen Beschäftigung mit Afrika in Deutschland und Frankreich, 1930–1970
2010. 337 S., geb.
ISBN 978-3-515-09734-5

34. Klaus Ries (Hg.)
Johann Gustav Droysen
Facetten eines Historikers
2010. 230 S. mit 10 Abb., geb.
ISBN 978-3-515-09662-1

35. Joachim Bauer / Olaf Breidbach / Hans-Werner Hahn (Hg.)
Universität im Umbruch
Universität und Wissenschaft im Spannungsfeld der Gesellschaft um 1800
2011. 423 S., geb.
ISBN 978-3-515-09788-8

36. Jan Peters
Menschen und Möglichkeiten
Ein Historikerleben in der DDR und anderen Traumländern
2011. 616 S. mit 134 Abb., geb.
ISBN 978-3-515-09866-3

37. Frauke Steffens
„Innerlich gesund an der Schwelle einer neuen Zeit“
Die Technische Hochschule Hannover 1945–1956
2011. 423 S., geb.
ISBN 978-3-515-09870-0

38. Aleksandra Pawliczek
Akademischer Alltag zwischen Ausgrenzung und Erfolg
Jüdische Dozenten an der Berliner Universität 1871–1933
2011. 529 S., geb.
ISBN 978-3-515-09846-5

39. Eszter B. Gantner
Budapest – Berlin
Die Koordinaten einer Emigration 1919–1933
2011. 264 S., geb.
ISBN 978-3-515-09920-2

40. Mircea Ogrin
Ernst Bernheim (1850–1942)
Historiker und Wissenschaftspolitiker im Kaiserreich und in der Weimarer Republik
2012. 374 S., geb.
ISBN 978-3-515-10047-2

41. Joachim Bauer
Universitätsgeschichte und Mythos
Erinnerung, Selbstvergewisserung und Selbstverständnis Jenaer Akademiker 1548–1858
2012. 544 S. mit 36 Abb., geb.
ISBN 978-3-515-10098-4

42. Sven Haase
Berliner Universität und Nationalgedanke 1800–1848
Genese einer politischen Idee
2012. 497 S., geb.
ISBN 978-3-515-10103-5

43. Günter Nagel
Wissenschaft für den Krieg
Genese einer politischen Idee
2012. 708 S. mit 31 Farb- und 95 s/w-Abb., geb.
ISBN 978-3-515-10173-8

44. Theo Plesser / Hans-Ulrich Thamer (Hg.)
Arbeit, Leistung und Ernährung
Vom Kaiser-Wilhelm-Institut für Arbeitsphysiologie in Berlin zum Max-Planck-Institut für molekulare Physiologie und Leibniz Institut für Arbeitsforschung in Dortmund
2012. 590 S. mit 29 Abb. und 11 Tab., geb.
ISBN 978-3-515-10200-1

45. Konstantin von Freytag-Loringhoven
Erziehung im Kollegienhaus
Reformbestrebungen an den deutschen

Universitäten der amerikanischen Besatzungszone 1945–1960
2012. 608 S., geb.
ISBN 978-3-515-10240-7

46. Maren Goltz
Musikstudium in der Diktatur
Das Landeskonservatorium der Musik / die Staatliche Hochschule für Musik Leipzig in der Zeit des Nationalsozialismus 1933–1945
2013. 462 S. mit 6 Abb., geb.
ISBN 978-3-515-10337-4

47. Samia Salem
Die öffentliche Wahrnehmung der Gentechnik in der Bundesrepublik Deutschland seit den 1960er Jahren
2013. 315 S. mit 1 Abb.
ISBN 978-3-515-10488-3